住房和城乡建设部"十四五"规划教材

高等学校工程管理专业应用型系列教材

工程造价管理

ENGINEERING COST AND MANAGEMENT

李启明　总主编

张静晓　严　玲　冯东梅　主　编

中国建筑工业出版社

图书在版编目（CIP）数据

工程造价管理 = ENGINEERING COST AND MANAGEMENT / 张静晓，严玲，冯东梅主编 . —北京：中国建筑工业出版社，2021.10（2025.2 重印）

住房和城乡建设部"十四五"规划教材 高等学校工程管理专业应用型系列教材

ISBN 978-7-112-26649-4

Ⅰ . ①工… Ⅱ . ①张… ②严…③冯… Ⅲ . ①建筑造价管理—高等学校—教材 Ⅳ . ① TU723.3

中国版本图书馆 CIP 数据核字（2021）第 193449 号

《工程造价管理》由建设工程计价、全过程工程造价管理、工程造价的监管和工程造价的发展趋势与展望四部分共10章组成，通过本书的学习，学生可以系统掌握工程造价管理的基本知识、工程造价的构成、工程计价的依据、工程造价的控制、工程造价的监管等内容，为学生未来从事工程造价的理论研究及实践操作奠定良好基础。

本书遵循OBE的教育理念，突出能力培养，按照"需求为准、够用为度、实用为先"的原则进行编写。内容上体现了土木建筑领域的新技术、新工艺、新材料、新设备、新方法，反映了现行规范（规程）、标准及工程技术发展动态。本书不但在表达方式上紧密结合现行标准，忠实于标准的条文内容，也在计算和设计过程中严格遵照执行，吸收了教学改革的新成果，强调了基础性、专业性、应用性和创新性。

本书可作为高等学校工程管理、工程造价及土木工程专业的教材或教学参考用书，也可供政府建设主管部门、建设单位、工程咨询及监理单位、设计单位、施工单位等有关工程管理或工程造价管理人员参考。

为更好地支持相应课程的教学，我们向采用本书作为教材的教师提供教学课件，有需要者可与出版社联系，邮箱：jckj@cabp.com.cn，电话：（010）58337285，建工书院 https://edu.cabplink.com（PC端）。

责任编辑：张　晶
文字编辑：冯之倩
责任校对：王誉欣　焦　乐

住房和城乡建设部"十四五"规划教材
高等学校工程管理专业应用型系列教材

工程造价管理
ENGINEERING COST AND MANAGEMENT
李启明　总主编
张静晓　严　玲　冯东梅　主　编

＊

中国建筑工业出版社出版、发行（北京海淀三里河路 9 号）
各地新华书店、建筑书店经销
北京雅盈中佳图文设计公司制版
廊坊市海涛印刷有限公司印刷

＊

开本：787 毫米 × 1092 毫米　1/16　印张：$22\frac{1}{2}$　字数：605 千字
2021 年 12 月第一版　2025 年 2 月第五次印刷
定价：59.00 元（赠教师课件）

ISBN 978-7-112-26649-4

　　（38070）

教材编审委员会名单

主　任：李启明

副主任：高延伟　杨　宇

委　员：（按姓氏笔画排序）

王延树　叶晓甄　冯东梅　刘广忠　祁神军　孙　剑　严　玲

杜亚丽　李　静　李公产　李玲燕　何　梅　何培玲　汪振双

张　炜　张　晶　张　聪　张大文　张静晓　陆　莹　陈　坚

欧晓星　周建亮　赵世平　姜　慧　徐广翔　彭开丽

出版说明

党和国家高度重视教材建设。2016 年，中办国办印发了《关于加强和改进新形势下大中小学教材建设的意见》，提出要健全国家教材制度。2019 年 12 月，教育部牵头制定了《普通高等学校教材管理办法》和《职业院校教材管理办法》，旨在全面加强党的领导，切实提高教材建设的科学化水平，打造精品教材。住房和城乡建设部历来重视土建类学科专业教材建设，从"九五"开始组织部级规划教材立项工作，经过近 30 年的不断建设，规划教材提升了住房和城乡建设行业教材质量和认可度，出版了一系列精品教材，有效促进了行业部门引导专业教育，推动了行业高质量发展。

为进一步加强高等教育、职业教育住房和城乡建设领域学科专业教材建设工作，提高住房和城乡建设行业人才培养质量，2020 年 12 月，住房和城乡建设部办公厅印发《关于申报高等教育职业教育住房和城乡建设领域学科专业"十四五"规划教材的通知》（建办人函〔2020〕656 号），开展了住房和城乡建设部"十四五"规划教材选题的申报工作。经过专家评审和部人事司审核，512 项选题列入住房和城乡建设领域学科专业"十四五"规划教材（简称规划教材）。2021 年 9 月，住房和城乡建设部印发了《高等教育职业教育住房和城乡建设领域学科专业"十四五"规划教材选题的通知》（建人函〔2021〕36 号）。为做好"十四五"规划教材的编写、审核、出版等工作，《通知》要求：（1）规划教材的编著者应依据《住房和城乡建设领域学科专业"十四五"规划教材申请书》（简称《申请书》）中的立项目标、申报依据、工作安排及进度，按时编写出高质量的教材；（2）规划教材编著者所在单位应履行《申请书》中的学校保证计划实施的主要条件，支持编著者按计划完成书稿编写工作；（3）高等学校土建类专业课程教材与教学资源专家委员会、全国住房和城乡建设职业教育教学指导委员会、住房和城乡建设部中等职业教育专业指导委员会应做好规划教材的指导、协调和审稿等工作，保证编写质量；（4）规划教材出版单位应积极配合，做好编辑、出版、发行等工作；（5）规划教材封面和书脊应标注"住房和城乡建设部'十四五'规划教材"字样和统一标识；（6）规划教材应在"十四五"期间完成出版，逾期不能完成的，不再作为《住房和城乡建设领域学科专业"十四五"规划教材》。

住房和城乡建设领域学科专业"十四五"规划教材的特点，一是重点以修订教育部、住房和城乡建设部"十二五""十三五"规划教材为主；二是严格按照专业标准规范要求编写，体现新发展理念；三是系列教材具有明显特点，满足不同层次和类型的学校专业教学要求；四是配备了数字资源，适应现代化教学的要求。规划教材的出版凝聚了作者、主审及编辑的心血，得到了有关院校、出版单位的大力支持，教材建设管理过程有严格保障。希望广大院校及各专业师生在选用、使用过程中，对规划教材的编写、出版质量进行反馈，以促进规划教材建设质量不断提高。

住房和城乡建设部"十四五"规划教材办公室

2021 年 11 月

序　言

近年来，我国建筑业迎来转型升级、快速发展，新模式、新业态、新技术、新产品不断涌现；全行业加快向质量效益、集成创新、绿色低碳转型升级。新时期蓬勃发展的建筑行业也对高等院校专业建设、应用型人才培养提出了更高的要求。与此同时，国家大力推动的"双一流"建设与"金课"建设也为广大高等院校发展指明了方向、提供了新的契机。高等院校工程管理类专业也应紧跟国家、行业发展形势，大力推进专业建设、深化教学改革，培养复合型、应用型工程管理专业人才。

为进一步促进高校工程管理专业教育教学发展，推进工程管理专业应用型教材建设，中国建筑出版传媒有限公司（中国建筑工业出版社）在深入调研、广泛听取全国各地高等院校工程管理专业实际需求的基础上，组织相关院校知名教师成立教材编审委员会，启动了高等学校工程管理专业应用型系列教材编写、出版工作。2018年、2019年，教材编审委员会召开两次编写工作会议，研究、确定了工程管理专业应用型系列教材的课程名单，并在全国高校相关专业教师中遴选教材的主编和参编人员。会议对各位主编提交的教材编写大纲进行了充分讨论，力求使教材内容既相互独立，又相互协调，兼具科学性、规范性、普适性、实用性和适度超前性。教材内容与行业结合，为行业服务；教材形式上把握时代发展动态，注重知识呈现方式多样化，包括慕课教材、数字化教材、二维码增值服务等。本系列教材共有16册，其中有12册入选住房和城乡建设部"十四五"规划教材，教材的出版受到住房和城乡建设领域相关部门、专家的高度重视。对此，出版单位将与院校共同努力，致力于将本系列教材打造成为高质量、高水准的教材，为广大院校师生提供最新、最好的专业知识。

本系列教材的编写出版，是高等学校工程管理类专业教学内容变革、创新与教材建设领域的一次全新尝试和有益拓展，是推进专业教学改革、助力专业教学的重要成果，将为工程管理一流课程和一流专业建设作出新的贡献。我们期待与广大兄弟院校一道，团结协作、携手共进，通过教材建设为高等学校工程管理专业的不断发展作出贡献！

高等学校工程管理专业应用型系列教材编审委员会

中国建筑出版传媒有限公司

2021年9月

前　言

　　工程造价专业获批建设 20 年来，立足于行业发展需求，把握行业发展新趋势，取得了突破性的发展。特别是"十四五"规划推进以来，工程计价依据和方法不断改革，工程造价管理体系不断完善，工程造价咨询行业蓬勃发展。在国家大力推进全过程工程咨询工作的背景下，新科技革命和产业变革促使工程造价与管理面临诸多重大变化，如审计力度的增强，数据化、信息化和智能化的加速推进，突发公共卫生事件等不可抗力事件的涌现，"新基建""装配式建筑""智能建造"等新业态的全面铺开。识变、应变、求变是新时代工程造价与管理专业发展、课程建设和人才培养面临的重要选择。

　　为了应对这些新形势的挑战，编者以《高等学校工程造价本科指导性专业规范》为基础，结合《建设工程工程量清单计价规范》GB 50500—2013、《关于推进全过程工程咨询服务发展的指导意见》（发改投资规〔2019〕515 号）、《建设工程质量保证金管理办法》（建质〔2017〕138 号）等最新国家法律法规、规范和要求，以及新时代行业需求，编写了本书。本书编写面向工程造价行业人才培养的迫切需求，以系统性思维注重创新性技术概念的融入、先进管理理念的覆盖以及时效性政策文件的补充，并具有丰富详实的案例展示，在同类型教材中具有一定的突破和革新。本书具有以下特点：

　　1. 内容新。本书较传统同类教材有所突破，增加了施工过程结算、EPC 合同工程造价和装配式合同工程造价等新形式，以及区块链技术在造价合同中的应用、数字化工程造价等内容，具有实用性、交叉性和综合性的特点。

　　2. 结构新。本书在编写体例上有结构的创新，分为工程造价的计价、全过程工程造价管理、工程造价的监管和数字化工程造价四个部分，以建设项目全寿命周期为主线，从概念出发，层层递进、内容清晰、结构有条理。

　　3. 实践强。本书采用立体化教材建设思路，大部分章节都设有相关内容的最新案例，体现了"案例教学法"的指导思想，具有实用性、系统性、先进性等特点，为教师提供教学参考资料，为学生提供学习指导资料，以提高教学和学习效果。

　　4. 标准高。本书与"新工科"教材建设的"高阶性、创新性与挑战度"要求保持一致，满足"金课"教材标准，体现前沿性与时代性，将课程思政、学术研究、科技发展前沿成果融入教材。

　　本书由各大高校教学经验丰富的优秀教师及在造价协会或建筑行业从事工作多年、实践经验丰富的专业人士共同编写。全书共有 10 章，由长安大学张静晓、天津理工大学严玲、辽宁工程技术大学冯东梅统稿,具体编写分工如下:由郑州航空工业管理学院岳鹏威编写第 1 章和第 2 章,由山东建筑大学张琳编写第 6 章,由辽宁工程技术大学冯东梅编写第 3 章,由长安大学张静晓编写第 4 章和第 8 章,由河南财经政法大学宋素亚编写第 5 章和第 7 章,由兰州理工大学秦爽编写第 9 章,由山西大学孔庆新和天津理工大学严玲编写第 10 章。

本书受到 2019 年度陕西省高等教育教学改革研究重点项目(N.19BZ016)和 2020 年国家级新工科研究与实践项目(No.E-GKRWJC 20202914)资助。本书在编写过程中参考了大量的规范、标准等相关专业资料,对这些资料的作者及提供者以及为本书的出版付出辛勤劳动的编辑同志表示衷心的感谢。本书可作为高等教育工程管理、工程造价、土木工程等专业全日制本科、专科的教材,还可作为工程造价管理机构及工程造价专业技术人员的培训教材和参考用书。

限于编者水平有限,书中难免有不当之处,敬请读者批评指正。

编　者

2021 年 4 月

目　录

第1篇　建设工程计价

第2篇　全过程工程造价管理

第3篇　工程造价的监管

第4篇　工程造价的发展趋势与展望

第 1 篇

建设工程计价

第1章 相关概念

1.1 工程造价

1.1.1 工程造价概念

工程造价是工程项目在建设期预计或实际支出的建设费用,包括投资估算、设计概算、修正概算、施工图预算、工程结算、竣工决算等核心内容。

1.1.2 工程造价含义

由于所处的角度不同,工程造价有不同的含义。

含义一:从投资者(业主)角度分析,工程造价是指建设一项工程预期开支或实际开支的全部固定资产投资费用。投资者为了获得投资项目的预期效益,需要对项目进行策划决策、建设实施(设计、施工)直至竣工验收等一系列活动。在上述活动中所花费的全部费用即构成工程造价。从这个意义上讲,工程造价就是建设工程固定资产总投资。

含义二:从市场交易角度分析,工程造价是指在工程发承包交易活动中形成的建筑安装工程费用或建设工程总费用。显然,工程造价的这种含义是指以建设工程这种特定的商品形式作为交易对象,通过招标投标或其他交易方式,在多次预估的基础上,最终由市场形成的价格。这里的工程既可以是整个建设工程项目,也可以是其中一个或几个单项工程或单位工程,还可以是其中一个或几个分部工程,如建筑安装工程、装饰装修工程等。随着经济发展、技术进步、分工细化和市场的不断完善,工程建设中的中间产品也会越来越多,商品交换会更加频繁,工程价格的种类和形式也会更为丰富。

工程承发包价格是一种重要且较为典型的工程造价形式,是在建筑市场通过发承包交易(多数为招标投标),由需求主体(投资者或建设单位)和供给主体(承包商)共同认可的价格。

工程造价的两种含义实质上就是从不同角度把握同一事物的本质。对投资者而言,工程造价就是项目投资,是"购买"工程项目需支付的费用;同时,工程造价也是投资者作为市场供给主体"出售"工程项目时确定价格和衡量投资效益的尺度。

1.2 工程计价

1.2.1 工程计价概念

工程计价是按照法律法规和标准等规定的程序、方法和依据，对工程造价及其构成内容进行的预测或确定行为。工程造价的预测或确定主要是预测或确定工程建设各个阶段工程造价的费用，即工程造价目标值的确定。工程计价过程包括工程概预算、工程结算和竣工决算。工程概预算是指工程建设项目在开工前，对所需的各种人力、物力资源及其资金的预先计算。其目的在于有效地确定和控制建设项目的投资，进行人力、物力、财力的准备，以保证工程项目的顺利进行。

1.2.2 工程计价特征

由工程项目的特点决定，工程计价具有以下特征。

1. 计价的单件性

建筑产品的单件性特点决定了每项工程都必须单独计算造价。

2. 计价的多次性

工程项目需要按程序进行策划决策和建设实施，工程计价也需要在不同阶段多次进行，以保证工程造价计算的准确性和控制的有效性。多次计价是一个逐步深入和细化、不断接近实际造价的过程。工程多次计价过程，如图 1-1 所示。

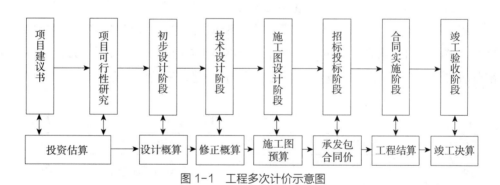

图 1-1 工程多次计价示意图

（1）投资估算，是指在项目建议书和可行性研究阶段通过编制估算文件预先测算的工程造价。投资估算是进行项目决策、筹集资金和合理控制造价的主要依据。

（2）设计概算，是指在初步设计阶段，根据设计意图，通过编制工程概算文件，预先测算的工程造价。与投资估算相比，设计概算的准确性有所提高，但受投资估算的控制。设计概算一般又可分为建设项目总概算、各单项工程综合概算和各单位工程概算。

（3）修正概算，是指在技术设计阶段，根据技术设计要求，通过编制修正概算文件预先测算的工程造价。修正概算是对初步设计概算的修正和调整，比设计概算准确，但受设计概算控制。

（4）施工图预算，是指在施工图设计阶段，根据施工图纸，通过编制预算文件预先测算的工程造价。施工图预算比设计概算或修正概算更为详尽和准确，但同样要受前一阶段工程造价的控制。目前，有些工程项目在招标时需要确定招标控制价，以限制最高投标报价。

（5）承发包合同价，是指在工程发承包阶段通过签订合同所确定的价格。合同价属于市场价格，它是由发承包双方根据市场行情通过招标投标等方式达成一致、共同认可的成交价格。但应注意，合同价并不等同于最终结算的实际工程造价。由于计价方式不同，合同价的内涵也会有所不同。

（6）工程结算，工程结算包括施工过程中的中间结算和竣工验收阶段的竣工结算。工程结算需要按实际完成合同范围内的合格工程量考虑，同时按合同调价范围和调价方法对实际发生的工程量增减、设备和材料价差等进行调整后确定结算价格。工程结算反映的是工程项目实际造价。工程结算文件一般由承包单位编制，由发包单位审查，也可委托工程造价咨询机构进行审查。

（7）竣工决算，是指工程竣工决算阶段，以实物数量和货币指标为计量单位，综合反映竣工项目从筹建开始到项目竣工交付使用为止的全部建设费用。竣工决算文件一般是由建设单位编制，上报相关主管部门审查。

上述不同计价过程之间存在的差异，见表1-1。

3. 计价的组合性

工程造价的计算与建设项目的组合性有关。一个建设项目是一个工程综合体，可按单项工程、单位工程、分部工程、分项工程等不同层次把其分解为许多有内在联系的组成部分。建设项目的组合性决定了工程计价的逐步组合过程。工程计价的组合过程是：分部分项工程造价→单位工程造价→单项工程造价→建设项目总造价。

不同计价过程的对比　　　　　　　　　　　　表1-1

类别	编制阶段	编制单位	编制依据	用途
投资估算	项目建议书、可行性研究	建设单位、工程咨询机构	投资估算指标	投资决策
设计概算、修正概算	初步设计、扩大初步设计	设计单位	概算指标	控制投资及造价
施工图预算	施工图设计	施工单位或设计单位、工程咨询机构	预算定额或消耗量定额	编制招标控制价、投标报价等
承发包合同价	招标投标	发承包双方	概（预）算定额、工程量清单	达成一致、共同认可的成交价格
工程结算	施工	施工单位	预算定额、工程量清单、设计及施工变更资料	确定工程实际建造价格
竣工决算	竣工验收	建设单位	预算定额、工程量清单、工程建设其他费用定额、竣工决算资料	确定工程项目实际投资

4. 计价方法的多样性

工程项目的多次计价有其各不相同的计价依据，每次计价的精确度要求也各不相同，由此决定了计价方法的多样性。例如，投资估算方法有设备系数法、生产能力指数估算法等，概预算方法有单价法和实物法等。不同方法有不同的适用条件，计价时应根据具体情况加以选择。

5. 计价依据的复杂性

工程造价的影响因素较多决定了工程计价依据的复杂性。计价依据主要可分为以下七类：

（1）设备和工程量计算依据，包括项目建议书、可行性研究报告、设计文件等。

（2）人工、材料、机械等实物消耗量计算依据，包括投资估算指标、概算定额、预算定额等。

（3）工程单价计算依据，包括人工单价、材料价格、材料运杂费、机械台班费等。

（4）设备单价计算依据，包括设备原价、设备运杂费、进口设备关税等。

（5）措施费、间接费和工程建设其他费用计算依据，主要是相关的费用定额和指标。

（6）政府规定的税费，包括社会保险费、增值税等。

（7）物价指数和工程造价指数，包括建筑安装工程造价指数、设备工器具价格指数和工程建设其他费用指数等。

1.2.3　工程量清单计价

1. 工程量清单计价概念

我国目前主要使用工程量清单计价方法，清单计价是指在建设工程招标投标中，按照国家统一的工程量清单计价规范，由具有编制招标文件能力的招标人或由招标人委托具有资质的中介机构编制反映工程实体性消耗和措施性消耗的工程量清单，并作为招标文件的一部分提供给投标人，由投标人依据工程量清单，根据各种渠道所获得的工程造价信息和经验数据，结合企业定额自主报价的计价方式。

清单计价方法引入市场因素，将工程计价划分为清单编制和投标报价两个阶段，既有利于规范建设市场主体行为和交易秩序，又实现了招标方与投标方的风险分担，促进建设市场有序竞争、企业健康发展。

2. 工程量清单计价程序

工程清单计价的基本程序，如图 1-2 所示。

（1）计算分部分项工程费。计算公式如下：

$$分部分项工程费 =\sum（分部分项工程量 × 相应分部分项工程综合单价） \quad （1-1）$$

$$其中，分部分项工程综合单价 = 人工费 + 材料费 + 机械费 + 管理费 + 利润 \quad （1-2）$$

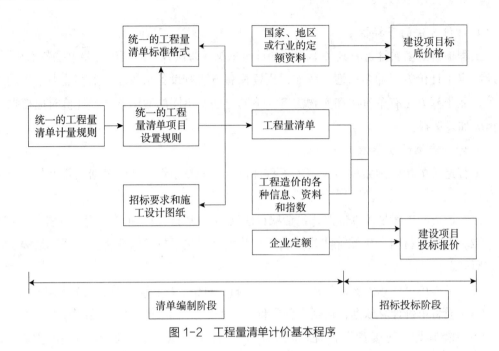

图 1-2　工程量清单计价基本程序

（2）计算措施项目费。计算公式如下：

$$措施项目费 =\sum（措施项目工程量 × 措施项目综合单价）\qquad（1-3）$$

（3）计算单位工程报价。计算公式如下：

$$单位工程报价 = 分部分项工程费 + 措施项目费 + 其他项目费 + 规费 + 税金\qquad（1-4）$$

（4）计算单项工程报价。计算公式如下：

$$单项工程报价 =\sum 单位工程报价\qquad（1-5）$$

（5）计算建设项目总报价。计算公式如下：

$$建设项目总报价 =\sum 单项工程报价\qquad（1-6）$$

1.3　工程造价管理

1.3.1　工程造价管理概念

工程造价管理是指综合运用管理学、经济学和工程技术等方面的知识与技能，对工程造价进行预测、计划、控制、核算、分析和评价等的过程。工程造价管理既涵盖宏观层次的工程建设投资管理，也涵盖微观层次的工程项目费用管理。

1. 工程造价的宏观管理

工程造价的宏观管理是指政府部门根据社会经济发展需求，利用法律、经济和行政等手段规范市场主体的价格行为、监控工程造价的系统活动。

2. 工程造价的微观管理

工程造价的微观管理是指工程参建主体根据工程计价依据和市场价格信息等预测、计划、控制、核算工程造价的系统活动。

1.3.2　建设工程全面造价管理

按照国际造价管理联合会（International Cost Engineering Council，ICEC）给出的定义，全面造价管理（Total Cost Management，TCM）是指有效地利用专业知识与技术，对资源、成本、盈利和风险进行筹划和控制。建设工程全面造价管理包括全寿命期造价管理、全过程造价管理、全要素造价管理和全方位造价管理。

1. 全寿命期造价管理

建设工程全寿命期造价是指建设工程的初始建造成本和建成后的日常使用成本之和，包括策划决策、建设实施、运行维护及拆除回收等各阶段费用。由于在建设工程全寿命期的不同阶段工程造价存在诸多不确定性，因此，全寿命期造价管理主要是一种实现建设工程全寿命期造价最小化的指导思想，指导建设工程投资决策及实施方案的选择。

2. 全过程造价管理

全过程造价管理是指覆盖建设工程策划决策及建设实施各阶段的造价管理，包括策划决策阶段的项目策划、投资估算、项目经济评价和项目融资方案分析；设计阶段的限额设计、方案比选和概预算编制；招标投标阶段的标段划分、承发包模式及合同形式的选择和招标控制价或标底编制；施工阶段的工程计量与结算、工程变更控制和索赔管理；竣工验收阶段的结算与决算等。

3. 全要素造价管理

影响建设工程造价的因素有很多。为此，控制建设工程造价不仅仅是控制建设工程本身的建造成本，还应同时考虑工期成本、质量成本、安全与环境成本的控制，从而实现工程成本、工期、质量、安全、环保的集成管理。全要素造价管理的核心是按照优先性原则，协调和平衡工期、质量、安全、环保与成本之间的对立统一关系。

4. 全方位造价管理

建设工程造价管理不仅仅是建设单位或承包单位的任务，还应是政府建设主管部门、行业协会、建设单位、设计单位、施工单位以及有关咨询机构的共同任务。尽管各方的地位、利益、角度等有所不同，但必须建立完善的协同工作机制才能实现对建设工程造价的有效控制。

1.3.3　工程造价管理的组织系统

工程造价管理的组织系统是指履行工程造价管理职能的有机群体和为实现工程造价管理目标而开展的有效的组织活动。我国设置了多部门、多层次的工程造价管理机构，并规定了各自的管理权限和职责范围。

1. 政府行政管理系统

政府在工程造价管理中既是宏观管理主体，也是政府投资项目的微观管理主体。从宏观管理的角度，政府对工程造价管理有一个严密的组织系统，设置了多层管理机构，规定了管理权限和职责范围。

（1）国务院建设主管部门造价管理机构。其主要职责是：

1）组织制定工程造价管理有关法规、制度并组织贯彻实施；

2）组织制定全国统一经济定额和制定、修订本部门经济定额；

3）监督指导全国统一经济定额和本部门经济定额的实施；

4）制定和负责全国工程造价咨询企业的资质标准及其资质管理工作；

5）制定全国工程造价管理专业人员职业资格准入标准，并监督执行。

（2）国务院其他部门的工程造价管理机构。其包括水利、水电、电力、石油、石化机械、冶金、铁路、煤炭、建材、林业、有色、核工业、公路等行业和军队的造价管理机构，主要职责是修订、编制和解释相应的工程建设标准定额，有的还担负本行业大型或重点建设项目的概算审批、概算调整等职责。

（3）省、自治区、直辖市工程造价管理部门。其主要职责是修编、解释当地的定额、收费标准和计价制度等。此外，其还有开展工程造价审查（核）、提供造价信息、处理合同纠纷等职责。

2. 企事业单位管理系统

企事业单位的工程造价管理属微观管理范畴。设计单位、工程造价咨询单位等按照建设单位或委托方意图，在可行性研究和规划设计阶段合理确定和有效控制建设工程造价，通过限额设计等手段实现设定的造价管理目标。其在招标投标阶段，编制招标文件、标底或招标控制价，参加评标、合同谈判等工作；在施工阶段，通过工程计量与支付、工程变更与索赔管理等控制工程造价。设计单位、工程造价咨询单位通过工程造价管理业绩赢得声誉，提高市场竞争力。

工程承包单位的造价管理是企业自身管理的重要内容。工程承包单位设有专门的职能机构参与企业投标决策，并通过市场调查研究，利用过去积累的经验研究报价策略、提出报价。其在施工过程中进行工程造价的动态管理，注意各种调价因素的发生，及时进行工程价款结算，避免收益的流失，以促进企业盈利目标的实现。

3. 行业协会管理系统

中国建设工程造价管理协会是经住房和城乡建设部和民政部批准成立、代表我国建设工程造价管理的全国性行业协会，是亚太区测量师协会（PAQS）和国际造价管理联合会（ICEC）等相关国家组织的正式会员。

为了增强对各地工程造价咨询工作和造价工程师的管理，近年来，先后成立了各省、自治区、直辖市所属的地方工程造价管理协会。全国性造价管理协会与地方造价管理协会是平等、协商、相互支持的关系，地方协会接受全国性协会的业务指导，共同促进全国工程造价行业管理水平的整体提升。

1.3.4　工程造价管理的主要内容及基本原则

1. 工程造价管理的主要内容

在工程建设全过程的不同阶段，工程造价管理有着不同的工作内容，其目的是在优化建设方案、设计方案和施工方案的基础上有效控制建设工程项目的实际费用支出。

（1）工程项目策划阶段：按照有关规定编制和审核投资估算，经有关部门批准即可作为拟建工程项目的控制造价；基于不同的投资方案进行经济评价，作为工程项目决策的重要依据。

（2）工程设计阶段：在限额设计、优化设计方案的基础上编制和审核工程概算、施工图预算。对于政府投资工程而言，经有关部门批准的工程概算将作为拟建工程项目造价的最高限额。

（3）工程承发包阶段：进行招标策划，编制和审核工程量清单、招标控制价或标底，确定投标报价及其策略，直至确定承包合同价。

（4）工程施工阶段：进行工程计量及工程款支付管理，实施工程费用动态监控，处理工程变更和索赔。

（5）工程竣工阶段：编制和审核工程结算、编制竣工决算，处理工程保修费用等。

2. 工程造价管理的基本原则

实施有效的工程造价管理，应遵循以下三项原则：

（1）以设计阶段为重点的全过程造价管理。工程造价管理贯穿于工程建设全过程的同时，应注重工程设计阶段的造价管理。工程造价管理的关键在于前期决策和设计阶段，而在项目投资决策后，控制工程造价的关键就在于设计。建设工程全寿命期费用包括工程造价和工程交付使用后的日常开支（含经营费用、日常维护修理费用、使用期内大修理和局部更新费用）以及该工程使用期满后的报废拆除费用等。

长期以来，我国往往将控制工程造价的主要精力放在施工阶段审核——施工图预算和结算建筑安装工程价款审核，而对工程项目策划决策和设计阶段的造价控制重视不够。为有效地控制工程造价，应将工程造价管理的重点转到工程项目的策划决策和设计阶段。

（2）主动控制与被动控制相结合。长期以来，人们一直把控制理解为目标值与实际值的比较，以及当实际值偏离目标值时，分析其产生偏差的原因，并确定下一步对策。但这种立足于"调查—分析—决策"基础之上的"偏离—纠偏—再偏离—再纠偏"的控制是一种被动控制，这样做只能发现偏离，而不能预防可能发生的偏离。为尽量减少甚至避免目标值与实际值的偏离，还必须立足于事先主动采取控制措施，实施主动控制。也就是说，工程造价控制不仅要反映投资决策，反映工程设计、发包和施工，被动地控制工程造价，更要能动地影响投资决策，影响工程设计、发包和施工，主动地控制工程造价。

（3）技术与经济相结合。要有效地控制工程造价，应从组织、技术、经济等多方面采取措施。从组织上采取措施，包括明确项目组织结构，明确造价控制人员及其任务，明确管理职能分工；从技术上采取措施，包括重视设计多方案选择，严格审查初步设计、技术设计、施工图设计、施工组织设计，深入研究节约投资的可能性；从经济上采取措施，包括动态比较造价的计划值与实际值，严格审核各项费用支出，采取对节约投资的有力奖励措施等。

应该看到，技术与经济相结合是控制工程造价最有效的手段。应通过技术比较、经济分析和效果评价，正确处理技术先进与经济合理之间的对立统一关系，力求在技术先进条件下的经济合理、在经济合理基础上的技术先进，将控制工程造价的观念渗透到各项设计和施工技术措施之中。

1.4 工程造价管理制度

1.4.1 工程造价咨询企业管理办法

根据《工程造价咨询企业管理办法》，工程造价咨询企业是指接受委托为建设项目投资、工程造价的确定与控制提供专业咨询服务的企业。工程造价咨询企业从事工程造价咨询活动应当遵循独立、客观、公正、诚实信用的原则，不得损害社会公共利益和他人的合法权益。

1. 工程造价咨询企业管理

工程造价咨询企业，是指取得工商营业执照，按照经营范围，依法从事工程造价咨询活动的企业。工程造价咨询企业应当按照营业执照经营范围开展相关业务，并具备与承接业务相匹配的能力和注册造价工程师。

工程造价咨询企业依法从事工程造价咨询活动，不受行政区域限制。

工程造价咨询企业应当建立完整的质量管理体系、内部操作规程和档案管理制度，确保咨询成果质量。

2. 工程造价咨询企业业务承接

（1）业务范围

工程造价咨询业务范围包括：

1）建设项目建议书、可行性研究投资估算及项目经济评价报告的编制和审核；

2）建设项目概预算的编制与审核，并配合设计方案比选、优化设计、限额设计等工作进行工程造价分析与控制；

3）建设项目合同价款的确定（包括招标工程工程量清单和标底、投标报价的编制和审核）、合同价款的签订与调整（包括工程变更、工程洽商和索赔费用的计算）、工程款支付、工程结算及竣工结（决）算报告的编制与审核等；

4）工程造价经济纠纷的鉴定和仲裁的咨询；

5）提供工程造价信息服务等。

工程造价咨询企业可以对建设项目的组织实施进行全过程或者若干阶段的管理和服务。

（2）禁止性行为

工程造价咨询企业不得有下列行为：

1）允许其他企业借用本企业名义从事造价咨询活动；

2）转包或承接他人转包的工程造价咨询业务；

3）以弄虚作假手段协助他人在本企业申请造价工程师注册；

4）以给予回扣、恶意压低收费等方式进行不正当竞争；

5）同时接受发包人和承包人、招标人和投标人、两个以上投标人对同一工程项目的工程造价咨询业务；

6）出具虚假、不实或误导性工程造价成果文件；

7）承接被审核、被评审、被审计单位与本企业有利害关系的工程造价咨询业务；

8）法律、法规禁止的其他行为。

3. 工程造价成果文件管理

工程造价成果文件，是指工程造价咨询企业接受委托，由注册造价工程师编制、审核完成的与工程造价有关的文件。

工程造价咨询企业应当按照有关规定，在出具的工程造价成果文件上加盖企业公章，并对工程造价成果文件负责。

注册造价工程师应当在本人编制的工程造价成果文件上签字，加盖执业印章，并承担相应的法律责任。

最终出具的工程造价成果文件应当由一级注册造价工程师审核、签字盖章，并承担相应的法律责任。

工程造价成果文件的编制人与审核人不得为同一注册造价工程师。

修改经注册造价工程师签字盖章的工程造价最终成果文件，应当由签字盖章的注册造价工程师本人进行；本人因特殊情况不能进行修改的，应当由承接该业务的工程造价咨询企业指派其他注册造价工程师重新出具工程造价成果文件。

除法律、法规另有规定外，未经委托人书面同意，工程造价咨询企业和注册造价工程师不得对外提供工程造价咨询服务过程中获知的当事人的商业秘密。

4. 信用信息管理

信用信息内容包括工程造价咨询企业和注册造价工程师的基本信息、从业信息（含工程造价成果文件）、守信信息和失信信息等。

国务院住房和城乡建设主管部门负责建立全国工程造价咨询管理系统，指导开展信用信息相关管理工作。省、自治区、直辖市人民政府住房和城乡建设主管部门负责制定本行政区域工程造价咨询业信用信息管理制度，实施信用信息动态管理，执行统计报告制度。县级以上人民政府住房和城乡建设主管部门负责联合有关部门，管理、记录、归集、共享本行政区域内工程造价咨询业信用信息。

工程造价咨询企业和注册造价工程师应当及时向企业注册所在地县级以上人民政府住房和城乡建设主管部门提供相关信用信息，并承诺提供的信息真实、准确、完整，接受社会监督。

鼓励委托方从全国工程造价咨询管理系统中选择工程造价咨询企业和注册造价工程师开展工程造价咨询活动。

县级以上人民政府住房和城乡建设主管部门应当按照有关规定将查处工程造价咨询企业、注册造价工程师的违法行为和行政处罚结果记入其失信信息，并向社会公布；应当依照有关法律、法规，建立健全工程造价咨询活动投诉举报的处理机制，加强投诉举报核查工作。

工程造价咨询业组织应当加强行业自律管理。鼓励工程造价咨询企业和注册造价工程师加入工程造价咨询业组织，遵守行约、行规，诚实守信经营。

1.4.2　造价工程师职业资格管理制度

根据《造价工程师职业资格制度规定》，国家设置造价工程师准入类职业资格，并将其纳入国家职业资格目录。工程造价咨询企业应配备造价工程师，工程建设活动中有关工程造价的管理岗位应按需要配备造价工程师。造价工程师分为一级造价工程师和二级造价工程师。

1. 职业资格考试

造价工程师是指通过职业资格考试取得中华人民共和国造价工程师职业资格证书，并经注册后从事建设工程造价工作的专业技术人员。

一级造价工程师职业资格考试全国统一大纲、统一命题、统一组织。二级造价工程师职业资格考试全国统一大纲，各省、自治区、直辖市自主命题并组织实施。

（1）报考条件

1）一级造价工程师报考条件。凡遵守中华人民共和国宪法、法律、法规，具有良好的业务素质和道德品行，具备下列条件之一者，可以申请参加一级造价工程师职业资格考试：

①具有工程造价专业大学专科（或高等职业教育）学历，从事工程造价业务工作满5年；具有土木建筑、水利、装备制造、交通运输、电子信息、财经商贸大类大学专科（或高等职业教育）学历，从事工程造价业务工作满6年。

②具有通过工程教育专业评估（认证）的工程管理、工程造价专业大学本科学历或学位，从事工程造价业务工作满4年；具有工学、管理学、经济学门类大学本科学历或学位，从事工程造价业务工作满5年。

③具有工学、管理学、经济学门类硕士学位或者第二学士学位，从事工程造价业务工作满3年。

④具有工学、管理学、经济学门类博士学位，从事工程造价业务工作满1年。

⑤具有其他专业相应学历或者学位的人员，从事工程造价业务工作年限相应增加1年。

2）二级造价工程师报考条件。凡遵守中华人民共和国宪法、法律、法规，具有良好的业务素质和道德品行，具备下列条件之一者，可以申请参加二级造价工程师职业资格考试：

①具有工程造价专业大学专科（或高等职业教育）学历，从事工程造价业务工作满2年；具有土木建筑、水利、装备制造、交通运输、电子信息、财经商贸大类大学专科（或高等职业教育）学历，从事工程造价业务工作满3年。

②具有工程管理、工程造价专业大学本科及以上学历或学位，从事工程造价业务工作满1年；具有工学、管理学、经济学门类大学本科及以上学历或学位，从事工程造价业务工作满2年。

③具有其他专业相应学历或者学位的人员，从事工程造价业务工作年限相应增加1年。

（2）考试科目

造价工程师职业资格考试设有基础科目和专业科目。

一级造价工程师职业资格考试设4个科目，包括："建设工程造价管理""建设工程计价""建设工程技术与计量"和"建设工程造价案例分析"。其中，"建设工程造价管理"和"建设工程计价"为基础科目，"建设工程技术与计量"和"建设工程造价案例分析"为专业科目。

二级造价工程师职业资格考试设2个科目，包括："建设工程造价管理基础知识"和"建设工程计量与计价实务"。其中，"建设工程造价管理基础知识"为基础科目，"建设工程计量与计价实务"为专业科目。

造价工程师职业资格考试专业科目分为4个专业类别，即土木建筑工程、交通运输工程、水利工程和安装工程，考生在报名时可根据实际工作需要选择其一。

（3）职业资格证书

一级造价工程师职业资格考试合格者，由各省、自治区、直辖市人力资源社会保障行政主管部门颁发中华人民共和国一级造价工程师职业资格证书，该证书在全国范围内有效。二级造价工程师职业资格考试合格者，由各省、自治区、直辖市人力资源社会保障行政主管部门颁发中华人民共和国二级造价工程师职业资格证书，该证书原则上在所在行政区域内有效。

2. 注册

国家对造价工程师职业资格实行执业注册管理制度。取得造价工程师职业资格证书且从事工程造价相关工作的人员,经注册方可以造价工程师名义执业。住房和城乡建设部、交通运输部、水利部分别负责一级造价工程师的注册及相关工作。各省、自治区、直辖市住房和城乡建设、交通运输、水利行政主管部门按专业类别分别负责二级造价工程师的注册及相关工作。

经批准注册的申请人,由住房和城乡建设部、交通运输部、水利部核发《中华人民共和国一级造价工程师注册证》(或电子证书);或由各省、自治区、直辖市住房和城乡建设、交通运输、水利行政主管部门核发《中华人民共和国二级造价工程师注册证》(或电子证书)。

造价工程师执业时应持注册证书和执业印章。注册证书、执业印章样式以及注册证书编号规则由住房和城乡建设部会同交通运输部、水利部统一制定。执业印章由注册造价工程师按照统一规定自行制作。

3. 执业

造价工程师在工作中必须遵纪守法,恪守职业道德和从业规范,诚信执业,主动接受有关主管部门的监督检查,加强行业自律。造价工程师不得同时受聘于两个或两个以上单位执业,不得允许他人以本人名义执业,严禁"证书挂靠"。出租、出借注册证书的,依据相关法律法规进行处罚;构成犯罪的,依法追究刑事责任。

(1)一级造价工程师的执业范围。其主要包括建设项目全过程的工程造价管理与咨询等,具体工作内容有:

1)项目建议书、可行性研究投资估算与审核,项目评价造价分析;

2)建设工程设计概算、施工图预算的编制与审核;

3)建设工程招标投标文件工程量和造价的编制与审核;

4)建设工程合同价款、结算价款、竣工决算价款的编制与管理;

5)建设工程审计、仲裁、诉讼、保险中的造价鉴定,工程造价纠纷调解;

6)建设工程计价依据、造价指标的编制与管理;

7)与工程造价管理有关的其他事项。

(2)二级造价工程师的执业范围。二级造价工程师主要协助一级造价工程师开展相关工作,其可独立开展以下具体工作:

1)建设工程工料分析,建设工程计划、组织与成本管理,施工图预算、设计概算编制;

2)建设工程工程量清单、最高投标限价和投标报价的编制;

3)建设工程合同价款、结算价款和竣工决算价款的编制。

造价工程师应在本人工程造价咨询成果文件上签章,并承担相应责任。工程造价咨询成果文件应由一级造价工程师审核并加盖执业印章。

习题

1. 工程造价有哪些含义？
2. 工程计价的含义是什么？
3. 工程量清单计价的基本程序是什么？
4. 简述工程造价管理的含义及基本内容。

第2章　工程造价构成

2.1　概述

2.1.1　我国建设项目总投资及工程造价的构成

建设项目总投资是为完成工程项目建设并达到使用要求或生产条件，在建设期内预计或实际投入的全部费用总和。生产性建设项目总投资包括建设投资、建设期利息和流动资金三部分；非生产性建设项目总投资包括建设投资和建设期利息两部分。其中建设投资和建设期利息之和对应于固定资产投资，固定资产投资与建设项目的工程造价在量上相等。工程造价基本构成包括用于购买工程项目所含各种设备的费用、用于建筑施工和安装施工所需支出的费用、用于委托工程勘察设计应支付的费用、用于购置土地所需的费用，也包括用于建设单位自身进行项目筹建和项目管理所花费的费用等。

工程造价中的主要构成部分是建设投资，建设投资是为完成工程项目建设，在建设期内投入且形成现金流出的全部费用。根据国家发展和改革委员会与住房和城乡建设部发布的《建设项目经济评价方法与参数（第三版）》（发改投资〔2006〕1325号）的规定，建设投资包括工程费用、工程建设其他费用和预备费三部分。工程费用是指建设期内直接用于工程建造、设备购置及其安装的建设投资，可以分为建筑安装工程费和设备及工器具购置费。工程建设其他费用是指建设期发生为项目建设或运营必须发生的但不包括在工程费用中的费用。预备费是指在建设期内因各种不可预见因素的变化而预留的可能增加的费用，包括基本预备费和价差预备费。建设项目总投资的具体构成内容，如图2-1所示。

流动资金是指为进行正常生产运营，用于购买原材料、燃料、支付工资及其他运营费用等所需的周转资金。在可行性研究阶段用于财务分析的计为全部流动资金，在初步设计及以后阶段用于计算"项目报批总投资"或"项目概算总投资"的计为铺底流动资金。铺底流动资金是指生产经营性建设项目为保证投产后正常生产运营所需，在项目资本金中筹措的自有流动资金。

2.1.2　国外工程造价现状与构成

1. 现状

国际上，工程项目的造价通常是建立在对项目结构分解和工程项目进度计划的分析上。通过项目结构分解对工程项目进行全面地、详细地描述，结合这些活动的进度安排

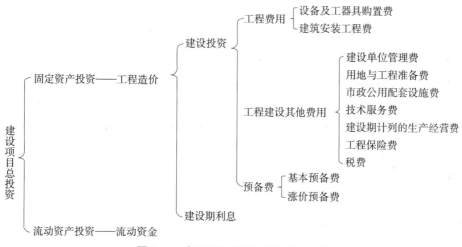

图 2-1 我国现行建设项目总投资构成

确定各项活动所需的资源（人工、各种材料、生产或功能设施、施工设备），通过汇总其最低级别项目单元的估算成本确定工程项目的总造价。在建设工程造价管理领域主要有三种模式：以英国为代表的工料测量体系、以美国为代表的造价工程管理体系及以日本为代表的工程积算制度。

目前的国际工程造价管理体系大多数符合市场经济的要求。分析目前国际上先进工程造价管理的现状，可归纳为以下几个方面：

（1）国际工程造价管理实行有章可循的计价依据。英国的工程量计算规则是参与工程建设各方共同遵守的计量、计价的基本规则，在英国十分重视已完工数据资料的积累和数据库的建设。在美国，一般情况下都是由国内的大型工程咨询公司制定指标、定额和费用标准等。在地方的咨询机构则根据地方的具体情况确定单位工程的基价和消耗量，作为所负责项目造价的估算标准。

（2）国际工程造价管理实行政府间接调控。在发达国家，建筑市场是充分市场化的，政府主要采用间接手段对工程造价进行管理。工程项目进行方案进计、施工设计，实行目标控制，必须按照政府的造价指标和面积标准进行，不得突破。

（3）国际工程造价管理实行造价师动态估价。在国际工程造价管理中，一般是委托工料测量师来完成业主对工程的估价。测量师要确定工程单价就必须比较以往的同类工程和在不同阶段提供的项目资料，并且要结合当前的市场行情，再通过分析其他建筑物的造价资料得出。其以市场为依据进行各方面的估价，实行动态估价。在英国，业主对工程的估价一般要委托工料测量师行来完成。

（4）国际工程造价管理有多渠道的工程造价信息。建筑产品估价与结算的关键依据是造价信息。政府会定期发布工程造价的相关资料信息。同时，社会咨询公司也会实时发布各种成本指数和价格指标等，为工程项目的估价服务。在美国，建筑造价指数一般由一些咨询机构和新闻媒介来编制并定期发布。

（5）国际工程造价管理实行实施过程中的造价控制。造价工程师能对造价计划执行中所出现的问题及时进行分析研究、采取纠正措施，这种强调项目施工过程中造价管理的做法体现了造价控制的动态性，并且重视造价管理所具有的随环境、工作的进行以及价格等的变化而调整造价控制标准和控制方法的动态特征。国际工程造价管理重视工程变更的管理工作，建立了较为详细的工程变更制度。美国工程造价的动态控制还体现在造价信息的反馈系统。这种造价控制反馈系统使动态控制以事实为依据，保证了造价管理的科学性。

（6）国际工程造价管理实行通用的合同文本。在国际工程造价管理中，合同对合作双方都有强烈的约束力，对实现双方的利益和义务都起着重要作用。因此，在国际工程造价管理中，一项通用的行为准则就是严格按照合同规定进行，并且有些国家还实行通用合同文本。英国有一套完整的标准建筑合同体系。

2. 构成

国外各个国家的建设工程造价构成虽然有所不同，但具有代表性的是世界银行、国际咨询工程师联合会对建设工程造价构成的规定。这些国际组织对工程项目的总建设成本（相当于我国的工程造价）作了统一规定，工程项目总建设成本包括直接建设成本、间接建设成本、应急费和建设成本上升费等。

（1）直接建设成本

项目直接建设成本包括以下内容：

1）土地征购费。用地单位应按规定缴纳选址规费，包括土地补偿费、安置补助费、青苗补偿费和地上附着物补偿费。

2）场外设施费用。场外设施费用是指道路、码头、桥梁、机场、输电线路等设施费用。

3）场地费用。场地费用是指用于场地准备、厂区道路、铁路、围栏、场内设施等的建设费用。

4）工艺设备费。工艺设备费是指主要设备、辅助设备及零配件的购置费用，包括海运包装费用、交货港离岸价，但不包括税金。

5）设备安装费。设备安装费包括设备供应商的监理费用，本国劳务及工资费用，辅助材料、施工设备、消耗品和工具等费用，以及安装承包商的管理费和利润等。

6）管道系统费用。管道系统费用是指与系统的材料及劳务相关的全部费用。

7）电气设备费。其内容与工艺设备费类似。

8）电气安装费。电气安装费包括设备供应商的监理费用，本国劳务及工资费用，辅助材料、电缆、管道和工具费用，以及安装承包商的管理费和利润等。

9）仪器仪表费。仪器仪表费包括所有自动仪表、控制板、配线和辅助材料的费用以及供应商的监理费用、外国或本国劳务及工资费用、承包商的管理费和利润等。

10）机械的绝缘和油漆费。机械的绝缘和油漆费是指与机械及管道的绝缘和油漆相关的全部费用。

11）工艺建筑费。工艺建筑费是指原材料、劳务费以及与基础、建筑结构、屋顶、内外装修、公共设施等有关的全部费用。

12）服务性建筑费用。其内容与工艺建筑费相似。

13）工厂普通公共设施费用。工厂普通公共设施费用是指材料和劳务费以及与供水、燃料供应、通风、蒸汽发生及分配、下水道、污染物处理等公共设施有关的费用。

14）车辆费用。车辆费用是指工艺操作必需的机动设备零件费用，包括海运包装费用以及交货港离岸价，但不包括税金。

15）其他当地费用。其他当地费用是指那些不能归类于以上任何一个项目，不能计入项目间接成本，但在建设期间又是必不可少的当地费用。如临时设备、临时公共设施及场地的维持费、营地设施及其管理、建筑保险和债券、杂项开支等费用。

（2）间接建设成本

项目间接建设成本包括以下内容：

1）项目管理费用。项目管理费用包括：总部人员的薪金和福利费，以及用于初步和详细工程设计、采购、时间和成本控制、行政和其他一般管理的费用；施工管理现场人员的薪金、福利费和用于施工现场监督、质量保证、现场采购、时间及成本控制、行政及其他施工管理机构的费用；零星杂项费用（如返工、旅行、生活津贴、业务支出等）；各种酬金。

2）开工试车费用。开工试车费用是指工厂投料试车必需的劳务和材料费用。

3）业主的行政性费用。业主的行政性费用是指业主的项目管理人员费用及支出。

4）生产前费用。生产前费用是指前期研究、勘测、建矿、采矿等费用。

5）运费和保险费用。运费和保险费用是指海运、国内运输、许可证及佣金、海洋保险、综合保险等费用。

6）税金。税金是指地方关税、地方税及对特殊项目征收的税金。

（3）应急费

项目应急费包括以下内容：

1）未明确项目的准备金。此项准备金用于在估算时不可能明确的潜在项目，包括那些在做成本估算时因为缺乏完整、准确和详细的资料而不能完全预见和不能注明的项目，并且这些项目是必须完成的，或它们的费用是必定要发生的。在每一个组成部分中均单独以一定的百分比确定，并作为估算的一个项目单独列出。此项准备金不是为了支付工作范围以外可能增加的项目，不是用以应付天灾、非正常经济情况及罢工等情况，也不是用来补偿估算的任何误差，而是用来支付那些几乎可以肯定要发生的费用。因此，它是估算不可缺少的一个组成部分。

2）不可预见准备金。此项准备金（在未明确项目准备金之外）用于在估算达到一定完整性并符合技术标准的基础上，由于物质、社会和经济的变化导致估算增加的情况。此种情况可能发生，也可能不发生。因此，不可预见准备金只是一种储备，可能不动用。

（4）建设成本上升费用

通常，估算中使用的构成工资率、材料和设备价格基础的截止期就是"估算日期"，必须对该日期或已知成本基础进行调整，以补偿直至工程结束时的未知价格增长。工程各个主要组成部分（国内劳务和相关成本、本国材料、外国材料、本国设备、外国设备、项目管理机构）的细目划分决定以后，便可确定每一个主要组成部分的增长率。这个增长率是一项判断因素，它以已发表的国内和国际成本指数、公司记录等为依据，并与国际供应商进行核对，然后根据确定的增长率和从工程进度表中获得的各主要组成部分的点值，计算出每项主要组成部分的成本上升值。

2.2　设备及工、器具购置费用的构成

设备及工、器具购置费用是由设备购置费和工器具及生产家具购置费组成的，它是固定资产投资中的积极部分。在生产性工程建设中，设备及工、器具购置费用占工程造价比重的增大意味着生产技术的进步和资本有机构成的提高。

2.2.1　设备购置费的构成及计算

设备购置费是指购置或自制的达到固定资产标准的设备、工器具及生产家具等所需的费用。它由设备原价和设备运杂费构成，计算公式如下：

$$设备购置费 = 设备原价 + 设备运杂费 \tag{2-1}$$

上式中，设备原价是指国内采购设备的出厂（场）价格或国外采购设备的抵岸价格，设备原价通常包含备品备件费；设备运杂费是指除设备原价之外的关于设备采购、运输、途中包装及仓库保管等方面支出费用的总和。

1. 设备原价

（1）国产设备原价的构成及计算

国产设备原价一般指的是设备制造厂的交货价或订货合同价，即出厂（场）价格。它一般根据生产厂或供应商的询价、报价、合同价确定，或采用一定的方法计算确定。

国产设备原价分为国产标准设备原价和国产非标准设备原价。

1）国产标准设备原价。国产标准设备是指按照主管部门颁布的标准图纸和技术要求，由国内设备生产厂批量生产的，符合国家质量检测标准的设备。国产标准设备一般有完善的设备交易市场，因此可通过查询相关交易市场价格或向设备生产厂家询价得到国产标准设备原价。

2）国产非标准设备原价。国产非标准设备是指国家尚无定型标准，各设备生产厂不可能在工艺过程中采用批量生产，只能按订货要求并根据具体设计图纸制造的设备。非标准设备由于单件生产、无定型标准，所以无法获取市场交易价格，只能按其成本构成或相关技术参数估算其价格。非标准设备原价有多种不同的计算方法，如成本计算估价法、系列设备插入估价法、分部组合估价法、定额估价法等。成本计算估价法是其中一种比较常用的估算非标准设备原价的方法。按成本计算估价法，非标准设备的原价主要由材料费、加工费、辅助材料费、专用工具费、废品损失费、外购配套件费、包装费、非标准设备设计费、利润和增值税等构成。

（2）进口设备原价的构成及计算

进口设备的原价是指进口设备的抵岸价，即设备抵达买方边境、港口或车站，缴纳完各种手续费、税费后形成的价格。抵岸价通常由进口设备到岸价（CIF）和进口从属费构成。进口设备的到岸价即设备抵达买方边境港口或边境车站所形成的价格。在国际贸易中，交易双方所使用的交货类别不同，则交易价格的构成内容也有所差异。进口设备的从属费是指进口设备在办理进口手续过程中发生的应计入设备原价的银行财务费、外贸手续费、进口关税、消费税、进口环节增值税及进口车辆的车辆购置税等。

1- 进口设备原价的构成及计算

2. 设备运杂费

（1）设备运杂费的构成

设备运杂费是指国内采购设备自来源地、国外采购设备自到岸港运至工地仓库或指定堆放地点发生的采购、运输、运输保险、保管、装卸等费用。通常由下列各项构成：

1）运费和装卸费。国产设备由设备制造厂交货地点起至工地仓库（或施工组织设计指定的需要安装设备的堆放地点）止所发生的运费和装卸费；进口设备由我国到岸港口或边境车站起至工地仓库（或施工组织设计指定的需要安装设备的堆放地点）止所发生的运费和装卸费。

2）包装费。在设备原价中没有包含的，为运输而进行的包装支出的各种费用。一般也可称为二次包装费和途中包装费。

3）设备供销部门的手续费。按有关部门规定的统一费率计算。

4）采购与仓库保管费。采购与仓库保管费指采购、验收、保管和收发设备所发生的各种费用，包括设备采购人员、保管人员和管理人员的工资、工资附加费、办公费、差旅交通费，设备供应部门办公和仓库所占固定资产使用费、工具用具使用费、劳动保护费、检验试验费等。这些费用可按主管部门规定的采购与保管费费率计算。

（2）设备运杂费的计算

设备运杂费按设备原价乘以设备运杂费率计算，其计算公式为：

$$设备运杂费 = 设备原价 \times 设备运杂费率 \qquad (2-2)$$

其中，设备运杂费率按各部门及省、自治区、直辖市的有关规定计取。

2.2.2　工、器具及生产家具购置费的构成及计算

工、器具及生产家具购置费是指新建或扩建项目初步设计规定的，保证初期正常生产必须购置的没有达到固定资产标准的设备、仪器、工卡模具、器具、生产家具和备品备件等的购置费用。一般以设备购置费为计算基数，按照部门或行业规定的工、器具及生产家具费率计算。其计算公式为：

$$工、器具及生产家具购置费 = 设备购置费 × 定额费率 \qquad （2-3）$$

2.3　建筑安装工程费用的构成和计算

2.3.1　建筑安装工程费用的构成

1.建筑安装工程费用内容

建筑安装工程费用是指为完成工程项目建造、生产性设备及配套工程安装所需要的费用，内容包括建筑工程费用和安装工程费用。

（1）建筑工程费用内容

建筑工程费用的内容包括以下四方面：

1）各类房屋建筑工程和列入房屋建筑工程预算的供水、供暖、卫生、通风、煤气等设备费用及其装饰、油饰工程的费用，列入建筑工程预算的各种管道、电力、电信等敷设工程的费用。

2）设备基础、支柱、工作台、烟囱、水塔、水池等建筑工程以及各种炉窑等砌筑工程和金属结构工程的费用。

3）为施工而进行的场地平整工程和水文地质勘察，原有建筑物和障碍物的拆除以及施工临时用水、电、气、路和完工后的场地清理、环境绿化、美化等工作的费用。

4）矿井开凿、井巷延伸、露天矿剥离，石油、天然气钻井，修建铁路、公路、桥梁、水库、堤坝、灌渠及防洪等工程的费用。

（2）安装工程费用内容

安装工程费用的内容包括以下两方面：

1）生产、动力、起重、运输、传动和医疗、实验等各种需要安装的机械设备的装配费用，与设备相连的工作台、梯子、栏杆等装设工程费用，附属于被安装设备的管线敷设工程费用，以及被安装设备的绝缘、防腐、保温、油漆等工作的材料费和安装费。

2）为测定安装工程质量，对单台设备进行单机试运转、对系统设备进行系统联动无负荷试运转工作的调试费。

2.我国现行建筑安装工程费用项目组成

根据住房和城乡建设部、财政部颁布的《关于印发〈建筑安装工程费用项目组成〉

的通知》（建标〔2013〕44 号），我国现行建筑安装工程费用项目按两种不同的方式划分，即按照费用构成要素划分和按照造价形成划分，其具体构成如图 2-2 所示。

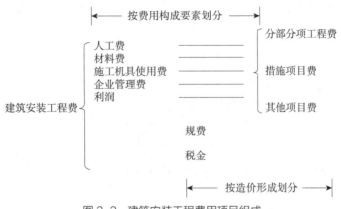

图 2-2　建筑安装工程费用项目组成

2.3.2　建筑安装工程费用的项目构成和计算（按费用构成要素划分）

建筑安装工程费用按费用构成要素划分，由人工费、材料费、施工机具使用费、企业管理费、利润、规费和增值税组成。其中人工费、材料费、施工机具使用费、企业管理费和利润包含在分部分项工程费、措施项目费、其他项目费中，其具体构成如图 2-3 所示。

1. 人工费

人工费是指按工资总额构成规定，支付给从事建筑安装工程施工的生产工人和附属生产单位工人的各项费用。

人工费的基本计算公式为：

$$人工费 = \sum（工日消耗量 \times 日工资单价）\tag{2-4}$$

工日消耗量是指在正常施工生产条件下，完成规定计量单位的建筑安装产品所消耗的生产工人的工日数量。

人工日工资单价是指直接从事建筑安装工程施工的生产工人在每个法定工作日的工资、津贴等组成。

根据《住房城乡建设部关于加强和改善工程造价监管的意见》（建标〔2017〕209 号），人工费的内容包括：

（1）工资，是指按计时工资标准和工作时间或对已做工作按计件单价支付给个人的劳动报酬。

（2）津贴、补贴，是指为了补偿职工特殊或额外的劳动消耗和因其他特殊原因支付给个人的津贴，以及为了保证职工工资水平不受物价影响支付给个人的物价补贴。如流

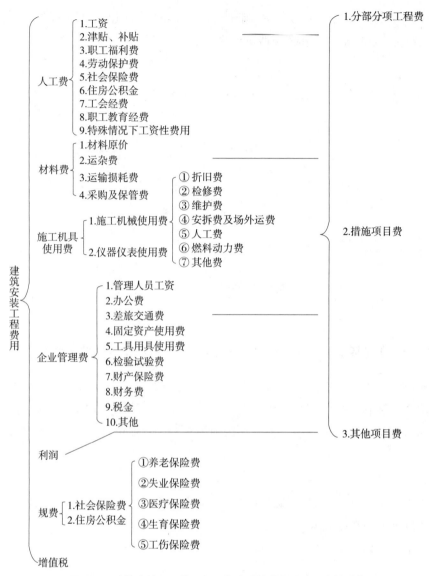

图2-3　建筑安装工程费用项目构成（按费用构成要素划分）

动施工津贴、特殊地区施工津贴、高温（寒）作业临时津贴、高空津贴等。

（3）职工福利费，是指用于增进职工物质利益，帮助职工及其家属解决某些特殊困难和兴办集体福利事业所支付的费用。包括拨交的工会经费，按标准提取的工作人员福利费，独生子女保健费，公费医疗经费，未参加公费医疗单位的职工医疗费，因工负伤等住院治疗、住院疗养期间的伙食补助费，病假两个月以上人员的工资，职工探亲旅费，由原单位支付的退职金，退职人员及其随行家属路费，职工死亡火葬及费用，遗属生活困难补助费，长期赡养人员补助费，以及由"预算包干结余"开支的集体福利支出。

（4）劳动保护费，是指确因工作需要为雇员配备或提供工作服、手套、安全保护用品等所发生支出。劳动保护费的范围包括：工作服、手套、洗衣粉等劳保用品，解毒剂等安全保护用品，清凉饮料等防暑降温用品，以及按照劳动部等部门规定的范围对接触有毒物质、矽尘作业、放射线作业和潜水、沉箱作业、高温作业等5类工种所享受的由劳动保护费开支的保健食品待遇。

（5）社会保险费，是指在社会保险基金的筹集过程当中，雇员和雇主按照规定的数额和期限向社会保险管理机构缴纳的费用，它是社会保险基金的最主要来源。也可以认为是社会保险的保险人（国家）为了承担法定的社会保险责任，而向被保险人（雇员和雇主）收缴的费用，主要包括养老保险、失业保险、医疗保险、生育保险和工伤保险。

（6）住房公积金，是指企业按规定标准为职工缴纳的住房公积金。

（7）工会经费，是指企业按《工会法》规定的全部职工工资总额比例计提的工会经费。

（8）职工教育经费，是指按职工工资总额的规定比例计提，企业为职工进行专业技术和职业技能培训，专业技术人员继续教育、职工职业技能鉴定、职业资格认定以及根据需要对职工进行各类文化教育所发生的费用。

（9）特殊情况下工资性费用，是指根据国家法律、法规和政策规定，因病、工伤、产假、计划生育假、婚丧假、事假、探亲假、定期休假、停工学习、执行国家或社会义务等原因按计时工资标准或计时工资标准的一定比例支付的工资。

2. 材料费

材料费是指施工过程中耗费的原材料、辅助材料、构配件、零件、半成品或成品、工程设备的费用，以及周转材料等的摊销、租赁费用。

材料费的基本计算公式为：

$$材料费 = \sum（材料消耗量 \times 材料单价）\qquad （2-5）$$

材料消耗量是指在正常施工生产条件下，完成规定计量单位的建筑安装产品所消耗的各类材料的净用量和不可避免的损耗量。

材料单价是指建筑材料从其来源地运到施工工地仓库直至出库形成的综合平均单价。当采用一般计税方法时，材料单价需扣除增值税进项税额。材料单价的内容包括以下几个方面：

（1）材料原价，是指材料的出厂价格或商家供应价格。

（2）运杂费，是指材料自来源地运至工地仓库或指定堆放地点所发生的包装、捆扎、运输、装卸等费用。

（3）运输损耗费，是指材料在运输装卸过程中不可避免的损耗。

（4）采购及保管费，是指在组织采购和保管材料、工程设备的过程中所需要的各项费用。

当采用一般计税方法时，材料单价中的材料原价、运杂费等均应扣除增值税进项税额。

工程设备是指构成或计划构成永久工程一部分的机电设备、金属结构设备、仪器装置及其他类似的设备和装置。

3. 施工机具使用费

施工机具使用费是指施工作业所发生的施工机械、仪器仪表使用费或其租赁费。

（1）施工机械使用费

施工机械使用费的基本计算公式为：

$$施工机械使用费 = \sum（施工机械台班消耗量 \times 机械台班单价）　　　（2-6）$$

其中，施工机械台班单价应由下列七项费用组成：

1）折旧费，是指施工机械在规定的耐用总台班内，陆续收回其原值的费用。

2）检修费，是指施工机械在规定的耐用总台班内，按规定的检修间隔进行必要的检修，以恢复其正常功能所需的费用。

3）维护费，是指施工机械在规定的耐用总台班内，按规定的维护间隔进行各级维护和临时故障排除所需的费用、保障机械正常运转所需替换设备与随机配备工具附具的摊销费用、机械运转及日常维护所需润滑与擦拭的材料费用及机械停滞期间的维护费用等。

4）安拆费及场外运费，安拆费是指施工机械在现场进行安装与拆卸所需的人工、材料、机械和试运转费用以及机械辅助设施的折旧、搭设、拆除等费用，场外运费是指施工机械整体或分体自停放地点运至施工现场或由一施工地点运至另一施工地点的运输、装卸、辅助材料等费用。

5）人工费，是指机上司机（司炉）和其他操作人员的人工费。

6）燃料动力费，是指施工机械在运转作业中所耗用的燃料及水、电等费用。

7）其他费，是指施工机械按照国家规定应缴纳的车船税、保险费及检测费等。

（2）仪器仪表使用费，是指工程施工所需使用的仪器仪表的摊销及维修费用，以施工仪器仪表耗用量乘以仪器仪表台班单价表示。施工仪器仪表台班单价通常由折旧费、维护费、校验费和动力费等组成。

4. 企业管理费

企业管理费是指建筑安装企业组织施工生产和经营管理所需的费用。一般包括管理人员工资、办公费、差旅交通费、固定资产使用费、工具用具使用费、检验试验费、财产保险费、财务费、税金及其他。

2- 企业管理费

5. 利润

利润是指施工单位从事建筑安装工程施工所获得的盈利。

6. 规费

规费是指按国家法律、法规规定，由省级政府和省级有关权力部门规定施工单位必须缴纳或计取，应计入建筑安装工程造价的费用。

（1）规费的内容

1）社会保险费

①养老保险费，是指企业按照规定标准为职工缴纳的基本养老保险费。

②失业保险费，是指企业按照规定标准为职工缴纳的失业保险费。

③医疗保险费，是指企业按照规定标准为职工缴纳的基本医疗保险费。

④生育保险费，是指企业按照规定标准为职工缴纳的生育保险费。

⑤工伤保险费，是指企业按照规定标准为职工缴纳的工伤保险费。

2）住房公积金，是指企业按照规定标准为职工缴纳的住房公积金。

其他应列而未列入的规费，按实际发生计取。

（2）规费的计算

社会保险费和住房公积金应以定额人工费为计算基础，根据工程所在地省、自治区、直辖市或行业建设主管部门规定的费率计算。其计算公式为：

$$社会保险费和住房公积金 = \sum（工程定额人工费 \times$$

$$社会保险费和住房公积金费率）\qquad（2-7）$$

社会保险费和住房公积金费率可以按每万元发承包价的生产工人人工费和管理人员工资含量与工程所在地规定的缴纳标准综合分析取定。

7. 增值税

建筑安装工程费用中的增值税是指按照国家税法规定的应计入建筑安装工程造价内的增值税税额，按税前造价乘以增值税适用税率确定。

（1）采用一般计税方法时增值税的计算

采用一般计税方法时，建筑业增值税税率为9%。其计算公式为：

$$增值税 = 税前造价 \times 9\% \qquad（2-8）$$

其中，税前造价为人工费、材料费、施工机具使用费、企业管理费、利润和规费之和，且各费用项目均以不包含增值税可抵扣进项税额的价格来计算。

（2）采用简易计税方法时增值税的计算

1）简易计税的适用范围。根据《营业税改征增值税试点实施办法》《营业税改征增值税试点有关事项的规定》以及《关于建筑服务等营改增试点政策的通知》的规定，简易计税方法主要适用于以下几种情况：

①小规模纳税人发生应税行为适用简易计税方法计税。小规模纳税人通常是指纳税人提供建筑服务的年应征增值税销售额未超过500万元，并且会计核算不健全，不能按规定报送有关税务资料的增值税纳税人。年应税销售额超过500万元但不经常发生应税行为的单位也可选择按照小规模纳税人计税。

②一般纳税人以清包工方式提供的建筑服务，可以选择用简易计税方法计税。以清包工方式提供建筑服务，是指施工方不采购建筑工程所需的材料或只采购辅助材料，并收取人工费、管理费或者其他费用的建筑服务。

③一般纳税人为甲供工程提供的建筑服务，可以选择用简易计税方法计税。甲供工程是指全部或部分设备、材料、动力由工程发包方自行采购的建筑工程。其中，建筑工程总承包单位为房屋建筑的地基与基础、主体结构提供工程服务，建设单位自行采购全

部或部分钢材、混凝土、砌体材料、预制构件的，适用简易计税方法计税。

④一般纳税人为建筑工程老项目提供的建筑服务，可以选择用简易计税方法计税。建筑工程老项目：a.《建筑工程施工许可证》注明的合同开工日期在2016年4月30日前的建筑工程项目；b. 未取得《建筑工程施工许可证》的，建筑工程承包合同注明的开工日期在2016年4月30日前的建筑工程项目。

2）简易计税的计算方法。当采用简易计税方法时，建筑业增值税税率为3%。其计算公式为：

$$增值税 = 税前造价 \times 3\% \tag{2-9}$$

税前造价为人工费、材料费、施工机具使用费、企业管理费、利润和规费之和，各费用项目均以包含增值税进项税额的含税价格来计算。

2.3.3　建筑安装工程费用的项目构成和计算（按造价形成划分）

为指导工程造价专业人员计算建筑安装工程造价，将建筑安装工程费用按工程造价形成划分为分部分项工程费、措施项目费、其他项目费、规费和增值税。其中，分部分项工程费、措施项目费、其他项目费包括人工费、材料费、施工机具使用费、企业管理费和利润，其具体构成如图2-4所示。

1. 分部分项工程费

分部分项工程费是指各专业工程的分部分项工程应予列支的各项费用。

（1）专业工程，是指按现行国家计量规范划分的房屋建筑与装饰工程、仿古建筑工程、通用安装工程、市政工程、园林绿化工程、矿山工程、构筑物工程、城市轨道交通工程、爆破工程等各类工程。

（2）分部分项工程，是指按现行国家计量规范对各专业工程划分的项目。如房屋建筑与装饰工程划分的土石方工程、地基处理与桩基工程、砌筑工程、钢筋及钢筋混凝土工程等分部工程，各分部工程可以按照材料、规格、部位等的不同划分为多个分项工程。各类专业工程的分部分项工程划分见现行国家或行业计量规范。

（3）分部分项工程费的计算公式为：

$$分部分项工程费 =\sum（分部分项工程量 \times 综合单价） \tag{2-10}$$

式中，综合单价包括人工费、材料费、施工机具使用费、企业管理费和利润以及一定范围的风险费用。

2. 措施项目费

措施项目费是指为完成建设工程施工，发生于该工程施工前和施工过程中的技术生活、安全、环境保护等方面的费用。

（1）措施项目费的构成

措施项目的构成需考虑多种因素，除工程本身的因素外，还涉及水文、

3- 各项安全文明施工费

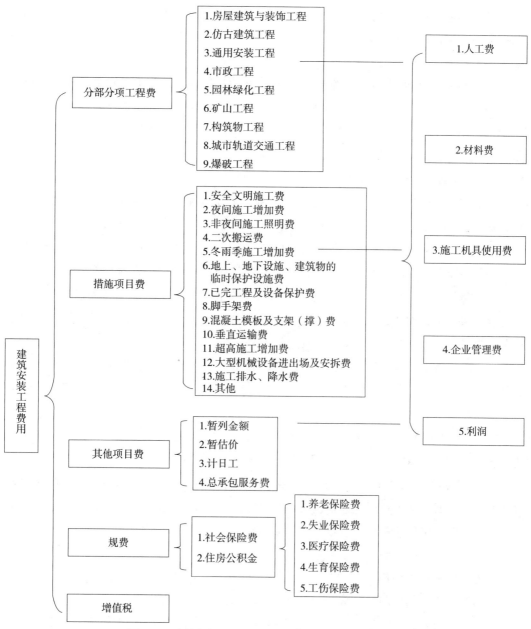

图2-4 建筑安装工程费用项目构成（按造价形成划分）

气象、环境、安全等因素，以《房屋建筑与装饰工程工程量计算规范》GB 50854—2013
中的规定为例，措施项目费的内容主要包括以下几项：

1）安全文明施工费

①环境保护费，是指施工现场为达到环保部门要求所需要的各项费用。

②文明施工费，是指施工现场文明施工所需要的各项费用。

③安全施工费，是指施工现场安全施工所需要的各项费用。

④临时设施费，是指施工企业为进行建设工程施工所必须搭设的生活和生产用的临时建筑物、构筑物和其他临时设施费用，包括临时设施的搭设、维修、拆除、清理费或摊销费等。

2）夜间施工增加费。夜间施工增加费是指因夜间施工所发生的夜班补助费、夜间施工降效、夜间施工照明设备摊销及照明用电等措施费用。内容由以下各项组成：①夜间固定照明灯具和临时可移动照明灯具的设置、拆除费用；②夜间施工时，施工现场交通标志、安全标牌、警示灯的设置、移动、拆除费用；③夜间照明设备摊销及照明用电、施工人员夜班补助、夜间施工劳动效率降低等费用。

3）非夜间施工照明费。非夜间施工照明费是指为保证工程施工正常进行，在地下室等特殊施工部位施工时所采用的照明设备的安拆、维护及照明用电等费用。

4）二次搬运费。二次搬运费是指因施工管理需要或因场地狭小等原因，导致建筑材料、设备等不能一次搬运到位，必须发生的二次或以上搬运所需的费用。

5）冬雨季施工增加费。冬雨季施工增加费是指因冬雨季天气原因导致施工效率降低加大投入而增加的费用，以及为确保冬雨季施工质量和安全而采取的保温、防雨等措施所需的费用。

6）地上、地下设施、建筑物的临时保护设施费。在工程施工过程中，对已建成的地上、地下设施和建筑物进行的遮盖、封闭、隔离等必要保护措施所发生的费用。

4- 冬雨期施工
增加费

7）已完工程及设备保护费。竣工验收前，对已完工程及设备采取的覆盖、包裹、封闭、隔离等必要保护措施所发生的费用。

8）脚手架费。脚手架费是指施工需要的各种脚手架搭、拆、运输费用以及脚手架购置费的摊销（或租赁）费用。通常包括以下内容：

①施工时可能发生的场内、场外材料搬运费用；

②搭、拆脚手架、斜道、上料平台费用；

③安全网的铺设费用；

④拆除脚手架后材料的堆放费用。

9）混凝土模板及支架（撑）费。混凝土施工过程中需要的各种钢模板、木模板、支架等的支拆、运输费用及模板、支架的摊销（或租赁）费用。内容由以下各项组成：

①混凝土施工过程中需要的各种模板制作费用；

②模板安装、拆除、整理堆放及场内外运输费用；

③清理模板黏结物及模内杂物、刷隔离剂等费用。

10）垂直运输费。垂直运输费是指现场所用材料、机具从地面运至相应高度以及职工人员上下工作面等所发生的运输费用。内容由以下各项组成：

①垂直运输机械的固定装置、基础制作、安装费；

②行走式垂直运输机械轨道的铺设、拆除、摊销费。

11）超高施工增加费。当单层建筑物檐口高度超过 20m，多层建筑物超过 6 层时，可计算超高施工增加费，内容由以下各项组成：

①建筑物超高引起的人工工效降低以及由于人工工效降低引起的机械降效费；

②高层施工用水加压水泵的安装、拆除及工作台班费；

③通信联络设备的使用及摊销费。

12）大型机械设备进出场及安拆费。机械整体或分体自停放场地运至施工现场或由一个施工地点运至另一个施工地点所发生的机械进出场运输和转移费用及机械在施工现场进行安装、拆卸所需的人工费、材料费、机具费、试运转费和安装所需的辅助设施的费用。内容由安拆费和进出场费组成：

①安拆费包括施工机械、设备在现场进行安装、拆卸所需的人工、材料、机具和试运转费用以及机械辅助设施的折旧、搭设、拆除等费用；

②进出场费包括施工机械、设备整体或分体自停放地点运至施工现场或由一施工地点运至另一施工地点所发生的运输、装卸、辅助材料等费用。

13）施工排水、降水费。施工排水、降水费是指将施工期间有碍施工作业和影响工程质量的水排到施工场地以外，以及防止在地下水位较高的地区开挖深基坑出现基坑浸水、地基承载力下降，在动水压力作用下还可能引起流砂、管涌和边坡失稳等现象而必须采取有效的降水和排水措施费用。该项费用由成井和排水、降水两个独立的费用项目组成：

①成井的费用主要包括：a. 准备钻孔机械、埋设护筒、钻机就位，泥浆制作、固壁，成孔、出渣、清孔等费用；b. 对接上下井管（滤管）、焊接、安防、下滤料、洗井、连接试抽等费用。

②排水、降水的费用主要包括：a. 管道安装、拆除，场内搬运等费用；b. 抽水、值班、降水设备维修等费用。

14）其他。根据项目的专业特点或所在地区不同，可能会出现其他的措施项目，如工程定位复测费和特殊地区施工增加费等。

（2）措施项目费的计算

按照有关专业工程量计算规范规定，措施项目分为应予计量的措施项目和不宜计量的措施项目两类。

1）应予计量的措施项目。应予计量的措施项目费基本与分部分项工程费的计算方法相同，计算公式为：

$$措施项目费 =\sum（措施项目工程量 \times 综合单价）\qquad（2-11）$$

不同的措施项目其工程量的计算单位是不同的，分列如下：

①脚手架费通常是按照建筑面积或垂直投影面积以"m²"为单位计算。

②混凝土模板及支架（撑）费通常是按照模板与现浇混凝土构件的接触面积以"m²"为单位计算。

③垂直运输费可根据不同情况用两种方法进行计算：a.按照建筑面积以"m²"为单位计算；b.按照施工工期日历天数以"天"为单位计算。

④超高施工增加费通常是按照建筑物超高部分的建筑面积以"m²"为单位计算。

⑤大型机械设备进出场及安拆费通常是按照机械设备的使用数量以"台次"为单位计算。

⑥施工排水、降水费分两个不同的独立部分计算：a.成井费用通常是按照设计图示尺寸按钻孔深度以"m"为单位计算；b.排水、降水费用通常是按照排、降水日历天数以"昼夜"为单位计算。

2）不宜计量的措施项目。对于不宜计量的措施项目，通常用计算基数乘以费率的方法予以计算。

①安全文明施工费。其计算公式为：

$$安全文明施工费 = 计算基数 × 安全文明施工费费率（\%）\qquad（2-12）$$

计算基数应为定额基价（定额分部分项工程费 + 定额中可以计量的措施项目费）、定额人工费或定额人工费与施工机具使用费之和，其费率由工程造价管理机构根据各专业工程的特点综合确定。

②其余不宜计量的措施项目包括夜间施工增加费，非夜间施工照明费，二次搬运费，冬雨季施工增加费，地上、地下设施、建筑物的临时保护设施费，已完工程及设备保护费等。其计算公式为：

$$措施项目费 = 计算基数 × 措施项目费费率（\%）\qquad（2-13）$$

公式中的计算基数应为定额人工费或定额人工费与定额施工机具使用费之和，其费率由工程造价管理机构根据各专业工程特点和调查资料综合分析后确定。

3. 其他项目费

其他项目费是指分部分项工程费、措施项目费所包含的内容以外，因招标人的特殊要求而发生的与拟建工程有关的其他费用。工程建设标准的高低、工程的复杂程度、工期的长短、工程的内容及发包人对工程的管理要求都直接影响其他项目费的具体内容，在《建设工程工程量清单计价规范》GB 50500—2013 中提供了以下四项内容作为列项参考。

（1）暂列金额

暂列金额是指建设单位在工程量清单中暂定并包括在工程合同价款中的一笔用于施工合同签订时尚未确定或者不可预见的所需材料、工程设备、服务的采购，施工中可能发生的工程变更、合同约定调整因素出现时的工程价款调整以及发生的索赔、现场签证确认等的费用。

工程建设自身的规律性决定了工程建设过程中可能存在许多不确定性因素，这些因素可能会导致发包人的需求和设计随工程建设进展发生变化，这必然会影响合同价格，暂列金额就是应这类不可避免的价格调整而设立的，以便合理确定工程造价的控制目标。

（2）暂估价

暂估价是指招标阶段直至签订合同协议时，招标人在招标文件中提供的用于支付必然要发生但暂时不能确定价格的材料以及需另行发包的专业工程的金额。暂估价包括材料暂估价和专业工程暂估价。

（3）计日工

计日工是指在施工过程中，施工企业完成建设单位提出的施工图纸以外的零星项目或工作所需的费用。

计日工是为了解决施工现场发生的零星工作的计价而设立的，为合同外的额外工作和变更的计价提供了一个方便快捷的途径。

（4）总承包服务费

总承包服务费是指总承包人为配合、协调建设单位进行的专业工程发包，对建设单位自行采购的材料、工程设备等进行保管以及施工现场管理、竣工资料汇总整理等所需的费用。

4. 规费

定义同建筑安装工程费用项目组成（按费用构成要素划分）中的规费。

5. 增值税

定义同建筑安装工程费用项目组成（按费用构成要素划分）中的增值税。

2.4　工程建设其他费用的构成和计算

工程建设其他费用是指建设期发生的与土地使用权取得、全部工程项目建设以及未来生产经营有关的，除工程费用、预备费、增值税、建设期融资费用、流动资金以外的费用。

政府有关部门对建设项目管理监督所发生的，并由其部门财政支出的费用，不得列入相应建设项目的工程造价。

2.4.1　建设单位管理费

1. 建设单位管理费的内容

建设单位管理费是指项目建设单位从项目筹建之日起至办理竣工财务决算之日止发生的管理性质的支出，包括工作人员薪酬及相关费用、办公费、办公场地租用费、差旅交通费、劳动保护费、工具用具使用费、固定资产使用费、招募生产工人费、技术图书资料费（含软件）、业务招待费、竣工验收费和其他管理性质的开支。

2. 建设单位管理费的计算

建设单位管理费按照工程费用之和（包括设备工器具购置费和建筑安装工程费用）乘以建设单位管理费费率计算。其计算公式为：

$$建设单位管理费 = 工程费用 \times 建设单位管理费费率 \tag{2-14}$$

实行代建制管理的项目，计列代建管理费等同建设单位管理费，不得同时计列建设单位管理费。委托第三方行使部分管理职能的，其技术服务费列入技术服务费项目或用地与工程准备费项目。

2.4.2 用地与工程准备费

用地与工程准备费是指取得土地与工程建设施工准备所发生的费用，包括土地使用费和补偿费、场地准备费及临时设施费。

1. 土地使用费和补偿费

建设用地的取得，实质是依法获取国有土地的使用权。根据《中华人民共和国土地管理法》《中华人民共和国土地管理法实施条例》《中华人民共和国城市房地产管理法》的规定，获取国有土地使用权的基本方法有两种：一是出让方式，二是划拨方式。建设土地取得的基本方式还包括租赁和转让方式。

建设用地如通过行政划拨方式取得，则须承担征地补偿费用或对原用地单位或个人的拆迁补偿费用；若通过市场机制取得，则不但要承担以上费用，还须向土地所有者支付有偿使用费，即土地出让金。

土地使用费和补偿费包括征地补偿费、拆迁补偿费及出让金和土地转让金。

（1）征地补偿费

征地补偿费包括土地补偿费、青苗补偿费和地上附着物补偿费、安置补助费、新菜地开发建设基金、耕地开垦费和森林植被恢复费、生态补偿与压覆矿产资源补偿费、其他补偿费、土地管理费等。

5- 征地补偿费

（2）拆迁补偿费

在城市规划区内的国有土地上实施房屋拆迁的，拆迁人应当对被拆迁人给予补偿、安置。拆迁补偿费包括拆迁补偿金和迁移补偿费。迁移补偿费的标准由省、自治区、直辖市人民政府规定。

6- 拆迁补偿费

（3）出让金和土地转让金

土地使用权出让金为用地单位向国家支付的土地所有权收益，出让金标准一般参考城市基准地价并结合其他因素确定。基准地价由市土地管理局会同市物价局、市国有资产管理局、市房地产管理局等部门综合平衡后报市级人民政府审定通过，它以城市土地综合定级为基础，用某一地价或地价幅度表示某一类别用地在某一土地级别范围的地价，以此作为土地使用权出让价格的基础。

在有偿出让和转让土地时，政府对地价不做统一规定，但应坚持以下原则：地价对目前的投资环境不产生大的影响；地价与当地的社会经济承受能力相适应；地价要考虑已投入的土地开发费用、土地市场供求关系、土地用途、所在区类、容积率和使用年限等因素。有偿出让和转让使用权，要向土地受让者征收契税；转让土地如有增值，要向转让者征收土地增值税；土地使用者每年应按规定的标准缴纳土地使用费。土地使用权出让或转让，应先由地价评估机构进行价格评估后，再签订土地使用权出让和转让合同。土地使用权出让合同约定的使用年限届满，土地使用者需要继续使用土地的，应当至迟于届满前一年申请续期，除根据社会公共利益需要收回该幅土地的，应当予以批准。经批准准予续期的，应当重新签订土地使用权出让合同，依照规定支付土地使用权出让金。

2. 场地准备费及临时设施费

（1）场地准备费及临时设施费的内容

1）建设项目场地准备费。建设项目场地准备费是指为使工程项目的建设场地达到开工条件，由建设单位组织进行场地平整等准备工作而发生的费用。

2）建设单位临时设施费。建设单位临时设施费是指建设单位为满足施工建设需要而提供的未列入工程费用的临时水、电、路、信、气、热等工程和临时仓库等建（构）筑物的建设、维修、拆除、摊销等费用或租赁费用，以及货场、码头租赁等费用。

（2）场地准备费及临时设施费的计算

1）场地准备及临时设施应尽量与永久性工程统一考虑。建设场地的大型土石方工程应计入工程费用中的总图运输费用中。

2）新建项目的场地准备和临时设施费应根据实际工程量估算，或按工程费用的比例计算。改扩建项目一般只计拆除清理费。其计算公式为：

$$场地准备和临时设施费 = 工程费用 \times 费率 + 拆除清理费 \qquad (2-15)$$

3）发生拆除清理费时可按新建同类工程造价或主材费、设备费的比例计算。凡可回收材料的拆除工程可采用以料抵工的方式冲抵拆除清理费。

4）此项费用不包括已列入建筑安装工程费用中的施工单位临时设施费。

2.4.3 市政公用配套设施费

市政公用配套设施费是指使用市政公用设施的工程项目，按照项目所在地政府有关规定建设或缴纳的市政公用配套设施建设费用。

市政公用配套设施可以是界区外配套的水、电、路、信等，包括绿化、人防等配套设施。

2.4.4 技术服务费

技术服务费是指在项目建设全过程中委托第三方提供项目策划、技术咨询、勘察设计、项目管理和跟踪验收评估等技术服务所发生的费用。技术服务费包括可行性研究费、专项评价费、勘察设计费、监理费、研究试验费、特殊设备安全监督检验费、监造费、招标费、设计评审费、技术经济标准使用费、工程造价咨询费等。按照国家发展改革委关于《进一步放开建设项目专业服务价格的通知》（发改价格〔2015〕299号）的规定，技术服务费应实行市场调节价。

1. 可行性研究费

可行性研究费是指在工程项目投资决策阶段，对有关建设方案、技术方案或生产经营方案进行的技术经济论证，以及编制、评审可行性研究报告等所需的费用。其具体包括编制、评审项目建议书、预可行性研究报告、可行性研究报告等所需的费用。

2. 专项评价费

专项评价费是指建设单位按照国家规定委托相关单位开展专项评价及有关验收工作发生的费用。

7- 专项评价费

专项评价费包括环境影响评价费、安全预评价费、职业病危害预评价费、地震安全性评价费、地质灾害危险性评价费、水土保持评价费、压覆矿产资源评价费、节能评估费、危险与可操作性分析及安全完整性评价费以及其他专项评价费。

3. 勘察设计费

（1）勘察费

勘察费是指勘察人根据发包人的委托，收集已有资料、现场踏勘、制定勘察纲要，进行勘察作业，以及编制工程勘察文件和岩土工程设计文件等所收取的费用。

（2）设计费

设计费是指设计人根据发包人的委托，提供编制建设项目初步设计文件、施工图设计文件、非标准设备设计文件、竣工图文件等服务所收取的费用。

4. 监理费

监理费是指受建设单位委托，工程监理单位为工程建设提供监理服务所收取的费用。

5. 研究试验费

研究试验费是指为建设项目提供的设计参数、数据、资料等进行必要的研究试验，以及设计规定在建设过程中必须进行试验、验证所需的费用。其包括自行或委托其他部门进行专题研究、试验所需的人工费、材料费、试验设备及仪器使用费等。这项费用按照设计单位根据本工程项目的需要提出的研究试验内容和要求计算。在计算时要注意不应包括以下项目：

（1）应由科技三项费用（即新产品试制费、中间试验费和重要科学研究补助费）开支的项目。

（2）应在建筑安装费用中列支的施工企业对建筑材料、构件和建筑物进行一般鉴定、检查所发生的费用及技术革新的研究试验费。

（3）应由勘察设计费或工程费用中开支的项目。

6. 特殊设备安全监督检验费

特殊设备安全监督检验费是指对在施工现场安装的列入国家特种设备范围内的设备（设施）检验检测和监督检查所发生的应列入项目开支的费用。

7. 监造费

监造费是指对项目所需设备材料制造过程、质量进行驻厂监督所发生的费用。设备材料监造是指承担设备监造工作的单位受项目法人或建设单位的委托，按照设备、材料供货合同的要求，坚持客观公正、诚信科学的原则，对工程项目所需设备、材料在制造和生产过程中的工艺流程、制造质量等进行监督，并对委托人（项目法人或建设单位）负责的服务。

8. 招标费

招标费是指建设单位委托招标代理机构进行招标服务所发生的费用。

9. 设计评审费

设计评审费是指建设单位委托有资质的机构对设计文件进行评审的费用。设计文件包括初步设计文件和施工图设计文件等。

10. 技术经济标准使用费

技术经济标准使用费是指建设项目投资确定与计价、费用控制过程中使用相关技术经济标准时所发生的费用。

11. 工程造价咨询费

工程造价咨询费是指建设单位委托造价咨询机构进行各阶段相关造价业务工作所发生的费用。

2.4.5 建设期计列的生产经营费

建设期计列的生产经营费是指为达到生产经营条件在建设期发生或将要发生的费用，包括专利及专有技术使用费、联合试运转费、生产准备费等。

8- 专利及专有技术使用费的内容及计算

1. 专利及专有技术使用费

专利及专有技术使用费是指在建设期内为取得专利、专有技术、商标权、商誉、特许经营权等所发生的费用。

2. 联合试运转费

联合试运转费是指新建或新增加生产能力的工程项目，在交付生产前按照设计文件规定的工程质量标准和技术要求，对整个生产线或装置进行负荷联合试运转所发生的费用净支出（试运转支出大于收入的差额部分费用）。试运转支出包括试运转所需原材料、燃料及动力消耗、低值易耗品、其他物料消耗、工具用具使用费、机械使用费、联合试运转人员工资、施工单位参加试运转人员工资、专家指导费，以及必要的工业炉烘炉费等；试运转收入包括试运转期间的产品销售收入和其他收入。联合试运转费不包括应由设备安装工程费用开支的调试及试车费用，以及在试运转中暴露出来的因施工原因或设备缺陷等发生的处理费用。

3. 生产准备费

（1）生产准备费的内容

在建设期内，建设单位为保证项目正常生产所做的提前准备工作发生的费用，包括人员培训及提前进厂费，以及投产使用必备的办公、生活家具用具及工器具等的购置费用。

1）人员培训及提前进厂费包括自行组织培训或委托其他单位培训的人员工资、工资性补贴、职工福利费、差旅交通费、劳动保护费、学习资料费等。

2）为保证初期正常生产（或营业、使用）所必需的生产办公、生活家具用具购置费。

（2）生产准备费的计算

1）新建项目按设计定员为基数计算，改扩建项目按新增设计定员为基数计算，计算公式为：

$$生产准备费 = 设计定员 \times 生产准备费指标（元 / 人） \tag{2-16}$$

2）可采用综合的生产准备费指标进行计算，也可以按费用内容的分类指标进行计算。

2.4.6　工程保险费

工程保险费是指为转移工程项目建设的意外风险，在建设期内对建筑工程、安装工程、机械设备和人身安全进行投保而发生的费用。其包括建筑安装工程一切险、引进设备财产保险和人身意外伤害险等。不同建设项目可根据工程特点选择投保险种。根据不同的工程类别，分别以其建筑、安装工程费乘以建筑、安装工程保险费率计算。民用建筑（住宅楼、综合性大楼、商场、旅馆、医院、学校）占建筑工程费的2‰~4‰；其他建筑（工业厂房、仓库、道路、码头、水坝、隧道、桥梁、管道等）占建筑工程费的3‰~6‰；安装工程（农业、工业、机械、电子、电器、纺织、矿山、石油、化学及钢铁工业、钢结构桥梁）占建筑工程费的3‰~6‰。

2.4.7　税费

按财政部《基本建设项目建设成本管理规定》（财建〔2016〕504号）工程其他费中的有关规定，税费统一归纳计列，包括耕地占用税、城镇土地使用税、印花税、车船使用税等和行政性收费，不包括增值税。

2.5　预备费、建设期贷款利息

预备费是指在建设期内因各种不可预见因素的变化而预留的可能增加的费用，包括基本预备费和价差预备费。建设期利息主要是指在建设期内发生的为建设项目筹措资金的融资费用及债务资金利息。

2.5.1　预备费

1. 基本预备费

（1）基本预备费的内容

基本预备费是指投资估算或工程概算阶段预留的，由于工程实施中不可预见的工程变更及洽商、一般自然灾害处理、地下障碍物处理、超规超限设备运输等而可能增加的费用，亦可称为工程建设不可预见费。基本预备费一般由以下四部分构成：

1）不可预见的工程变更及洽商增加的费用。在批准的初步设计范围内，技术设计、施工图设计及施工过程中所增加的工程费用；设计变更、工程变更、材料代用、局部地基处理等所增加的费用。

2）不可预见的一般自然灾害处理的费用。一般自然灾害造成的损失和预防自然灾害所采取的措施费用。实行工程保险的工程项目，该费用应适当降低。

3）不可预见的地下障碍物处理的费用。竣工验收时为鉴定工程质量，对隐蔽工程进行必要的挖掘和修复的费用。

4）超规超限设备运输增加的费用。

（2）基本预备费的计算

基本预备费是按工程费用和工程建设其他费用二者之和为计取基础，乘以基本预备费费率进行计算，其计算公式为：

$$基本预备费 = （工程费用 + 工程建设其他费用）× 基本预备费费率 \qquad （2-17）$$

基本预备费费率的取值应执行国家及部门的有关规定。

2. 价差预备费

（1）价差预备费的内容

价差预备费是指在建设期内为适应利率、汇率或价格等因素的变化而预留的可能增加的费用，亦称为价格变动不可预见费。价差预备费的内容包括：人工、设备、材料、施工机具的价差费，建筑安装工程费及工程建设其他费用调整，利率、汇率调整等增加的费用。

（2）价差预备费的计算

价差预备费一般根据国家规定的投资综合价格指数，以估算年份价格水平的投资额为基数，采用复利法计算。其计算公式为：

$$PF=\sum_{t=1}^{n}I_t[(1+f)^m(1+f)^{0.5}(1+f)^{t-1}-1] \qquad （2-18）$$

式中　　PF——价差预备费；

　　　　n——建设期年份数；

　　　　I_t——建设期中第 t 年的静态投资计划额，包括工程费用、工程建设其他费用及基本预备费；

　　　　f——年涨价率；

　　　　m——建设前期年限（从编制估算到开工建设，单位：年）；

　　　　t——年度数。

对于年涨价率，政府部门有规定的按规定执行，没有规定的由可行性研究人员预测。

2.5.2　建设期贷款利息

对于建设期利息的计算，根据建设期资金用款计划，在总贷款分年均衡发放的前提下，可按当年借款在年中支用考虑，即当年借款按半年计息，上年借款按全年计息。其计算公式为：

$$q_j = \left(P_{j-1} + \frac{1}{2}A_j\right) \cdot i \tag{2-19}$$

式中　q_j——建设期第 j 年应计利息；

　　　P_{j-1}——建设期第（$j-1$）年末累计贷款本金与利息之和；

　　　A_j——建设期第 j 年贷款金额；

　　　i——年利率。

对于国外贷款利息的计算，年利率应综合考虑贷款协议中向贷款方加收的手续费、管理费、承诺费，以及国内代理机构向贷款方收取的转贷费、担保费和管理费等。

9- 案例

习题

思考题

1. 工程造价由哪些费用项目构成？

2. 工程计价有哪两种不同程序？区别在哪里？

3. 工程间接费由哪些费用项目组成？

4. 措施费分为几类？措施费与工程直接费有何区别？

5. 什么是预备费？

6. 按成本估算法，国产非标准设备的原价由哪些费用构成？写出其表达式。

7. 采用装运港船上交货价的进口设备，其抵岸价的构成要素有哪些？写出其表达式。

8. 工程建设其他费用指的是什么费用？其内容大致可分为几类？

计算题

1. 某项目静态投资额为 1000 万元，建设期 2 年，每年投资 50%。建设期内年平均价格变动率为 5%，计算该项目建设期的涨价预备费。

2. 某新建项目，建设期为 3 年，分年均衡进行贷款，第 1 年贷款 300 万元，第 2 年贷款 600 万元，第 3 年贷款 400 万元，年利率为 10%，计算建设期贷款利息。

第3章　工程造价计价依据

3.1　概述

3.1.1　工程计价依据的概念及分类

工程计价依据广义上说可以指，在工程计价活动中所要依据的各类数据和信息以及相关标准的总称。《工程造价术语标准》GB/T 50875—2013 中规定，工程计价依据特指与计价方法、计价内容和价格标准等密切相关的工程计量计价标准、工程定额、工程造价信息等。在工程计价活动中还应包括工程建设法律法规、招标文件、合同文件、工程建设标准、技术资料等其他计价依据。

1. 工程造价计价依据

我国的工程造价管理体系主要划分为四个部分：工程造价管理的相关法律法规体系、工程造价管理标准体系、工程计价定额体系和工程计价信息体系。前两项属于工程造价宏观管理的范畴，后两项属于工程造价微观管理的范畴。目前，工程造价管理体系中的工程造价管理标准体系、工程计价定额体系和工程计价信息体系是工程计价的主要依据，一般也将这三项称为工程造价计价依据体系。

（1）工程造价管理标准

工程造价管理标准是在法律法规要求下，规范工程造价管理的核心技术要求。泛指除应以法律、法规进行管理和规范的内容外，应以国家标准、行业标准进行规范的关于工程管理和工程造价咨询行为及质量的有关技术内容。工程造价管理的标准体系按照管理性质可分为五类：

1）基础标准：是指统一工程造价管理的基本术语、费用构成等标准。其主要包括《工程造价术语标准》GB/T 50875—2013、《建设工程计价设备材料划分标准》GB/T 50531—2009 等。

2）管理规范：是指规范工程造价管理行为、项目划分和工程量计算规则等的管理性规范。其主要包括《建设工程工程量清单计价规范》GB 50500—2013、《建设工程造价咨询规范》GB/T 51095—2015、《建设工程造价鉴定规范》GB/T 51262—2017、《建筑工程建筑面积计算规范》GB/T 50353—2013、《民用建筑通用规范》GB 55031—2022 以及不同专业的建设工程工程量计算规范，如《房屋建筑与装饰工程工程量计算规范》GB 50854—2013、《通用安装工程工程量计算规范》GB 50856—2013 等，同时也包括各专业部委发布的各类清单计价、工程量计算规范等。

3）操作规程：是指规范各类工程造价成果文件编制的业务操作规程。其主要包括中国建设工程造价管理协会陆续发布的各类成果文件编审的各类操作规程，如《建设项目全过程造价咨询规程》CECA/GC 4—2017 等。

4）质量管理标准：是指规范工程造价咨询质量和档案的质量标准。其主要包括《建设工程造价咨询成果文件质量标准》CECA/GC 7—2012 等。

5）信息管理标准：是指规范工程造价指数发布及信息交换的信息标准。其主要包括《建设工程人工材料设备机械数据标准》GB/T 50851—2013 和《建设工程造价指标指数分类与测算标准》GB/T 51290—2018 等。

（2）工程计价定额

工程计价定额主要指国家、定额或行业主管部门制定的各种定额和企业编制的工程计价定额等。在我国，工程计价定额是进行工程计价工作的重要基础和核心内容。

（3）工程计价信息

工程计价信息是指工程造价管理机构发布的建设工程人工、材料、工程设备、施工机械台班的价格信息，以及各类工程的造价指数、指标等。其是市场经济体制下准确反映工程价格的重要支撑，也是政府进行公共服务的重要内容。

2. 工程计价的其他依据

根据《住房城乡建设部关于进一步推进工程造价管理改革的指导意见》（建标〔2014〕142 号）中提出的"市场决定工程造价原则，全面清理现有工程造价管理指导和计价依据，清除对市场主要计价行为的干扰"，和"全面推行工程量清单计价，完善配套管理制度"，为"企业自主报价，竞争形成价格"提供制度保障；以及《工程造价改革方案》（建办标〔2020〕38 号）中提出的"取消最高投标限价按定额计价的规定，逐步停止发布预算定额"，和"鼓励企事业单位通过信息平台发布各自的人工、材料、机械台班市场价格信息，供市场主体选择"，未来的工程计价体系应当更多的体现市场决定工程造价的原则。由于工程项目的单件性和复杂性，使得影响工程估价的因素很多，不同工程计价要根据工程的类别、规模、建设标准、结构特征、不同的建设承包方式、所在地环境和条件、资源市场价格和变化趋势等进行具体计价。因此，除了工程造价计价依据体系的三项主要工程计价依据外，以下三部分工程计价依据也对具体的工程计价活动有较大影响。

（1）工程技术文件

工程技术文件主要是指反映建设工程的规模、内容、标准与功能等情况的综合文件。由于工程建设的不同阶段产生的工程技术文件不同，计价依据也不同。具体如下：

1）工程项目决策阶段（投资估算）主要有项目策划文件、功能描述书、项目建议书、可行性研究报告等；

2）工程项目初步设计阶段（设计概算）主要有被批准的可行性研究报告、设计方案、初步设计图纸及相关设计资料等；

3）施工图设计阶段（施工图预算）主要有全部施工图纸设计文件以及标准图集、合理的施工组织设计或施工方案、工程项目地质勘察报告、现场勘查资料等；

4）工程招标投标阶段（招标控制价和投标报价）的技术文件，除了有与施工图阶段相同的技术文件外还有招标文件、合同文件、工程量清单和设备清单，以及国家、行业和地方有关技术标准和质量验收规范等。投标报价编制应当结合投标企业自身技术和管理情况、施工方案、新技术专利应用等。作为报价依据的技术文件，让投标报价更能够体现企业的真实成本。

（2）工程建设环境条件

建设工程项目所处的环境和条件包括自然环境与社会环境。环境和条件的不同和变化会引起工程造价的差异。影响工程计价的环境和条件主要包括气象条件、周边环境、现场条件，还包括社会经济环境变化、投资企业和承包企业管理环境、建设组织方案、技术方案等诸多条件。

（3）市场价格信息及其他

市场价格信息是指一定的时间和地区内人工、材料和施工机械等生产要素的价格信息。企业要想获得市场实际的工程造价，在工程计价时应当选用来自市场的生产要素价格。影响价格形成的因素是多方面的，除商品价值之外，还受到供求关系、国家政策和国际市场等社会经济条件的影响。由于工程项目建设周期较长，建设过程中实际工程造价会受市场价格的影响而发生变化。因此，在进行工程估价时除按现行价格估价外，还需要分析物价总水平的变化趋势及其敏感度，对生产要素的价格风险进行预估。

根据《住房城乡建设部关于进一步推进工程造价管理改革的指导意见》（建标〔2014〕142号）中提出的主要目标："到2020年，健全市场决定工程造价机制，建立与市场经济相适应的工程造价管理体系。"建筑业企业在工程计价中不仅要以工程造价机构发布的工程造价信息为依据，还必须建立自己的资源价格信息库，库内的生产要素价格数据也应当随市场的变化而不断进行调整、修改和补充。互联网和信息技术的发展也为企业资源价格信息库的建设提供了便利条件。

另外，一些专业机构和企业总结的已完工程的历史数据等资料也可以作为工程计价的依据。

3.1.2　工程定额分类

工程定额反映了工程建设与各种资源消耗之间的客观规律，它是一个综合的概念，是工程造价计价和管理中各类定额的总称。不同的工程定额对建设产品生产从"形"（分部、分项、子目）的切分、"法"（工作内容、特征及调整说明）的规定，到"量"（工程量、工料机消耗量）的计算、"价"（工料机价格、人材机费、管理费、利润）的形成作了列项、方法、算量和计价的规定与说明。工程定额包括的种类很多，可以按照不同的原则和方法对它们进行分类。

1. 按定额反映的生产要素消耗内容分类

按定额反映的生产要素消耗内容划分，可以把建设工程定额划分为劳动消耗定额、材料消耗定额和机械台班消耗定额三种。这类定额也被称为基础定额，许多建设工程定额是由基础定额结合扩大而成的。

2. 按定额的编制程序分类

按定额的编制程序划分，可以把建设工程定额划分为施工定额、预算定额、概算定额、概算指标、投资估算指标等。

上述各种定额的相互联系和区别可参见表3-1。

10- 劳动消耗定额、材料消耗定额、机械台班消耗定额的概念

各种定额间关系的比较　　　　　　　　　　　　　　　表 3-1

	施工定额	预算定额	概算定额	概算指标	投资估算指标
对象	施工过程或基本工序	分项工程或结构构件	扩大的分项工程或扩大的结构构件	单位工程	建设项目、单项工程、单位工程
用途	编制施工预算	编制施工图预算	编制扩大初步设计概算	编制初步设计概算	编制投资估算
项目划分	最细	细	较粗	粗	很粗
定额水平	平均先进	平均			
定额性质	生产性定额	计价性定额			

3. 按专业分类

由于工程建设涉及众多的专业，不同专业所包含的内容也不同，因此就确定人工、材料和机械台班消耗数量标准的工程定额来说，也需按不同的专业分别进行编制和执行。

4. 按主编单位和管理权限分类

按主编单位和管理权限划分，建设工程定额可以分为全国统一定额、行业统一定额、地区统一定额、企业定额、补充定额等。

3.2　定额消耗量与价格确定基础

定额是一种规定的额度，既定的标准。从广义上理解，定额就是处理或完成特定实务的数量限度。工程定额是专门为建设生产而制定的一种定额，是指在正常施工条件下，完成规定工程计量单位合格建筑安装产品所消耗的人工、材料、施工机具台班、工期天数及相关费率等的数量标准。

11- 施工定额、预算定额、概算定额、概算指标、投资估算指标的概念

3.2.1 定额消耗量的确定方法

1. 施工过程分解及工时研究

（1）施工过程及其分类

1）施工过程的含义

施工过程是指为完成某一项施工任务，在施工现场所进行的生产过程。建筑安装施工过程与其他物质生产过程一样也包括生产力三要素，即劳动者、劳动对象、劳动工具，也就是说，施工过程是由不同工种、不同技术等级的建筑安装工人使用各种劳动工具（手动工具、小型工具、大中型机械和仪器仪表等），按照一定的施工工序和操作方法，直接或间接地作用于各种劳动对象（各种建筑、装饰材料，半成品，预制品和各种设备、零配件等），使其按照人们预先制定的目标生产出建筑、安装以及装饰合格产品的过程。

12- 建筑工程定额、安装工程定额的分类

13- 全国统一定额、行业统一定额、地区统一定额、企业定额、补充定额的概念

每个施工过程结束即会获得一定的产品，这种产品或者是改变了劳动对象的外表形态、内部结构或性质（由于制作和加工的结果），或者是改变了劳动对象在空间的位置（由于运输和安装的结果）。

2）施工过程的分类

根据不同的标准和需要，施工过程有如下分类：

①根据施工过程组成上的复杂程度，施工过程可以分解为综合工作过程、工作过程、工序、操作和动作。施工过程的组成，如图3-1所示。

14- 综合工作过程、工序等相关概念

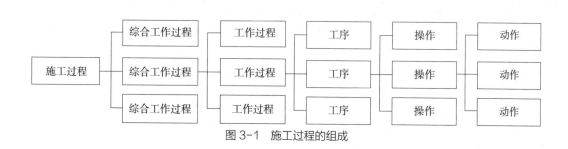

图3-1　施工过程的组成

②按照施工工序是否重复循环分类，施工过程可以分为循环施工过程和非循环施工过程两类。如果施工过程的工序或其组成部分以同样的内容和顺序不断循环，并且每重复一次可以生产出同样的产品，则称为循环施工过程；反之，则称为非循环施工过程。

③按施工过程的完成方法和手段分类，施工过程可以分为手工操作过程（手动过程）、机械化过程（机动过程）和机手并动过程（半自动化过程）。

④按劳动者、劳动工具、劳动对象所处位置和变化分类，施工过程可分为工艺过程、搬运过程和检验过程。

（2）工作时间分类

研究施工中的工作时间最主要的目的是确定施工的时间定额和产量定额，其前提是对工作时间按其消耗性质进行分类，以便研究工时消耗的数量及其特点。

工作时间指的是工作班延续时间。例如，8h 工作制的工作时间就是8h，午休时间不包括在内。对工作时间消耗的研究可以分为两个系统进行，即工人工作时间消耗和施工机械工作时间消耗。

15- 工艺过程、搬运过程和检验过程的概念

1）工人工作时间消耗的分类

工人在工作班内消耗的工作时间，按其消耗的性质基本可以分为两大类，即必需消耗的时间和损失时间。工人工作时间的一般分类，如图 3-2 所示。

16- 工人必需消耗的时间

必需消耗的时间是工人在正常施工条件下，为完成一定合格产品（工作任务）所消耗的时间，其是制定定额的主要依据，包括有效工作时间、休息时间和不可避免的中断所消耗的时间。

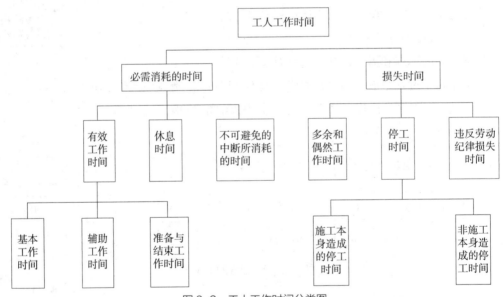

图 3-2　工人工作时间分类图

损失时间是指与产品生产无关，而与施工组织和技术上的缺点有关，与工人在施工过程中的个人过失或某些偶然因素有关的时间消耗，其包括由多余和偶然工作、停工、违反劳动纪律所引起的工时损失。

2）施工机械工作时间消耗的分类

在机械化施工过程中，对工作时间消耗的分析和研究，除了要对工人工作时间的消耗进行分类研究之外，还需要分类研究机器工作时间的消耗。

17- 工人损失时间

机器工作时间的消耗，按其性质也可分为必需消耗的时间和损失时间两大类。如图3-3所示。

必须消耗的时间包括有效工作时间、不可避免的无负荷工作时间和不可避免的中断时间。而在有效工作时间中又包括正常负荷下的工作时间和有根据地降低负荷下的工作时间。

18- 机器必需消耗的时间

损失的工作时间包括多余工作、停工、违反劳动纪律所消耗的工作时间和低负荷下的工作时间。

2. 人工定额消耗量的确定

（1）人工定额的概念及表现形式

19- 机器损失时间

人工定额（又称劳动定额）是指在正常施工技术和组织条件下，完成规定计量单位的合格建筑安装产品或完成一定的施工作业过程所需消耗的人工工日数量标准，或在单位工日内生产合格建筑安装产品或施工作业过程的数量标准。

生产单位产品的劳动消耗量可以用劳动时间来表示，同样在单位时间内的劳动消耗量也可以用生产的产品数量来表示。因此，人工定额有时间定额和产量定额两种基本的表现形式。

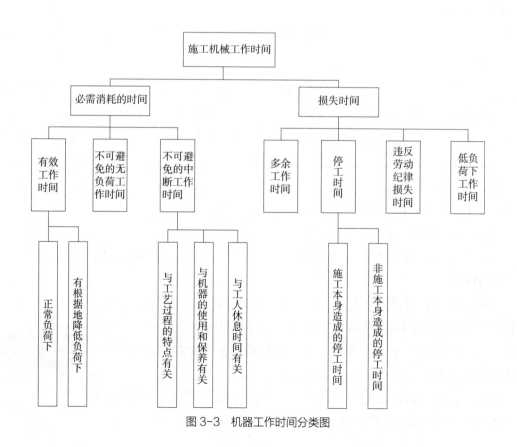

图3-3 机器工作时间分类图

1）时间定额

时间定额是指在一定施工技术和组织条件下，完成合格单位产品或施工作业过程所需消耗工作时间的数量标准。一般用"工时"或"工日"为计量单位，每个工日的工作时间按现行劳动制度规定为 8h。时间定额公式表示为：

$$单位产品时间定额（工日）=1/每工日产量 \qquad (3-1)$$

或

$$单位产品时间定额（工日）= 小组成员工日数总和 / 小组每班产量 \qquad (3-2)$$

2）产量定额

产量定额是指劳动者在单位时间（工日）内生产合格产品的数量标准或完成施工作业过程的数量额度。产量定额的单位以产品的计量单位来表示，如 m^3、m^2、m、kg、t、块、套、组、台等。其计算公式为：

$$每工日产量 =1/ 单位产品时间定额（工日） \qquad (3-3)$$

或

$$小组每班产量 = 小组成员工日数总和 / 单位产品时间定额（工日） \qquad (3-4)$$

由此可见，时间定额与产量定额之间互为倒数关系。时间定额降低，则产量定额相应提高，即：

$$时间定额 =1/ 产量定额 \qquad (3-5)$$

或

$$时间定额 \times 产量定额 =1 \qquad (3-6)$$

时间定额与产量定额是同一人工定额的不同表现形式，它们都表示同一人工定额，但各有其用途。时间定额的特点为单位统一，便于综合，便于计算分部分项工程的总需工日数和计算工期、核算工资；而产量定额具有形象化的特点，使工人的奋斗目标直观明确，便于小组分配任务、编制作业计划和考核生产效率。人工定额一般以产量定额形式来表现，也可以用时间定额来表现。

（2）确定人工定额消耗量的方法

时间定额和产量定额是人工定额的两种表现形式。拟定出时间定额，也就可以计算出产量定额。

在全面分析了各种影响因素的基础上，通过计时观察资料，我们可以获得定额的各种必须消耗时间。将这些时间进行归纳，有的是经过换算，有的是根据不同的工时规范附加，最后把各种定额时间加以综合和类比就是整个工作过程人工消耗的时间定额。

人工定额时间包括工序作业时间（基本工作时间、辅助工作时间）和规范时间（准备与结束工作时间、休息时间、不可避免的中断时间）。

20- 人工定额
时间

3. 材料定额消耗量的确定

（1）材料的分类

合理确定材料消耗定额，必须研究和区分材料在施工过程中的类别。

1）根据材料消耗的性质划分

施工中材料的消耗可分为必需的材料消耗和损失的材料消耗两类。

必需的材料消耗是指在合理用料的条件下，生产合格产品所需消耗的材料。它包括直接用于建筑和安装工程的材料、不可避免的施工废料和不可避免的材料损耗。必需的材料消耗属于施工正常消耗，是确定材料消耗定额的基本数据。其中，直接用于建筑和安装工程的材料，用于编制材料净用量定额；不可避免的施工废料和材料损耗，用于编制材料损耗定额。

损失的材料消耗是指材料在采购及使用过程中因意外或人为造成的损耗。

2）根据材料消耗与工程实体的关系划分

施工中的材料可分为实体材料和非实体材料两类。

①实体材料是指直接构成工程实体的材料。它包括工程直接性材料和辅助性材料。工程直接性材料主要是指一次性消耗、直接用于工程构成建筑物或结构本体的材料，如钢筋混凝土柱中的钢筋、水泥、砂、碎石等；辅助性材料主要是指虽然也是施工过程中所必需的，却并不构成建筑物或结构本体的材料，如土石方爆破工程中所需的炸药、引信、雷管等。直接性材料用量大，辅助性材料用量少。

②非实体材料是指在施工中必须使用但又不能构成工程实体的施工措施性材料。非实体材料主要是指周转性材料，如模板、脚手架、支撑等。

（2）材料消耗定额的概念和消耗量的组成

材料消耗定额是指在正常施工生产条件下，完成定额规定计量单位的合格建筑安装产品或完成一定施工作业过程所消耗的各类材料的数量标准，包括各种原材料、辅助材料、零件、半成品、构配件等。它是企业确定材料需要量和储备量的依据，是企业编制材料需要计划和材料供应计划不可缺少的条件；是施工队向工人班组签发限额领料单、实行材料核算的标准。

定额中材料的消耗量由两部分组成，即材料净用量和材料损耗量。

材料净用量是指为了完成单位合格产品或施工工作过程所必需的材料使用量，即构成工程实体的材料消耗量。材料损耗量是指材料从工地仓库领出到完成合格产品生产或施工作业过程中不可避免的合理损耗量，包括材料场内运输损耗量、加工制作损耗量和施工操作损耗量三部分。

材料损耗量的多少常用损耗率表示。材料损耗率可以通过观察法或统计法确定。材料损耗率及材料消耗量的计算通常采用以下公式：

$$损耗率 = \frac{损耗量}{净用量} \times 100\% \qquad (3-7)$$

$$消耗量 = 净用量 + 损耗量 = 净用量 \times（1+ 损耗率） \tag{3-8}$$

（3）确定实体材料消耗量的基本方法

实体材料消耗量是确定实体材料净用量定额和材料损耗定额的计算依据，通过现场技术测定、实验室试验、现场统计和理论计算等方法获得。

（4）周转性材料摊销量的确定

周转材料是指在施工过程中多次周转使用的不构成工程实体的摊销性材料，如脚手架、钢木模板、跳板、挡土板等。

21- 现场技术测定、实验室试验、现场统计和理论计算法

定额中周转性材料的计算原则为：按多次使用、分次摊销的方法进行计算。纳入定额的周转性材料消耗量是指分摊到每一计量单位的分项工程上的摊销量。摊销量由周转性材料的一次使用量、周转次数、回收废料价值等因素决定。

$$摊销量 = 周转使用量 - 回收量 \tag{3-9}$$

$$周转使用量 = \frac{一次使用量 + 一次使用量 \times（周转次数 -1）\times 补损率}{周转次数} \tag{3-10}$$

$$一次使用量 = 每\ 10m^3\ 混凝土和模板的接触面积 \times 每平方米接触面积$$

$$模板用量 \times（1+ 损耗率） \tag{3-11}$$

$$补损率 = \frac{平均每次消耗量}{一次使用量} \times 100\% \tag{3-12}$$

4. 施工机具台班定额消耗量的确定

施工机具台班定额消耗量包括机械台班定额消耗量和仪器仪表台班定额消耗量，二者的确定方法大体相同，本部分主要介绍机械台班定额消耗量的确定。

22- 机械台班消耗量的计算

机械台班定额是指在正常施工生产条件下，完成定额规定计量单位的合格建筑安装产品或完成一定施工作业过程所消耗的施工机械台班数量。按表达方式的不同，机械台班定额分为机械时间定额和机械产量定额。

（1）机械时间定额

机械时间定额是指在前述条件下，某种机械生产单位合格产品或完成一定施工作业过程所必须消耗的作业时间。机械时间定额以"台班"为单位，即以一台机械作业一个工作班（8h）为一个台班。其公式表示为：

$$机械时间定额（台班）=1/ 机械产量定额 \tag{3-13}$$

（2）机械产量定额

机械产量定额是指在前述条件下，某种机械在一个台班内必须生产的合格产品的

数量。机械产量定额的单位以产品的计量单位来表示，如 m³、m²、m、t 等。其公式表示为：

$$机械产量定额 = 1/机械时间定额 \qquad (3-14)$$

机械台班定额消耗量标准是时间定额，确定时需要先计算产量定额，再利用倒数关系计算时间定额。

3.2.2 人工、材料、机械台班单价的确定

一项分部分项工程费用的多少，除取决于分部分项人工、材料和机械台班消耗量外，还取决于人工工资标准、材料和机械台班的单价，以及获取该资源时的市场条件、取得该资源的方式、使用该资源的方式及一些政策性因素。因此，合理确定人工日工资单价、材料单价、机械台班单价是合理估算工程造价的重要依据。

1. 人工日工资单价的组成和确定

人工日工资单价是指施工企业平均技术熟练程度的生产工人在每工作日（国家法定工作时间内）按规定从事施工作业应得的日工资总额。合理确定人工日工资单价是正确计算人工费和工程造价的前提和基础。

（1）人工日工资单价的组成内容

人工日工资单价由计时工资或计件工资、津贴补贴、职工福利费、劳动保护费、社会保险费、住房公积金、工会经费、职工教育经费以及特殊情况下工资性费用组成，具体内容详见 2.3.2 节人工费相关内容。

（2）人工日工资单价的确定方法

1）年平均每月法定工作日

由于人工日工资单价是每一个法定工作日的工资总额，因此需要对年平均每月法定工作日进行计算。计算公式如下：

$$年平均每月法定工作日 = \frac{全年日历日 - 法定假日}{12} \qquad (3-15)$$

式中法定假日是指双休日和法定节日。

2）人工日工资单价的计算

确定了年平均每月法定工作日后，将上述工资总额进行分摊，即形成人工日工资单价。计算公式如下：

$$人工日工资单价 = \frac{\begin{array}{c}生产工人平均月工资（计时、计价）+平均月\\（津贴补贴+职工福利费+劳动保护费+社会保险\\费+住房公积金+工会经费+职工教育经费+特殊\\情况下工资性费用）\end{array}}{年平均每月法定工作日} \qquad (3-16)$$

3）人工日工资单价的管理

虽然施工企业投标报价时可以自主确定人工费，但由于人工日工资单价在我国具有一定的政策性，因此工程造价管理机构确定人工日工资单价应根据工程项目的技术要求，通过市场调查并参考实务的工程量人工日工资单价综合分析确定。施工企业发布的最低人工日工资单价不得低于工程所在地人力资源和社会保障部门所发布的最低工资标准的：普工1.3倍、一般技工2倍、高级技工3倍。许多地区对人工日工资单价实行动态管理，定期发布人工价格指数，进行实时调整。

23- 影响人工日工资单价的因素

2. 材料单价的组成和确定

在建筑工程中，材料费约占总造价的60%~70%，在金属结构工程中所占比例还要更大。因此，合理确定材料价格构成、正确计算材料单价，有利于合理确定和有效控制工程造价。材料单价是指建筑材料从其来源地运到施工工地仓库，直至出库形成的不含税综合单价。

（1）材料原价（或供应价格）

材料原价是指国内采购材料的出厂价格，国外采购材料抵达买方边境、港口或车站并缴纳完各种手续费、税费（不含增值税）后形成的价格。在确定原价时，凡同一种材料因来源地、交货地、供货单位、生产厂家不同而有几种价格（原价）时，根据不同来源地供货数量比例，采取加权平均的方法确定其综合原价。计算公式如下：

$$加权平均原价 = \frac{K_1 C_1 + K_2 C_2 + \cdots + K_n C_n}{K_1 + K_2 + \cdots + K_n} \qquad （3-17）$$

式中　　K_1，K_2，$\cdots K_n$——各不同供应地点的供应量或各不同使用地点的需要量；

　　　　C_1，C_2，$\cdots C_n$——各不同供应地点的原价。

若材料供货价格为含税价格，则材料原价应以购进货物适用的税率（13%或9%）或征收率（3%）扣减增值税进项税额。

（2）材料运杂费

材料运杂费是指国内采购材料自来源地、国外采购材料自到岸港运至工地仓库或指定堆放地点发生的费用（不含增值税）。含外埠中转运输过程中发生的一切费用和过境过桥费用，包括调车和驳船费、装卸费、运输费及附加工作费等。

同一品种的材料有若干个来源地的，应采用加权平均的方法计算材料运杂费。计算公式如下：

$$加权平均运杂费 = \frac{K_1 T_1 + K_2 T_2 + \cdots + K_n T_n}{K_1 + K_2 + \cdots + K_n} \qquad （3-18）$$

式中　　K_1，K_2，$\cdots K_n$——各不同供应点的供应量或各不同使用地点的需求量；

　　　　T_1，T_2，$\cdots T_n$——各不同运距的运费。

若运输费用为含税价格，则需要按"两票制"和"一票制"两种支付方式分别调整。

在材料运输中，可能需要考虑材料包装费。所谓材料包装费是指为了保护材料、方便运输，对材料进行包装而发生的费用。如果材料包装费未计入材料原价，则应计算包装费，列入材料价格中。

24-"两票制"和"一票制"支付方式

（3）运输损耗

在材料的运输中应考虑一定的场外运输损耗费用。这是指材料在运输装卸过程中不可避免的损耗。运输损耗的计算公式如下：

$$运输损耗 =（材料原价 + 运杂费）\times 运输损耗率（\%） \tag{3-19}$$

（4）采购及保管费

采购及保管费是指为组织采购、供应和保管材料过程中所需要的各项费用，包括采购费、仓储费、工地保管费和仓储损耗。

采购及保管费一般按照材料到库价格以费率取定。采购及保管费计算公式如下：

$$采购及保管费 = 材料运至工地仓库价格 \times 采购及保管费费率（\%） \tag{3-20}$$

或

$$采购及保管费 =（材料原价 + 运杂费 + 运输损耗费）\times \\ 采购及保管费费率（\%） \tag{3-21}$$

综上所述，材料单价的一般计算公式为：

$$材料单价 =[（供应价格 + 运杂费）\times（1+ 运输损耗率（\%））]\times \\ （1+ 采购及保管费费率（\%）） \tag{3-22}$$

由于我国幅员辽阔，建筑材料产地与使用地点的距离各地差异很大，采购、保管、运输方式也不尽相同，因此材料单价原则上按地区范围编制。

25- 影响材料单价变动的因素

3. 施工机械及仪器仪表台班单价的组成和确定

（1）施工机械台班单价的组成和确定方法

施工机械使用费是根据施工中耗用的机械台班数量和机械台班单价确定的。施工机械台班耗用量按有关定额规定计算。施工机械台班单价是指一台施工机械在正常运转条件下，一个工作班中所发生的全部费用，每台班按 8h 工作制计算。正确制定施工机械台班单价是合理确定和控制工程造价的重要因素。

根据《建设工程施工机械台班费用编制规则》（建标〔2015〕34 号）的规定，施工机械划分为十二个类别：土石方及筑路机械、桩工机械、起重机械、水平运输机械、垂直运输机械、混凝土及砂浆机械、加工机械、泵类机械、焊接机械、动力机械、地下工程机械和其他机械。

施工机械台班单价由七项费用组成，包括折旧费、检修费、维护费、安拆费及场外运费、人工费、燃料动力费和其他费用。

（2）施工仪器仪表台班单价的组成和确定方法

根据《建设工程施工仪器仪表台班费用编制规则》（建标〔2015〕34号）的规定，施工仪器仪表划分为七个类别：自动化仪表及系统、电工仪器仪表、光学仪器、分析仪表、试验机、电子和通信测量仪器仪表及专用仪器仪表。

26- 施工机械台班单价的各项费用组成和确定

施工仪器仪表台班单价由四项费用组成，包括折旧费、维护费、校验费和动力费。施工仪器仪表台班单价中的费用组成不包括检测软件的相关费用。

3.2.3　企业定额

27- 施工仪器仪表台班单价的各项费用组成和确定

定额是现代企业为加强生产研究和科学管理而产生的，是衡量工作效率的尺度。制定定额的最初目的是通过制定科学的工时定额，实行标准操作方法，采用标准的工具、设备、材料等，实现有差别的计件和形成标准产品工作机制。

企业定额（建筑施工企业定额）是施工企业自编、自用的一种定额，作为企业内部组织生产和加强经营管理的有力工具，它反映了企业的施工生产、施工成本和生产销售之间的数量关系，是企业生产力水平的体现。企业定额可分为计量定额和计价定额，企业的技术水平和管理水平不同，企业定额的定额水平也就不同。一般而言，能够进行企业定额编制工作的企业在施工工艺与生产管理水平方面是领先于国家平均水平的，具体反映在定额标准上，就是企业定额水平高于国家现行定额水平。这样，企业使用自主建立的企业定额进行投标报价，就能够使得该企业的市场竞争力大大提升，进而提高该企业的盈利能力。

1. 企业定额的作用

（1）企业定额是企业进行施工生产管理的基础，是施工企业编制施工组织设计、编制生产计划和进行内部生产承包的依据。企业定额可以应用于工程的施工管理，用于签发施工任务单、限额领料单以及结算计件工资等。运用企业定额可以更合理的组织施工生产，有效确定和控制施工中人力、物力的消耗，节约成本开支。

（2）企业定额是施工企业进行投标报价，编制投标价格的基础和主要依据。企业定额的定额水平反映出企业施工技术生产的技术水平和管理水平。在确定工程投标价格时，首先是依据企业定额算出施工企业拟完成投标工程所需要的基本生产资源消耗数量、发生的计划成本；在此基础上，根据工程所处的具体环境和条件设定在该工程上拟获得的利润、评估工程风险费用和其他需要考虑的因素，从而确定投标报价。

（3）企业定额是企业生产力和经营管理水平的体现。企业定额是施工企业计算和确定工程施工成本的依据，是施工企业进行成本管理、经济核算的基础。企业定额是根据本企业的人员功效、施工机械装备程度、现状管理和企业管理水平制定的，按企业定额计算得到的工程费用是企业进行施工生产所需要的成本。因此，企业定额水平一般应高于国家现行定额，才能满足生产技术发展、企业管理和市场竞争的需要。

2. 企业定额的特点

企业定额应具有以下特点：

（1）企业定额中的工料机费水平均体现本企业自身的工艺、技术优势，应反映最新的政策、技术及管理举措，最大限度地追求"降本增效、提质降耗"的精细化管理目标，提高企业竞争、获利能力。企业定额中的各项指标在平均消耗上应低于国家现行的定额水平，能够体现企业在生产和管理上的先进性。

（2）企业定额中所有工料机价格均反映本企业历来传统来源、企业自身产业链上游资源所具备的价格水平，会不断动态完善，以及时反映建设市场价格行情、竞争行情，体现自身竞争力。企业定额可以根据市场价格进行调节，随着市场价格的波动而变化，是一个动态指标。

（3）企业定额中的管理费、利润、规费及综合应纳税费水平会紧贴企业自身管理、经营水平与特点。企业定额应能够反映企业的真实现场管理和经营管理能力，并随着技术、工艺、作业方式的成熟、管理模式的进步以及社会环境的变化及时进行调整和更新，具有连续性、变化性特征。企业定额不仅要具有真实性，还应当具有保密性。

3. 企业定额的编制原则

工程施工企业在编制企业定额时应依据本企业的技术能力和管理水平，以基础定额为参照和指导，测定计算完成分项工程或工序所必需的人工、材料和机械台班的消耗量标准，反映本企业的施工生产力水平。

企业定额可以根据不同用途采用不同的形式，用于施工生产的企业定额可以根据企业施工生产的需要，按照施工定额的形式，以某一施工过程或基本工序作为对象编制，项目划分的粗细和定额子目项以适应企业施工组织生产和管理的需要为目的进行编制；用于投标价格确定的企业定额为适应国家清单管理规范，可以采用基础定额的形式按照统一的工程量计算规则、统一划分项目和统一计量单位进行编制。

对于支持投标报价的企业定额，在确定人工、材料和机械台班的消耗量后，还需要按照投标工程当地、基准日期市场价格（人工、材料、机械台班等）进行分项工程计价编制，确定企业管理费、利润和其他计费。因此，企业应当建立本企业的资源价格信息库，支持企业定额运行。

4. 企业定额的内容

企业定额首先是对生产环境、组织、条件、工序和规则的规定，其应当清晰地标明生产作业的对象、内容、条件、计量方式以及作业主体、方式等。其次，企业定额是一定资源（劳动、材料、机械、资金等）消耗的种类、数量和数额标准，规定了在一定作业规则标准下不同工种、材种、机种等的消耗量或金额标准。

企业定额具体测定方式同前述基础定额和施工定额的编制。

（1）人工消耗量

人工消耗量的确定首先是根据企业环境拟定正常施工作业条件，分别计算测定基本用工和其他用工的工日数，进而拟定施工作业的定额时间。

（2）材料消耗量

确定材料消耗量是通过对企业历史数据的统计分析、理论计算、实验试验、实地考察等计算确定材料消耗量，包括周转材料的净用量和耗用量，从而拟定材料定额用量的消耗指标。

（3）机械台班消耗量

机械台班消耗量的确定同样需要按照企业环境拟定机械工作的正常施工条件，确定机械净工作率和利用系数，据此拟定施工机械专业的定额台班和与机械作业相关的人工小组的定额时间。

（4）人工价格

人工（劳动力）价格一般是按照地区劳务市场价格计算确定。人工单价可以按照日工资计算，通常是根据工种和技术等级的不同分别计算人工单价；人工单价也可以按照分部或分项工程，按照不同等级工人的比例综合计算分包人工单价。

（5）材料价格

材料价格按照市场价格计算确定，其与基础定额中的材料单价组成相同，应当是包含从建筑材料来源地运到施工工地堆放地或仓库，直至出库形成的价格。

（6）施工机械使用价格

施工机械使用价格最常用的是台班单价，一般按照当地市场租赁价格计算确定。如果是企业自有施工机械，可以参照《建设工程施工机械台班费用编制规则》的规定以及企业设备使用和管理情况制定台班单价。

企业定额是相对于由政府造价管理机构制定的劳动定额、预算定额、概算定额等，对于惯常用于社会或公共管理的定额而言是内部定额，更具有真实性和准确性，是企业进行整体经营管理的内部数额标准，同时也有助于建筑行业形成市场竞争。目前业界对企业定额的认识普遍不足，多数企业仅用于为投标决策提供成本依据，部分企业也应用于编制施工组织设计、施工作业计划和限额领料等施工生产管理，而在企业经营管理层面应用较少。国内相当多的施工企业缺乏自己的企业定额，这是企业施工管理的薄弱环节。

由于企业定额编制是一项专业性强、复杂度高的系统工程，应当涵盖企业的研发、设计、生产、管理、经营等所有环节，而且企业定额的建立也不是一蹴而就的。施工企业可以充分利用现代信息技术逐步建立分部分项工程人材机消耗量、人材机价格信息、分包工程成本、分部分项工程成本指标、历史工程成本等现场生产管理数据库，以及企业财务管理、营销管理和各类经营管理数据库，同时注重市场资源价格信息、竞争对手信息和国家相关法律法规、计价标准等依据信息的收集整理，逐渐形成和完善企业定额库建设，运用知识管理将企业的管理信息转变成企业的无形资产。

3.3　预算定额

3.3.1　预算定额编制

1. 预算定额的作用与用途

（1）预算定额的作用

预算定额是工程建设中施工图设计完成后，编制施工图预算这项重要技术经济文件的主要依据，是确定和控制工程造价的基础。通常预算定额是指在正常施工条件下，完成一定计量单位合格分项工程和结构构件所需消耗的人工、材料、施工机具台班数量及其相应费用标准。

（2）预算定额的用途

1）预算定额是编制施工图预算的基础。施工图设计一经确定，工程预算造价就取决于预算定额水平和人工、材料及机具台班的价格。

2）预算定额可以作为编制施工组织设计的参考依据。根据预算定额，能够计算出施工各项资源的需要量，为有计划地组织材料采购和预制件加工、劳动力和施工机具的调配提供了可靠的计算依据。

3）预算定额可以作为确定合同价款、拨付工程进度款及办理工程结算的参考性基础。按照施工图进行工程发包时，合同价款的确定及施工过程中的工程结算都需要按照施工图纸进行计价，预算定额是施工图预算的主要编制依据，也为上述计价工作提供支持。

4）预算定额可以作为施工单位经济活动分析的依据。预算定额规定的物化劳动和劳动消耗指标是施工单位在生产经营中允许消耗的最高标准。施工单位可根据预算定额对施工中的人工、材料、机具的消耗情况进行具体分析，以便找出并克服低功效、高消耗的薄弱环节，提高竞争能力。

5）预算定额是编制概算定额的基础。概算定额是在预算定额基础上综合扩大编制的。将预算定额作为编制依据，不但可以节省编制工作所消耗的大量人力、物力和时间，收到事半功倍的效果，还可以使概算定额在水平上与预算定额保持一致，保证计价工作的连贯性。

2. 预算定额的编制原则和依据

（1）预算定额的编制原则

1）按社会平均水平确定预算定额的原则。预算定额作为计价定额，需要遵照价值规律，按市场的普遍水平确定资源消耗量和费用。预算定额反映的社会平均水平，是指在正常施工条件下，在合理的施工组织和工艺条件、平均劳动熟练程度和劳动强度下，完成单位分项工程基本构造单元所需要消耗的资源的数量水平和费用水平。

2）简明适用的原则。一是指定额的分项工程划分恰当；二是指预算定额要项目齐全；三是要求合理确定预算定额的计量单位。

（2）预算定额的编制依据

1）现行施工定额。

2）现行设计规范、施工及验收规范、质量评定标准和安全操作规程。

3）具有代表性的典型工程施工图及有关标准图。

4）成熟推广的新技术、新结构、新材料和先进的施工方法等。

5）相关科学实验、技术测定和统计、经验资料等。

6）现行的预算定额、材料单价、机具台班单价及有关文件规定等。其包括过去定额编制过程中积累的基础资料。

3.3.2　预算定额消耗量的确定方法

以施工定额为基础编制预算定额时，预算定额人工、材料、机具台班消耗指标的确定，必须先按施工定额的分项逐项计算出消耗指标，然后再按预算定额的项目加以综合。但是，这种综合不是简单的合并和相加，而是需要在综合过程中增加两种定额之间的适当水平差。

人工、材料和机具台班消耗量指标应根据定额编制原则和要求，采用理论与实际相结合、图纸计算与施工现场测算相结合、编制人员与现场工作人员相结合等方法进行计算和确定，使定额既符合政策要求，又与客观情况一致，便于贯彻执行。

1.预算定额中人工工日消耗量的计算

预算定额中人工工日消耗量有两种确定方法。一种是以劳动定额为基础确定；另一种是以现场观察测定资料为基础计算，主要用于遇到劳动定额缺项时，采用现场工作日写实等测时方法测定和计算定额的人工耗用量。

预算定额中人工工日消耗量是指在正常施工条件下，生产单位合格产品所必需消耗的人工工日数量，其是由分项工程所综合的各个工序劳动定额包括的基本用工和其他用工两部分组成的。

（1）基本用工

基本用工是指完成一定计量单位的分项工程或结构构件的各项工作过程的施工任务所必需消耗的技术工种用工。按技术工种相应劳动定额、工时定额计算，以不同工种列出定额工日。基本用工包括：

1）完成定额计量单位的主要用工。按综合取定的工程量和相应劳动定额进行计算。其计算公式为：

$$基本用工 = \sum（综合取定的工程量 \times 劳动定额） \tag{3-23}$$

例如，工程实际中的砖基础有1砖厚、1砖半厚、2砖厚等之分，用工各不相同，在预算定额中由于不区分厚度，需要按照统计的比例加权平均得出综合的人工消耗。

2）按劳动定额规定应增（减）计算的用工量。例如在砖墙项目中，分项工程的工作内容包括附墙烟囱孔、垃圾道、壁橱等零星组合部分的内容，其人工消耗量相应增加附加人工消耗。由于预算定额是在施工定额子目的基础上综合扩大的，包括的工作内容较多，施工工效视具体部位而有所不同，所以需要另外增加人工消耗，而这种人工消耗也可以列入基本用工内。

（2）其他用工

其他用工是辅助基本用工消耗的工日，包括超运距用工、辅助用工和人工幅度差用工。

1）超运距用工。超运距是指劳动定额中已包括的材料、半成品场内水平搬运距离与预算定额所考虑的现场材料、半成品堆放地点到操作地点的水平运输距离之差。其计算公式如下：

$$超运距 = 预算定额取定运距 - 劳动定额已包括的运距 \qquad (3-24)$$

$$超运距用工 = \sum（超运距材料数量 \times 时间定额） \qquad (3-25)$$

需要指出，实际工程现场运距超过预算定额取定运距时，可另行计算现场二次搬运费。

2）辅助用工。辅助用工是指在技术工种劳动定额内不包括而在预算定额内又必须考虑的用工。如机械土方工程配合用工、材料加工（筛砂、洗石、淋化石膏）、电焊点火用工等。其计算公式如下：

$$辅助用工 = \sum（材料加工数量 \times 相应的劳动定额） \qquad (3-26)$$

3）人工幅度差。人工幅度差即预算定额与劳动定额的差额，主要是指在劳动定额中未包括，而在正常施工情况下不可避免但又很难准确计量的用工和各种工时损失。其内容包括：

①各工种间的工序搭接及交叉作业相互配合或影响所发生的停歇用工；

②施工过程中，移动临时水电线路而造成的影响工人操作的时间；

③因工程质量检查和隐蔽工程验收工作而影响工人操作的时间；

④同一现场内单位工程之间因操作地点转移而影响工人操作的时间；

⑤工序交接时对前一工序不可避免的修整用工；

⑥施工中不可避免的其他零星用工。

人工幅度差的计算公式如下：

$$人工幅度差 = （基本用工 + 辅助用工 + 超运距用工） \times 人工幅度差系数 \qquad (3-27)$$

人工幅度差系数一般为10%~15%。在预算定额中，人工幅度差的用工量列入其他用工量中。

2. 预算定额中材料消耗量的计算

材料消耗量的计算方法主要有：

（1）凡有标准规格的材料，按规范要求计算定额计量单位的耗用量，如砖、防水卷材、块料面层等。

（2）凡设计图纸标注尺寸及下料要求的按设计图纸尺寸计算材料净用量，如门窗制作用的材料、板料等。

（3）换算法。各种胶结、涂料等材料的配合比用料，可以根据要求条件换算得出材料用量。

（4）测定法。测定法包括实验室试验法和现场观察法。各种强度等级的混凝土及砌筑砂浆配合比的耗用原材料数量的计算须按照规范要求试配，在试压合格以后经过必要的调整得出水泥、砂子、石子、水的用量。对新材料、新结构又不能用其他方法计算定额消耗用量时，须用现场测定方法来确定。

3. 预算定额中机械台班消耗量的计算

预算定额中的机械台班消耗量是指在正常施工条件下，生产单位合格产品（分部分项工程或结构构件）必需消耗的某种型号施工机械的台班数量。下面主要介绍机械台班消耗量的计算。

（1）根据施工定额确定机械台班消耗量的计算。这种方法是指用施工定额中的机械台班消耗量加机械台班幅度差计算预算定额的机械台班消耗量。

机械台班幅度差是指在施工定额中所规定的范围内没有包括，而在实际施工中又不可避免产生的影响机械或使机械停歇的时间。其内容包括：

1）施工机械转移工作面及配套机械相互影响损失的时间；

2）在正常施工条件下，机械在施工中不可避免的工序间歇；

3）工程开工或收尾时工作量不饱满所损失的时间；

4）检查工程质量影响机械操作的时间；

5）临时停机、停电影响机械操作的时间；

6）机械维修引起的停歇时间。

综上所述，预算定额的机械台班消耗量按下式计算：

$$预算定额机械台班消耗量 = 施工定额机械台班消耗量 \times$$

$$（1+ 机械台班幅度差系数） \tag{3-28}$$

（2）以现场测定资料为基础确定机械台班消耗量

如遇到基础定额缺项者，则需要依据现场测定资料确定单位时间完成的产量，以此为基础确定机械台班消耗量。

4. 预算定额基价编制

预算定额基价就是预算定额分项工程或结构构件的单价，我国现行各省预算定额基价的表达内容不尽统一。有的定额基价只包括人工费、材料费和施工机具使用费，即工料单价；有的定额基价还包括工料单价以外的管理费、利润的清单综合单价，即不完全综合单价；也有的定额基价还包括规费、税金在内的全费用综合单价，即完全综合单价。

预算定额基价的编制以工料单价为例，就是工、料、机的消耗量和工、料、机单价的结合过程。其中，人工费是由预算定额中每一分项工程各种用工数乘以地区人工工日单价之和算出；材料费是由预算定额中每一分项工程的各种材料消耗量乘以地区相应材料预算价格之和算出；施工机具使用费是由预算定额中每一分项工程的各种机械台班消耗量乘以地区相应施工机械台班预算价格之和，以及仪器仪表使用费汇总后算出。上述单价均为不含增值税进项税额的价格。

以基价为工料单价为例，分项工程预算定额基价的计算公式为：

$$分项工程预算定额基价 = 人工费 + 材料费 + 施工机具使用费 \tag{3-29}$$

其中：

$$人工费 = \sum（现行预算定额中各种人工工日用量 \times 人工日工资单价） \tag{3-30}$$

$$材料 = \sum（现行预算定额中各种材料消耗量 \times 相应材料单价） \tag{3-31}$$

$$施工机具使用费 = \sum（现行预算定额中各种机械台班消耗量 \times 机械台班单价）+$$

$$\sum（仪器仪表台班消耗量 \times 仪器仪表台班单价） \tag{3-32}$$

3.4　概算定额和指标

3.4.1　概算定额

1.概算定额的用途和作用

（1）概算定额的用途

概算定额是在预算定额基础上，确定完成合格的单位扩大分项工程或单位扩大结构构件所需消耗的人工、材料和施工机具台班的数量标准及其费用标准。概算定额又称扩大结构定额。

概算定额是预算定额的综合与扩大。它将预算定额中有联系的若干个分项工程项目综合为一个概算定额项目。如砖基础概算定额项目就是以砖基础为主，综合了平整场地、挖地槽、铺设垫层、砌砖基础、铺设防潮层、回填土及运土等预算定额中的分项工程项目。

概算定额与预算定额的相同之处在于，它们都是以建（构）筑物各个结构部分和分部分项工程为单位表示的，内容也包括人工、材料和施工机具台班使用量定额三个基本部分，并列有基准价。概算定额表达的主要内容、主要方式及基本使用方法都与预算定额相近。

概算定额与预算定额的不同之处在于项目划分和综合扩大程度上的差异，同时，概算定额主要用于设计概算的编制。由于概算定额综合了若干分项工程的预算定额，因此，概算工程量的计算和概算表的编制，都比编制施工图预算更简化一些。

（2）概算定额的作用

从 1957 年我国开始在全国试行统一的《建筑工程扩大结构定额》之后，各省、市、自治区根据本地区的特点，相继编制了本地区的概算定额。概算定额和概算指标由各省、市、自治区在预算定额的基础上组织编写，分别由主管部门审批。概算定额的主要作用如下：

1）其是初步设计阶段编制概算、扩大初步设计阶段编制修正概算的主要依据；

2）其是对设计项目进行技术经济分析比较的基础资料之一；

3）其是建设工程主要材料计划编制的依据；

4）其是控制施工图预算的依据；

5）其是施工企业在准备施工期间编制施工组织总设计或总规划时对生产要素提出需要量计划的依据；

6）其是工程结束后进行竣工决算和评价的依据。

2. 概算定额的编制原则和编制依据

（1）概算定额的编制原则

概算定额应该贯彻反映社会平均水平和简明适用的原则。由于概算定额和预算定额都是工程计价的依据，所以应符合价值规律和反映现阶段大多数企业的设计、生产及施工管理水平。但在概预算定额水平之间应保留必要的幅度差。概算定额的内容和深度是以预算定额为基础的综合和扩大。在合并中不得遗漏或增加项目，以保证其严密性和正确性。概算定额务必达到简化、准确和适用。

（2）概算定额的编制依据

概算定额的编制依据因其使用范围不同而不同。编制依据一般有以下几种：

1）相关的国家和地区文件；

2）现行的设计规范、施工验收技术规范和各类工程预算定额、施工定额；

3）具有代表性的标准设计图纸和其他设计资料；

4）有关的施工图预算及有代表性的工程决算资料；

5）现行的人工日工资单价标准、材料单价、施工机具台班单价及其他的价格资料。

3. 概算定额手册的基本内容

按专业特点和地区特点编制的概算定额手册，内容基本上是由文字说明、定额项目表和附录三部分组成。

（1）文字说明部分

文字说明部分有总说明和分部工程说明。在总说明中，主要阐述概算定额的性质和作用、概算定额的编纂形式和应注意的事项、概算定额的编制目的和使用范围以及有关定额使用方法的统一规定。

（2）定额项目表

定额项目表主要包括以下内容：

1）定额项目的划分。概算定额项目一般按以下两种方式划分：一是按工程结构划分：一般是按土石方、基础、墙、梁板柱、门窗、楼地面、屋面、装饰、构筑物等工程结构划分；二是按工程部位（分部）划分：一般是按基础、墙体、梁柱、楼地面、屋盖、其他工程等工程部位划分，如基础工程中包括砖、石、混凝土基础等项目。

2）定额项目表。定额项目表是概算定额手册的主要内容，由若干分节定额组成。各节定额由工程内容、定额表及附注说明组成。定额表中列有定额编号、计量单位、概算价格及人工、材料、施工机具台班消耗量指标，其综合了预算定额的若干项目与数量。表3-2为某现浇钢筋混凝土矩形柱的概算定额。

4. 概算定额基价的编制

概算定额基价和预算定额基价一样，根据不同的表达方法，概算定额基价可能是工料单价、综合单价或全费用综合单价，用于编制设计概算。

某现浇钢筋混凝土矩形柱的概算定额　　　　表3-2

工作内容：模板安拆、钢筋绑扎安放、混凝土浇捣养护。　　　　计量单位：m³

定额编号		3002	3003	3004	3005	3006
项目		现浇钢筋混凝土柱				
		矩形				
		周长1.5m以内	周长2.0m以内	周长2.5m以内	周长3.0m以内	周长3.0m以外
		m³	m³	m³	m³	m³
工、料、机名称（规格）	单位	数量				
人工	混凝土工	工日	0.8187	0.8187	0.8187	0.8187	0.8187
	钢筋工	工日	1.1037	1.1037	1.1037	1.1037	1.1037
	木工（装饰）	工日	4.7676	4.0832	3.0591	2.1798	1.4921
	其他工	工日	2.0342	1.7900	1.4245	1.1107	0.8653
材料	泵送预拌混凝土	m³	1.0150	1.0150	1.0150	1.0150	1.0150
	木模板成材	m³	0.0363	0.0311	0.0233	0.0166	0.0144
	工具式组合钢模板	kg	9.7087	8.3150	6.2294	4.4388	3.0385
	扣件	只	1.1799	1.0105	0.7571	0.5394	0.3693
	零星卡具	kg	3.7354	3.1992	2.3967	1.7078	1.1690
	钢支撑	kg	1.2900	1.1049	0.8277	0.5898	0.4037

续表

定额编号		3002	3003	3004	3005	3006
项目		现浇钢筋混凝土柱				
		矩形				
		周长 1.5m 以内	周长 2.0m 以内	周长 2.5m 以内	周长 3.0m 以内	周长 3.0m 以外
		m³	m³	m³	m³	m³
工、料、机名称（规格）	单位	数量				
材料	柱箍、梁夹具	kg	1.9579	1.6768	1.2563	0.8952	0.6128
	钢丝 18#~22#	kg	0.9024	0.9024	0.9024	0.9024	0.9024
	水	m³	1.2760	1.2760	1.2760	1.2760	1.2760
	圆钉	kg	0.7475	0.6402	0.4796	0.3418	0.2340
	草袋	m²	0.0865	0.0865	0.0865	0.0865	0.0865
	成型钢筋	t	0.1939	0.1939	0.1939	0.1939	0.1939
	其他材料费	%	1.0906	0.9579	0.7467	0.5523	0.3916
机械	汽车式起重机 5t	台班	0.0281	0.0241	0.0180	0.0129	0.0088
	载重汽车 4t	台班	0.0422	0.0361	0.0271	0.0193	0.0132
	混凝土输送泵车 75m³/h	台班	0.0108	0.0108	0.0108	0.0108	0.0108
	木工圆锯机 φ500mm	台班	0.0105	0.0090	0.0068	0.0048	0.0033
	混凝土振捣器插入式	台班	0.1000	0.1000	0.1000	0.1000	0.1000

表 3-3 为某现浇钢筋混凝土柱概算定额基价的表现形式。

3.4.2　概算指标

1. 概算指标的概念及其作用

建筑安装工程概算指标通常是以单位工程为对象，以建筑面积、体积或成套设备装置的台或组为计量单位而规定的人工、材料、施工机具台班的消耗量标准和造价指标。

建筑安装工程概算定额与概算指标的主要区别有以下两点。

（1）确定各种消耗量指标的对象不同

概算定额是以单位扩大分项工程或单位扩大结构构件为对象，而概算指标则是以单位工程为对象。因此概算指标比概算定额更加综合与扩大。

（2）确定各种消耗量指标的依据不同

概算定额以现行预算定额为基础，通过计算之后才综合确定出各种消耗量指标，而概算指标中各种消耗量指标的确定则主要来自各种预算或结算资料。

某现浇钢筋混凝土柱概算定额基价

表 3-3

工作内容：1. 混凝土浇筑、振捣、养护等。
2. 混凝土泵送及管道安拆。
3. 模板制作、安拆、整理堆放及场内运输。

计量单位：100m²

	定额编号			GJ-4-4	GJ-4-5	GJ-4-6
	项目			现浇混凝土柱		
				矩形		
				截面面积		
				≤ 0.25m²	≤ 0.5m²	> 5m²
	基价（元）			11889.31	10206.8	8817.06
其中	人工费（元）			3934.33	3361.04	2876.62
	材料费（元）			7885.24	6778.26	5874.58
	机械费（元）			69.74	67.50	65.86
	名称	单位	单价（元）	数量		
人工	综合工日（土建）	工日	95.0000	41.4140	35.3794	30.2802
材料	C30 现浇混凝土碎石 < 31.5	m³	359.2200	9.8691	9.8691	9.8691
	水泥抹灰砂浆 1：2	m³	345.6700	0.2343	0.2343	0.2343
	塑料薄膜	m²	1.7400	5.0000	5.0000	5.0000
	阻燃毛毡	m²	40.3900	1.0000	1.0000	1.0000
	水	m³	4.2700	2.1532	2.1532	2.1532
	草板纸 80#	张	3.7900	29.1780	20.9490	14.9160
	复合木模板	m²	29.0600	28.2035	20.2493	14.4178
	零星卡具	kg	5.5600	6.5456	4.6996	3.3462
	支撑钢管及扣件	kg	4.7000	44.6812	32.0799	22.8414
	锯成材	m³	3527.01	0.7664	0.5503	0.3918
	圆钉	kg	5.13	4.4672	3.2073	2.2836
	隔离剂	kg	2.37	9.726	6.9830	4.972
	草袋	m²	4.52	1.8356	1.8356	1.8356
	输送钢管	m	135.04	0.1017	0.1017	0.1017
	弯管	个	323.08	0.0099	0.0099	0.0099
	橡胶压力管	m	62.77	0.0296	0.0296	0.0296
	输送管扣件	个	256.41	0.0099	0.0099	0.0099
	密封圈	个	13.68	0.0395	0.0395	0.0395
	镀锌低碳钢丝 22#	kg	8.37	18.4800	18.48	11.55
	水泥基类间隔件	个	0.43	210.0000	210.0000	131.25
机械	灰浆搅拌机 200L	台班	157.71	0.04	0.04	0.04
	混凝土振捣器（插入式）	台班	7.88	0.6767	0.6767	0.6767
	木工圆锯机 500mm	台班	27.49	0.214	0.1536	0.1094
	木工双面压刨床 600mm	台班	53.04	0.0389	0.0279	0.0199
	混凝土输送泵 30m³/h	台班	612.42	0.0819	0.0819	0.0819

概算指标和概算定额、预算定额一样，都是与各个设计阶段相适应的多次性计价的产物，主要用于初步设计阶段，其作用主要有：

1）其可以作为编制投资估算的参考；

2）其是初步设计阶段编制概算书、确定工程概算造价的依据；

3）概算指标中的主要材料指标可以作为匡算主要材料用量的依据；

4）其是设计单位进行设计方案比较、设计技术经济分析的依据；

5）其是编制固定资产投资计划、确定投资额和主要材料计划的主要依据；

6）其是建筑企业编制劳动力、材料计划，实行经济核算的依据。

2. 概算指标的编制依据

（1）标准设计图纸和各类工程典型设计。

（2）国家颁发的建筑标准、设计规范、施工规范等。

（3）现行的概算指标以及已完工程的预算或结算资料。

（4）人工工资标准、材料单价、施工机具台班单价及其他价格资料。

3. 概算指标的分类及表现形式

（1）概算指标的分类

概算指标可分为两大类，一类是建筑工程概算指标，另一类是设备及安装工程概算指标，如图3-4所示。

（2）概算指标的组成内容及表现形式

1）概算指标的组成内容

概算指标的组成内容一般包括文字说明、列表形式以及必要的附录。

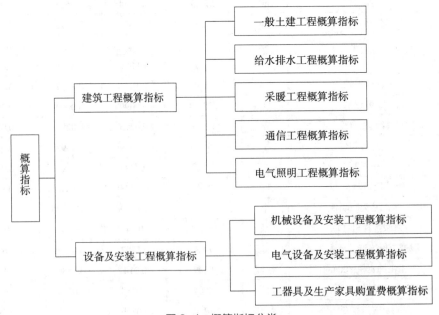

图3-4 概算指标分类

①文字说明包括总说明和分册说明。其内容一般包括概算指标的编制范围、编制依据、分册情况、指标包括的内容、指标未包括的内容、指标的使用方法、指标允许调整的范围及调整方法等。

②列表形式包括：

a. 建筑工程列表形式。房屋建筑、构筑物一般是以建筑面积、建筑体积、"座""个"等为计算单位，附以必要的示意图。示意图画出建筑物的轮廓示意或单线平面图，列出综合指标："元 /m²"或"元 /m³"，自然条件（如地耐力、地震烈度等），建筑物的类型、结构形式及各部位中结构的主要特点，主要工程量。

b. 安装工程的列表形式。设备以"t"或"台"为计算单位，也可以用设备购置费或设备原价的百分比（%）表示；工艺管道一般以"t"为计算单位；通信电话站安装以"站"为计算单位。列出指标编号、项目名称、规格、综合指标（元 / 计算单位）之后，一般还要列出其中的人工费，必要时还要列出主要材料费和辅助材料费。

总体来讲列表形式分为以下几个部分：

a. 示意图。表明工程的结构，工业项目还表示出吊车及起重能力等。

b. 工程特征。对采暖工程特征应列出采暖热媒及采暖形式；对电气照明工程特征可列出建筑层数、结构类型、配线方式、灯具名称等；对房屋建筑工程特征主要对工程的结构形式、层高、层数和建筑面积进行说明，如表 3-4 所示。

内浇外砌住宅结构特征　　　　　　表 3-4

结构类型	层数	层高	檐高	建筑面积
内浇外砌	六层	2.8m	17.7m	4206m²

c. 经济指标。说明该项目每 100m² 的造价指标及其土建、水暖和电气照明等单位工程的相应造价，如表 3-5 所示。

内浇外砌住宅经济指标　　　　　　表 3-5

单位：元
100m² 建筑面积

项目		合计	其中			
			直接费	间接费	利润	税金
单方造价		30422	21860	5576	1893	1093
其中	土建	26133	18778	4790	1626	939
	水暖	2565	1843	470	160	92
	电气照明	1724	1239	316	107	62

d. 构造内容及工程量指标。说明该工程项目的构造内容和相应计算单位的工程量指标及人工、材料消耗指标，如表 3-6、表 3-7 所示。

内浇外砌住宅构造内容及工程量指标 表 3-6

100m² 建筑面积

序号	构造特征		工程量	
			单位	数量
一、土建				
1	基础	灌注桩	m³	14.64
2	外墙	2 砖墙、清水墙勾缝、内墙抹灰刷白	m³	24.32
3	内墙	混凝土墙、1 砖墙、抹灰刷白	m³	22.7
4	柱	混凝土柱	m³	0.7
5	地面	碎砖垫层、水泥砂浆面层	m²	13
6	楼面	120mm 预制空心板、水泥砂浆面层	m²	65
7	门窗	木门窗	m²	62
8	屋面	预制空心板、水泥珍珠岩保温、三毡四油卷材防水	m²	21.7
9	脚手架	综合脚手架	m²	100
二、水暖				
1	采暖方式	集中采暖		
2	给水性质	生活给水明设		
3	排水性质	生活排水		
4	通风方式	自然通风		
三、电气照明				
1	配电方式	塑料管暗配电线		
2	灯具种类	日光灯		
3	用电量			

内浇外砌住宅人工及主要材料消耗指标 表 3-7

100m² 建筑面积

序号	名称及规格	单位	数量	序号	名称及数量	单位	数量
一、土建				二、水暖			
1	人工	工日	506	1	人工	工日	39
2	钢筋	t	3.25	2	钢管	t	0.18
3	型钢	t	0.13	3	暖气片	m²	20
4	水泥	t	18.10	4	卫生器具	套	2.35
5	白灰	t	2.10	5	水表	个	1.84
6	沥青	t	0.29	三、电气照明			
7	红砖	千块	15.10	1	人工	工口	20
8	木材	m³	4.10	2	电线	m	283
9	砂	m³	41	3	钢管	t	0.04
10	砾石	m³	30.5	4	灯具	套	8.43
11	玻璃	m²	29.2	5	电表	个	1.84
12	卷材	m²	80.8	6	配电箱	套	6.1
				四、机具使用费		%	7.5
				五、其他材料费		%	19.57

2）概算指标的表现形式

概算指标在具体内容的表示方法上，分综合指标和单项指标两种形式。

①综合概算指标。综合概算指标是指按照工业或民用建筑及其结构类型而制定的概算指标。综合概算指标的概括性较大，其准确性、针对性不如单项指标。

②单项概算指标。单项概算指标是指为某种建筑物或构筑物而编制的概算指标。单项概算指标的针对性较强，故在指标中要对工程结构形式做介绍。只要工程项目的结构形式及工程内容与单项指标中的工程概况相吻合，编制出的设计概算就比较准确。

3.4.3　投资估算指标

1. 投资估算指标及其作用

工程建设投资估算指标是编制建设项目建议书、可行性研究报告等前期工作阶段投资估算的依据，也可以作为编制固定资产计划投资额的参考。与概预算定额相比，估算指标以独立的建设项目、单项工程或单位工程为对象，综合项目全过程投资和建设中的各类成本和费用，反映出其扩大的技术经济指标，既是定额的一种表现形式，但又不同于其他的计价定额。投资估算指标既具有宏观指导作用，又能为编制项目建议书和可行性研究阶段投资估算提供依据。具体如下：

（1）在编制项目建议书阶段，其是项目主管部门审批项目建议书的依据之一，并对项目的规划及规模起参考作用。

（2）在可行性研究报告阶段，其是项目决策的重要依据，也是多方案比选、优化设计方案、正确编制投资估算、合理确定项目投资额的重要基础。

（3）在建设项目评价及决策过程中，其是评价建设项目投资可行性、分析投资效益的主要经济指标。

（4）在项目实施阶段，其是限额设计和工程造价确定与控制的依据。

（5）其是核算建设项目建设投资需要额和编制建设投资计划的重要依据。

（6）合理准确地确定投资估算指标是进行工程造价管理改革、实现工程造价事前管理和主动控制的前提条件。

2. 投资估算指标的编制原则和依据

（1）投资估算指标的编制原则

由于投资估算指标属于项目建设前期进行估算投资的技术经济指标，它不但要反映实施阶段的静态投资，还必须反映项目建设前期和交付使用期内发生的动态投资。以投资估算指标为依据编制的投资估算包含项目建设的全部投资额，这就要求投资估算指标比其他各种计价定额具有更大的综合性和概括性。因此，投资估算指标的编制工作除应遵循一般定额的编制原则外，还必须坚持以下原则：

1）投资估算指标项目的确定应考虑以后几年编制建设项目建议书和可行性研究报告投资估算的需要。

2）投资估算指标的分类、项目划分、项目内容、表现形式等要结合各专业的特点，并且要与项目建议书、可行性研究报告的编制深度相适应。

3）投资估算指标的编制内容、典型工程的选择，必须遵循国家的有关建设方针政策、符合国家技术发展方向、贯彻国家发展方向原则，使指标的编制既能反映正常建设条件下的造价水平，也能适应今后若干年的科技发展水平。坚持技术上的先进、可行和经济上的合理，力争以较少的投入求得最大的投资效益。

4）投资估算指标的编制要反映不同行业、不同项目和不同工程的特点，投资估算指标要适应项目前期工作深度的需要，而且具有更大的综合性。投资估算指标要密切结合行业特点、项目建设的特定条件，在内容上既要贯彻指导性、准确性和可调性原则，又要有一定的深度和广度。

5）投资估算指标的编制要贯彻静态和动态相结合的原则。要充分考虑到在市场经济条件下，由于建设条件、实施时间、建设期限等因素的不同，建设期的动态因素，即价格、建设期利息及涉外工程的汇率等的变动，导致指标的量差、价差、利息差、费用差等"动态"因素对投资估算的影响。对上述动态因素给予必要的调整办法和调整参数，尽可能减少这些动态因素对投资估算准确度的影响，使指标具有较强的实用性和可操作性。

（2）投资估算指标的编制依据

1）依照不同的产品方案、工艺流程和生产规模，确定建设项目主要生产、辅助生产、公用设施及生活福利设施等单项工程的内容、规模、数量以及结构形式，选择相应具有代表性、符合技术发展方向、数量足够的已经建成或正在建设的并具有重复使用可能的设计图样及其工程量清册、设备清单、主要材料用量表和预算资料、决算资料，经过分类，筛选、整理出编制依据。

2）国家和主管部门制定颁发的建设项目用地定额、建设项目工期定额、单项工程施工工期定额及生产定员标准等。

3）编制年度现行全国统一、地区统一的各类工程计价定额和各种费用标准。

4）编制年度各类工资标准、材料单价、机具台班单价及各类工程造价指数，其应以所处地区的标准为准。

5）设备价格。

3. 投资估算指标的内容

投资估算指标是确定和控制建设项目全过程各项投资支出的技术经济指标，其范围涉及建设前期、建设实施期和竣工验收交付使用期等各个阶段的费用支出，内容因行业不同而各异，一般可分为建设项目综合指标、单项工程指标和单位工程指标三个层次。表3-8为某住宅项目的投资估算指标示例。

（1）建设项目综合指标

建设项目综合指标是指按规定应列入建设项目总投资的从立项筹建开始至竣工验收

建设项目投资估算指标　　　　　　　　　　　　　　　　　　　　　表 3-8

一、工程概况（表一）

工程名称	住宅楼	工程地点	XX 市	建筑面积	4549m²
层数	七层	层高	3.00m	檐高	21.60m	结构类型	砖混
地耐力	130kPa	地震烈度	7 度	地下水位	-0.65m、-0.83m

土建部分	地基处理		
	基础	C15 混凝土垫层，C20 钢筋混凝土带形基础，砖基础	
	墙体	外	1 砖墙
		内	1 砖、1/2 砖墙
	柱	C20 钢筋混凝土构造柱	
	梁	C20 钢筋混凝土单梁、圈梁、过梁	
	板	C20 钢筋混凝土平板，C30 预应力钢筋混凝土空心板	
	地面	垫层	混凝土垫层
		面层	水泥砂浆面层
	楼面	水泥砂浆面层	
	屋面	块体刚性屋面，沥青铺加气混凝土块保温层，防水砂浆面层	
	门窗	木胶合板门（带纱），塑钢窗	
	装饰	顶棚	混合砂浆、106 涂料
		内粉	混合砂浆、水泥砂浆，106 涂料
		外粉	水刷石
安装	水卫（消防）	给水镀锌钢管，排水塑料管，坐式大便器	
	电气照明	照明配电箱，PVC 塑料管暗敷，穿铜芯绝缘导线，避雷网敷设	

二、每平方米综合造价指标（表二）（单位：元 /m²）

项目	综合指标	直接费					取费（综合费）
		合价	其中				三类工程
			人工费	材料费	机具费		
工程造价	530.39	408.00	74.69	308.13	25.18		122.89
土建	503.00	386.92	70.95	291.8	24.17		116.08
水卫（消防）	19.22	14.73	2.38	11.94	0.41		4.49
电气照明	8.67	6.35	1.36	4.39	0.6		2.32

三、土建工程各分部占直接费的比例及每平方米直接费（表三）

分部工程名称	占直接费（%）	元（m²）	分部工程名称	占直接费（%）	元（m²）
±0.000 以下工程	13.01	50.4	楼地面工程	2.62	10.13
脚手架及垂直运输	4.02	15.56	屋面及防水工程	1.43	5.52
砌筑工程	16.9	65.37	防腐保温隔热工程	0.65	2.52
混凝土及钢筋混凝土工程	31.78	122.95	装饰工程	9.56	36.98
构件运输及安装工程	1.91	7.40	金属结构制作工程		
门窗及木结构工程	18.12	70.09	零星项目		

续表

四、人工、材料消耗指标（表四）

项目	单位	每 100m² 消耗量	材料名称	单位	每 100m² 消耗量
（一）定额用工	工日	382.06	（二）材料消耗（土建工程）		
土建工程	工日	363.83	钢材	t	2.11
			水泥	t	16.76
水卫（消防）	工日	11.6	木材	m³	1.8
			标准砖	千块	21.82
电气照明	工日	6.63	中粗砂	m³	34.39
			碎（砾）石	m³	26.20

交付使用的全部投资额，包括单项工程投资、工程建设其他费用和预备费等。

建设项目综合指标一般以项目的综合生产能力单位投资表示，如"元/t""元/kW"；或以使用功能表示，如医院床位："元/床"。

（2）单项工程指标

单项工程指标是指按规定应列入能独立发挥生产能力或使用效益的单项工程内的全部投资额，包括建筑工程费、安装工程费、设备、工器具及生产家具购置费和可能包含的其他费用。单项工程一般划分原则如下：

1）主要生产设施是指直接参加生产产品的工程项目，包括生产车间或生产装置。

2）辅助生产设施是指为主要生产车间服务的工程项目，包括集中控制室、中央实验室、机修、电修、仪器仪表修理及木工（模）等车间，原材料、半成品、成品及危险品等仓库。

3）公用工程包括给水排水系统（给水排水泵房、水塔、水池及全厂给水排水管网）、供热系统（锅炉房及水处理设施、全厂热力管网）、供电及通信系统（变配电所、开关所及全厂输电、电信线路）以及热电站、热力站、煤气站、空压站、冷冻站、冷却塔和全厂管网等。

4）环境保护工程包括废气、废渣、废水等的处理和综合利用设施及全厂性绿化。

5）总图运输工程包括厂区防洪、围墙大门、传达及收发室、汽车库、消防车库、厂区道路、桥涵、厂区码头及厂区大型土石方工程。

6）厂区服务设施包括厂部办公室、厂区食堂、医务室、浴室、哺乳室、自行车棚等。

7）生活福利设施包括职工医院、住宅、生活区食堂、俱乐部、托儿所、幼儿园、子弟学校、商业服务点以及与之配套的设施。

8）厂外工程包括水源工程、厂外输电、输水、排水、通信、输油等管线以及公路、铁路专用线等。

单项工程指标一般以单项工程生产能力单位投资，如"元/t"，或其他单位表示。如变配电站以"元 /（kV·A）"表示；锅炉房以"元 / 蒸汽吨"表示；供水站以"元 /m³"表示；办公室、仓库、宿舍、住宅等房屋则区别不同结构形式，以"元 /m²"表示。

（3）单位工程指标

单位工程指标是指按规定应列入能独立设计、施工的工程项目的费用，即建筑安装工程费用。

单位工程指标是指一般以如下方式表示：房屋区别不同结构形式，以"元 /m²"表示；道路区别不同结构层、面层，以"元 /m²"表示；水塔区别不同结构层、容积，以"元 / 座"表示；管道区别不同材质、管径，以"元 /m"表示。

3.5　工程量清单计价计量

按照工程量清单计价的一般原理，工程量清单应是载明建设工程项目名称、项目特征、计量单位和工程数量等的明细清单，而项目设置应伴随着建设项目的进展不断细化。根据《住房城乡建设部关于进一步推进工程造价管理改革的指导意见》（住建〔2014〕142 号）的要求，清单计价方式应遵循"完善工程项目划分，建立多层级工程量清单，形成以清单计价规范和各专（行）业工程量计算规范配套使用的清单规范体系，满足不同设计深度、不同复杂程度、不同承包方式及不同管理需求下工程计价的需要"的原则。

我国现行的《建设工程工程量清单计价规范》GB 50500—2013 和工程计量体系主要是建立在施工图基础上的。对于采用工程总承包的项目，由于没有与之相适应的计量计价规则，实践中往往采用模拟清单、费率下浮的方式进行招标发包，无法形成总价合同，不利于发包人控制项目投资，也不利于承包人优化施工设计，制约了工程总承包的推行。为了满足建设项目工程总承包计量计价的需求和规范工程总承包计价行为，住房和城乡建设部发布了《房屋建筑和市政基础设施项目工程总承包计价计量规范（征求意见稿）》，该征求意见稿初步制定了适用于可行性研究或方案设计后、或初步设计后的工程总承包项目计量计价规则，为完善工程建设组织模式、推进工程总承包、建立与工程总承包相配套的计量计价体系作出了积极探索。

3.5.1　建设工程工程量清单计量计价

1. 工程量清单计价与计量规范概述

目前，工程量清单计价主要用于施工图完成后进行发包的阶段，主要遵循的依据是工程量清单计价与工程量计算规范，由《建设工程工程量清单计价规范》GB 50500—2013、《房屋建筑与装饰工程工程量计算规范》GB 50854—2013、《仿古建筑工程工程量计算规范》GB 50855—2013、《通用安装工程工程量计算规范》GB 50856—2013、《市政工程工程量计算规范》GB 50857—2013、《园林绿化工程工程量计算规范》GB 50858—2013、《矿山工程工程量计算规范》GB 50859—2013、《构筑物工程工程量计算规范》GB

50860—2013、《城市轨道交通工程工程量计算规范》GB 50861—2013、《爆破工程工程量计算规范》GB 50862—2013 等组成。

《建设工程工程量清单计价规范》GB 50500—2013（以下简称计价规范）包括总则、术语、一般规定、工程量清单编制、招标控制价、合同价款约定、工程计量、合同价款调整、合同价款期中支付、竣工结算与支付、合同解除的价款结算与支付、合同价款争议的解决、工程造价鉴定、工程计价资料与档案、工程计价表格及 11 个附录。

各专业工程量计算规范包括总则、术语、工程计量、工程量清单编制和附录。

（1）工程量清单计价的适用范围

清单计价适用于建设工程发承包及其实施阶段的计价活动。使用国有资金投资的建设工程发承包，必须采用工程量清单计价；非国有资金投资的建设工程，宜采用工程量清单计价；不采用工程量清单计价的建设工程，应执行清单计价规范中除工程量清单等专门性规定外的其他规定。

（2）工程量清单的组成

工程量清单作为工程量清单计价规范中最重要的组成部分，对建设工程计价管理具有重要意义。由于我国目前使用的建设工程工程量清单计价规范主要用于施工图完成后进行发包的阶段，故将工程量清单的项目设置分为分部分项工程项目、措施项目、其他项目以及规费和税金项目四大类。工程量清单又可分为招标工程量清单和已标价工程量清单，由招标人根据国家标准、招标文件、设计文件以及施工现场实际情况编制的，称为招标工程量清单；作为投标文件组成部分的已标明价格并经承包人确认的，称为已标价工程量清单。招标工程量清单应由具有编制能力的招标人或受其委托、具有相应资质的工程造价咨询人或招标代理人编制。采用工程量清单方式招标，招标工程量清单必须作为招标文件的组成部分，其准确性和完整性由招标人负责。工程量清单应以单位（项）工程为单位编制，由分部分项工程项目清单、措施项目清单、其他项目清单及规费和税金项目清单组成，如图 3-5 所示。

2. 工程量清单的内容

（1）分部分项工程项目清单

分部分项工程项目清单必须载明项目编码、项目名称、项目特征、计量单位和工程量。

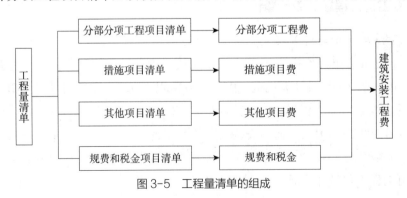

图 3-5　工程量清单的组成

分部分项工程项目清单必须根据各专业工程工程量计算规范规定的项目编码、项目名称、项目特征、计量单位和工程量计算规则进行编制。其格式如表 3-9 所示，在分部分项工程项目清单的编制过程中，由招标人负责前六项内容的填列，金额部分在编制招标控制价或投标报价时填列。

分部分项工程和单价措施项目清单与计价表　　　　　　　　　表 3-9

工程名称：　　　　　　　　　　　　　　　　　　　　标段：　　第　页　共　页

序号	项目编码	项目名称	项目特征描述	计量单位	工程量	金额（元）		
						综合单价	合价	其中：暂估价
本页小计								
合计								

注：为计取规费等的使用，可在表中增设"其中：定额人工费"。

1）项目编码

项目编码是分部分项工程和措施项目清单名称的阿拉伯数字标识。清单项目编码以五级编码设置，用十二位阿拉伯数字表示。一、二、三、四级编码为全国统一，即一至九位应按工程量计算规范附录的规定设置；第五级即十至十二位为清单项目编码，应根据拟建工程的工程量清单项目名称设置，不得有重号，这三位清单项目编码由招标人针对招标工程项目具体编制，并应自 001 起顺序编制。

各级编码代表的含义如下：

①第一级表示专业工程代码（分二位）；

②第二级表示附录分类顺序码（分二位）；

③第三级表示分部工程顺序码（分二位）；

④第四级表示分项工程项目名称顺序码（分三位）；

⑤第五级表示工程量清单项目名称顺序码（分三位）。

以房屋建筑与装饰工程为例，项目编码结构如图 3-6 所示。

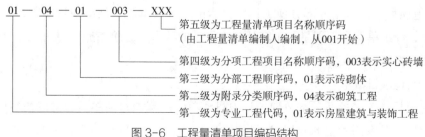

图 3-6　工程量清单项目编码结构

2）项目名称

分部分项工程项目和措施项目清单的项目名称应按各专业工程工程量计算规范附录的项目名称结合拟建工程实际确定。附录表中的"项目名称"为分项工程项目名称，是形成分部分项工程项目清单项目名称的基础。即在编制分部分项工程项目清单时，以附录中的分项工程项目名称为基础，考虑该项目的规格、型号、材质等特征要求，结合拟建工程的实际情况，使其工程量清单项目名称具体化、细化，以反映影响工程造价的主要因素。例如，"门窗工程"中"特种门"应区分"冷藏门""冷冻闸门""保温门""变电室门""隔音门""防射线门""人防门""金库门"等。清单项目名称应表达详细、准确，各专业工程量计算规范中的分项工程项目名称如有缺陷，招标人可作补充，并报当地工程造价管理机构（省级）备案。

3）项目特征

项目特征是构成分部分项工程项目、措施项目自身价值的本质特征。项目特征是对项目的准确描述，是确定一个清单项目综合单价不可缺少的重要依据，是区分清单项目的依据，是履行合同义务的基础。分部分项工程项目清单的项目特征应按各专业工程工程量计算规范附录中规定的项目特征，结合技术规范、标准图集、施工图纸，按照工程结构、使用材质及规格或安装位置等，予以详细而准确的表述和说明。凡项目特征中未描述到的其他独有特征，由清单编制人视项目具体情况确定，以准确描述清单项目为准。

（2）措施项目清单

措施项目是指为完成工程项目施工，发生于该工程施工准备和施工过程中的技术、生活、安全、环境保护等方面的项目。

措施项目清单应根据相关专业现行工程量计算规范的规定编制，并应根据拟建工程的实际情况列项。

措施项目费用的发生与使用时间、施工方法或者两个以上的工序相关，如安全文明施工费、夜间施工、非夜间施工照明、二次搬运、冬雨季施工、地上、地下设施和建筑物的临时保护设施、已完工程及设备保护等。但是，有些措施项目则是可以计算工程量的项目，如脚手架工程、混凝土模板及支架（撑）、垂直运输、超高施工增加、大型机械设备进出场及安拆、施工排水、降水等，这类措施项目按照分部分项工程项目清单的方式采用综合单价计价更有利于措施费的确定和调整。措施项目中可以计算工程量的项目（单价措施项目）宜采用分部分项工程项目清单的方式编制，列出项目编码、项目名称、项目特征、计量单位和工程量；不能计算工程量的项目（总价措施项目），以"项"为计量单位进行编制，如表3-10所示。

（3）其他项目清单

其他项目清单是指在分部分项工程项目清单、措施项目清单所包含的内容以外，因招标人的特殊要求而发生的与拟建工程有关的其他费用项目和相应数量的清单。工程建

总价措施项目清单与计价表　　　　　　　　表 3-10

工程名称：　　　　　　　　　　　　　　　　标段：　第　页　共　页

序号	项目编码	项目名称	计算基础	费率（%）	金额（元）	调整费率（%）	调整后金额（元）	备注
		安全文明施工费						
		夜间施工增加费						
		二次搬运费						
		冬雨季施工增加费						
		已完工程及设备保护费						
		…						
合计								

设标准的高低、工程的复杂程度、工程的工期长短、工程的组成内容、发包人对工程管理的要求等都直接影响其他项目清单的具体内容。其他项目清单包括暂列金额、暂估价（包括材料暂估单价、工程设备暂估单价和专业工程暂估价）、计日工和总承包服务费。其他项目清单宜按照表 3-11 的格式编制，出现未包含在表格内容中的项目，可根据工程实际情况补充。

其他项目清单与计价汇总表　　　　　　　　表 3-11

工程名称：　　　　　　　　　　　　　　　　标段：　第　页　共　页

序号	项目名称	金额（元）	结算金额（元）	备注
1	暂列金额			
2	暂估价			
2.1	材料（工程设备）暂估价/结算价			
2.2	专业工程暂估价/结算价			
3	计日工			
4	总承包服务费			
5	索赔与现场签证			
	…			
合计				

其中，暂列金额是指招标人在工程量清单中暂定并包括在合同价款中的一笔款项；暂估价是指招标人在工程量清单中提供的用于支付必然发生，但暂时不能确定价格的材料、工程设备的单价以及专业工程的金额，包括材料暂估单价、工程设备暂估单价和专业工程暂估价；计日工是指在施工过程中，承包人完成发包人提出的工程合同范围以外的零星项目和工作，按合同约定的单价计价的一种方式，其是为了解决现场发生的零星工作的计价而设立的款项。

（4）规费和税金项目清单

规费项目清单应按照下列内容列项：社会保险费，包括养老保险费、失业保险费、医疗保险费、工伤保险费、生育保险费；住房公积金；工程排污费；出现计价规范中未列的项目，应根据省级政府或省级有关管理部门的规定列项。

税金项目主要是指增值税。出现计价规范未列的项目，应根据税务部门的规定列项。

规费和税金项目计价表如表3-12所示。

规费和税金项目计价表　　　　　　　表3-12

工程名称：　　　　　　　　　　　　　　　标段：　第　页　共　页

序号	项目名称	计算基础	计算基数	计算费率（%）	金额（元）
1	规费	定额人工费			
1.1	社会保险费	定额人工费			
（1）	养老保险费	定额人工费			
（2）	失业保险费	定额人工费			
（3）	医疗保险费	定额人工费			
（4）	工伤保险费	定额人工费			
（5）	生育保险费	定额人工费			
1.2	住房公积金	定额人工费			
1.3	工程排污费	按工程所在地环境保护部门收取标准、按实计入			
2	税金（增值税）	人工费+材料费+施工机具使用费+企业管理费+利润+规费			
	合计				

3.5.2　工程总承包项目清单计量计价

1. 工程总承包计量计价规范概述

为规范建设项目工程总承包计价行为，促进工程总承包健康发展，根据现行法律法规及国家有关政策规定，住房和城乡建设部组织起草了《房屋建筑和市政基础设施项目工程总承包计价计量规范（征求意见稿）》（以下简称《规范》）。《规范》的内容包括总则、术语、基本规定、清单编制、最高投标限价、投标报价、评标定价和签约合同价、合同价款调整与索赔、工程结算与支付及3个附录（各项目清单及计算规则）。

（1）工程总承包项目清单计价的适用范围

工程总承包项目清单计价适用于可行性研究或方案设计后或初步设计后的工程总承包项目的计价活动，包括采用工程总承包的房屋建筑工程、市政工程、城市轨道交通工程的计价活动。

《规范》中附录A、附录B、附录C应作为编制工程总承包项目清单的依据。

1）附录 A 为房屋建筑工程项目清单及计算规则，适用于工业与民用建筑工程。

2）附录 B 为市政工程项目清单及计算规则，适用于城市市政建设工程。

3）附录 C 为轨道交通工程项目清单及计算规则，适用于城市轨道交通工程。

（2）工程总承包项目清单的组成

工程总承包项目清单包括勘察、设计费清单，总承包其他费、暂列金额清单，设备购置清单和建筑安装工程项目清单。

2. 工程量清单的内容

（1）勘察、设计费清单

勘察设计费清单应结合工程总承包范围确定列项。招标人应根据工程总承包的范围按照表 3-13 规定的内容选列，但编码不得更改。

勘察、设计费清单计价表　　　　　　　　　　　　表 3-13

工程名称：

编码	项目名称	金额（元）	备注
0001	勘察费		
0002	设计费		
000201	方案设计费		
000202	初步设计费		
000203	施工图设计费		
000204	竣工图编制费		
	其他：		

投标人认为需要增加的有关设计费用，请在"其他"下面列明该项目的名称及金额（一切在报价时未报价的项目均被视为已包括在报价金额内）

（2）总承包其他费、暂列金额清单

总承包其他费、暂列金额清单应结合工程总承包范围确定列项。招标人应根据工程总承包的范围按照表 3-14 的内容选列，但编码不得更改。

（3）设备购置清单

设备购置清单应根据拟建工程的实际需求列项（参见表 3-15、表 3-16）。招标人应根据工程项目编制设备购置清单，编码 0004 不得更改，具体设备在后两位顺序编码。

（4）建筑安装工程项目清单

建筑安装工程项目清单应按照《规范》附录规定的项目编码、项目名称、计量单位和计算规则进行编制。建筑安装工程清单项目编码应遵循以下规定：

1）房屋建筑工程 01

①可行性研究及方案设计后的项目清单编码，采用 01 与 2 位阿拉伯数字表示，编码应按附录 A.1 的规定设置。

总承包其他费、暂列金额清单计价表 　　表 3-14

编码	项目名称	金额（元）	备注
0003	总承包其他费		
000301	研究试验费		
000302	土地租用、占道及补偿费		
000303	总承包管理费		
000304	临时设施费		
000305	招标投标费		
000306	咨询和审计费		
000307	检验检测费		
000308	系统集成费		
000309	财务费		
000310	专利及专用技术使用费		
000311	工程保险费		
000312	法律服务费		
	其他：		

投标人认为需要增加的有关项目，请在"其他"下面列明该项目的名称及金额（一切在报价时未报价的项目均被视为已包括在报价金额内）

0005	暂列金额		

设备购置清单计价表 　　表 3-15

工程名称：

编码	设备名称	品牌	技术参数规格型号	计量单位	数量	单价（元）	合价（元）	备注
0004								
000401								
000402								

必备的备品备件清单计价表 　　表 3-16

编码	备品备件名称	规格型号	计量单位	数量	单价（元）	合价（元）	备注

②初步设计后的清单项目编码，采用 01×× 与 5 位阿拉伯数字表示，编码应按附录 A.2 的规定设置。

2）市政工程 02

①可行性研究后的清单项目编码，采用 02 与 2 位阿拉伯数字表示，编码应按附录 B.1 的规定设置。

②初步设计后的清单项目编码，采用 02×× 与 5 位阿拉伯数字表示，编码应按附录 B.2 的规定设置。

3）轨道交通工程 03

①可行性研究后的清单项目编码，采用 03 与 2 位阿拉伯数字表示，编码应按附录 C.1 的规定设置。

②初步设计后的清单项目编码，采用 03×× 与 5 位阿拉伯数字表示，编码应按附录 C.2 的规定设置。

建筑安装工程项目清单表格式见表 3-17。招标人应按《规范》附录的规定，按照不同的发包阶段编制建筑安装工程项目清单，规范中的编码不得更改。同一项目细分时，在同一编码项目下分列，如现浇混凝土，混凝土强度等级不同时，在同一项目下分列 C25、C30 等即可。招标人在初步设计后编制项目清单，对于土石方工程、地基处理等无法计算工程量的项目，可以只列项目不列工程量。但投标人应在投标报价时列出工程量。

建筑安装工程项目清单表　　表 3-17

工程名称：

编码	项目名称及特征	单位	数量	单价（元）	合价（元）	备注
	其他：					

投标人认为需要增加的项目，请在"其他"下面列明该项目的名称、内容及金额（一切在报价时未报价的项目均被视为已包括在报价金额内）

3.6　工程计价信息

3.6.1　工程计价信息的概念和特点

1. 工程计价信息的概念

信息可以理解为是一种消息、信号、数据或资料，它有多种定义。较广泛被认同的定义为信息是对客观世界中各种事物运动状态和变化的反映，是客观事物之间相互联系和相互作用的表征,表现的是客观事物运动状态和变化的实质内容。在工程造价管理领域,信息也有它自己的定义,《工程造价术语标准》GB/T 50875—2013 中将工程造价信息定义为工程造价管理机构发布的建设工程人工、材料、工程设备、施工机具台班的价格信息及依据各类工程的造价指数、指标等。

工程计价信息是一切有关工程计价的工程特征、状态及其变动的消息、信号、数据的组合。在工程发承包市场和工程建设过程中,工程造价由于各种影响因素的干扰,总是在不停地运动着、变化着,并呈现出种种不同的特征。人们对工程发承包市场和工程建设过程中工程造价运动的变化,是通过工程计价信息来认识和掌握的。

在工程发承包市场和工程建设过程中,政府工程造价咨询机构和工程发承包双方都是通过工程计价信息来了解工程建设市场动态、预测工程造价变化、决定工程造价政策和工程发承包价的。因此,工程计价信息作为一种社会资源在工程建设中的地位日趋明显,特别是随着我国工程量清单计价制度的推行,工程造价从政府计划的指令性价格向市场定价转化,在这个过程中工程计价信息管理日显重要。

2. 工程计价信息的特点

（1）区域性

许多建筑材料在工程建设中用量较大,因而运输量大（例如沙、石等）,其本身的价值或生产价格并不高,但运输费用很高,这在客观上要求尽可能就近使用建筑材料。因此,这类建筑信息的交换和流通往往限制在一定的区域内。

（2）多样性

建设工程的多样性使工程造价管理有多样性的需求,在计价信息的内容和形式上也需要多样性。

（3）专业性

工程计价信息的专业性集中反映在建设工程的专业化上,例如水利、电力、铁道、公路等工程所需的信息有它的专业特殊性。

（4）系统性

工程计价信息是由若干具有特定内容和同类性质,在一定时间和空间内形成的一连串信息。工程造价管理工作也同样是多种因素相互作用的结果,并且从多方面被反映出来,因而工程计价信息是大量而且系统性的。

（5）动态性

工程计价信息需要经常不断地收集和补充新的内容,进行信息更新,真实反映工程造价的动态变化。

（6）季节性

由于建筑生产受自然条件影响大,施工内容的安排必须充分考虑季节因素,使得工程计价信息也不能完全避免季节性的影响。

3.6.2　工程计价信息包括的主要内容

从广义上说，所有对工程计价有影响的信息资料都可以称为工程计价信息，例如各种定额资料、标准规范、政策文件等。但最能体现工程计价信息动态性变化特征，并且在工程价格的市场机制中起重要作用的工程计价信息主要包括价格信息、工程造价指数和工程造价指标三类。

1. 价格信息

价格信息包括各种建筑材料、装修材料、安装材料、人工工资、施工机具等的最新市场价格。这些信息是比较初级的，一般没有经过系统的加工处理，也可以称其为数据。

（1）人工价格信息

根据《关于开展建筑工程实物工程量与建筑工种人工成本信息测算和发布工作的通知》（建办标函〔2006〕765号），我国自2007年就开始开展建筑工程实物工程量与建筑工种人工成本信息（也即人工价格信息）的测算和发布工作。其成果是引导建筑劳务合同双方合理确定建筑工人工资水平的基础，是建筑业企业合理支付工人劳动报酬和调解、处理建筑工人劳动工资纠纷的依据，也是工程招标投标中评定成本的依据。

1）建筑工程实物工程量人工价格信息。这种价格信息是以建筑工程的不同划分标准为对象，所反映的单位实物工程量人工价格信息。其表现形式如表3-18所示。

2018年第四季度XX市建筑工程实物工程量人工成本信息表　表3-18
单位：元

	项目编码	项目名称	工程量计算规则	单位	人工单价	备注
1	010101001001	人工平整场地	按实际平整外括2m	m²	2.29	
2	010101002002	人工挖土方一、二类土深度2m以内	按实际挖方量加上放坡土方量	m³	17.15	
3	010101003001	人工挖沟槽一、二类土深度2m以内	按实际挖方量加上放坡土方量	m³	24.51	
4	010106001002	回填土夯填	按实际回填土方量	m³	23.52	
5	011204002002	外脚手架木架15m以内双排	垂直投影面积	m²	18.46	
6	011204002015	里脚手架钢管架	垂直投影面积	m²	3.19	
7	011204002018	满堂脚手架钢管脚手架基本层	垂直投影面积	m²	10.62	

2）建筑工种人工成本信息。这种价格信息是按照建筑工人的工种分类，反映不同工种的单位人工日工资单价。

（2）材料价格信息

在材料价格信息的发布中，应披露材料类别、规格、单价、供货地区、供货单位以及发布日期等信息，其表现形式如表3-19所示。

（3）施工机具价格信息

施工机具价格信息的主要内容为施工机械价格信息，又分为设备市场价格信息和设

2019 年 12 月 XX 地区混凝土参考价格　　　表 3-19

材料号	材料名称	规格型号	计量单位	不含税价格（元）
03015	商品混凝土	C25	m³	321
03016	商品混凝土	C30	m³	337
03017	商品混凝土	C35	m³	364
03019	商品混凝土	C45	m³	410
03022	商品混凝土	C60	m³	502

备租赁市场价格信息两部分。相对而言，后者对于工程计价更为重要，发布的机械价格信息应包括机械种类、规格型号、供货厂商名称、租赁单价、发布日期等内容，其表现形式如表 3-20 所示。

2019 年 12 月 XX 地区设备租赁价格　　　表 3-20

编码	机械名称	规格型号	机型	单位	租赁价格（元）
1043	履带式单斗挖掘机	斗容量 1m³	大型	台班	1790
6017	灰浆搅拌机	拌筒容量 200L	小型	台班	30
7001	钢筋调直机	直径 40mm	小型	台班	30
3044	自升式塔式起重机	起重力距 2000kN·m	大型	台班	1430
4014	自卸汽车	载重质量 5t	中型	台班	530

2. 工程造价指标

1991 年 11 月，国家建设部印发了关于《建立工程造价资料积累制度的几点意见》的文件，标志着我国工程造价资料积累制度的正式建立，工程造价资料积累工作正式开展。建立工程造价资料积累制度是完善工程造价计价依据极其重要的基础性工作。信息技术和工程造价管理制度经过多年的发展，《建设工程造价指标指数分类与测算标准》GB/T 51290—2018 于 2018 年 7 月 1 日正式实施，标志着我国建设工程造价指标体系的成熟，为在宏观决策、行业监管中更好地服务建设工程相关主体发挥了重要作用。

（1）工程造价指标及其分类

工程造价指标是指建设工程整体或局部在某一时间、地域一定计量单位的造价水平或工料机消耗量的数值。建设工程造价指标可以按照不同的分类标准进行分类。

1）按照工程构成的不同，建设工程造价指标可以分为建设投资指标和单项、单位工程造价指标。其中单项工程造价指标又可以按照专业类型分为房屋建筑与装饰工程、仿古建筑工程、通用安装工程、市政工程、园林绿化工程、矿山工程、构筑物工程、城市轨道交通工程和爆破工程等。

2）按照用途的不同，建设工程造价指标可以分为工程经济指标、工程量指标、工料价格指标及消耗量指标。

（2）工程造价指标的用处和表现形式

根据已完或在建工程的各种造价信息，经过统一格式及标准化处理后的造价数值可用于对已完或在建工程的造价分析，并可作为拟建工程的计价依据。

3. 工程造价指数

工程造价指数是反映一定时期价格变化对工程造价影响程度的指数，包括各种单项价格指数、设备工器具价格指数、建筑安装工程造价指数、建设项目或单项工程造价指数等。

（1）工程造价指数的概念

指数是用来统计研究社会经济现象数量变化幅度和趋势的一种特有的分析方法和手段。指数有广义和狭义之分。广义的指数是指反映社会经济现象变动与差异程度的相对数，如产值指数、产量指数、出口额指数等。而从狭义上说，统计指数是用来综合反映社会经济现象复杂总体数量变动状况的相对数。

工程造价指数是一定时期的建设工程造价相对于某一固定时期工程造价的比值，以某一设定值为参照得出的同比例数值。

（2）工程造价指数编制的意义

在建筑市场供求和价格水平发生经常性波动的情况下，建设工程造价及其各组成部分也处于不断地变化之中，这不仅使不同时期的工程在"量"与"价"两方面都失去可比性，也给合理确定和有效控制造价造成了困难。根据工程建设的特点，编制工程造价指数是解决这些问题的最佳途径。以合理的方法编制的工程造价指数，不仅能够较好地反映工程造价的变动趋势和变化幅度，而且可用以剔除价格水平变化对造价的影响，正确地反映建筑市场的供求关系和生产力发展水平。

建设工程造价指数用来反映一定时期由于价格变化对工程造价的影响程度，它是调整工程造价价差的依据。工程造价指数反映了报告期与基期相比的价格变动趋势，利用它来研究实际工作中的下列问题很有意义：

1）可以利用工程造价指数分析价格变动趋势及其原因；

2）可以利用工程造价指数预计宏观经济变化对工程造价的影响；

3）工程造价指数是工程发承包双方进行工程估价和结算的重要依据。

（3）工程造价指数的分类

工程造价指数分为人材机市场价格指数、单项工程造价指数和建设工程造价综合指数。

1）人材机市场价格指数。这其中包括了反映各类工程的人工费、材料费、施工机具使用费报告期价格相对基期价格变化程度的指标，可以利用它来研究主要单项价格变化的情况及其发展变化的趋势。其计算过程可以简单表示为报告期价格与基期价格之比。

2）单项工程造价指数。其主要是指按照不同专业类型划分的各类单项工程造价指数。与单项工程造价指标的分类类似，单项工程造价指数也可以划分为房屋建筑与装饰工程、仿古建筑工程、通用安装工程、市政工程、园林绿化工程、矿山工程、构筑物工程、城市轨道交通工程和爆破工程等造价指数。

3）建设工程造价综合指数。建设工程造价综合指数通常按照地区进行编制，即将不同专业的单项工程造价指数进行加权汇总后，反映出该地区某一时期内工程造价的综合变动情况。

3.7 工程计价的基本方法

在工程计价时，传统的工程计价方法根据采用的单价内容和计算程序不同，主要分为项目单价法和实物量法。项目单价法又分为定额计价法（工料单价法）和工程量清单计价法（综合单价法）。

1. 项目单价法

（1）定额计价法

定额计价法的实施步骤为：首先依据相应工程计价定额的工程量计算规则计算项目的工程量；然后依据计价定额的人工、材料、施工机具的要素消耗量和单价，计算各个项目的定额直接费，并计算定额直接费合价；最后再按照相应的取费程序计算其他直接费、管理费、利润、税金等费用，逐级汇总形成工程造价。工程计价的基本步骤一般包括：收集资料、熟悉设计文件和工程现场、计算工程量、依据定额确定项目单价、计算相关费用并汇总、编写编制说明等。

（2）工程量清单计价法

工程量清单计价法的实施步骤为：首先依据《建设工程工程量清单计价规范》GB 50500—2013及其相应的工程量计算规范规定的工程量计算规则计算清单工程量，并根据相应的工程计价依据或市场交易价格确定综合单价；然后用工程量乘以综合单价，得到工程量清单项目合价及人工费；最后以该合价或人工费为基础计算应综合计取的措施项目费以及规费、税金等，逐级汇总形成工程造价。工程量清单的综合单价按照单价的构成分为完全综合单价和非完全综合单价。现行的《建设工程工程量清单计价规范》GB 50500—2013属于非完全综合单价，如果把规费和税金计入综合单价后即形成完全综合单价。工程量清单单价法因使用的是综合单价，也称为综合单价法。

2. 实物量法

实物量法的实施步骤为：首先依据相应工程量计算规范规定的工程量计算规则计算实物工程量；然后套用相应的实物量消耗定额计算单项工程或整个工程的实物量消耗；最后根据当时、当地人工、材料、施工机械的价格计算工程成本，计算应分摊的现场经费、项目管理费和企业管理费，并计算企业利润。此外，使用实物量法也可以将现场经费、项目管理费、企业管理费和企业利润等分摊到各个实物工程量子目，采用综合单价表示。

28- 工程单价的
形成机理

（1）工程估价—类似工程修正法

在工程决策与设计阶段，使用统一的工程定额或指标往往使个性化的工程进行估价时的偏差较大，其应对标类似工程，按照标杆管理的原理采用类似工程修正法。如拟建一个五星级酒店，往往选择一个类似的酒店作为标杆进行对标；建设一个三甲医院，一定选择一个类似规模的三甲医院进行参照，参照其技术经济指标进行工程估价，针对拟建工程与类似工程不一样的地方，参照其他工程进行局部修正和调整，以确定拟建工程的投资估算和工程概算。因此，在工程估价阶段应尽可能选择类似工程，使用类似工程造价指标进行工程估价。

同时，进行工程决策与工程设计不仅仅要关注工程造价指标，如某五星级酒店每平方米造价多少、总的工程造价多少、结构工程多少、电气工程多少。最重要的是，要首先进行需要确定，关注技术指标，如套房多少间，标准间多少间，要多少个会议室、面积是多少，要几个餐厅、餐厅面积是多少，配套的厨房面积是多少，各个部位的装饰标准如何确定，费用如何进行合理分解等。只有充分确定这些功能需要、建设标准和技术指标，其工程造价指标才具有可比性、真实性，其结果才会符合预期。靠建设工程统一的、不细分类别、不考虑功能需要的估算指标是做不好投资估算的。不同项目、不同标准、不同建筑形式的投资估算指标并不相同，因此工程造价咨询企业与造价工程师要更多地积累、分析已经建设完成的工程实例，形成典型工程数据库，不仅要掌握工程造价指标，还要全面分析其他技术经济指标，唯有这样，才能不断地积累工程实践经验与数据，提升项目价值服务的能力。

（2）工程交易价格—市场法

2001 年，我国加入关税及贸易总协定，确立了市场经济体制。2003 年，我国正式推出《建设工程工程量清单计价规范》GB 50500—2003，目的是以法律、法规、标准、规则、计价定额、价格信息等计价依据规范各方的行为，调整各自的利益，使工程造价符合市场实际和价格运行机制，实现工程价格属性从政府指导价向以市场调节价为主的调整，通过市场竞争形成工程价格，促进技术进步和管理水平的提高。2008 年，在该规范修订时又引入了招标控制价（最高投标限价）制度，要求国有投资项目要编制最高投标限价。根据规范要求，要依据政府发布的工程计价定额确定最高投标限价。尽管规范要求投标人自主报价，但是大多数投标人要参照最高投标限价进行投标报价，这就间接地限制了市场竞争。

工程量清单对应的综合单价应承载的是市场价格，因此，在工程交易阶段应以投标人的管理水平结合具体项目的实际情况来形成具有竞争力的市场价格，并直接反映综合单价。因此，投标人应不受其他任何影响，参照企业自身的预测成本、拟建项目的实际情况、竞争情况、市场价格等因素直接确定综合单价、进行投标报价，也没有必要要求企业对其综合单价中的工料机消耗进行分析，以便使工程交易价格反映市场实际、体现竞争性，通过市场竞争促进企业技术水平和管理水平的不断提高。因此，交易阶段的工程价格应来自交易市场，使用市场法。

（3）施工成本—成本法

多年来，无论是工程交易，还是工程概算、工程预算、施工预算，一直依赖工程计价定额进行工程计价，而工程计价定额的构成是人工费、材料费和施工机具使用费，据此计算出定额直接费，然后计算其他直接费、管理费和利润等。这显然是依据施工企业的成本进行的计算，其本质是成本法。

在项目实施阶段，对建设单位而言，其责任是按时支付工程款，并进行风险管理；对施工企业而言，其责任就是做好成本管理。做好成本管理的前提是做好工料计划，依照类似工程的施工经验、企业定额，针对每一个工序掌握其真实的人工、材料和机械消耗，做好劳务分包或劳务计划，进行材料和设备采购、供应，让人工、材料、施工机具适时进场。目前，我国的工程施工成本管理仍然不够精细，以包代管现象十分严重。建筑施工企业应认真学习和借鉴制造业的先进管理手段和方法，依靠真实的企业定额，充分利用信息化的手段，做好供应链管理和资金流管理，以降低工程成本、提升投标的竞争能力和项目实施的盈利能力。

习题

思考题

1.我国工程造价体系如何划分？工程造价计价依据体系有哪些？

2.工程造价的主要依据有哪些？谈谈市场价格信息和工程造价信息的不同。

3.试用某项你了解的工程描述其建设全过程中各项定额如何使用？

4.在测定定额消耗量时为什么要对施工过程进行细分？是否分解越细越好？请举例说明。

5.在人工工作时间确定时，什么是有效工作时间？什么是基本工作时间？二者的关系是什么？

6.如果你是一个大型施工企业的管理者，你认为你们企业是否应当编制自己的施工定额？为什么？

7.请查一下你所在地区当期发布的建筑工种人工成本信息。

8.利用函数关系对拟建项目的造价进行类比匡算的计价原理适用的情形有哪些？

9.实物量法和定额计价法的核心区别有哪些？应用的范围有不同吗？

10.讨论我国工程计价与发达国家工程计价在依据上有哪些不同？从工程单价形成机理角度讨论我国工程计价依据未来将如何改进？

计算题

1.砌砖墙勾缝的计量单位是 m²，但若将勾缝作为砌砖墙施工过程的一个组成部分对待，即将勾缝时间按砌墙厚度以砌体体积计算，设每平方米墙面所需的勾缝时间为

10min，试求各种不同墙厚每立方米砌体所需的勾缝时间。

2. 某工业架空热力管道工程的型钢支架工程，由于现行预算定额没有适用的定额子目。需要根据现场实测数据，结合工程所在地的人工、材料、机械台班价格，编制每焊接 10t 型钢支架的工程单价。

问题：

（1）若测得每焊接 1t 型钢支架需要的基本工作时间为 54h，辅助工作时间、准备与结束工作时间、不可避免的中断时间、休息时间分别占工作延续时间的 3%、2%、2%、18%。试计算每焊接 1t 型钢支架的人工时间定额和产量定额。

（2）除焊接外，对每吨型钢支架的安装、防腐、油漆等作业所测算出的人工时间定额为 12 工日，各项作业人工幅度差取定为 10%，试计算每吨型钢支架工程的定额人工消耗量。

（3）若工程所在地综合人工日工资标准为 22.5 元，每吨型钢支架工程消耗的各种型钢为 1.06t（每吨型钢综合单价为 3600 元），消耗其他材料费为 380 元，消耗各种机械台班费为 490 元，试计算每 10t 型钢支架工程的单价。

3. 某现浇钢筋混凝土矩形柱，柱高 6.3m，设计断面尺寸为 500mm×500mm，柱模板采用组合钢模板、钢支撑。试计算柱模板工程量并编制清单。

第 2 篇
全过程工程造价管理

第4章 建设项目决策阶段造价管理

4.1 项目决策阶段造价管理概述

4.1.1 项目决策与工程造价的关系

1. 项目决策的过程和逻辑

项目决策是指在项目前期，通过收集资料和调查研究，在充分占有信息的基础上，针对项目的决策和实施进行组织、管理、经济和技术等方面的科学分析和论证。其是在不同的角度，为达到业主的基本要求和目标，对项目的整体策略进行规划，从而对项目全过程预先进行推演和分析的一系列活动。项目决策过程，如图4-1所示。

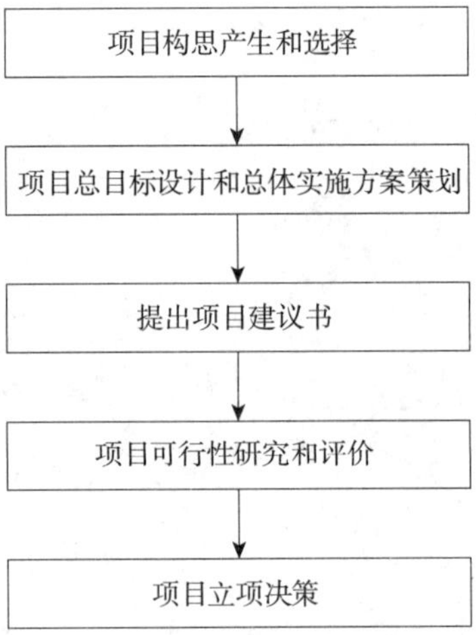

（1）项目构思的产生和选择

1）通过市场调查研究发现新的投资机会、有利的投资地点和投资领域，对建设项目所提供的最终产品或服务进行市场需求分析。

2）上层系统运行存在问题或困难，产生对项目的需求。

图4-1 项目决策过程

3）为了实现上层系统的发展战略。

4）一些重大社会活动常常需要建设大量的工程，如奥运会、世博会、亚运会、G20杭州会议等。

5）突发性事件，如 Sars、新型冠状病毒肺炎疫情。

（2）项目总目标设计和总体实施方案策划

1）项目总目标是项目建设和运行所要达到的结果状态，通常包括功能目标（功能、产品或服务对象定位、规模）、技术目标、时间目标、经济目标（总投资、投资回报）、社会目标、生态目标等。这些目标因素通常由上述问题的解决程度、上层战略的分解、环境的制约条件等确定。

2）项目总体实施方案是对系统和实施方法的初步设想，包括产品方案和设计、实施、运行方面的总体方案，如总布局、结构选型和总体建设方案、建设项目阶段划分、融资方案等。例如解决长江两岸交通问题可以有多个方案，如建过江隧道、新建大桥、扩建旧大桥等，必须在其中作出选择。

（3）提出项目建议书

项目建议书的内容包括构思情况和问题、环境条件、总体目标以及总体实施方案等的说明和细化。其应提出需要进一步研究的各个细节和指标，作为后续可行性研究、技术设计和计划的依据。

（4）项目可行性研究和评价

可行性研究是对建设项目总目标和总体实施方案进行的全面的技术经济论证，看其是否有可行性。

（5）项目立项决策

根据可行性研究和评价的结果，由上层组织对项目立项作出决策。在我国，可行性研究报告（连同环境影响评价报告、项目选址建议书）经过批准，工程就正式立项。

（6）其他相关工作

1）必须不断地进行环境调查，客观地反映和分析问题，并对环境发展趋势进行合理地预测。

2）必须设置几个阶段决策点，对各项工作结果进行分析、评价和选择。

在对项目进行前期策划的过程中，需要对项目整体作出考量，以便在建设活动的时间、空间、结构三者的关系中选择出最佳的结合点。因此，项目前期决策是一个多属性、多目标的决策问题，其决策过程是复杂的认识与实践的过程，往往需要借助"外脑"提供咨询，并花费一定的时间进行科学分析和论证。

在前期策划阶段的咨询需要综合项目的各种因素，这样才能作出科学决策，因此在此阶段的咨询内涵应该是综合性咨询。项目前期决策综合性咨询是指业主在前期策划阶段委托工程咨询单位提供的，针对项目的决策和实施进行的组织、管理、经济和技术等方面的科学分析和论证，为业主提供决策依据和建议。项目前期决策综合性咨询能够统筹考虑影响项目可行性的各种因素，从而增强决策论证的协调性。

2. 项目决策阶段解决的主要问题

（1）为什么建设项目：在众多投资机会中进行项目组合，作出战略选择，能够获得最佳的效果，使资源得到最有效的利用，或能够对上层战略贡献最大。

（2）提供什么样的产品和服务：项目要提供什么样的产品和服务以满足市场需求，达到的项目目的、产品定位、产品或服务面向哪些主要群体。

（3）建设什么样的工程（规模、品质）：对工程总体实施方案作出选择，即选择什么样的工程总体方案实现工程目的，提供所需要的产品或服务。

（4）确定项目决策目标（即项目总目标）和决策原则。

（5）工程选址：工程选址必须符合城市（地区）总体规划的要求，符合城市的经济和社会发展、土地利用、空间布局以及各项建设的综合部署要求。

（6）采用什么样的实施方式：工程的资本结构和来源的决策，即工程选择哪种资本结构和融资方式、项目管理模式（如业主的管理模式、承发包模式）等。

3. 项目决策与工程造价的交互影响

（1）项目决策的正确性是工程造价合理性的前提

项目决策正确意味着对项目建设作出科学的决策，优选出最佳投资行动方案，达到资源的合理配置，在此基础上合理地估算工程造价，以在实施最优投资方案过程中有效控制工程造价。项目决策失误，例如项目选择的失误、建设地点的选择错误或者建设方案的不合理等，都会带来不必要的资金投入，甚至造成不可弥补的损失。因此，为达到工程造价的合理性，事先就要保证项目决策的正确性，避免决策失误。

（2）项目决策的内容是决定工程造价的基础

决策阶段是项目建设全过程的起始阶段，决策阶段的工程计价对项目全过程的造价起着宏观控制的作用。决策阶段各项技术经济决策对该项目的工程造价有重大影响，特别是建设标准的确定、建设地点的选择、工艺的评选、设备的选用等直接关系到工程造价的高低。据有关资料统计，在项目建设各阶段中，投资决策阶段影响工程造价的程度最高。因此，决策阶段是决定工程造价的基础阶段。

（3）项目决策的深度影响投资估算的精确度

投资决策是一个由浅入深、不断深化的过程，不同阶段决策的深度不同，投资估算的精度也不同。如在项目规划和项目建议书阶段，投资估算的误差率在 ±30% 左右；而在可行性研究阶段，误差率在 ±10% 以内。在项目建设的各个阶段，通过对工程造价的确定与控制，形成相应的投资估算、设计概算、施工图预算、合同价、结算价和竣工决算价，各造价形式之间存在着前者控制后者、后者补充前者的相互作用关系。因此，只有加强项目决策的深度，采用科学的估算方法和可靠的数据资料，合理地计算投资估算，才能保证其他阶段的造价被控制在合理范围内，避免"三超"现象的发生，继而实现投资控制目标。

（4）工程造价的数额影响项目决策的结果

项目决策影响着项目造价的高低以及拟投入资金的多少，反之亦然。项目决策阶段形成的投资估算是进行投资方案选择的重要依据之一，同时也是决定项目是否可行及主管部门进行项目审批的参考依据。因此，项目投资估算的数额从某种程度上也影响着项目决策。

4.1.2 项目决策阶段影响造价的主要因素

1. 项目合理建设规模的确定

每一个建设项目都存在合理规模的选择问题。合理确定项目建设规模，必须充分考虑规模效益、综合市场、技术及环境等主要因素。生产规模过小，资源得不到有效配置，单位产品成本高，经济效益低下；生产规模过大，超过了市场产品需求量则会导致产品积压或降价销售，致使项目经济效益低下。

2. 建设标准水平的确定

建设标准水平应从经济发展水平出发，区别不同地区、不同规模、不同等级、不同功能，合理确定。建设标准是编制、评估、审批项目可行性研究和初步设计的重要依据，是衡量工程造价是否合理及监督检查项目建设的客观尺度。

建设标准能否起到控制工程造价、指导建设的作用，关键在于标准水平制定得是否合理。根据我国目前的情况，大多数工业交通项目应采用中等适用标准为好，对于少数引进国外先进技术和设备的项目、有特殊要求的项目以及高新技术项目，标准可适当提高。

3. 建设地区及建设地点的选择

项目建设地点的选择包括建设地区和具体厂址的选择。建设地区的选择对于该项目的建设工程造价、建成后的生产成本以及国民经济均有直接影响。建设地区选择的合理与否在很大程度上决定着拟建项目的命运，影响着工程造价、建设工期和建设质量，甚至影响建设项目投资的成功与否。

因此，要根据国民经济发展的要求和市场需要以及各地社会经济、资源条件等认真选择合适的建设地区。具体要考虑是否符合国民经济发展战略规划；要靠近基本投入物，如原料、燃料的提供地和产品消费地；要考虑工业项目适当积聚的原则。

4. 生产工艺和平面布置方案的确定

生产工艺方案是指生产性项目生产产品所采用的工艺流程和制作方法。其评价及确定主要有两项标准：先进适用和经济合理。工艺的先进性是首先要满足的，它能带来产品质量、生产成本的优势。经济合理是指所用的工艺应能以最小的消耗获得最大的经济效果，要求综合考虑所用工艺所能产生的经济效益和国家、地区及部门的经济承受能力。平面布置方案的设计是根据拟建项目的生产性质、规模和生产工艺等要求，结合建厂地区、地点的具体条件，按照生产工艺等技术要求，对目的建筑物、构筑物及交通运输进行经济合理布置的规划及设计工作。生产工艺和平面布置方案是否先进、合理，不仅关系到项目建设阶段的投资数额，而且对使用阶段的年使用费也有很大的影响。

5. 设备的选用

设备费用在生产性建设项目总投资中所占的比例较大，因而应特别注重设备的选用，以控制投资成本。在设备选用中，应注意处理好以下几个问题：

（1）要尽量选用国产设备，凡只引进关键设备就能配套使用的，就不要成套引进；

（2）要注意进口设备之间以及国内外设备之间的衔接问题；

（3）要注意进口设备与原有国产设备、厂房之间的配套问题；

（4）要注意进口设备与原材料、备件及维修能力之间的配套问题；

（5）要特别注意引进技术资料，即所谓"软件"的问题。

建设项目决策阶段的造价控制是对投资经济活动的事前控制，对项目造价的构成及控制有着极其重要的作用，是对项目投资控制最主要和最直接有效的阶段。据国内外有关资料统计，在项目建设各阶段中，投资决策阶段影响造价的程度最高，可达80%~90%，而且还直接影响决策阶段之后各个建设阶段工程造价的确定与控制是否科学、合理。

4.1.3 项目决策阶段造价管理的内容

建设项目前期策划阶段是工程造价管理的首要环节和最重要的方面，因此，需要从整体上把握项目的投资，合理处理建设项目工程造价的主要影响因素，编制建设项目投资估算，对建设项目进行财务分析，考察建设项目的国民经济评价，并结合决策阶段存在的不确定性因素对建设项目进行风险管理等。

1. 从整体上把握建设项目的投资

（1）确定建设项目的资金来源

目前，我国建设项目的资金一般从国内资金和国外资金两大渠道来筹集。国内资金来源一般包括国内贷款、国内证券市场筹集、国内外汇资金和其他投资等。国外资金来源一般包括国外直接投资、国外贷款、融资性贸易、国外证券市场筹集等。不同的资金来源，其筹集资金的成本不同，应根据建设项目的实际情况和所处的环境选择恰当的资金来源。

（2）选择资金筹集方法

从全社会来看，资金筹资方法主要有利用财政预算投资、利用自筹资金投资、利用银行贷款投资、利用外资投资、利用债券和股票投资等。各种筹资方法的筹资成本不尽相同，对建设项目工程造价均有影响，应选择几种适当的筹资方法进行组合，使得建设项目的资金筹集不仅可行而且经济。

2. 合理处理影响建设项目造价的主要因素

在建设项目前期策划阶段，影响工程造价的主要因素包括建设规模、建设标准的水平、建设地区及建设地点、生产工艺和平面布置方案、设备的选用等，这些都直接关系到项目的工程造价和全寿命成本。因此，在建设项目前期策划阶段应综合考虑各种因素，兼顾整体性和综合性，科学合理地确定项目的建设规模、建设地区和建设地点，科学地选定项目的建设标准并适当地选择生产工艺和设备，将工程造价控制在合理范围内。

3. 编制建设项目前期策划阶段的投资估算

投资估算是一个项目前期策划阶段的主要造价文件，是项目可行性研究报告和项目建议的组成部分，对于项目的决策及投资的成败十分重要。编制工程项目的投资估算时，应根据项目的具体内容及国家有关规定和估算指标等，以估算编制时的价格进行编制，并按照有关规定合理地预测估算编制后至竣工期间的价格、利率、汇率等动态因素的变化对投资的影响，确保投资估算的编制质量。

提高投资估算的准确性应从以下几点做起：认真收集并整理各种建设项目竣工决算的实际造价资料；不生搬硬套工程造价数据，要结合时间、物价及现场条件和装备水平等因素作充分的调查研究；提高造价专业人员和设计人员的技术水平；提高计算机的应用水平；合理估算工程预备费；对引进设备和技术的项目要考虑每年的价格浮动和外汇的折算变化等。

4.进行建设项目前期策划阶段的经济评价

建设项目的经济评价是指以建设工程和技术方案为对象的经济方面的研究。它是可行性研究的核心内容，是建设项目决策的主要依据。其主要内容是对建设项目的经济效果和投资效益进行分析。进行项目经济分析就是在项目决策的可行性研究和评价过程中，采用现代化经济分析方法，对拟建项目计算期（包括建设期和生产期）内的投入产出等诸多经济因素进行调查、预测、研究、计算和论证，作出全面的经济评价，提出投资决策的经济依据，确定最佳投资方案。

5.加强建设项目前期策划阶段的风险管理

风险通常是指产生不良后果的可能性。在工程项目的整个建设过程中，前期策划阶段是进行造价控制的重点阶段，也是风险最大的阶段，因而风险管理的重点也在建设项目前期策划阶段。所以在该阶段要及时通过风险辨识和风险分析，提出项目前期策划阶段的风险防范措施，提高建设项目的抗风险能力。

4.1.4　项目决策阶段决策方案选择

1.项目决策阶段决策方法概述

（1）国外建设项目决策方法

国外较为通行的是采用全生命周期成本分析方法来进行工程项目的决策。它的原理是以工程项目从拟建开始到项目报废终结全生命周期内总的周期成本最小为评判标准，从各个备选方案中进行项目决策。这种思想和方法可以指导人们自觉地、全面地从工程项目全生命周期出发，综合考虑项目的建造成本和运营维护成本（使用成本）费用，从而实现更为科学合理的投资决策。

（2）国内建设项目决策方法

国内主要采用财务评价的方法与原理。财务评价是在国家现行会计制度、税收法规和价格体系下，预测项目的财务效益与费用，编制财务报表和计算评价指标，进行财务能力分析，据此判别项目的财务可行性的方法。

进行财务评价时涉及的基础数据很多，按其作用可分为计算用数据和参数以及判别参数。计算用数据和参数又分为初级数据和派生数据。初级数据是通过调查研究、分析、预测或相关人员提供的，如产品产量、人员工资、折旧及各种费用、各种汇率、利率等。判别参数是用于判别项目效益是否满足要求的基准参数，如基准收益率、基准投资回收期、基准投资利润率等，这类基准参数决定着项目效益的判断，是项目取舍的依据。

2.项目决策阶段决策方案选择

（1）项目前期策划决策的基本原则

1）系统性原则

任何一个工程建设项目在具体开展过程中，不仅项目规模大，而且周期长。同时，由于工程建设项目本身具有一定的复杂性，所以会涉及很多方面的内容，很多客观因素条件都会对工程建设项目的效果产生影响。因此，在这种大环境背景下，要想实现决策的有效实施，就需要将整体作为出发点，通过系统的观点对工程建设项目进行科学合理地分析，保证决策的有效落实。

2）科学性原则

整个决策体系在构建以及具体应用过程中，需要与我国现有的一些科学发展观保持一致。在决策方案制定和落实时，不仅要对决策者以及企业自身的利益进行综合考量，而且还要考虑整个社会、国家的利益，实现协同发展的根本目的。

3）独立性原则

一个工程建设项目在具体决策方案落实过程中会涉及很多方面的内容，任何一个因素都有可能会对决策效果产生影响。与此同时，在决策实施过程中，还需要对其中涉及的各种不同类型的指标进行分析，特别是要意识到这些指标相互之间是否存在一定的相关性或复杂性。因此，需要在决策方案决策实施过程中，对每一个单独指标的独立性进行充分考量，这样才能够保证决策的最终效果。

（2）项目前期策划决策指标——建设工程项目经济评价

由于建设项目具有建设周期长、资金投入大、影响因素多等特点，其工程实施过程极易受到周围事物的影响，具有高度的不确定性、不可预见性，投资风险大，因此为了保证决策的安全可靠性必须进行建设工程项目经济评价分析。

建设工程项目经济评价方法可以应用于项目前期策划到后期执行的每个阶段，其应根据国民经济和社会发展以及行业、地区发展规划的要求，在建设工程项目初步方案的基础上，采用科学的分析方法，对拟建项目的财务可行性和经济合理性进行分析论证，为建设工程项目的科学决策提供经济方面的依据。

1）建设工程项目经济评价的内容

建设工程项目经济评价包括财务分析和经济分析。

①财务分析。财务分析是在国家现行财税制度和价格体系下，从项目的角度出发，计算项目范围内的财务效益和费用，分析项目的盈利能力和清偿能力，评价项目在财务上的可行性。其包括财务盈利能力评价、项目清偿能力评价及财务外汇效果评价。

②经济分析。经济分析是在合理配置社会资源的前提下，从国家经济整体利益的角度出发，计算项目对国民经济的贡献，分析项目的经济效益、效果和对社会的影响，评价项目在宏观经济上的合理性。

2）建设工程项目经济评价方法的选择

①对于一般项目，财务分析结果将对其决策、实施和运营产生重大影响，财务分析必不可少。由于这类项目产出品的市场价格基本上能够反映其真实价值，当财务分析结果能够满足决策需要时，可以不进行经济分析。

②对于那些关系国家安全、国土开发、市场不能有效配置资源等具有较明显外部效

果的项目（一般为政府审批或核准项目），需要从国家经济整体利益角度来考察项目，并以能反映资源真实价值的影子价格来计算项目的经济效益和费用，通过经济评价指标的计算和分析，得出项目是否对整个社会经济有益。

③对于特别重大的工程项目，除进行财务分析与经济费用效益分析外，还应专门进行项目对区域经济或宏观经济影响的研究和分析。

3）建设工程项目经济评价应遵循的基本原则

①"有无对比"原则。有无对比是工程经济分析的基本原则之一，通过比较有无项目两种情况下项目的投入物和产出物可获量的差异，识别项目的增量费用和效益。在"有项目"与"无项目"两种情况下，效益和费用的计算范围、计算期应保持一致，应具有可比性。

②效益与费用计算口径对应一致的原则。将效益与费用限定在同一个范围内才有可能进行比较，这样计算的净效益才是项目投入的真实回报。

③收益与风险权衡的原则。投资人关心的是效益指标，但是对于可能给项目带来风险的因素考虑得不全面，对风险可能造成的损失估计不足，其结果往往有可能使项目失败。收益与风险权衡的原则提醒投资者，在进行投资决策时不仅要看到效益也要关注风险，权衡得失利弊后再进行决策。

④定量分析与定性分析相结合，以定量分析为主的原则。经济评价的本质就是要对拟建项目在整个计算期内的经济效益进行分析和比较。一般来说，建设项目经济评价要求尽量采用定量指标，但对一些不能量化的经济因素，不能直接进行数量分析，为此需要进行定性分析，并与定量分析结合起来进行评价。

⑤动态分析与静态分析相结合，以动态分析为主的原则。动态分析是指考虑资金的时间价值对现金流量进行分析。静态分析是指不考虑资金的时间价值对现金流量进行分析。建设项目经济评价的核心是动态分析，静态指标与一般的财务和经济指标内涵基本相同，比较直观，但只能作为辅助指标。

29- 案例

4.2 建设项目投资估算的概念及其编制内容

4.2.1 投资估算的概念与作用

1. 投资估算的概念

投资估算是指在项目投资决策过程中，依据现有的资源和一定的方法，对建设项目将要发生的所有费用进行估算和预测。它是项目建设前期编制建议书和可行性研究报告的重要组成部分，是项目决策的重要依据之一。因此，投资估算的准确性应达到规定的要求，否则，必将影响到项目建设前期的投资决策，而且也直接关系到下一阶段初步设计概算、施工图预算的编制及项目建设期的造价管理与控制。

2. 投资估算的作用

投资估算作为论证项目建设前期的重要经济文件，既是项目决策的重要依据，又是项目建设前期实施阶段投资控制的最高限额。它对于建设项目的前期投资决策、工程造价控制、资金筹集等方面的工作都具有举足轻重的作用。

（1）投资估算是建设项目前期决策的重要依据

任何一个建设项目不仅需要考虑技术上的可行性，还需要考虑经济上的合理性。在项目建议书阶段投资估算是项目主管部门审批项目建议书的依据之一，并且对项目规划、规模的确定起到参考作用。在项目可行性研究阶段，投资估算是项目决策的重要依据，也是研究、分析、计算项目投资经济效益的重要条件。

（2）投资估算是建设工程造价控制的重要依据

工程项目的投资估算为设计提供了经济依据，它一经确定，即成为限额设计、工程造价控制的依据，不可随意更改，用以对各设计专业实行投资分配、控制和设计指导。

（3）投资估算是建设工程设计招标的重要依据

投资估算是进行工程设计招标、优选设计单位和设计方案的重要依据。在工程设计招标阶段，投标单位报送的投标书中除了设计方案以外还包括项目的投资估算和经济分析，招标单位通过对各项设计方案的经济合理性进行分析、衡量、比较，进而选择出最优的设计单位和设计方案。

（4）投资估算是项目资金筹措及制定贷款计划的依据

建设单位可根据批准的项目投资估算额进行资金筹措和向银行申请贷款。

4.2.2　投资估算的内容

投资估算按照编制估算的工程对象划分，包括建设项目投资估算、单项工程投资估算和单位工程投资估算等。投资估算文件一般由封面、签署页、编制说明、投资估算分析、总投资估算表、单项工程估算表、主要技术经济指标等内容组成。

1. 专业构成内容

一项完整的建设项目一般包括建筑工程和安装工程等四大类。因此，工程估算内容也就分为建筑工程投资估算、安装工程投资估算、设备购置投资估算和工程建设其他费用估算四大类。

（1）建筑工程投资估算

建筑工程投资估算是指对各种厂房（车间）、仓库、住宅、宿舍、病房、影剧院商厦、教学楼等建筑物和矿井、铁路、公路、桥涵、港口、码头等构筑物的土木建筑、各种管道、电气、照明线路敷设、设备基础、炉窑砌筑、金属结构工程以及水利工程进行新建或扩建时所需费用的计算。

（2）安装工程投资估算

安装工程投资估算是指对需要安装的机器设备进行组装、装配和安装所需全部费用的计算。其包括生产、动力、起重、运输、传动、医疗、实验以及体育等设备，与设备相连的工作台、梯子、栏杆以及附属于被安装设备的管线敷设工程和被安装设备的绝缘、保温、刷油等工程。

上述两类工程在基本建设过程中是必须兴工动料的工程，它通过施工活动才能实现，属于创造物质财富的生产性活动，是基本建设工作的重要组成部分。因此，其也是工程估算内容的重要组成部分。

（3）设备购置投资估算

设备购置投资估算是指对生产、动力、起重、运输、传动、实验、医疗和体育等设备的订购采购估算工作。设备购置费在工业建设中，其投资费用占总投资的40%~55%。但设备购置投资的估算也是一项极为复杂的技术经济工作，并具有建筑安装工程不可比拟的经济特点，对它的造价估算在此不作详述。

（4）工程建设其他费用估算

该项费用的估算一般都规定有现成的指标，依据建设项目的有关条件主要有土地转让费、与工程建设有关的其他费用、业主费用、总预算费用、建设期贷款利息等，经过计算则可求得。

2. 费用构成内容

（1）建设项目投资估算的内容从费用构成来讲应包括该项目从筹建、设计、施工直至竣工投资所需的全部费用，其分为固定资产投资和铺底流动资金两部分。

（2）固定资产投资估算的内容包括建筑安装工程费、设备及工器具购置费、工程建设其他费用、基本预备费、涨价预备费、建设期贷款利息和固定资产投资方向调节税。固定资产投资可分为静态部分和动态部分。涨价预备费、建设期贷款利息和固定资产投资方向调节税构成动态投资部分，其余费用构成静态投资部分。

（3）铺底流动资金是指生产经营性项目投产后，用于购买原材料、燃料、支付工资及其他经营费用等所需的周转资金。

3. 投资估算的编制依据

建设项目投资估算应做到方法科学、依据充分。其主要依据有以下几点：

（1）拟建工程的项目特征

拟建工程的项目特征主要包括拟建工程的项目类型、建设规模、建设地点、建设期限、建设标准、产品方案、主要单项工程、主要设备类型和总体建筑结构等。

（2）类似工程的价格资料

类似工程的价格资料主要包括工程造价构成、估算指标、造价指数、同类工程竣工决算资料及其他相关的价格资料，其为拟建项目投资估算提供了较为真实、客观的可比基础，是正确进行拟建工程项目投资估算必需的重要参考资料。

（3）项目所在地区状况

拟建项目所在地区的气候、气象、地质、地貌、民俗、民风、基础设施、技术及经济发展水平、市场化程度、物价波动幅度等都将对投资估算产生重大的直接影响。

（4）有关法规、政策规定

国家的经济发展战略、货币政策、财政政策、产业政策等有关政策规定都会影响项目建设的投资额，其是进行投资估算的必要依据。

4.3 建设项目投资估算的编制

4.3.1 投资估算编制的原理

投资估算编制的原理，如图4-2所示。

（1）根据项目总体构思和描述报告中的建筑方案构思、机电设备构思、建筑面积分配计划和分部分项工程描述，列出土建工程的分项工程表，并根据工程的建筑面积，套

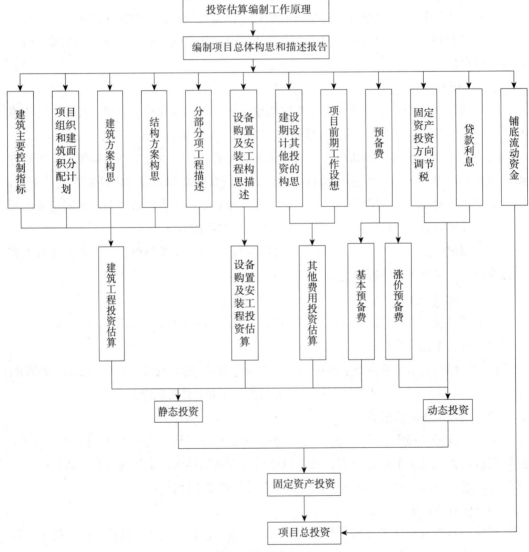

图4-2　投资估算编制的原理

用相似工程的分项工程量平方米估算指标计算各分项工程量，再套用与之相适应的综合单价计算出各分项工程的投资。

（2）根据报告中对设备购置及安装工程的构思描述，列出设备购置清单，参照、套用设备安装工程计算指标计算设备安装费用。

（3）根据项目建设期中涉及的其他费用投资构思和前期工作设想，按国家、地方的有关法规，编制其他费用投资。

（4）计算项目总投资。

4.3.2 投资估算的编制方法

建设项目投资估算应按静态投资和动态投资进行估算。由于编制投资估算的方法很多，在具体编制某个项目的投资估算时，应根据项目的性质、技术资料和数据等具体情况的差异，有针对性地选用适宜的方法。

静态投资估算方法有资金周转率法、生产规模指数法、比例估算法、系数估算法、单位面积综合指标估算法、单元指标估算法等。

动态投资估算方法有涨价预备费估算、建设期利息估算、流动资金估算的分项详细估算法、扩大指标估算法等。

1. 静态投资估算方法

（1）资金周转率法

资金周转率法是用已建项目的资金周转率来估算拟建项目所需投资额的一种方法。其计算公式为：

$$资金周转率=\frac{年销售总额}{投资额}=\frac{产品产量×产品单价}{投资额} \tag{4-1}$$

$$投资额=\frac{年销售总额}{资金周转率} \tag{4-2}$$

由上述公式可以看出，投资估算的精度取决于资金周转的稳定程度。资金周转率是根据已建项目的有关数据计算的，若资金周转率偏小，则投资估算偏大，反之则偏小。资金周转率法比较简单直观，便于快速计算项目投资额，但精度较低，因此只适用于投资机会研究阶段或项目建议书阶段的投资估算。

（2）生产规模指数法

生产规模指数法是基于已建工程和拟建工程生产能力与投资额或生产装置投资额的相关性进行投资估算的一种方法，其特点是生产能力与投资额呈比较稳定的指数函数关系。其计算公式为：

$$C_2=C_1(\frac{Q_2}{Q_1})^n×f \tag{4-3}$$

式中　C_1——已建类似项目或装置的投资额；

C_2——拟建类似项目或装置的投资额；

Q_1——已建类似项目或装置的生产规模；

Q_2——拟建类似项目或装置的生产规模；

f——不同时期、不同地点的定额、单价、费用变更等的总和调整系数；

n——生产规模指数，$0 \leqslant n \leqslant 1$。

上式表明，造价与规模（或容量）呈非线性关系，并且单位造价随工程规模（或容量）的增大而减小。在正常情况下，$0 \leqslant n \leqslant 1$。若已建类似项目的生产规模与拟建项目生产规模相差不大，Q_1 与 Q_2 的比值为 0.5~2，则指数 n 的取值近似为 1；若已建类似项目的生产规模与拟建项目生产规模相差不大于 50 倍，且拟建项目生产规模的扩大仅靠增大设备规模来达到时，则 n 的取值约为 0.6~0.7；若是靠增加相同规格设备的数量达到时，则 n 的取值约为 0.8~0.9。

指数法的误差应控制在 ±20% 以内，尽管估价误差较大，但这种估价方法不需要详细的工程设计资料，只需依据工艺流程及规模就可以做投资估算，故使用较为方便。

（3）比例估算法

比例估算法是指用工程造价构成中某类已知费用及其他费用稳定的比例关系来求投资估算额的一种方法。比例估算法又可分为分项比例估算法、费用比例估算法和专业工程比例估算法三种。

1）分项比例估算法

该方法是将项目的固定资产投资分为设备投资、建筑物与构筑物投资和其他投资三部分，先估算出设备的投资额，然后再按一定的比例估算出建筑物与构筑物的投资及其他投资，最后将三部分投资加在一起。

①设备投资估算。其计算公式为：

$$K_1 = \sum_{i=1}^{n} Q_i P_i (1 + L_i) \tag{4-4}$$

式中　K_1——设备的投资估算值；

Q_i——第 i 种设备所需数量；

P_i——第 i 种设备的出厂价格；

L_i——同类项目同类设备的运输、安装费系数。

②建筑物与构筑物投资估算。其计算公式为：

$$K_2 = K_1 L_b \tag{4-5}$$

式中　K_1——设备的投资估算值；

K_2——建筑物与构筑物的投资估算值；

L_b——同类项目中建筑物与构筑物投资占设备投资的比例，露天工程取 0.1~0.2，室内工程取 0.6~1.0。

③其他投资估算。其计算公式为：

$$K_3 = K_1 L_\omega \tag{4-6}$$

式中　K_1——设备的投资估算值；

　　　K_3——其他投资估算值；

　　　L_ω——同类项目中其他投资占设备投资的比例。

项目固定资产投资总额的估算值 K 则为：

$$K = (K_1 + K_2 + K_3)(1+S) \tag{4-7}$$

式中　K——项目固定资产投资总额的估算值；

　　　S——考虑不可预见因素而设定的费用系数，一般为 10%~15%。

2）费用比例估算法

其计算步骤如下：

①根据拟建项目设备清单计算当时当地价格，计算设备费用的总和；

②收集已建类似项目造价资料，并分析设备费用与建筑工程、安装工程和工程建设其他费用之间的比例关系；

③分析和确定由于时间因素引起的定额、物价、费用标准以及国家政策等变化导致的建筑工程、安装工程、工程建设其他费用的综合调整系数；

④计算拟建项目的建筑工程费、安装工程费、工程建设其他费用以及其他费用。其总和即为拟建项目投资额，计算公式为：

$$C = E(1 + f_1 P_1 + f_2 P_2 + f_3 P_3 + \cdots) + I \tag{4-8}$$

式中　　　C——拟建项目投资额；

　　　　　E——拟建项目设备费；

$P_1, P_2, P_3, \cdots$——已建项目中建筑工程费、安装工程费及其他工程费等占设备费的比例；

$f_1, f_2, f_3, \cdots$——时间因素引起的定额、价格、费用标准等变化的总和调整系数；

　　　　　I——拟建项目的其他费用。

3）专业工程比例估算法

其计算步骤如下：

①计算拟建项目主要工艺设备的投资额（包括运杂费及安装费）；

②根据同类型已建项目的有关造价统计资料，计算各专业工程（如土建、暖通、给水排水、管道、电气及电信、自控及其他工程费用等）与工艺设备投资的比例关系；

③根据上述资料分析确定各专业工程的总和调整系数；

④计算各专业工程（包括主要工艺设备）的费用之和；

⑤计算其他费用；

⑥累计汇总得投资估算值。其计算公式为：

$$C = E'(1 + f_1 P'_1 + f_2 P'_2 + f_3 P'_3 + \cdots) + I \tag{4-9}$$

式中　　　C——拟建项目投资额；

　　　　　E'——拟建项目中最主要、投资比例较大并与生产规模直接相关的工艺设备的投资（包括运杂费及安装费）；

$P'_1, P'_2, P'_3, \cdots$——已建项目中建筑工程费、安装工程费及其他工程费等占设备费的比例；

$f_1, f_2, f_3, \cdots$——时间因素引起的定额、价格、费用标准等变化的总和调整系数；

　　　　　I——拟建项目的其他费用。

（4）系数估算法

系数估算法也称因子估算法，这种方法简单易行，但是精度较低，一般用于项目建议书阶段。系数估算法的种类很多，下面介绍几种主要类型。

1）朗格系数法

这种方法是以拟建项目的设备购置费为基数乘以适当系数求得推荐项目的建设费用，即

$$D=C \times (1+\sum K_i) \cdot K_C = CK_L \qquad (4-10)$$

式中　　　D——总建设费用；

　　　　　C——主要设备费；

　　　　　K_i——管线、仪表、建筑物等项目费用的估算系数；

　　　　　K_C——管理费、合同费、应急费等间接费用的总估算系数。

其中，总建设费用与设备购置费用之比称为朗格系数 K_L，即

$$K_L = (1+\sum K_i) \cdot K_C \qquad (4-11)$$

朗格系数法比较简单、快捷，但没有考虑设备规格、材质的差异，所以精度不高。常用于国际上工业项目的编号项目建议书阶段或投资机会研究阶段的估算。

2）设备与厂房系数法

对于一个生产性项目，如果设计方案已经确定生产工艺，且初步选定工艺设备并进行了工艺布置，就有了工艺设备的重量及厂房的高度和面积，则工艺设备投资和厂房土建投资就可分别估算出来，项目的其他费用与设备关系较大的按设备投资系数计算，与厂房土建关系较大的则以厂房土建投资系数计算，两类投资加起来就得出整个项目的投资。其计算公式为：

项目投资额 = 设备及安装投资额 + 厂房土建（包括设备基础）

投资额 + 项目其他费用　　　　　　　　（4-12）

3）主要车间系数法

对于生产性项目，在设计中若主要考虑了主要生产车间的产品方案和生产规模，则可先采用合适的方法计算出主要生产车间投资，然后再利用已建类似项目的投资比例计算辅助设施占主要生产车间投资的系数，最后再估算出总投资。其计算公式为：

项目投资额 = 主要生产车间投资 + 辅助设施等占主要生产车间投资的系数　　（4-13）

（5）单位面积综合指标估算法

单位面积综合指标估算法适用于单项工程的投资估算，投资包括土建、给水排水、采暖、通风、空调、电气、动力管道等所需的费用。其计算公式为：

$$单项工程投资额 = 建筑面积 × 单位面积造价 × 价格浮动指数 ±$$
$$结构和建筑标准部分的价差 \qquad (4-14)$$

（6）单元指标估算法

单元指标估算法在实际工作中使用较多，计算公式为：

$$项目投资额 = 单元指标 × 民用建筑功能 × 物价浮动指数 \qquad (4-15)$$

单元指标是指每个估算单位的投资额。例如，饭店单位客房的投资估算指标、医院每个床位的投资估算指标等。

2. 动态投资估算方法

工程投资动态部分主要包括价格变动可能增加的投资额和建设期利息两部分内容，如果是涉外项目，还应该计算汇率的影响。动态部分的估算应以基准年静态投资的资金使用计划为基础来计算，而不是以编制的年静态投资为基础计算。

（1）涨价预备费的估算

涨价预备费是对建设工期较长的项目，由于在建设期内可能发生材料、设备、人工等价格上涨的情况从而引起投资增加需要预留的费用。涨价预备费一般按照国家规定的投资价格指数（没有规定的由可行性研究人员预测），依据工程分年度估算投资额，采用复利法计算。其计算公式为：

$$PF=\sum_{t=1}^{n}I_t[(1+f)^t-1] \qquad (4-16)$$

式中　　PF——涨价预备费估算额；

　　　　I_t——建设期第 t 年初的静态投资计划额；

　　　　n——建设期年份数；

　　　　f——年平均价格预计上涨率。

（2）建设期利息的估算

建设期利息是指项目借款在建设期内发生并计入建设项目总投资的利息。一般按照复利法计算，为了简化计算，通常假定借款均在每年的年中支用，计算公式为：

$$各年应计利息 = （年初借款本息累计 + 本年借款额 /2） × 年利率 \qquad (4-17)$$

其中，

$$年初借款本息累计 = 上一年年初借款本息累计 + 上年借款 +$$
$$上年应计利息 \qquad (4-18)$$

$$本年借款额 = 本年度固定资产投资 – 本年自有资金 \qquad (4-19)$$

3. 流动资金的估算

流动资金是指生产经营性项目投产后，为进行正常生产运营，用于购买原材料、燃料、支付工资及其他经营费用等所需的周转资金。

（1）流动资金估算方法

流动资金估算一般采用分项详细估算法，小型项目可采用扩大指标估算法。

1）分项详细估算法

分项详细估算法是目前国际上常用的流动资金估算方法。其计算公式为：

$$流动资金 = 流动资产 - 流动负债 \tag{4-20}$$

其中，

$$流动资产 = 应收账款（或预付账款）+ 现金 + 存货 \tag{4-21}$$

$$流动负债 = 应付（或预收）账款 \tag{4-22}$$

$$流动资金本年增加额 = 本年流动资金 - 上年流动资金 \tag{4-23}$$

分项详细估算法估算的具体步骤为：首先计算各类流动资产和流动负债的年周转次数，然后再分项估算占用资金额。

①周转次数的计算。周转次数是指流动资金的各个构成项目在一年内完成多少个生产过程，即周转次数 =360/ 最低周转天数。

②各分项资金占用额的估算。其计算公式分别为：

$$应收账款 = \frac{年销售收入}{应收账款年周转次数} \tag{4-24}$$

$$现金 = \frac{（年工资福利费 + 年其他费）}{现金年周转次数} \tag{4-25}$$

$$存货 = 外购原材料、燃料动力费 + 在产品 + 产成品 \tag{4-26}$$

其中，

$$外购原材料、燃料动力费 = 年外购原材料、燃料动力费 / 年周转次数 \tag{4-27}$$

$$在产品 = \frac{年工资福利费 + 年其他制造费 + 年外购原材料、燃料动力费 + 年修理费}{在产品年周转次数} \tag{4-28}$$

$$产成品 = \frac{年经营成本}{产成品年周转次数} \tag{4-29}$$

$$流动负债 = 应付账款 = 年外购原材料、燃料动力费 / 应付账款年周转次数 \tag{4-30}$$

2）扩大指标估算法

扩大指标估算法是一种简化的流动资金估算方法，一般可参照同类企业流动资金占销售收入、经营成本的比例或者单位产量占用流动资金的数额估算。扩大指标估算法简便易行，但准确度不高，适用于项目建议书阶段的估算。扩大指标估算法计算流动资金的公式为：

$$年流动资金额 = 年销售收入（或年经营成本） \times 销售收入$$

$$（或经营成本）资金率 \tag{4-31}$$

$$年流动资金额 = 年产量 \times 单位产量占用流动资金额 \tag{4-32}$$

（2）估算流动资金应注意的问题

估算流动资金时应注意以下三个问题：

1）在采用分项详细估算法时，应根据项目实际情况分别确定现金、应收账款、存货和应付账款的最低周转天数，并考虑一定的风险系数。因为最低周转天数减少将增加周转次数，从而减少流动资金需要量，因此，必须切合实际地选用最低周转天数。对于存货中的外购原材料和燃料，要分品种和来源考虑运输方式、运输距离以及占用流动资金的比例大小等因素确定。

2）在不同生产负荷下的流动资金，应按不同生产负荷所需的各项费用金额，根据上述计算公式分别进行估算，而不能直接按照100%生产负荷下的流动资金乘以生产负荷百分比求得。

3）流动资金属于长期性（永久性）流动资产，流动资金的筹措可通过长期负债和资本金（一般按流动资金的30%估算）的方式解决。流动资金一般要求在投产前一年开始筹措，为简化计算，可规定在投产的第一年开始按生产负荷安排流动资金需要量。其借款部分按全年计算利息，流动资金利息应计入生产期间财务费用，项目计算期末收回全部流动资金（不含利息）。

（3）汇率变化对涉外建设项目动态投资的影响

1）外币对人民币升值。项目从国外市场购买设备材料所支付的外币金额不变，但换算成人民币的金额增加；从国外借款，本息所支付的外币金额不变，但换算成人民币的金额增加。

2）外币对人民币贬值。项目从国外市场购买设备材料所支付的外币金额不变，但换算成人民币的金额减少；从国外借款，本息所支付的外币金额不变，但换算成人民币的金额减少。

30- 案例

估计汇率变化对建设项目投资的影响，是通过预测汇率在项目建设期内的变动程度，以估算年份的投资额为基数计算求得。

习题

选择题

1. 关于项目决策与工程造价的关系，下列说法不正确的是（　　　）。

A. 项目决策的深度影响投资决策估算的精确度

B. 工程造价合理性是项目决策正确性的前提

C. 项目决策的深度影响工程造价的控制效果

D. 项目决策的内容是决定工程造价的基础

2. 项目合理规模确定中需要考虑的首要因素是（　　　）。

A. 技术因素　　　　　B. 环境因素　　　　　C. 市场因素　　　　　D. 人为因素

3. 关于生产能力指数法，以下叙述正确的是（　　　）。

A. 这种方法是指标估算法

B. 这种方法也称为因子估算法

C. 这种方法将项目的建设投资与其生产能力的关系视为简单的线性关系

D. 这种方法表明，造价与规模呈非线性关系

4. 项目决策阶段影响工程造价的主要因素有（　　　）。

A. 项目合理规模确定　　　　　　　　　B. 建设标准水平确定

C. 工程技术方案确定　　　　　　　　　D. 项目决策时的物价水平

E. 建设地区及建设地点的选择

5. 按照指标估算法，建筑工程费用估算一般采用（　　　）。

A. 单位实物工程量投资估算法　　　　　B. 工料单价投资估算法

C. 单位建筑工程投资估算法　　　　　　D. 概算指标投资估算法

E. 工程量估算法

6. 按照指标估算法，建筑工程费用估算一般采用（　　　）。

A. 单位实物工程量投资估算法　　　　　B. 工料单价投资估算法

C. 单位建筑工程投资估算法　　　　　　D. 概算指标投资估算法

E. 工程量估算法

7. 固定投资估算的内容按费用的性质划分，包括（　　　）。

A. 建筑安装工程费　　　　　　　　　　B. 设备及工器具购置费

C. 工程建设其他费用　　　　　　　　　D. 预备费

E. 流动资金

8. 流动资金是指生产经营性项目投产后，用于（　　　）的费用。

A. 购买原材料　　　　B. 购买燃料　　　　C. 支付工资

D. 其他经营　　　　　E. 固定资产

思考题

1. 简述建设项目决策对工程造价管理的影响。

2. 简述建设项目决策阶段工程造价管理的内容。

3. 项目投资决策阶段影响工程造价的因素有哪些？

4. 投资估算的作用是什么？

5. 投资估算编制原理和依据是什么？

6. 简述投资估算的编制步骤。

计算题

1. 已知年产 25 万吨乙烯装置的投资额为 45000 万元，估算拟建年产 60 万吨乙烯装置的投资额。若将拟建项目的生产能力提高两倍，投资额将增加多少？（设生产能力指数为 0.7，综合调整系数为 1.1）

2. A 地于 2010 年 8 月拟兴建一年产 40 万吨甲产品的工厂，现获得 B 地 2009 年 10 月投产的年产 300 万吨甲产品类似厂的建设投资资料。B 地类似厂的设备费为 12400 万元，建筑工程费为 6000 万元，安装工程费为 4000 万元，工程建设其他费为 2800 万元。若拟建项目的其他费用为 2500 万元，考虑因 2009 年至 2010 年时间因素导致的对设备费、建筑工程费、安装工程费、工程建设其他费用的总和调整系数分别为 1.15、1.25、1.05、1.1，生产能力指数为 0.6，估算拟建项目的静态投资。

第5章 建设项目设计阶段造价管理

5.1 概述

5.1.1 工程设计的含义及程序

1. 工程设计的概念

工程设计是指在工程开始施工之前，设计者根据已批准的设计任务书，为具体实现拟建项目的技术、经济要求，拟定建筑、安装及设备制造等所需的规划、图纸、数据等技术文件的工作。设计是建设项目由计划变为现实具有决定意义的工作阶段。设计文件是建筑安装施工的依据，拟建工程在建设过程中能否保证进度、质量和节约投资，很大程度上取决于设计质量的优劣。工程建成后，能否获得满意的经济效果，除了项目决策外，设计工作起着决定性作用。

2. 工程设计的阶段

为保证工程建设和设计工作有机地配合和衔接，将工程设计分为几个阶段，一般工业与民用建设项目设计按初步设计和施工图设计两个阶段进行，称为"两阶段设计"；对于技术复杂而又缺乏设计经验的项目，可按初步设计、技术设计和施工图设计三个阶段进行，称为"三阶段设计"。小型工程建设项目，技术上简单的，经项目主管部门同意可以简化"施工图设计"；大型复杂建设项目，除按规定分阶段进行设计外，还应该进行总体规划设计或总体设计。

3. 工程设计的程序

设计工作是随着项目的进展逐步深入的，需要按照一定的程序分阶段进行，主要包括设计前准备工作、总体设计或方案设计、初步设计、技术设计、施工图设计、设计交底和配合施工六个步骤。

（1）设计前准备工作

设计单位应根据主管部门或业主提供的规划资料、可行性研究报告、勘察资料、用地指标、设计任务书等，掌握各种有关的外部条件和客观情况，包括地形、气候、地质、自然环境等自然条件；城市规划对建筑物的要求；交通、水电、气、通信等基础设施状况；业主对工程的要求，特别是工程应具备的各项使用功能要求；工程经济估算的依据和所能提供的资金、材料、施工技术和装备等以及可能影响工程的其他客观因素。

（2）总体设计或方案设计

设计者根据规划部门和业主的要求，在充分考虑工程与周围环境关系的基础上，对工程主要内容有个大概的布局设想，形成总体设计或方案设计。这个阶段要与规划部门、业主充分交换意见，使设计符合规划部门和业主的双重要求，满足方案审批或报批的需要，顺利进入初步设计阶段。

对于民用建筑工程来说，根据《建筑工程设计文件编制深度规定（2016）》的有关要求，方案设计由设计说明书、总平面图及相关建筑设计图纸、透视图、鸟瞰图、模型等组成，其中设计说明书包括各专业设计说明以及投资估算等内容。对于工业项目来说，总体设计除了上述内容外还应包括工艺设计方案，这是工业项目的核心内容。

（3）初步设计

初步设计是设计过程中的一个关键性阶段，也是整个设计构思基本形成的阶段。初步设计是在总体设计或方案设计的基础上，对建设项目各项内容进行具体设计，并确定主要技术方案、工程总概算和主要技术经济指标。初步设计主要包括设计说明书、各专业设计的图纸、主要设备和材料表以及工程概算书。编制的初步设计文件应满足初步设计审批的需要，同时应满足编制施工图设计文件的需要。

（4）技术设计

对于技术复杂而又无设计经验的建设工程，设计单位应根据批准的初步设计文件进行技术设计和编制技术设计文件。技术设计是对初步设计中的重大技术问题进一步开展工作，通过数据分析、科学论证、模拟实验、设备试制等手段，确定初步设计中的关键技术方案、设备方案和施工方案，并编制修正概算书。对于不太复杂和设计成熟的工程，技术设计阶段可以省略，把这个阶段的一部分工作纳入初步设计，另一部分留待施工图设计阶段进行。

（5）施工图设计

这一阶段主要是通过施工图把设计者的意图和全部设计结果表达出来，作为工程施工的依据。它是设计工作和施工工作的桥梁，具体包括建设项目各分部工程的详图和零部件、结构件明细表，以及验收标准、方法等。施工图设计的深度应能满足设备、材料的选择与确定、非标准设备的设计与加工制作、施工图预算的编制及建筑工程施工和安装的要求。

（6）设计交底和配合施工

施工图发出后，设计单位应派人与建设、施工或其他有关单位共同会审施工图，进行技术交底，介绍设计意图和技术要求，修改不符合实际和有错误的施工图。此外还应参加试运转和竣工验收，解决试运转过程中的各种技术问题，并检验设计的正确和完善程度。

5.1.2　建设项目设计阶段影响造价的因素

国内外相关资料研究表明，设计阶段的费用只占工程全部费用不到1%，但在项目决策正确的前提下，它对工程造价的影响程度高达 75%。根据工程项目类别的不同，设计阶段需要考虑的影响工程造价的因素也有所不同，以下就工业建设项目和民用建设项目分别介绍影响工程造价的因素。

1. 影响工业建设项目工程造价的主要因素

（1）总平面设计

总平面设计主要是指总图运输设计和总平面配置，主要内容包括：厂址选择及占地面积；总图运输、主要建筑物和构筑物及公用设施的配置等。

1）厂址选择及占地面积

对于工业建设项目来说，厂址将根据项目的特点选择不同的地区和区位，由于不同地区和区位的土地价格差别很大，将直接影响工业项目的总体投资。同时，厂址的现场条件也是制约设计方案的重要因素之一，对工程造价有一定的影响。

占地面积的大小一方面影响征地费用的高低，另一方面也影响管线布置成本和项目建成运营的运输成本。因此要结合项目长远规划和短期目标，尽量在满足建设项目基本使用功能的基础上，选择适中的占地面积。

2）总图运输、主要建筑物和构筑物及公用设施的配置

总平面设计中，合理的功能分区既可以使建筑物的各项功能充分发挥，使生产工业流程顺畅，又可以合理选择运输方式，使厂区内的运输简便、高效，降低项目建成后的运营成本。

总平面设计是否合理对于整个设计方案的经济合理性有重大影响。正确合理的总平面设计可大大减少建筑工程量、节约建设用地、节省建设投资、加快建设进度、降低工程造价和项目运行后的使用成本，并为企业创造良好的生产组织、经营条件和生产环境，还可以为城市建设或工业区创造完美的建筑艺术整体。

（2）工艺设计

工艺设计阶段影响工程造价的主要因素包括：建设规模、标准和产品方案；工艺流程和主要设备的选型；主要原材料、燃料供应情况；生产组织及生产过程中的劳动定员情况；"三废"治理及环保措施等。

（3）建筑设计

建筑设计阶段影响工程造价的主要因素包括：

1）平面形状。一般来说，建筑物平面形状越简单，单位面积造价就越低。当一座建筑物的形状不规则时，将导致室外工程、排水工程、砌砖工程及屋面工程等复杂化，增加工程费用。相同建筑面积下，建筑平面形状不同，建筑周长系数 $K_{周}$（建筑物周长与建筑面积比，即单位建筑面积所占外墙长度）则不同。通常情况下建筑周长系数越低，设计越经济。圆形、正方形、矩形、T 形、L 形建筑的 $K_{周}$ 依次增大。但是圆形建筑施工复杂，施工费用一般比矩形建筑增加 20%~30%，所以其墙体工程量所节约的费用并不能使建筑工程造价降低。虽然正方形建筑既有利于施工，又能降低工程造价，但是往

往不能满足建筑物美观和使用的要求。因此，建筑物平面形状的设计应在满足建筑物使用功能的前提下，降低建筑周长系数，充分注意建筑平面形状的简洁、布局的合理，从而降低工程造价。

2）流通空间。在满足建筑物使用要求的前提下，应将流通空间减少到最小，这是建筑物经济平面布置的主要目标之一。因为门厅、走廊、过道、楼梯以及电梯井等流通空间不仅消耗大量建造成本，同时会增加后期运营费用。

3）空间组合。空间组合包括建筑物的层高、层数、室内外高差、柱网布置等因素。

①层高。在建筑面积不变的情况下，建筑层高的增加会引起各项费用的增加。如墙与隔墙及其有关粉刷、装饰费用的提高；楼梯造价和电梯设备费用的增加；供暖空间体积的增加；卫生设备、上下水管道长度的增加等。另外，由于施工垂直运输量增加，可能增加屋面造价；由于层高增加而导致建筑物总高度增加很多时，还可能增加基础造价。

②层数。建筑物层数对造价的影响因建筑类型、结构和形式的不同而不同。层数不同，则荷载不同，对基础的要求也不同，同时也影响占地面积和单位面积造价。如果增加一个楼层不影响建筑物的结构形式，单位建筑面积的造价可能会降低。但是当建筑物超过一定层数时，结构形式就要改变，单位造价通常会增加。建筑物越高，电梯及楼梯的造价将有提高的趋势，建筑物的维修费用也将增加，但是采暖费用有可能下降。

③室内外高差。室内外高差过大，则建筑物的工程造价提高；高差过小又影响使用及卫生要求等。

④柱网布置。对于工业建筑，柱网布置对结构的梁板配筋及基础的大小会产生较大的影响，从而对工程造价和厂房面积的利用效率有较大的影响。柱网布置是确定柱子跨度和间距的依据。柱网的选择与厂房中有无吊车、吊车的类型及吨位、屋顶的承重结构以及厂房的高度等因素有关。对于单跨厂房，当柱间距不变时，跨度越大单位面积造价越低。因为除屋架外，其他结构架分摊在单位面积上的平均造价随跨度的增大而减小。对于多跨厂房，当跨度不变时，中跨数目越多越经济，这是因为柱子和基础分摊在单位面积上的造价会随之减少。

（4）建筑结构

建筑结构的选择既要满足力学要求，又要考虑其经济性。对于五层以下的建筑物一般选用砌体结构；对于大中型工业厂房一般选用钢筋混凝土结构；对于多层房屋或大跨度建筑，选用钢结构明显优于钢筋混凝土结构；对于高层或超高层建筑，框架结构和剪力墙结构比较经济。由于各种建筑体系的结构各有利弊，在选用结构类型时应结合实际、因地制宜、就地取材，采用经济合理的结构形式。

（5）材料选用

建筑材料的选择是否合理，不仅直接影响到建设项目的工程质量、使用寿命和耐火抗震性能，而且对施工费用、工程造价有很大的影响。建筑材料一般占直接费的70%，降低材料费用不仅可以降低直接费，而且也可以降低间接费。因此，在设计阶段合理选择建筑材料、控制材料单价或工程量是控制工程造价的有效途径。

（6）建筑设备选用

现代建筑越来越依赖于建筑设备，建筑设备及安装费用占工程总造价的比例越来越高。对于工业建设项目来说，应选择能满足生产工艺和生产能力要求的最适合的设备和机械。同时，设备的选用应充分考虑自然环境对能源节约的有利条件，如果能从建筑产品的整个寿命周期分析，能源节约将是一笔不可忽略的费用。

2. 影响民用建设项目工程造价的主要因素

民用建设项目设计是根据建筑物的使用功能要求，确定建筑标准、结构形式、建筑物空间与平面布置以及建筑群体的配置等。民用建筑设计包括公共建筑设计和居住建筑设计两大类。对于这两类建筑设计，影响工程造价的主要因素基本一致。

（1）总平面设计

民用建筑中的总平面设计是指根据建筑群的组成内容和使用功能要求，结合用地条件和有关技术标准，研究建筑物、构筑物以及各项设施相互之间的平面和空间关系，正确处理建筑布置、交通运输、管线综合、绿化布置等问题的设计，主要包括：①建筑物、构筑物及其他工程设施相互间的平面布置；②竖向布置；③交通运输线路布置；④室外管网布置；⑤景观绿化布置。

影响工程造价的主要因素包括：

1）建筑总平面形式。建筑总平面涉及建筑群体的平面位置、交通运输线路的长短、室外管网的位置及长度、景观绿化形式等，这些因素都对建设项目的造价有直接影响。

2）容积率。容积率又称为建筑面积毛密度，是地上总建筑面积与净用地面积的比率。容积率是衡量建设用地使用强度的一项重要指标，容积率的值是无量纲的比值。容积率越高，土地费用在建筑中所占比例越低，建筑的单方造价越低；容积率越低，建筑的舒适度越高。建设项目需要综合考虑规划部门规定、业主需求、周边环境、市场因素等确定容积率的大小。

（2）建筑设计

1）建筑物平面形状和周长系数。与工业项目建筑设计类似，民用项目建筑设计也应尽量选择平面形状简单、周长系数小的建筑形式。对于民用建筑来说，一般选择矩形建筑，既有利于施工，又能降低造价和方便使用。对于住宅建筑，又以长∶宽=2∶1为佳。一般住宅单元以3~4个住宅单元、房屋长度为60~80m较为经济。

2）民用建筑的层高。与工业项目类似，建筑物的层高越高，单方工程造价越高。对于公共建筑来说，层高的选择与内部独立空间的大小、设备类型和使用功能有关。内部独立空间越大，设备越多、人员聚集越多，层高选择应越高。一般公共建筑层高不宜低于3.6m。对于住宅项目来说，根据不同性质的工程综合测算，住宅层高每降低10cm，可降低造价 1.2%~1.5%。层高降低还可提高建筑密度，节约征地费、拆迁费及市政设施费。但是，层高设计还需考虑采光与通风问题，层高过低不利于采光与通风。因此，民用住宅建筑的层高一般不宜低于 2.8m。

3）民用建筑的层数。在民用建筑中，在一定幅度内，建筑层数的增加具有降低造价和使用费用以及节约用地的优点。当建筑层数超过一定的限度，就要经受较强的风力荷载，需要提高结构强度、改变结构形式，同时需要增加建筑设备，使工程造价大幅度上升。

4）民用建筑内部空间的划分和面积大小。民用建筑内部独立空间面积越大，结构面积越小，工程造价越低。以民用住宅建筑为例，据统计三居室住宅的设计比两居室的设计降低 1.5% 左右的工程造价，四居室的设计又比三居室的设计降低 3.5% 左右的工程造价。

衡量内部空间设计的指标是结构面积系数（住宅结构面积与建筑面积之比），这个系数越小则设计方案越经济。因为，结构面积小，有效面积就增加。结构面积系数除了与房屋结构有关外，还与房屋外形及其长度和宽度有关，同时也与房间平均面积大小有关。房屋平均面积越大，内墙、隔墙在建筑面积中所占比例就越小。

（3）建筑结构

与工业建设项目类似，不同建筑结构形式和基础形式，工程造价不同。随着我国工业化水平的提高，住宅工业化体系的结构形式多种多样，考虑工程造价时应根据实际情况，因地制宜、就地取材，采用适合本地区的经济合理的结构形式。

（4）材料选用

与工业建设项目类似。

（5）设备选用

与工业建设项目类似。

3. 影响工程造价的其他因素

除以上因素之外，在设计阶段影响工程造价的还包括其他因素。

（1）设计单位和设计人员的知识水平

设计单位和设计人员的知识水平对工程造价的影响是客观存在的。为了有效地降低工程造价，设计单位和设计人员首先要能够充分利用现代设计理念，运用科学的设计方法优化设计成果；其次，要善于将技术与经济相结合，运用价值工程理论优化设计方案；最后，设计单位和人员应及时与造价咨询单位进行沟通，使得造价咨询人员能够在前期设计阶段就参与项目，达到技术与经济的完美结合。

（2）项目利益相关者的利益诉求

设计单位和设计人员在设计过程中要综合考虑业主、承包商、监理单位、咨询单位、运营单位等利益相关者的要求和利益，并通过利益诉求的均衡以达到和谐的目的，避免后期出现频繁的设计变更而导致工程造价的增加。

（3）风险因素

设计阶段承担着重大的风险，它对后面的工程招标和施工有重要影响。该阶段是确定建设工程总造价的一个重要阶段，决定着项目的总体造价水平。

5.1.3 建设项目设计阶段工程造价管理的重要意义

当建设项目投资决策一旦确定，设计阶段就成为建设项目投资控制的关键环节，并对建设工期、工程质量、投资效益等起决定性作用。具体如下：

（1）在设计阶段进行工程造价的计价分析可以使造价构成更合理，提高资金利用效率。设计阶段工程造价的计价形式是编制设计概算，通过概算了解工程造价的构成、资金分配的合理性，并可以利用设计阶段各种控制工程造价的方法使建设项目的经济与成本更趋于合理化。

（2）在设计阶段进行工程造价的计价分析可以提高投资控制效率。编制设计概算可以了解工程各组成部分的投资比例。对于投资比例较大的部分应作为投资控制的重点，这样可以提高投资控制效率。

（3）在设计阶段控制工程造价会使控制工作更主动。设计阶段控制工程造价，可以使被动控制变为主动控制。设计阶段可以先开列新建建筑物每一部分或分项计划支出费用的报表，即投资计划，然后当详细设计制定出来后，对照造价计划中所列的指标进行审核，预先发现差异，主动采取一些控制方法消除差异，使设计更经济。

（4）在设计阶段控制工程造价便于技术与经济相结合。设计人员往往关注工程的使用功能，力求采用较先进的技术方法实现项目所需功能，对经济因素考虑较少。在设计阶段吸收控制造价的人员参与全过程设计，使设计一开始就建立在健全的经济基础之上，在作出重要决定时就能充分认识到其经济后果。

（5）在设计阶段控制工程造价效果最显著。工程造价控制贯穿于项目建设全过程。设计阶段的造价对投资造价的影响程度很大。控制建设投资的关键在设计阶段，在设计一开始就将控制投资的思想植根于设计人员的头脑中，以保证选择恰当的设计标准和合理的功能水平。

5.1.4 建设项目设计阶段造价管理的主要内容

1. 编制设计概算

在方案设计阶段，根据设计方案、概算指标等相关资料编制设计方案估算。方案估算要建立在分析测算的基础上，要能比较全面、真实地反映各个方案所需的造价。这时的估算书精确度要求不高，与可行性研究报告中的投资估算基本相同。

在初步设计阶段，根据初步设计图纸及概算定额等相关资料编制设计概算。由于初步设计图纸深度不够、概算编制人员责任心缺乏、类似项目造价数据不足等，设计概算不准确、与施工图预算差距大的现象时有发生。因此，一方面，初步设计图纸深度要尽量能够满足设计概算的编制要求；另一方面，概算编制人员在增强自身专业水平的基础上要加强工作责任心，充分认识到设计概算在建设项目中的重要作用。

2. 编制施工图预算

在施工图设计阶段，根据施工图及预算定额等相关资料编制施工图预算。施工图预算是签订施工承包合同、确定合同价、进行工程结算的重要依据，其质量的高低直接影响到施工阶段的造价控制。

3. 设计方案的优化和比选

为了提高工程建设投资效果，从选择建设场地和工程总平面布置开始，直到最后结构构件的设计都应进行多方案比选，从中选取技术先进、经济合理的最佳设计方案，或者对现有的设计方案进行优化，使其能够更加经济合理。在设计过程中，可以利用价值工程的思路和方法对设计方案进行比较，对不合理的设计提出改进意见，从而达到控制造价、节约投资的目的。设计方案优选还可以通过设计招标投标和设计方案竞选的办法，选择最优的设计方案，或将各方案的可取之处重新组合提出最佳方案。

4. 限额设计和标准化设计

限额设计是设计阶段控制工程造价的重要手段，它能有效地克制和控制"三超"现象，使设计单位加强技术与经济的对立统一管理，能克服设计概预算本身的失控对工程造价带来的负面影响。另外，推广成熟的、行之有效的标准设计不但能够提高设计质量，而且能够提高效率、降低成本。同时，因为标准设计大量使用标准构配件，其会压缩现场工程工作量，最终有利于工程造价的控制。

5. 推行设计索赔及设计监理等制度

设计索赔及设计监理等制度的推行能够真正提高人们对设计工作的重视程度，从而使设计阶段的造价控制得以有效开展，同时也可以促进设计单位建立完善的管理制度，提高设计人员的质量意识和造价意识。设计索赔制度的推行和加大索赔力度是切实保障设计质量和控制造价的必要手段。另外，设计图变更得越早，造成的损失越小；反之则损失越大。工程设计人员应建立设计施工轮训或继续教育制度，尽可能避免设计与施工相脱节的现象发生，由此可减少设计变更的发生。对于非发生不可的变更，应尽量控制在设计阶段，切记要用先算账、后变更、层层审批的方法，以使投资得到有效控制。

5.2 设计方案评价与优化

5.2.1 设计方案评价

设计方案的评价与优化通常采用技术经济分析法，即将技术与经济相结合，按照建设工程经济效果，针对不同的设计方案，分析其技术经济指标，从中选出经济效果最优的方案。由于设计方案不同，其功能、造价、工期和设备、材料、人工消耗等标准均存在差异，因此，技术经济分析法不仅要考察工程技术方案，更要关注工程费用。

1. 基本程序

设计方案评价与优化的基本程序（见图5-1）如下：

（1）按照使用功能、技术标准、投资限额的要求，结合工程所在地实际情况，探讨和建立可能的设计方案；

（2）从所有可能的设计方案中初步筛选出各方面都较为满意的方案作为比选方案；

（3）根据设计方案的评价目的，明确评价的任务和范围；

（4）确定能反映方案特征并能满足评价目的的指标体系；

（5）根据设计方案计算各项指标及对比参数；

（6）根据方案评价的目的，确定评价指标的重要性权数，并利用设计方案的评价方法进行分析计算，排出方案的优劣次序，提出推荐方案；

（7）综合分析，进行方案选择或提出技术优化建议；

（8）对技术优化建议进行组合搭配，确定优化方案；

（9）实施优化方案并总结备案。

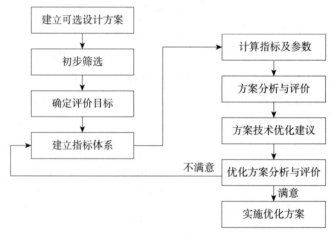

图5-1　设计方案评价与优化的基本程序

在设计方案评价与优化过程中，建立合理的指标体系并采取有效的评价方法进行方案优化是最基本和最重要的工作内容。

2. 评价指标体系

设计方案的评价指标是方案评价与优化的衡量标准，对于技术经济分析的准确性和科学性具有重要作用。内容严谨、标准明确的指标体系是对设计方案进行评价与优化的基础。

评价指标应能充分反映工程项目满足社会需求的程度，以及为取得使用价值所需投入的社会必要劳动和社会必要消耗量。因此，指标体系应包括以下内容：

（1）使用价值指标，即工程项目满足需要程度（功能）的指标；

（2）消耗量指标，即反映创造使用价值所消耗的资金、材料、劳动量等资源的指标；

（3）其他指标，对建立的指标体系可按指标的重要程度设置主要指标和辅助指标，并选择主要指标进行分析比较。

3. 评价方法

设计方案的评价方法主要有多指标法、单指标法以及多因素评分法。

（1）多指标法

多指标法就是采用多个指标，将各个对比方案的相应指标值逐一进行分析比较，按照各种指标数值的高低对其作出评价。

在采用多指标法对不同设计方案进行分析和评价时，如果某一方案的所有指标都优于其他方案，则为最佳方案；如果各个方案的其他指标都相同，只有一个指标相互之间有差异，则该指标最优的方案就是最佳方案。这两种情况对于优选决策来说都比较简单，但实际中很少有这种情况。在大多数情况下，不同方案之间往往是各有所长，有些指标较优，有些指标较差，而且各种指标对方案经济效果的影响也不相同。因此，在进行综合分析时，要特别注意检查对比方案在使用功能和工程质量方面的差异，并分析这些差异对各指标的影响，避免导致错误的结论。

【例 5-1】以内浇外砌建筑体系为对比标准，用多指标对比法评价内外墙全现浇建筑体系。评价结果见表 5-1。

内浇外砌与全现浇对比表

表 5-1

项目名称		单位		对比标准	评价对象	比较	备注
建筑特征	设计型号	—		内浇外砌	全现浇大模板	—	
	建筑面积	m²		8500	8500	0	
	有效面积	m²		7140	7215	+75	
	层数	层		6	6	—	
	外墙厚度	cm		36	30	-6	浮石混凝土外墙
	外墙装修	—		勾缝，一层水刷石	干粘石，一层水刷石	—	
技术经济指标	±0.000 以上土建造价	元/m² 建筑面积		80	90	+10	
	±0.000 以上土建造价	元/m² 有效面积		95.2	106	+10.8	
	主要材料消耗量	水泥钢材	kg/m²	130	150	+20	
			kg/m²	9.17	20	+10.83	
	施工周期	天		220	210	-10	
	±0.000 以上用工	工日/m²		2.78	2.23	-0.55	
	建筑自重	kg/m²		1294	1070	-224	
	房屋服务年限	年		100	100	—	

由表5-1两类建筑体系的建筑特征对比分析可知，它们具有可比性。然后比较其技术经济特征可以看出，与内浇外砌建筑体系相比，全现浇建筑体系的优点是有效面积大、用工省、自重轻、施工周期短，其缺点是造价高、主要材料消耗量多等。

（2）单指标法

单指标法是以单一指标为基础对建设工程技术方案进行综合分析与评价的方法。单指标法有很多种类，各种方法的使用条件也不尽相同，较常用的有综合费用法、全寿命期费用法和价值工程法。

1）综合费用法

综合费用包括方案投产后的年度使用费、方案的建设投资以及由于工期提前或延误而产生的收益或亏损等。该方法的基本出发点在于将建设投资费用和使用费结合起来考虑，同时考虑建设周期对投资效益的影响，以综合费用最小为最优方案。综合费用法是一种静态价值指标的评价方法，没有考虑资金的时间价值，只适用于建设周期较短的工程。此外，由于综合费用法只考虑成本，未能反映功能、质量、安全、环保等方面的差异，因而只有在方案的功能、建设标准等条件相同或基本相同时才能采用。

2）全寿命期费用法

建设工程全寿命期费用除包括筹建、征地拆迁、咨询、勘察、设计、施工、设备购置以及贷款支付利息等与工程建设有关的一次性投资费用之外，还包括工程完成交付使用期内经常发生的费用支出，如维修费、设施更新费、采暖费、电梯费、空调费、保险费等。这些费用统称为使用费，按年计算时称为年度使用费。全寿命期费用法考虑了资金的时间价值，是一种动态的价值指标评价方法。由于不同技术方案的寿命期不同，因此，应用全寿命期费用评价法计算费用时，不用净现值法，而用年度等值法，以年度费用最小者为最优方案。

3）价值工程法

价值工程（Value Engineering，VE）是以提高产品或作业价值为目的，通过有组织的创造工作，寻求用最低的寿命周期成本可靠地实现使用者所需功能的一种管理技术。价值工程中所述的"价值"是指作为某种产品（或作业）所具有的功能与获得该功能的全部费用的比值。它不是对象的使用价值，也不是对象的经济价值和交换价值，而是对象的比较价值，是作为评价事物有效程度的一种尺度被提出来的，这种对比关系可用一个数学式表示为：

$$V=F/C \tag{5-1}$$

式中　　V——研究对象的价值；

　　　　F——研究对象的功能：

　　　　C——研究对象的成本，即全寿命期成本。

由此可见，价值工程涉及价值、功能和全寿命期成本三个基本要素。

价值工程法主要是对产品进行功能分析，研究如何以最低的全寿命期成本实现产品的必要功能，从而提高产品价值。在建设工程施工阶段应用该方法来提高建设工程价值的作用是有限的。要使建设工程的价值能够大幅提高，获得较高的经济效益，必须首先在设计阶段应用价值工程法，使建设工程的功能与成本合理匹配。也就是说，在设计中应用价值工程的原理和方法，在保证建设工程功能不变或功能改善的情况下，力求节约成本，以设计出更加符合用户要求的产品。

在工程设计阶段，应用价值工程法对设计方案进行评价的步骤如下：

①功能分析。分析工程项目满足社会和生产需要的各主要功能。

②功能评价。比较各项功能的重要程度，确定各项功能的重要性系数。目前，功能重要性系数一般通过打分法来确定。

③计算功能评价系数（F）。功能评价系数的计算公式为：

$$功能评价系数=\frac{某方案功能满足程度总分}{所有参加评选方案功能满足程度总分之和} \tag{5-2}$$

④计算成本系数（C）。成本系数参照下列公式计算：

$$成本系数=\frac{某方案每平方米造价}{所有评选方案每平方米造价之和} \tag{5-3}$$

⑤求出价值系数（V），并对方案进行评价。按照 $V=F/C$ 分别求出各方案的价值系数，价值系数最大的方案为最优方案。

价值工程在工程设计中的运用过程实际上是发现矛盾、分析矛盾、解决矛盾的过程。具体地说，就是分析功能和成本间的关系，以提高价值工程的价值系数。工程设计人员要以提高价值为目标，以功能分析为核心，以经济效益为出发点，从而真正实现对设计方案的优化。

【例 5-2】现以某设计院在建筑设计中用价值工程法进行住宅设计方案的优选为例，说明价值工程在设计方案评价优选中的应用。

一般来说，同一个工程项目，可以有不同的设计方案，不同的设计方案会产生功能和成本上的差别，这时可以用价值工程法选择最优设计方案。在设计阶段实施价值工程的步骤如下。

（1）功能分析

建筑功能是指建筑产品满足社会需要的各种性能的总和。不同的建筑产品有不同的使用功能，它们通过一系列建筑因素体现出来，反映建筑物的使用要求。例如，住宅工程一般有下列十个方面的功能：

1）平面布置；

2）采光通风；

3）层高与层数；

4）牢固耐久性；

5）"三防"（防火、防震、防空）设施；

6）建筑造型；

7）内外装饰（美观、实用、舒适）；

8）环境设计（日照、绿化、景观）；

9）技术参数（使用面积系数、每户平均用地指标）；

10）便于设计和施工。

（2）功能评价

功能评价主要是比较各项功能的重要程度，计算各项功能的功能评价系数，作为该功能的重要度权数。例如，上述住宅功能采用用户、设计人员、施工人员按各自的权重共同评分的方法计算。如果确定用户意见的权重是55%、设计人员的意见占30%、施工人员的意见占15%，具体分值计算见表5-2。

住宅工程功能权重系数计算表   表5-2

功能		用户评分		设计人员评分		施工人员评分		功能权重系数
		得分 F_{ai}	$F_{ai} \times 55\%$	得分 F_{bi}	$F_{bi} \times 30\%$	得分 F_{ci}	$F_{ci} \times 15\%$	$K=\dfrac{\left(\begin{array}{c}F_{ai} \times 55\% + F_{bi} \\ \times 30\% + F_{ci} \times 15\%\end{array}\right)}{100}$
适用	平面布置 F1	40	22	30	9	35	5.25	0.3625
	采光通风 F2	16	8.8	14	4.2	15	2.25	0.1525
	层高层数 F3	2	1.1	4	1.2	3	0.45	0.0275
	技术参数 F4	6	3.3	3	0.9	2	0.30	0.0450
安全	牢固耐用 F5	22	12.1	15	4.5	20	3.00	0.1960
	"三防"设施 F6	4	2.2	5	1.5	3	0.45	0.0415
美观	建筑造型 F7	2	1.1	10	3.0	2	0.30	0.0440
	内外装饰 F8	3	1.65	8	2.4	1	0.15	0.0420
	环境设计 F9	4	2.2	6	1.8	6	0.90	0.0490
其他	便于施工 F10	1	0.55	5	1.5	13	1.95	0.0400
	小计	100	55	100	30	100	15	1.0

（3）计算成本系数

成本系数计算公式：

$$成本系数 = \frac{某方案每平方米造价}{所有评选方案每平方米造价之和}$$

举例：某住宅设计提供了十几个方案，通过初步筛选，拟选用以下四个方案进行综合评价，见表5-3。

住宅工程成本系数计算表　　　　表 5-3

方案名称	主要特征	平方米造价（元/m²）	成本系数
A	7层砖混结构，层高 3m，240mm 厚砖墙，钢筋混凝土灌注桩，外装饰较好，内装饰一般，卫生设施较好	534.00	0.2618
B	6层砖混结构，层高 2.9m，240mm 厚砖墙，混凝土带形基础，外装饰一般，内装饰较好，卫生设施一般	505.50	0.2478
C	7层砖混结构，层高 2.8m，240mm 厚砖墙，混凝土带形基础，外装饰较好，内装饰较好，卫生设施较好	553.50	0.2713
D	5层砖混结构，层高 2.8m，240mm 厚砖墙，混凝土带形基础，外装饰一般，内装饰较好，卫生设施一般	447.00	0.2191
小计		2040.00	1.00

（4）计算功能评价系数

功能评价系数计算公式：

$$功能评价系数 = \frac{某方案功能满足程度总分}{所有参加评选方案功能满足程度总分之和}$$

如上例中 A、B、C、D 四个方案的功能评价系数，见表 5-4。

住宅工程功能满足程度及功能系数计算表　　　　表 5-4

评价因素		方案名称	A	B	C	D
功能因素 F	权重系数 K					
F1		方案满足程度分值 E	10	10	8	9
F2			10	9	10	10
F3			8	9	10	8
F4			9	9	8	8
F5			10	8	9	9
F6			10	10	9	10
F7			9	8	10	8
F8			9	9	10	8
F9			9	9	9	9
F10			8	10	8	9
方案满足功能程度总分	$M_j = \sum K N_j$		9.685	9.204	8.819	9.071
功能评价系数	$M_j = \sum M_j$		0.2633	0.2503	0.2398	0.2466

注：1. N_j 表示 j 方案对应某功能的得分值。

　　2. M_j 表示 j 方案满足功能程度总分。

表 5-4 中的数据根据下面思路计算，如 A 方案满足功能程度总分：

M_j=0.3625×10+0.1525×10+0.0275×8+0.045×9+0.196×10+0.0415×10+

　　　0.044×9+0.042×9+0.049×9+0.04×8=9.685

$$A方案的功能评价系数=\frac{M_A}{\sum M_j}=\frac{9.685}{9.685+9.204+8.819+9.071}=0.2633$$

其余类推，计算结果见表5-4。

（5）最优设计方案评选

运用功能评价系数和成本系数计算价值系数，价值系数最大的那个方案为最优设计方案，见表5-5。

$$价值系数=\frac{功能评价系数}{成本系数}$$

住宅工程价值系数计算表

表5-5

方案名称	功能评价系数	成本系数	价值系数	最优方案
A	0.2633	0.2618	1.006	
B	0.2503	0.2478	1.010	
C	0.2398	0.2713	0.884	
D	0.2466	0.2191	1.126	此方案最优

（3）多因素评分法

多因素评分法是多指标法与单指标法相结合的一种方法。对需要进行分析评价的设计方案设定若干个评价指标，按其重要程度分配权重，然后按照评价标准给各指标打分，将各指标所得分数与其权重采用综合方法整合得出各设计方案的评价总分，以获总分最高者为最佳方案。多因素评分法综合了定量分析评价与定性分析评价的优点，可靠性高、应用较广泛。

5.2.2　设计方案优化

设计方案优化是使项目功能更加适用、工程费用更加合理、设计质量不断提高的有效途径，一般采用设计招标或设计方案竞选和价值工程两种方式。

1. 设计招标或设计方案竞选

建设单位就拟建工程的设计任务信息通过报刊、信息网络或其他媒介发布公告，吸引设计单位参加设计招标或设计方案竞选，以获得众多的设计方案；然后组织专家评定小组，由专家评定小组采用科学的方法，按照经济、适用、美观的原则，以及技术先进、功能全面、结构合理、安全适用、满足建设节能及环境等要求，综合评定各设计方案优劣，从中选择最优的设计方案，或者以中选方案作为设计方案的基础，把其他方案的优点加以吸收综合，取长补短，提出最佳方案。

对于具体方案，则应综合考虑工程质量、造价、工期、安全和环保五大目标，基于全要素造价管理进行优化，力求达到整体目标最优，而不能孤立、片面地考虑某一目标或强调某一目标而忽略其他目标。在保证工程质量和安全、保护环境的基础上，追求全寿命期成本最低的设计方案。

2. 运用价值工程优化设计方案

【例 5-3】某房地产开发公司拟用大模板工艺建造一批高层住宅。设计方案完成后，造价超标。须运用价值工程分析和降低工程造价。

（1）对象选择：分析其造价构成，发现结构造价占土建工程的 70%，而外墙造价又占结构造价的 1/3，外墙体积在结构混凝土总量中只占 1/4。从造价构成上看，外墙是降低造价的主要矛盾，应作为实施价值工程的重点。

（2）功能分析：通过调研和功能分析，了解到外墙的功能主要是抵抗水平力（$F1$）、挡风防雨（$F2$）、隔热防寒（$F3$）。

（3）功能评价：目前该设计方案中，使用的是长 3300mm、高 2900mm、厚 280mm，重约 4t 的配钢筋陶粒混凝土墙板，造价 345 元，其中抵抗水平力功能的成本占 60%，挡风防雨功能的成本占 16%，隔热防寒功能的成本占 24%。这三项功能的重要程度比为 $F1 : F2 : F3 = 6 : 1 : 3$，各项功能的价值系数计算结果如表 5-6、表 5-7 所示。

功能评价系数计算结果　　　　　　　　　　　　　表 5-6

功能	重要度比	得分	功能评价系数
$F1$	$F1 : F2 = 6 : 1$	2	0.6
$F2$	$F2 : F3 = 1 : 3$	1/3	0.1
$F3$		1	0.3
合计		10/3	1.00

各项功能价值系数计算结果　　　　　　　　　　　表 5-7

功能	功能评价系数	成本指数	价值系数
$F1$	0.6	0.6	1.0
$F2$	0.1	0.16	0.625
$F3$	0.3	0.24	1.25

由上表的计算结果可知，抵抗水平力功能与成本匹配较好；挡风防雨功能不太重要，但是成本比例偏高，应降低成本；隔热防寒功能比较重要，但是成本比例偏低，应适当增加成本。假设相同面积的墙板，根据限额设计的要求，目标成本是 320 元，则各项功能的成本改进期望值计算结果如表 5-8 所示。

目标成本的分配及成本改进期望值的计算　　　　　表 5-8

功能	功能评价系数（1）	成本指数（2）	目前成本（3）=345×（2）	目标成本（4）=320×（1）	成本改进期望值（5）=（3）-（4）
$F1$	0.6	0.6	207	192	15
$F2$	0.1	0.16	55.2	32	23.2
$F3$	0.3	0.24	82.8	96	−13.2

由以上计算结果可知，应首先降低 $F2$ 的成本，其次是 $F1$，最后适当增加 $F3$ 的成本。

5.2.3　限额设计

1. 限额设计的概念

限额设计是指按照批准的可行性研究报告中的投资限额进行初步设计，按照批准的初步设计概算进行施工图设计，按照施工图预算造价编制施工图设计中各个专业设计文件的过程。

限额设计中，工程使用功能不能减少，技术标准不能降低，工程规模也不能削减。因此，限额设计需要在投资额度不变的情况下，实现使用功能和建设规模的最大化。限额设计是工程造价控制系统中的一个重要环节，是设计阶段进行技术经济分析、实施工程造价控制的一项重要措施。

2. 限额设计的工作内容

（1）投资决策阶段

投资决策阶段是限额设计的关键阶段。对政府工程而言，投资决策阶段的可行性研究报告是政府部门核准投资总额的主要依据，而批准的投资总额则是进行限额设计的重要依据。为此，应在多方案技术经济分析和评价后确定最终方案，提高投资估算的准确度，合理确定设计限额目标。

（2）初步设计阶段

初步设计阶段需要依据最终确定的可行性研究方案和投资估算，对影响投资的因素按照专业进行分解，并将规定的投资限额下达到各专业设计人员。设计人员应用价值工程的基本原理，通过多方案技术经济比选，创造出价值较高、技术经济性较为合理的初步设计方案，并将设计概算控制在批准的投资估算内。

（3）施工图设计阶段

施工图是设计单位的最终成果文件，应按照批准的初步设计方案进行限额设计，施工图预算需控制在批准的设计概算范围内。

3. 限额设计的实施程序

限额设计强调技术与经济的统一，需要工程设计人员和工程造价管理专业人员密切合作。工程设计人员进行设计时，应基于建设工程全寿命期充分考虑工程造价的影响因素，对方案进行比较，优化设计；工程造价管理专业人员要及时进行投资估算，在设计过程中协助工程设计人员进行技术经济分析和论证，从而达到有效控制工程造价的目的。

限额设计的实施是建设工程造价目标的动态反馈和管理过程，可分为目标制定、目标分解、目标推进和成果评价四个阶段。

（1）目标制定

限额设计的目标包括：造价目标、质量目标、进度目标、安全目标及环保目标。工程项目各目标之间既相互关联又相互制约，因此，在分析论证限额设计目标时，应统筹兼顾、全面考虑，追求技术经济合理的最佳整体目标。

（2）目标分解

分解工程造价目标是实行限额设计的一个有效途径和主要方法。首先，将上一阶段确定的投资额分解到建筑、结构、电气、给水排水和暖通等设计部门的各个专业。其次，将投资限额再分解到各个单项工程、单位工程、分部工程及分项工程。在目标分解过程中，要对设计方案进行综合分析与评价。最后，将各细化的目标明确到相应的设计人员，制定明确的限额设计方案，通过层层目标分解和限额设计实现对投资限额的有效控制。

（3）目标推进

目标推进通常包括限额初步设计和限额施工图设计两个阶段。

1）限额初步设计阶段。该阶段应严格按照分配的工程造价控制目标进行方案的规划和设计。在初步设计方案完成后，由工程造价管理专业人员及时编制初步设计概算，并进行初步设计方案的技术经济分析，直至满足限额要求。初步设计只有在满足各项功能要求并符合限额设计目标的情况下，才能作为下一阶段的限额目标给予批准。

2）限额施工图设计阶段。该阶段应遵循各目标协调并进的原则，做到各目标之间的有机结合，防止偏废其中任何一个。在施工图设计完成后，进行施工图设计的技术经济论证，分析施工图预算是否满足设计限额要求，以供设计决策者参考。

（4）成果评价

成果评价是目标管理的总结阶段。其通过对设计成果的评价总结经验教训，作为指导和开展后续工作的重要依据。

值得指出的是，考虑建设工程全寿命期成本时，按照限额要求设计出的方案可能不一定具有最佳经济性，此时亦可考虑突破原有限额，重新选择设计方案。

5.2.4　标准化设计

1. 标准化设计的概念

标准化设计又称定型设计、通用设计，是工程建设标准化的组成部分。各类工程建设的构件、配件、零部件，通用的建筑物、构筑物、公用设施等，只要有条件的，都应该实施标准化设计。

标准化设计应用范围很广，重复建造的建筑类型及生产能力相同的企业、单独的房屋构筑物均应采用标准化设计或通用设计。在设计阶段的投资控制工作中，对不同用途和要求的建筑物，应按统一的建筑模数、建筑标准、设计规范、技术规定等进行设计。若房屋或构筑物整体不便定型化时，应将其中重复出现的建筑单元、房间和主要的结构节点构造在构配件标准化的基础上定型化。建筑物和构筑物的柱网、层高及其他构件参数尺寸应力求统一化，在基本满足使用要求和修建条件的情况下，尽可能具有通用互换性。

2. 标准化设计的分类

（1）国家标准设计，是指在全国范围内需要统一的标准设计。

（2）部级标准设计，是指在全国各行业范围内需要统一的标准设计，应由主编单位提出并报告主管部门审批颁发。

（3）省、市、自治区标准设计，是指在本地区范围内需要统一的标准设计，由主编单位提出并报省、市、自治区主管基建的综合部门审批颁发。

（4）企业标准设计，是指在本单位范围内统一使用的设计技术原则和设计技术规定，由设计单位批准执行，并报上一级主管部门备案。

标准设计规范是国家经济建设的重要技术规范，是进行工程建设勘察、设计、施工及验收的重要依据。随着工程建设和科学技术的发展，设计规范和标准设计必须经常补充、及时修订、不断更新。

3. 推广标准化设计的意义

（1）推广标准化设计能较好地贯彻国家技术经济政策，密切结合自然条件和技术发展水平，合理利用能源资源，充分考虑施工生产、使用维修的要求，既经济又优质。

（2）推广标准化设计是改进设计质量、加快实现建筑工业化的客观要求。因为标准化设计来源于工程建设实际经验和科技成果，是将大量成熟的、行之有效的实际经验和科技成果，按照统一简化、协调选优的原则，提炼上升为设计规范和标准设计。所以设计质量都比一般工程设计质量要高。另外，由于标准化设计采用的都是标准构配件，建筑构配件和工具式模板的制作均可以从工地转移到专门的工厂中批量生产，使施工现场变成"装配车间"和机械化浇筑场所，把现场的工程量压缩到最小程度。

（3）推广标准化设计可以提高劳动生产率、加快工程建设进度。设计过程中采用标准构件可以节省设计力量，加快设计图纸的提供速度，大大缩短设计时间。一般可以加快设计速度1~2倍，从而使施工准备工作和订制预制构件等生产准备工作提前，缩短整个建设周期。另外，由于生产工艺定型、生产均衡、配料统一，大大提高了标准配件的生产效率。

（4）推广标准化设计可以节约建筑材料、降低工程造价。由于标准构配件的生产是在工厂内批量生产，便于预制厂统一安排、合理配置资源，发挥规模经济的作用，从而节约建筑材料。

5.3　设计概算的编制与审查

5.3.1　设计概算的概念及内容

1. 设计概算的含义及作用

（1）设计概算的含义

设计概算是以初步设计文件为依据，按照规定的程序、方法和依据，对建设项目总投资及其构成进行的概略计算。具体而言，设计概算是在投资估算的控制下根据初步设计或扩大初步设计的图纸及说明，利用国家或地区办法的概算指标、概算定额、综合指标预算定额、各项费用定额或取费标准（指标）、建设地区自然、技术、经济条件和设备、材料预算价格等资料，按照设计要求，对建设项目从筹建至交付使用所需全部费用进行的预计。

设计概算的编制内容包括静态投资和动态投资两个层次，静态投资作为考核工程设计和施工图预算的依据；动态投资作为项目筹措、供应和控制资金使用的限额。

政府投资项目的设计概算经批准后，一般不得调整。各级政府投资管理部门对概算的管理都有相应规定。例如，《中央预算内直接投资项目概算管理暂行办法》（发改投资〔2015〕482号）及《中央预算内直接投资项目管理办法》（发改〔2014〕7号）规定：国家发展改革委核定概算且安排部分投资的，原则上超支不补，如超概算，由项目主管部门自行核对调整并处理。项目初步设计及概算批复核定后，应当严格执行，不得擅自增加建设内容、扩大建设规模、提高建设标准或改变设计方案。确需调整且将会突破设计概算的，必须事前向国家发展改革委正式申报；未经批准的，不得擅自调整实施。因项目建设期价格大幅上涨、政策调整、地质条件发生重大变化和自然灾害等不可抗力因素等原因导致原核定概算不能满足工程实际需要的，可以向国家发展改革委申请调整概算。概算调增幅度超过原概算10%的，概算核定部门原则上先商请审计机关进行审计，并依据设计结论进行概算调整。一个工程只允许调整一次概算。

（2）设计概算的作用

设计概算是工程造价在设计阶段的表现形式，但其并不具备价格属性。因为设计概算不是在市场竞争中形成的，而是设计单位根据有关依据计算出来的工程建设的预期费用，用于衡量建设投资是否超过估算并控制下一阶段的费用支出。设计概算的主要作用是控制以后各阶段的投资，具体表现为：

1）设计概算是编制固定资产投资计划、确定和控制建设项目投资的依据。按照国家有关规定，政府投资项目编制年度固定资产投资计划、确定计划投资总额及其构成数额要以批准的初步设计概算为依据，没有批准的初步设计文件及其概算，建设工程就不能列入年度固定资产投资计划。

2）设计概算是控制施工图设计和施工图预算的依据。经批准的设计概算是政府投资建设工程项目的最高投资限额，设计单位必须按批准的初步设计和总概算进行施工图设计。施工图预算不得突破设计概算，设计概算批准后不得任意修改和调整；如需修改或调整时，须经原批准部门重新审批。竣工结算不能突破施工图预算，施工图预算不能突破设计概算。

3）设计概算是衡量设计方案技术经济合理性和选择最佳设计方案的依据。设计部门在初步设计阶段要选择最佳设计方案，设计概算是从经济角度衡量设计方案经济合理性的重要依据。因此,设计概算是衡量设计方案技术经济合理性和选择最佳设计方案的依据。

4）设计概算是编制最高投标限价（招标控制价）的依据。以设计概算进行招标投标的工程，招标单位以设计概算作为编制最高投标限价（招标控制价）的依据。

5）设计概算是签订建设工程合同和贷款合同的依据。《中华人民共和国合同法》中明确规定，建设工程合同价款是以设计概、预算价为依据，且总承包合同不得超过设计总概算的投资额。银行贷款或各单项工程的拨款累计总额不能超过设计概算。如果项目投资计划所列支投资额与贷款突破设计概算时,必须查明原因,之后由建设单位报请上级主管部门调整或追加设计概算总投资。凡未获批准之前,银行对其超支部分不予拨付。

6)设计概算是考核建设项目投资效果的依据。通过设计概算与竣工决算对比,可以分析和考核建设工程项目投资效果的好坏,同时还可以验证设计概算的准确性,有利于加强设计概算管理和建设项目的造价管理工作。

2. 设计概算的编制内容

按照《建设项目设计概算编审》CECA/GC 2—2015 的相关规定,设计概算文件的编制应采用单位工程概算、单项工程综合概算、建设项目总概算三级概算编制形式。当建设项目为一个单项工程时,可采用单位工程概算、单项工程综合概算、建设项目总概算三级概算编制形式。三级概算之间的相互关系和费用构成,如图 5-2 所示。

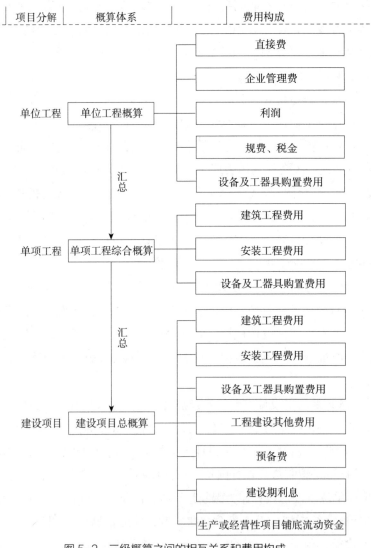

图 5-2 三级概算之间的相互关系和费用构成

（1）单位工程概算

单位工程概算是以初步设计文件为依据，按照规定的程序、方法和依据计算单位工程建设费用的文件，是编制单项工程综合概算的依据，是单项工程综合概算的组成部分。单位工程概算按其工程性质可分为建筑工程概算和设备及安装工程概算两大类。建筑工程概算包括土建工程概算，给水排水、采暖工程概算，通风、空调工程概算，电气、照明工程概算，弱电工程概算，特殊构筑物工程概算等；设备及安装工程概算包括机械设备及安装工程概算，电气设备及安装工程概算，热力设备及安装工程概算，工具、器具及生产家具购置费概算等。

（2）单项工程综合概算

单项工程综合概算是以初步设计文件为依据，在单位工程概算的基础上汇总单项工程费用的成果文件，由单项工程中的各单位工程概算汇总编制而成，是建设项目总概算的组成部分。单项工程综合概算分为单位建筑工程概算和单位设备及安装工程概算。单项工程综合概算的组成内容，如图5-3所示。

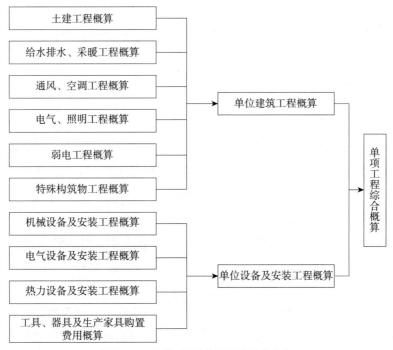

图5-3　单项工程综合概算的组成内容

（3）建设项目总概算

建设项目总概算是以初步设计文件为依据，在单项工程综合概算的基础上计算建设项目概算总投资的成果文件，是由各单项工程综合概算、工程建设其他费用概算、预备费概算、建设期利息概算和铺底流动资金概算汇总编制而成的，如图5-4所示。

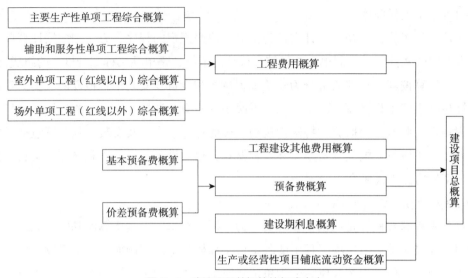

图 5-4　建设项目总概算的组成内容

若干个单位工程概算组成一个单项工程概算，若干个单项工程概算和工程建设其他费用、预备费、建设期利息、铺底流动资金等概算文件组成一个建设项目总概算。单项工程概算和建设项目总概算仅是一种归纳、汇总性文件，因此，最基本的计算文件是单位工程概算书。建设项目若为一个独立单项工程，则建设项目总概算书与单项工程综合概算书可合并编制。

5.3.2　设计概算的编制

建设项目设计概述最基本的计算文件是单位工程概算书，因此，首先编制单位工程的设计概算，然后形成单项工程综合概算及建设项目总概算。下面将分别介绍单位工程概算、单项工程综合概算和建设项目总概算的编制方法。

1. 单位工程概算的编制方法

单位工程概算应根据单项工程中所属的每个单体按专业分别编制，一般按土建、装饰、采暖通风、给水排水、照明、工艺安装、自控仪表、通信、道路、总图竖向等专业或工程分别编制。总体而言，单位工程概算包括单位建筑工程概算和单位设备及安装工程概算两类。其中，单位建筑工程概算的编制方法有概算定额法、概算指标法、类似工程预算法等；单位设备及安装工程概算的编制方法有预算单价法、扩大单价法、设备价值百分比法、综合吨位指标法等。

（1）概算定额法

概算定额法又称扩大单价法或扩大结构定额法，是采用概算定额编制建筑工程概算的一种方法。概算定额法适用于初步设计达到一定深度、建筑结构比较明确，能按照设计的平面、立面、剖面图计算出楼地面、墙身、门窗和屋面等扩大分项工程（或扩大结构构件）项目的工程量的情况。这种方法编制出的概算精度较高，但是由于我国初步设计文件编制深度规范没有要求达到这个深度，因此初步设计概算采用概算定额法编制是比较困难的。这种方法对于施工图概算特别适用。

（2）概算指标法

概算指标法是采用直接工程费指标，用拟建厂房、住宅的建筑面积（或体积）乘以技术条件相同或基本相同工程的概算指标，得出直接工程费，然后按规定计算出措施费、间接费、利润和税金等，编制出单位工程概算的方法。

概算指标法的适用情况：

1）在方案设计中，由于设计无详图而只有概念性设计时，或初步设计深度不够、不能准确地计算出工程量但工程设计采用的技术比较成熟时，可以选定与该工程相似类型的概算指标编制概算。

2）设计方案急需造价概算而又有类似工程概算指标可以利用的情况。

3）图样设计间隔很久再来实施，概算造价不适用于当前情况而又急需确定造价的情形下，可按当前概算指标来修正原有概算造价。

4）通用设计图设计可组织编制通用设计图设计概算指标来确定造价。

采用概算指标法进行计算有以下两种情况。

1）拟建工程结构特征与概算指标相同时的计算

在使用概算指标法时，如果拟建工程在建设地点、结构特征、地质及自然条件、建筑面积等方面与概算指标相同或相近，就可直接套用概算指标编制概算。在直接套用概算指标时，拟建工程应符合以下条件：

①拟建工程的建设地点与概算指标中的工程建设地点相同；

②拟建工程的工程特征和结构特征与概算指标中的工程特征、结构特征基本相同；

③拟建工程的建筑面积与概算指标中工程的建筑面积相差不大。

根据选用的概算指标内容，以指标中规定的工程每平方米、立方米的工料单价、管理费、利润、规费、税金的费（税）率确定该子目的全费用综合单价，再乘以拟建单位工程建筑面积或体积，即可求出单位工程的概算造价。

$$单位工程概算造价 = 概算指标每平方米（立方米）的综合单价 \times$$
$$拟建工程建筑面积（体积） \tag{5-4}$$

2）拟建工程结构特征与概算指标有局部差异时的调整

①调整概算指标中每平方米（立方米）的综合单价。这种调整方法是将原概算指标中的综合单价进行调整，扣除每平方米（立方米）原概算指标中与拟建工程结构不同部分的造价，增加每平方米（立方米）拟建工程与概算指标结构不同部分的造价，使其成为与拟建工程结构相同的综合单价。其计算公式如下：

$$结构变化修正概算指标（元 / m^2）= J + Q_1 P_1 - Q_2 P_2 \tag{5-5}$$

式中　　J——原概算指标综合单价；

Q_1——换入结构的工程量；

Q_2——换出结构的工程量；

P_1——换入结构的综合单价；

P_2——换出结构的综合单价。

若概算指标中的单价为工料单价，则应根据管理费、利润、规费、税金的费（税）率确定该子目的全费用综合单价，再计算拟建工程造价，计算公式为：

$$单位工程概算造价 = 修正后的概算指标综合单价 \times$$
$$拟建工程建筑面积（体积） \tag{5-6}$$

②调整概算指标中的人、材、机数量。

$$结构变化修正概算指标的人、材、机数量 = 原概算指标的人、材、机数量 +$$
$$换入结构工程量 \times 相应定额人、材、机消耗量 - 换出结构工程量 \times$$
$$相应定额人、材、机消耗量 \tag{5-7}$$

（3）类似工程预算法

类似工程预算法是利用技术条件与设计对象相类似的已完工程或在建工程的工程造价资料来编制拟建工程设计概算的方法。

类似工程预算法的适用范围是：拟建工程初步设计与已完工程或在建工程的设计相类似而又没有概算指标可以采用。类似工程预算法的编制步骤如下：

1）根据设计对象的各种特征参数选择最合适的类似工程预算；

2）根据本地区现行各种价格和费用标准计算类似工程预算的人工费、材料费、施工机具使用费和企业管理费修正系数；

3）根据类似工程预算修正系数和以上四项费用占预算成本比例计算预算成本总修正系数，并计算出修正后的类似工程平方米预算成本；

4）根据类似工程修正后的平方米预算成本和编制概算地区的税率计算修正后类似平方米造价；

5）根据拟建工程的建筑面积和修正后的类似工程平方米造价计算拟建工程概算造价；

6）编制概算编写说明。

类似工程预算法也必须对建筑结构差异和价差进行调整。建筑结构差异的调整方法与概算指标法的调整方法相同，类似工程造价的价差调整有两种方法：

1）当类似工程造价资料有具体人工、材料、机械台班的用量时，可按类似工程预算造价资料中的主要材料用量、工日数量、机械台班用量乘以拟建工程所在地的主要材料预算价格、人工单价、机械台班单价计算出直接工程费，再乘以当地的综合费率，即可得出所需的造价指标。

2）当类似工程造价资料只有人工、材料、机械台班的费用和措施费、间接费时，可按以下公式进行调整：

$$D=A \cdot K \tag{5-8}$$

$$K=a\%K_1+b\%K_2+c\%K_3+d\%K_4+e\%K_5 \tag{5-9}$$

式中 D——拟建工程单方概算造价；

      A——类似工程单方预算造价；

      K——综合调整系数；

$a\%$、$b\%$、$c\%$、$d\%$、$e\%$——类似工程预算的人工费、材料费、机械台班费、措施费、间接费占预算造价的比例，如：$a\%$= 类似工程人工费（或工资标准）/ 类似工程预算造价 $\times 100\%$，$b\%$、$c\%$、$d\%$、$e\%$ 类同；

K_1、K_2、K_3、K_4、K_5——拟建工程地区与类似工程预算造价在人工费、材料费、机械台班费、措施费和间接费之间的差异系数，如：K_1= 拟建工程概算的人工费（或工资标准）/ 类似工程预算人工费（或地区工资标准），K_2、K_3、K_4、K_5 类同。

【例 5-4】某拟建教学楼，建筑面积为 6000m²，试用类似工程预算法编制概算。已知类似工程施工图预算的有关数据为：类似工程的建筑面积为 3200m²，预算成本为 1638000 元。类似工程各种费用占预算造价的比例为：人工费 12%，材料费 55%，机械费 8%，措施费 9%，间接费 10%，其他费 6%。差异系数分别为：K_1=1.03，K_2=1.04，K_3=0.98，K_4=1.02，K_5=0.97，K_6=1.00。

【解】

（1）综合调整系数为：

K=12%×1.03+55%×1.04+8%×0.98+9%×1.02+10%×0.97+6%×1.00=1.0228

（2）类似工程单方造价为：1638000/3200=511.88 元 /m²

（3）拟建教学楼的概算造价为：511.88×1.0228×6000=3141305.18 元

（4）预算单价法

当初步设计较深、有详细的设备清单时，可直接按安装工程预算定额单价编制安装工程概算，概算编制程序基本同于安装工程施工图预算。该方法具有计算比较具体、精确性较高的优点。其具体操作与建筑工程概算相类似。

（5）扩大单价法

当初步设计深度不够、设备清单不完备、只有主体设备或仅有成套设备重量时，可采用主体设备、成套设备的综合扩大安装单价来编制概算。其具体操作与建筑工程概算相类似。

（6）设备价值百分比法

设备价值百分比法又称安装设备百分比法。当初步设计深度不够、只有设备出厂价而无详细规格、重量时，安装费可按占设备费的百分比计算。其百分比值（即安装费率）由相关管理部门确定或由设计单位根据已完类似工程确定。该法常用于价格波动不大的定型产品和通用设备产品。其数学表达式为：

$$设备安装费 = 设备原价 \times 安装费率（\%） \qquad （5-10）$$

（7）综合吨位指标法

当初步设计提供的设备清单有规格和设备重量时，可采用综合吨位指标编制概算，其综合吨位指标由相关主管部门或由设计单位根据已完类似工程资料确定。该法常用于设备价格波动较大的非标准设备和引进设备的安装工程概算。其数学表达式为：

$$设备安装费 = 设备吨重 \times 每吨设备安装费指标（元/吨） \qquad （5-11）$$

2. 单项工程综合概算的编制方法

单项工程综合概算是确定单项工程建设费用的综合性文件，它是由该单项工程各专业单位工程概算汇总而成的，是建设项目总概算的组成部分。

单项工程综合概算采用综合概算表（含其所附的单位工程概算表和建筑材料表）进行编制。对于单一、具有独立性的单项工程建设项目，按照两级概算编制形式直接编制总概算。

综合概算表是根据单项工程所辖范围内各单位工程概算等基础资料，按照国家或部委所规定的统一表格进行编制的。对工业建筑而言，其概算包括建筑工程和设备及安装工程；对民用建筑而言，其概算包括土建、给水排水、采暖、通风、机电电气照明工程等。

综合概算一般应包括建筑工程费用、安装工程费用、设备及工器具购置费。单项工程综合概算表，如表5-9所示。

单项工程综合概算表　　　　　　　　　　　　　　　　表5-9

综合概算编号：　　　　工程名称（单项工程）：　　　　单位：万元　　　　共　页　第　页

序号	概算编号	工程项目或费用名称	设计规模或主要工程量	建筑工程费	设备购置费	安装工程费	合计	其中：引进部分		主要技术经济指标		
								美元	折合人民币	单位	数量	单位价值
一		主要工程										
1	×	×××××										
2	×	×××××										
二		辅助工程										
1	×	×××××										
2	×	×××××										
三		配套工程										
1	×	×××××										
2	×	×××××										
		单项工程概算费用合计										

编制人：　　　　　　　　　　审核人：　　　　　　　　　　审定人：

3. 建设项目总概算的编制方法

建设项目总概算是确定整个建设项目从立项到竣工交付使用所预计花费的全部费用的文件。它是由各单项工程综合概算、工程建设其他费用、建设期利息、预备费和经营性项目铺底流动资金概算所组成，按照主管部门规定的统一表格进行编制而成的。

建设项目总概算文件一般包括编制说明、总概算表、各单项工程综合概算书、工程建设其他费用概算表和主要建筑安装材料汇总表。

（1）封面、签署页及目录。

（2）编制说明。编制说明包括工程概况、编制依据、编制方法、主要设备及材料数量、主要技术经济指标、工程费用计算表、引进设备材料有关费率取定及依据、引进设备材料从属费用计算表和其他必要说明。

（3）总概算表。总概算表的格式及内容，如表5-10所示。

（4）工程建设其他费用概算表。工程建设其他费用概算按国家、地区或部委所规定的项目和标准确定，并按统一格式编制，如表5-11所示。

总概算表

表 5-10

综合概算编号：　　　　工程名称：　　　　单位：万元　　　　共　　页　第　　页

序号	概算编号	工程项目或费用名称	建筑工程费	设备购置费	安装工程费	其他费用	合计	其中：引进部分		占总投资比例（%）
								美元	折合人民币	
一		工程费用								
1		主要工程								
2		辅助工程								
3		配套工程								
二		工程建设其他费用								
1										
2										
三		预备费								
四		建设期利息								
			…	…	…	…	…			
五		铺底流动资金								
		建设项目概算总投资								

编制人：　　　　　　　　审核人：　　　　　　　　审定人：

工程建设其他费用概算表

表 5-11

工程名称：　　　　　　　　　　　　　　　　　单位：万元　　　　　　　共　页　第　页

序号	费用项目编号	费用项目名称	费用计算基数	费率	金额	计算公式	备注
1	·						
2							
	合计						

编制人：　　　　　　　　　　审核人：　　　　　　　　　　审定人：

（5）单项工程综合概算表（如表5-9所示）和设备及安装工程设计概算表（如表5-12所示）。

（6）主要建筑安装材料汇总表。针对每一个单项工程列出钢筋、型钢、水泥、木材等主要建筑安装材料的消耗量。

设备及安装工程设计概算表

表 5-12

单位工程概算编号：　　　　　　　　　　单项工程名称：　　　　　　共　页　第　页

序号	项目编号	工程项目或费用名称	项目特征	单位	数量	综合单价（元）		合价（元）	
						设备购置费	安装工程费	设备购置费	安装工程费
一		分部分项工程							
（一）		机械设备安装工程							
1	×	×××××							
（二）		电气工程							
（三）		给水排水工程							
（四）		××工程							
		分部分项工程费用合计							
二		可计量措施项目							
（一）		××工程							
1	×	×××××							
（二）		××工程							
1	×	××××							
		可计量措施项目费小计							
三		综合取定的措施项目费							
1		安全文明施工费							

续表

序号	项目编号	工程项目或费用名称	项目特征	单位	数量	综合单价（元）		合价（元）	
						设备购置费	安装工程费	设备购置费	安装工程费
2		夜间施工增加费							
3		二次搬运费							
4		冬雨季施工增加费							
	×	××××							
		综合取定措施项目费小计							
		合计							

编制人：　　　　　　　　　　　审核人：　　　　　　　　　　　　审定人：

5.3.3　设计概算的审查

设计概算审查是确定建设工程造价的一个重要环节。通过审查能使概算更加完整、准确，促进工程设计的技术先进性和经济合理性。

1. 设计概算审查内容

设计概算审查的内容主要包括设计概算编制依据、设计概算编制深度及设计概算主要内容三个方面。

（1）设计概算编制依据审查

1）审查编制依据的合法性。设计概算采用的编制依据必须经过国家和授权机关的批准，符合概算编制的有关规定。同时，不得擅自提高概算定额、指标或费用标准。

2）审查编制依据的时效性。设计概算文件所使用的各类依据，如定额、指标、价格、取费标准等，都应根据国家有关部门的规定进行。

3）审查编制依据的适用范围。各主管部门规定的各类专业定额及其取费标准仅适用于该部门的专业工程；各地区规定的各种定额及其取费标准只适用于该地区范围内，特别是地区的材料预算价格应按工程所在地区的具体规定执行。

（2）设计概算编制深度审查

1）审查编制说明。审查设计概算的编制方法、深度和编制依据等重大原则性问题。

2）审查设计概算编制的完整性。对于一般大中型项目的设计概算，审查是否具有完整的编制说明和三级设计概算文件（建设项目总概算、单项工程综合概算、单位工程概算），是否达到规定的深度。

3）审查设计概算的编制范围。其主要包括：设计概算的编制范围和内容是否与批准的工程项目范围相一致；各项费用应列的项目是否符合法律法规及工程建设标准；是否存在多列或遗漏的取费项目等。

（3）设计概算主要内容审查

1）概算编制是否符合法律、法规及相关规定。

2）概算所编制工程项目的建设规模和建设标准、配套工程等是否符合批准的可行性研究报告或立项批文。对于总概算投资超过批准投资估算 10% 以上的，应进行技术经济论证，需重新上报进行审批。

3）概算所采用的编制方法、计价依据和程序是否符合相关规定。

4）概算工程量是否准确，应将工程量较大、造价较高、对整体造价影响较大的项目作为审查重点。

5）概算中的主要材料用量的正确性和材料价格是否符合工程所在地的价格水平，材料价差调整是否符合相关规定等。

6）概算中的设备规格、数量、配置是否符合设计要求，设备原价和运杂费是否正确；非标准设备原价的计价方法是否符合规定；进口设备的各项费用组成及其计算程序、方法是否符合规定。

7）概算中各项费用的计取程序和取费标准是否符合国家或地方有关部门的规定。

8）总概算文件的组成内容是否完整地包括了工程项目从筹建至竣工投产的全部费用组成。

9）综合概算、总概算的编制内容、方法是否符合国家相关规定和设计文件的要求。

10）概算中工程建设其他费用中的费率和计取标准是否符合国家、行业有关规定。

11）概算项目是否符合国家对于环境治理的要求和相关规定。

12）概算中技术经济指标的计算方法和程序是否正确。

2. 设计概算审查方法

采用适当方法对设计概算进行审查是确保审查质量、提高审查效率的关键。常用的审查方法有以下五种：

（1）对比分析法。其是指通过对比分析建设规模、建设标准、概算编制内容和编制方法、人材机单价等，发现设计概算存在的主要问题和偏差。

（2）主要问题复核法。其是指对审查中发现的主要问题以及有较大偏差的设计进行复核，对重要、关键设备和生产装置或投资较大的项目进行复查。

（3）查询核实法。其是指对一些关键设备和设施、重要装置以及图纸不全、难以核算的较大投资进行多方查询核对，逐项落实。

（4）分类整理法。其是指对审查中发现的问题和偏差，对照单项工程、单位工程的顺序目录分类整理，汇总核增或核减的项目及金额，最后汇总审核后的总投资及增减投资额。

（5）联合会审法。其是指在设计单位自审、承包单位初审、咨询单位评审、邀请专家预审、审批部门复审等层层把关后，由有关单位和专家共同审核。

5.4 项目概算调整程序

5.4.1 概算调整的概念

工程建设项目概算是设计单位在初步设计阶段按照设计方案和建筑结构图纸编制的工程概算文件，工程建设项目概算由建设投资、建设期利息和铺底流动资金组成。其中建设投资由建筑工程费、设备购置费、安装费、工程建设其他费用和预备费构成。工程建设项目初步设计概算经上级主管部门批准后，就形成该投资项目投资的上限。但由于国家财税政策调整、建设规模变化、设计单位设计变更、物价水平变化等因素引起的工程超概算情况时有发生，为保证工程顺利完成，建设单位在按一定程序报主管部门批准后，可以对工程概算进行调整。

5.4.2 概算调整程序

概算调整需按照一定的程序进行申报。政府（国有）投资项目一般按照如下程序进行概算调整：

（1）项目实际投资超过原批准概算一定比例（通常为 0~10%）后，需根据项目资金来源所在地（国务院或省、市、县）的规定启动概算调整程序。

（2）建设单位自行或委托设计单位、咨询公司对原概算进行调整的，应编制调整概算报告。

（3）调整概算报告报请原概算审批机关（一般为国务院发展改革委员会或地方发改部门）进行审批。

（4）对于超概超限或重大项目，审计部门可事中介入，或经上一级相关部门组织专家审议后审批。

（5）审批机关向建设单位下达批复意见，进行概算调整。

5.4.3 概算调整报告的编制

概算调整工程量大、难度大，它不同于编制初步设计概算。初步设计概算是根据设计工程量，套用规定的概算指标和定额，作为费用取费标准。而概算调整情况复杂，其中有合理部分也有不合理部分，必须熟悉设计、施工，熟悉政策制度，鉴别出真伪，从千头万绪中得出正确结论。概算调整报告编制时需重点做好如下几项工作。

1. 加强概算调整工作的领导

概算调整人员应有较高的政策水平和较强的业务能力，全面贯彻执行国家有关政策、法规、法令以及上级主管部门的文件精神，根据已经变化的客观情况实事求是地分析投资增减原因，杜绝借概算调整扩大建设规模或提高建设标准。上级主管部门应组织有关单位成立领导机构，主持确定详细的概算调整工作原则，并负责协调具体工作。

2. 全面掌握调整基础资料

概算调整人员应深入施工现场调查下列有关资料：

（1）原初步设计及批准文件、重大设计变更的审批文件以及施工图设计文件。

（2）地方有关定额、取费标准等政策性文件。地方有关水、电，通信、道路、征地等文件或协议。

（3）施工单位性质、级别，施工距离等。

（4）分年度完成建安投资情况。

（5）施工图设计变更单和经审查后的施工合同及施工图预算、结算。

（6）材料采购价格单据、设备订货合同和到货清单。

（7）其他基本建设费用情况。

（8）投资部门、贷款银行出据的资金承诺函。

此项工作主要是系统地熟悉、掌握建设项目从立项开始的有关任务书、批文、技术方案、会议纪要、初步设计全套设计文件图纸及概算审批文件，并了解施工图设计和工程建设施工过程中的有关变化和上级要求。

在全面了解、掌握第一手资料的前提下，严格按照国家有关文件精神正确合理地编制概算调整。

3. 收集资料并进行整理核对

概算调整人员将收集到的资料整理核对，一般用表格形式进行分类填表：

（1）列出已完工程和未完工程的工程量表，其中包括形象进度和工程结算情况。

（2）列出设计漏项和设计变更大的部分的统计表，并作简要说明。

（3）列出设备变化及调整对比表，对数量金额变化较大的应逐项说明。

（4）列出主要材料用量及价差对比表，并对超出部分加以说明。

（5）列出其他基建费用对比表，并说明变化原因。

（6）列出利息计算表，按资金到位情况，无论何种资金均应列表统一反映。

将初步设计概算的投资、项目取费、设备、材料价格及工程量与施工图预算进行对比，找出概预算书之间的量差、价差及有关费用取费标准，对项目增减进行对比，如设计标准、总图、建筑面积等，通过全面对比了解，掌握初步设计与施工图预算之间的区别，做到心中有数。

根据概预算对比发现问题，到现场对建设单位和总分包各施工单位进行调查研究。调整建设单位管理费开支情况，检查其是否有与工程费混用的情况；查财务账目，调查设备订货合同及单据；加工装置设备订购占工程价值比例较大的，应列为重点、详细调查，掌握第一手真实资料；输气管线部分的钢管价格及线路、土石方及挖方量一般为重点调查项目；材料价差也是重点调查内容；其他如运输距离等需全面了解并调查；同时调查建设单位、施工单位在管理中有无浪费及是否有地方性收费文件等。这些工作必须亲自查找收集，不能单靠建设单位或施工单位提供资料。

4.提出调概要求

当完成工程量达到 60% 以上时，业主单位可向初设审查部门提出调概要求，并申述调概理由。经同意后，再进行概算调整编制工作。

5.编制概算调整书

编制概算调整书应按以下步骤进行：

（1）概算调整编制应由业主委托原初步设计概算编制单位进行。调概编制单位应向初设审查部门上报编制大纲，经同意后，再编制概算调整。

（2）首先确定起调点、起调基数、调驻点、价格上涨指数等，然后将起调点调至调驻点，再按国家有关文件精神取价格上涨指数，确保工程竣工资金的实际需要。

（3）概算调整范围、内容要与初步设计一致，防止在建设期擅自增加项目及工程量。

（4）列出单项工程原批概算与概算调整对比表，按三类工程即建筑、设备及安装和其他费用等项作量差对比，对量差大的要注明。编制时应从单位工程做起，在原始资料基本查明的基础上逐项进行，并应注意抓住重点。对投资比例大的设备费，建安工程的工程量变化都应重点分析。

（5）进行汇总。列出原批复总概算与调整总概算对比表，并在其基础上进行汇总。

（6）列出其他费用对比表，内容应包括原批复概算与概算调整的编制依据、计算式、说明等。

6.编制概算调整说明

概算调整说明书应写得详细、具体，一般按以下步骤进行：

（1）对项目概况进行介绍，主要说明建设规模、工程内容、建设期、工程进度等情况。

（2）主要说明原编初步设计概算及投资构成情况，其中包括：原批初步设计概算时间，采用的定额、指标、设备及材料价格依据，综合费率的计取，批准的初步设计概算总投资及构成情况。

（3）写明概算调整的编制依据和原则，内容包括起调点和起调基数、调整的原则和依据、设备和材料价格及运杂费的计取，还应包括新增的原设计漏项、设计变更内容和其他费用的计取依据。

（4）最后应重点说明投资超支原因，列出超概算原因分析表。其主要说明国家政策性调整，如定额、取费标准调整，设备、材料价格调整，新增其他基本建设费用调整，设计规范调整等；其他原因，如计算误差、自然灾害、相应增加的费用等。

7.计算建设项目总投资

建设项目总投资包括固定资产投资（含投资方向调节税）、建设期贷款利息和流动资金三部分。

随着概算三类工程费用、其他基建工程费用及预备费（基本预备费和价差预备费）的调整，需要重新计算建设期贷款利息、估算流动资金，最后得出该项目的建设总投资。

5.5　BIM 在设计阶段造价管理中的应用

5.5.1　BIM 在设计阶段的应用

基于二维平面的工程设计是当前应用广泛的设计方法，随着 BIM 技术在设计阶段的不断发展和应用，不仅大大提升了设计的质量与效率，甚至革新了传统的设计思路和设计方法。BIM 技术不再只停留在翻模的阶段，以对传统设计锦上添花，现已开始尝试基于 BIM 技术的正向设计。在设计阶段应用 BIM 技术将突破传统设计的局限性，实现设计的可视化、协同化及信息化。

1. 提供三维状态下可视化的设计方法

BIM 技术下的建模设计过程是以三维状态为基础，不同于基于二维状态下的设计。在 BIM 技术下绘制的构件本身具有各自的属性，每一个构件在空间中都通过 X、Y、Z 坐标轴来表示。在设计过程中，设计师构想能够通过电脑屏幕上虚拟出来的三维立体图形达到三维可视化下的设计效果。同时，构建的模型具有各自的属性，如柱子，点击属性可知柱子的位置、尺寸、高度、混凝土强度等，这些属性通过软件将数据保存为信息模型，也可以由其他专业软件导入数据，提供协同设计的基础。

（1）方便建筑概念设计和方案设计

在三维可视化条件下进行设计，三维状态的建筑能够借助电脑呈现，并且能够从各个角度观察，模拟在阳光、灯光照射下建筑各个部位的光线视觉效果，为建筑概念设计和方案设计提供了方便；同时，在设计过程中，通过模拟人员在建筑物内的活动，可以直观地再现人在真正建筑物中的视觉感受，使建筑师和业主的交流变得更加直观和容易。

（2）为空间建筑设计提供有力工具

在三维可视化条件下进行设计，建筑物各个构件的空间位置都能够准确定位和再现，为各个专业的协同设计提供了共享平台。因此通过 BIM 数据的共享，设备、电气工程师等能够在建筑空间内合理布置设备和管线位置，并通过专门的碰撞检查消除各种构件相互间的矛盾。通过软件的虚拟功能，设计人员可以在虚拟建筑物内各位置进行细部尺寸观察，方便进行图纸检查和修改，从而提高图纸的设计质量。

（3）对建筑进行能耗分析、日照分析

利用建筑节能设计软件获取建筑方位、建筑构配件尺寸、所用的材料、各个功能分区等建筑信息，从而对日照、风环境、景观可视度、热工性能、噪声环境等进行仿真计算，让建筑满足规范要求和相应的能耗指标要求，这些都可以从 BIM 模型包含的信息中获得。

2. 提供各个专业设计的协同共享平台

在 BIM 技术下，各个专业通过相关的三维设计软件协同工作，能够最大限度地提高设计效率，并且建立各个专业间互享的数据平台，实现各个专业的有机合作，提高图纸设计质量。基于目前设计行业现状，BIM 技术在设计中的应用大部分还停留在三维翻模阶段，正向设计实施的相对较少。随着信息化技术在建筑行业的发展和应用，基于BIM技术的正向设计将成为设计的主流。

（1）三维翻模及碰撞检查

通过BIM建模软件将建筑、结构、给水排水、电气、暖通等专业二维图纸转化为三维模型，运用BIM碰撞软件检查各专业模型之间的冲突，主要为结构与门窗、基础承台与底板留洞、集水井与车位、机电各专业的管线之间、管线与建筑结构之间等的冲突。由建模人员对每个碰撞检查的结果进行分析，按照"建模问题""施工时可避免""简单调整""多专业综合调整"等对碰撞结果进行分类，移除无效碰撞后生成碰撞检查报告。碰撞检查报告提交至各专业设计人员处，并根据分类进行协同修改，同时调整BIM模型。

（2）正向设计

通过BIM系列软件进行正向设计，首先建筑工程师在完成建筑选型、建筑平面、立面图形布置后，即可将数据保存为BIM信息；然后导入结构工程师、设备水电工程师专业数据，由结构工程师进行承重构件的设计和结构计算，设备及水电专业工程师同时进行各自专业的设计；在建筑和结构专业都设计完成后，将包含建筑和结构专业数据的BIM信息导入水电、暖通、电梯、智能专业进行优化，同时水电、暖通、设备等专业的BIM信息也可以导入建筑、结构专业，达到各个专业间数据的共享和互通，真正实现在共享平台下的协同设计。利用BIM技术可以实现设计过程中各个专业的有效协调，避免各个专业间的构件矛盾。

3. 提供各参与方的数据信息共享平台

在BIM条件下，设计软件可导出BIM数据，造价单位用BIM条件下的三维算量软件平台，按照不同专业导入需要的BIM数据，迅速实现建筑模型在算量软件中的建立，及时准确地计算出工程量，并测算出项目成本。设计方案修改后，重新导入BIM数据可直接得出修改后的测算成本。

5.5.2 BIM在设计阶段造价管理的应用

快速、准确地工程量计算是提高造价数据准确性和造价控制能力的重要途径，也是提高造价工作效率的重要环节。工程量计算从最早费时费力的人工计算逐渐发展为运用工程造价软件建立模型进行计算和分析，大大提高了工程造价计算的速度。随着信息化技术的发展，特别是BIM技术在设计阶段的应用，工程量计算可以直接通过BIM模型提取工程量信息进行汇总计算，进一步提高了工程造价计算的准确性和效率。同时，BIM技术的应用实现了工程之间数据和信息的相互共享，设计人员可以在满足项目功能和工程技术的同时，兼顾工程项目的成本，一方面便于对设计方案进行分析，使工程设计更加合理，从根本上提高整个工程的价值；另一方面可提高设计效率，减少因不合理设计引起的设计变更，降低工程的造价成本，创造出更多的经济利润。

1. 基于 BIM 的设计概算

现下流行的运用 BIM 模型进行工程计量的方式有两种，第一种方法是将 BIM 模型通过直接或间接的方式转化为造价模型，本质上还是运用造价软件进行工程量计算，但造价软件的数据格式与 BIM 实施的主流软件存在数据交互的障碍，需要通过插件与 BIM 主流建模软件的模型对接，再将模型导入造价软件中。导入模型后还会存在构件及数据信息丢失、模型调整、构件映射匹配、规则设置以及扣减设置等诸多问题，常见的国内造价软件广联达、鲁班均是运用这种方法。第二种方法是直接运用 BIM 模型中强大的明细表功能从模型中直接提取工程量，并对其精确性进行分析。但这种方法需要对模型中的相关参数、计算规则、计算公式等进行设置，通过明细表统计出相关工程量。这些工程量均为实物量，并不是定额量（不包括损耗、措施等），施工措施工程量如模板、脚手架等除非模型中进行了以上构件的创建，否则这部分工程量无法生成统计。

目前，国内一些软件已经开发出基于 Revit 平台的计量计价软件，比如品茗、晨曦等，它们实现了模型格式统一、数据打通共享的目标。但软件还处在开发初期的测试、比较阶段，需要通过项目验证和更新软件的可实施性。

设计阶段的设计概算对工程量的精度要求不如施工图预算那么高，运用 BIM 模型直接提取的工程量会因为扣减规则的不同与传统造价软件相比存在差异。经对比分析发现，两种方法计算的工程量差异并不是很大，其算量精度在可接受范围内，因此运用 BIM 模型直接提取工程量的方法进行设计概算是可行的。其主要体现在以下几个方面：

（1）通过 BIM 模型直接快速提取工程量能够大大缩短工程量计算时间、快速确定设计概算，并提高设计概算的编制效率。当构件参数、位置随着设计深入或变更而发生变化时，BIM 模型可以自动更新并统计变动的工程量，不需要再对另建的模型进行修改，使设计与概算始终保持一致。

（2）在设计阶段，由于设计概算工作时间的缩短，原来不愿意投入大量时间编制设计概算的状况将会得到改善，及时准确地编制设计概算是设计阶段进行工程造价控制的前提。首先，快速的工程量计算能够及时地将设计方案的成本反馈给设计师，便于在设计前期阶段对成本进行控制，也有利于限额设计的推行。其次，及时准确地编制设计概算有利于设计方案的比选和优化，做到技术与经济的结合，BIM 模型与成本数据的关联，使设计方案的调整对成本的影响更加及时、清晰。

2. 基于 BIM 的设计方案比选和优化

设计方案比选的主要目的是选出最佳的设计方案，为初步设计阶段提供对应的设计方案模型。基于 BIM 的设计方案比选和优化可以兼顾技术和经济两方面，做到技术与经济真正的统一。首先利用 BIM 软件通过三维可视化、漫游等方式直观地将建筑表现、功能分区、周边环境等展示出来，并统计出相应的技术指标。其次，通过节能分析软件对日照、风环境、景观可视度、热工性能、噪声环境等进行仿真计算，分析并统计出各个方案的能耗指标。最后，在各个方案设计概算的基础上，分析、计算出相应的经济指标。与传统的设计方式相比,基于 BIM 的设计方案比选和优化更加直观,技术经济指标更加精准,建筑项目方案的讨论、比较、决策可以更容易地进行,从而实现设计方案比选和优化的直观和高效。

3. 基于 BIM 的限额设计

限额设计是设计阶段工程造价控制的重要手段,根据限额设计的原则,方案设计应该是以前期投资估算为限额,而设计概算则是施工图设计的最高限额。传统的设计方法要做到合理的限额设计并不容易。首先,不同专业、专业间的设计人员工作是相对独立的,需要对限额进行分解,而这项工作很难做到完全合理,协调控制就不得不经常进行。其次,设计图纸中缺少造价信息,设计工作与造价工作无法同步进行,限额设计就变得比较被动。

基于 BIM 的设计方法,设计人员经过初步设计,可以通过 BIM 模型提取相关指标,进行初步比较分析。当满足目标要求后,设计将继续深入进行,此时工程造价人员可以根据这个阶段的模型信息快速得出估算价格,对项目技术经济指标的合理性进行核实,以此类推使每个阶段均满足限额设计的要求,使限额设计变得更加主动,以实现对工程造价的有效控制。

31- 案例

习题

思考题

1. 总平面设计、建筑设计是如何影响工业和民用建设项目的?

2. 建设项目设计阶段造价管理主要包含哪些内容?

3. 限额设计的实施可分为哪几个阶段?

4. 推广标准化为什么能优化设计?

5. 设计概算编制有哪些注意事项?

6. 应用 BIM 技术如何突破传统设计局限?

第6章　建设项目发承包阶段造价管理

6.1　概述

6.1.1　建设项目发承包阶段造价管理目标

在建设项目施工发承包阶段，包含选择和确定承包人、合同类型以及计价方式，编制工程量清单和招标控制价等内容。承包人的选择、合同的类型和计价方式都会对建设项目施工阶段的工作产生重要影响，因为可靠的承包人、恰当的合同类型和计价方式可以减少合同过程中的纠纷，合理规避风险。

发承包阶段中，工程量清单是招标文件的组成部分，是招标投标活动的重要依据。工程量清单一般都由发包人的造价工程师编制，或发包人委托工程造价咨询机构编制。《建设工程工程量清单计价规范》GB 50500—2013 规定，招标工程量清单必须作为招标文件的组成部分，其准确性和完整性应由招标人负责。发包人提供的工程量清单是否准确能直接影响该项目的中标价格，因此发包人应保证工程量清单的编制质量。

招标控制价的编制是建设项目招标投标工作的重要组成部分，是投标人投标报价、招标人合理评标的重要依据之一。招标控制价可以有效控制工程造价，防止恶性哄抬报价带来的财务风险；可以提高透明度，避免暗箱操作、寻租等违法活动的产生；可使各投标人自主报价、公平竞争，符合市场规律。

6.1.2　建设项目发承包阶段造价管理任务

在发承包阶段，发包人的管理目标是选择合适的承包人、合同类型以及计价方式，编制准确的工程量清单以及合理的招标控制价。发承包阶段涉及的主要工程造价管理任务有以下几方面。

（1）发包人选择合理的招标方式

《中华人民共和国招标投标法》中规定的招标方式有公开招标和邀请招标。公开招标方式是能够体现公开、公正、公平原则的最佳招标方式；邀请招标一般只适用于国家投资的特殊项目和非国有资金项目。选择合适的招标方式是合理确定工程合同价款的基础。

（2）发包人选择合理的承包模式

常见的承包模式包括总分包模式、平行承包模式、联合体承包模式和合作承包模式，不同的承包模式适用于不同类型的工程建设项目，对工程造价的控制也体现出不同的作用。

总分包模式的总包合同价可以较早确定，业主可以承担较少的风险，对总承包商而言，责任重、风险大，获得高额利润的潜力也比较大。

平行承包模式的总合同价短期不易确定，从而影响工程造价控制的实施。工程招标任务量大，需控制多项合同价格，从而增加了工程造价控制的难度。但对于大型复杂工程，如果分别招标，可参与竞争的投标人增多，业主就能够获得具有竞争性的商业报价。

联合体承包对业主而言，合同结构简单，有利于工程造价的控制；对联合体而言，可以集中各成员单位在资金、技术和管理等方面的优势，增强了抗风险能力。与联合体承包相比，合作承包模式业主的风险较大，合作各方之间信任度不够。

（3）发包人编制招标文件，确定合理的工程计量方法和投标报价方法，确定招标工程招标控制价

建设项目的发包数量、合同类型和招标方式经批准确定以后，因为工程计量、报价方法不同，会产生不同的合同价格。因此，在招标前应选择有利于降低工程造价和便于合同管理的工程计量方法和报价方法。编制招标控制价是建设项目招标前的一项重要工作。在编制过程中，应遵循实事求是的原则，综合考虑发包人和承包人的利益。不合理的招标控制价可能会导致工程招标的失误，达不到降低建设投资、缩短建设工期、保证工程质量的目的。

（4）承包人编制投标文件，合理确定投标报价

潜在投标人在通过资格预审之后，根据获取的招标文件编制投标文件，并对其作出实质性响应。在核实工程量的基础上，潜在投标人依据企业定额进行工程报价，在广泛了解潜在竞争者及工程情况的基础上，综合运用投标技巧以及选用正确的投标策略确定最终工程投标报价。

（5）发包人选择合理的评标方式进行评标

在正式确定中标人之前，选择合理的评标方法有助于科学选择承包人。一般，得分最高的1~2家潜在中标人的投标函，有意或无意的不明和笔误之处需做进一步明确或纠正。尤其是投标人对施工图计量的遗漏、对定额套用的错项、对工料机市场价格不熟悉而引起的失误，以及对其他规避招标文件有关要求的投机取巧行为进行剖析，以确保发包人和潜在中标人等各方的利益都不受损害。

（6）发包人通过评标定标，选择中标单位，签订承包合同

评标委员会依据评标规则对投标人评分并排名，向业主推荐中标候选人，并以确定的中标人的报价作为合同价款。合同的形式应在招标文件中确定,并在投标函中作出响应。

6.1.3　建设项目发承包阶段对工程造价管理的影响

建设项目发承包阶段的主要工作是通过建设项目招标投标工作确定承包人，并签订建设项目施工合同。建设项目发承包阶段的建设项目招标投标制是我国建筑市场走向规范化、完善化的举措之一。推行工程招标投标制对降低工程造价，进而使工程造价得到

合理的控制具有非常重要的意义。

（1）招标投标使建筑产品的市场定价更为合理

推行招标投标制最明显的表现是若干投标人之间出现激烈竞争，这种市场竞争最直接、最集中的表现就是在价格上的竞争。通过竞争确定出工程价格，使其趋于合理，这将有利于节约投资、提高投资效益。

（2）招标投标能够很好地控制工程成本

推行招标投标制能够不断降低社会平均劳动消耗水平，使工程价格得到有效控制。在建筑市场中，不同投标者的个别劳动消耗水平是有差异的。通过推行招标投标制，会使那些个别劳动消耗水平最低或接近最低的投标者获胜，实现了生产力资源的较优配置，对不同投标者实行了优胜劣汰的机制。

（3）招标投标为供求双方的相互选择提供条件

推行招标投标制便于供求双方更好地相互选择，使工程价格更加符合价值基础，进而更好地控制工程造价。由于供求双方各自出发点不同，存在利益矛盾，因而单纯采用"一对一"选择方式成功的可能性较小。采用招标投标方式为供求双方在较大范围内进行相互选择创造了条件，选择那些报价较低、工期较短、具有良好业绩和管理水平的供给者为合理控制工程造价奠定了基础。

（4）招标投标使工程造价的形成更加透明

推行招标投标制有利于规范价格行为，使公开、公平、公正的原则得以贯彻。我国招标投标活动由特定的机构进行管理，能够避免盲目过度的竞争和营私舞弊现象的发生，对建筑领域中的腐败现象也有强有力的遏制作用，使价格形成过程变得透明而规范。

（5）招标投标能够减少交易过程中的费用

推行招标投标制能够减少交易费用，节省人力、物力、财力，降低工程造价。我国目前从招标、投标、开标、评标直至定标，均有相应的法律、法规规定。在招标投标中，若干投标人在同一时间、地点报价竞争，评标专家以群体决策方式确定中标者，这样可以减少交易费用、降低招标人成本，对工程造价必然会产生积极影响。

6.2 建设项目发承包阶段招标投标工作内容

6.2.1 招标策划

1. 招标策划的编制依据

在建设项目发承包阶段，招标策划是对建设项目的招标范围、内容、合同方式和招标活动等作出的预先安排。好的招标策划有利于招标投标活动的顺利进行，可以提高投标竞争性、降低工程造价、保证工程质量和缩短建设工期，招标策划涉及一个建设项目需要招哪些标、怎样招标和何时招标等问题。在进行招标策划时，主要编制依据如下：

（1）《中华人民共和国招标投标法》（以下简称《招标投标法》）；

（2）《工程建设项目勘察设计招标投标办法》；

（3）《工程建设项目货物招标投标办法》；

（4）《工程建设项目施工招标投标办法》；

（5）《工程建设项目招标代理机构资格认定办法实施意见》；

（6）《招标代理服务收费管理暂行办法》（计价格〔2002〕1980号）；

（7）《招标公告发布暂行办法》（国家计委4号令）；

（8）《评标委员会和评标办法暂行规定》（七部委12号令）；

（9）《建设工程设计招标投标管理办法》（建设部令第82号）；

（10）《中华人民共和国招标投标法实施条例》（中华人民共和国国务院令〔2011〕613号）；

（11）《中华人民共和国简明标准施工招标文件》（2012年版）。

2. 招标策划的编制内容

编制招标文件前，应做好充分的准备工作，最重要的工作之一就是工程项目的总体策划，建设项目招标策划重点考虑承发包模式的确定、计价模式的确定和合同类型的选择等。

（1）承发包模式的确定

一个施工项目的全部施工任务可以只发一个合同包招标，即施工总承包模式。在这种模式下，招标人仅与一个中标人签订合同，合同关系简单，业主合同管理工作也比较简单，但有能力参加竞争的投标人较少。若采取平行承发包模式，将全部施工任务分解成若干个单位工程或特殊专业工程分别发包，则需要合理进行工程分标，招标发包数量多，招标评标工作量就大。因此，采用何种承发包模式应从施工内容的专业要求、施工现场条件、对工程总投资的影响、建设资金筹措情况及设计进度等多方面综合考虑。

（2）计价模式的确定

采用工程量清单招标的工程，必须依据《建设工程工程量清单计价规范》GB 50500—2013的"五统一"原则，采用综合单价计价。招标文件提供的工程量清单和工程量清单计价格式必须符合国家规范的规定。

（3）合同类型的选择

按计价方式的不同，合同可分为总价合同、单价合同和成本加酬金合同。招标时应依据工程项目设计图纸和技术资料的完备程度、计价模式、承发包模式等因素确定采用何种合同类型。

3. 编制招标文件应注意的重点问题

（1）重点内容的醒目标示

招标文件必须明确招标工程的性质、范围和有关的技术规格标准，对于规定的实质性要求和条件，应当在招标文件中醒目标示。

1）单独分包的工程

招标工程中需要另行单独分包的工程必须符合政府有关工程分包的规定，且必须明确总包工程需要分包工程配合的具体范围和内容，将相关费用的计算方法列入合同条款。

2）甲方提供材料

涉及甲方提供材料、工作等内容的，必须在招标文件中载明，并将明确的结算规则列入合同主要条款。

3）施工工期

招标项目需要划分标段、确定工期的，招标人应当合理划分标段，确定相应的工期，并在招标文件中详细载明。对工程技术上联系紧密、不可分割的单位工程不得分割标段。

4）合同类型

招标文件应该明确招标工程的合同类型及相关内容，并列入主要合同条款。采用固定价合同的，必须明确合同价的内容、数量、风险范围及超出风险范围的调整方法和标准。工期超过12个月的工程应慎用固定价合同；采用可调价合同的，必须明确合同价的可调因素、调整控制幅度及方法；采用成本加酬金合同的，必须明确酬金计算标准、成本计算方法及价格取定标准等所有涉及合同价的因素。

（2）合同主要条款

合同主要条款不得与招标文件有关条款存在实质性矛盾。如采用固定价合同的工程项目，在合同主要条款中不应出现"按实调整"的字样，而应明确量、价变化时的调整控制幅度和价格确定规则。

（3）招标控制价

招标项目需要编制招标控制价的，有资格的招标人可以自行编制或委托咨询机构编制。

（4）明确工程评标办法

1）招标文件应当明确评标时除价格以外的所有评标因素，以及如何将这些因素量化或者据以进行评价的方法。

2）招标文件应根据工程的具体情况和业主需求设定评标的主体因素（造价、质量和工期），并设定不同的技术标和商务标评分标准。

3）招标文件中规定的评标标准和评标方法应当合理，不得含有倾向或者排斥潜在投标人的内容，不得设定妨碍或者限制投标人之间竞争的条件，也不应在招标文件中设定投标人降价（或优惠）幅度作为评标（或废标）的限制条件。

4）招标文件必须说明废标的认定标准和认定方法。

（5）关于备选标

招标文件应明确是否允许投标人投备选标，并应明确备选标的评审和采纳规则。

（6）明确询标事项

招标文件应明确评标过程中的评标事项，规定投标人对投标函在询标过程中的补正规则及不予补正时的偏差量化标准。

（7）工程量清单的修改

采用工程量清单招标的工程，招标文件必须明确工程量清单编制偏差的核对、修正规则。招标文件还应考虑当工程量清单误差较大，经核对后，招标人与中标人不能达成一致调整意向时的处理措施。

（8）招标文件修改的规定

招标文件必须载明招标投标各环节所需要的合理时间及招标文件修改必须遵循的规则。当对投标人提出的投标疑问需要答复，或者招标文件需要修改，不能符合有关法律法规要求的截标间隔时间规定时，必须修改截标时间，并以书面形式通知每一个投标人。

（9）有关盖章、签字的要求

招标文件应明确投标文件中所有需要签字、盖章的具体要求。

6.2.2 招标投标的范围与方式

1. 招标投标的范围

我国《招标投标法》中规定，强制性招标范围包括项目范围和规模标准。

强制性招标的项目范围分别从项目性质和资金来源两个方面规定，具体包括以下内容：

（1）大型基础设施、公用事业等关系社会公共利益、公众安全的项目。

（2）全部或者部分使用国有资金投资或者国家融资的项目。

（3）使用国际组织或者外国政府贷款、援助资金的项目。

2. 招标的方式

我国《招标投标法》中规定，工程建设项目招标有公开招标和邀请招标两种方式。

（1）公开招标

公开招标又称为竞争性招标，是指招标人以招标公告的方式邀请不特定的法人或者其他组织招标。

公开发布招标信息，可供选择的范围广、竞争激烈，招标过程公开性强、透明度高，招标时间长、费用高。公开招标可为所有的承包人提供一个平等竞争的机会，业主有较大的选择余地，有利于提高工程质量、降低工程造价和缩短工期。但是由于公开招标涉及的范围广，参加投标的承包人可能比较多，因此，会大大增加资格预审和评标的工作量。同时，也可能出现通过故意压低报价而赢得中标机会的承包人，使得报价较高但更为合适的承包人被淘汰。

（2）邀请招标

邀请招标又称为选择性招标或者有限竞争性招标，是指招标人以投标邀请书的方式邀请特定的法人或者其他组织投标。

邀请招标的投标人数量以 5~10 家为宜，但不应少于 3 家，以保证竞争性和最终结果的合理性。邀请招标方式对于被邀请的投标人要求具备的条件是：

1）近期内承担过类似工程项目，工程经验比较丰富；

2）企业的信誉、业务、财务状况良好；

3）对本项目有足够的管理组织能力、技术力量和生产能力保证。

另外，邀请招标方式为体现公平竞争和保证中标结果，对被邀请的各投标方实行资格后审制度。

邀请招标的优点是邀请招标无需发布招标公告和设置资格预审环节，大大节约了招标的时间和费用；由于招标人了解被邀请投标人的业绩和履约能力，因此，降低了合同履行过程中承包人的履约风险。但是由于邀请招标不使用公开的公告形式，而是采用投标邀请书的形式，因此招标信息的公开程度十分有限。接受邀请的单位才是合格的投标人，投标人的数量有限，因此竞争不如公开招标激烈。邀请招标的范围较小、可选择面窄，可能会排除更加优秀、在技术或报价上更具竞争实力的潜在投标人。

对于应当公开招标的工程项目，有下列情形之一的，经批准可进行邀请招标：

1）项目技术复杂或有特殊要求，只有少量几家潜在投标人可供选择的；

2）受自然地域环境限制的；

3）涉及国家安全、国家秘密或者抢险救灾，适宜招标但不宜公开招标的；

4）拟公开招标的费用与项目的价值相比更适合采用邀请招标方式的；

5）法律、法规规定不宜公开招标的。

6.2.3 建设项目施工招标程序

在建设项目各类招标活动中，施工招标是最有代表性的一种。施工招标的特点之一是发包工作内容明确具体，各投标人编制的投标书在评标中易于进行横向对比。以公开招标为例，一般应遵循以下程序：招标活动的准备工作、资格预审公告或招标公告的编制与发布、资格审查、编制和发售招标文件、踏勘现场与召开投标预备会。

1. 招标活动的准备工作

建设项目施工招标前，招标人应当办理有关的审批手续确定招标方式以及划分标段，做好相应的准备工作。

（1）招标项目必须具备的基本条件

按照《工程建设项目施工招标投标办法》的规定，依法必须招标的工程建设项目，应当具备下列条件：

1）招标人已经依法成立；

2）初步设计及概算应当履行审批手续的，已经获批；

3）招标范围、招标方式和招标组织形式等应当履行核准手续的，已经核准；

4）有相应资金或资金来源已经落实；

5）有招标所需的设计图纸及技术资料。

（2）确定招标方式

招标有公开招标和邀请招标两种方式。按照《工程建设项目施工招标投标办法》的规定确定招标方式。

（3）标段的划分

招标人应当合理划分招标项目标段。一般情况下，一个项目应当作为一个整体进行招标。但是，如果大型建设项目作为一个整体进行招标，那么将大大降低投标的竞争性，因为符合招标条件的潜在投标人数量太少。因此，招标人应将招标项目划分成若干标段分别进行招标，但也不能将标段划分得太小，太小的标段将失去对实力雄厚的潜在投标人的吸引力。

一般情况下，招标人在建设项目的施工招标中，通常将一个项目分解为单位工程及特殊专业工程分别招标，但不允许将单位工程肢解为分部分项工程进行招标。标段的划分是招标活动中较为复杂的一项工作，应当综合考虑招标项目的专业要求、招标项目的管理要求、工程投资的影响以及各项工作的衔接。

2. 资格预审公告或招标公告的编制与发布

根据《招标公告发布暂行办法》，招标公告是指采用公开招标方式的招标人（包括招标代理机构）向所有潜在的投标人发出的一种广泛的通告。招标公告的目的是使所有潜在的投标人都具有公平的投标竞争机会。

招标人采用公开招标方式的，应当发布招标公告。根据《中华人民共和国标准施工招标文件》的规定，若在公开招标过程中采用资格预审程序，可用资格预审公告代替招标公告，资格预审后不再单独发布招标公告。

（1）资格预审公告的内容

按照《标准施工招标资格预审文件》的规定，资格预审公告具体包括以下内容：

1）招标条件，明确拟招标项目已符合前述的招标条件；

2）项目概况与招标范围，说明本次招标项目的建设地点、规模、计划工期、招标范围、标段划分等；

3）申请人的资格要求，包括对于申请人资质、业绩、人员、设备、资金等各方面的要求，以及是否接受联合体资格预审申请的要求；

4）资格预审的方法，明确采用合格制或有限数量制；

5）资格预审文件的获取，是指获取资格预审文件的地点、时间和费用；

6）资格预审申请文件的递交，说明递交资格预审申请文件的截止时间；

7）发布公告的媒介；

8）联系方式。

（2）招标公告的内容

若未进行资格预审，可以单独发布招标公告，根据《工程建设项目施工招标投标办法》和《中华人民共和国标准施工招标文件》的规定，招标公告具体包括以下内容：

1）招标条件；

2）项目概况与招标范围；

3）投标人资格要求；

4）招标文件的获取；

5）投标文件的递交；

6）发布公告的媒介；

7）联系方式。

（3）资格预审公告和招标公告发布的要求

为了规范招标公告发布行为，保证潜在投标人平等、便捷、准确地获取招标信息，《招标公告发布暂行办法》对招标公告的发布作出了明确的规定，资格预审公告的发布可参照此规定。

1）对招标公告发布的监督。国家纪委根据国务院授权，按照相对集中、适度竞争、受众分布合理的原则，对依法必须招标项目的招标公告，要求在指定的报纸、信息网络等媒介上发布，并对招标公告发布活动进行监督。

2）对招标人的要求。依法必须公开招标项目的招标公告必须在指定媒介发布。招标公告的发布应当充分公开，任何单位和个人不得非法限制招标公告的发布地点和发布范围。招标人或其委托的招标代理机构在两个以上媒介发布的同一招标项目的招标公告的内容应当相同。

3）拟发布的招标公告文本有下列情形之一的，有关媒介可以要求招标人或其委托的招标代理机构及时予以改正、补充或调整：

①字迹潦草、模糊，无法辨认的；

②载明的事项不符合规定的；

③没有招标人或其委托的招标代理机构主要负责人签名并加盖公章的；

④在两家以上媒介发布的招标公告的内容不一致的。

3. 资格审查

招标人可以根据招标项目本身的特点和需要，要求潜在投标人或者投标人提供满足其资格要求的文件，对潜在投标人或者投标人进行资格审查。资格审查可以分为资格预审和资格后审。

资格预审是指在投标前对潜在投标人进行的资质条件、业绩、信誉、技术、资金等多方面情况的资格审查，而资格后审是指在开标后对投标人进行的资格审查。采取资格预审的，招标人应当在资格预审文件中载明资格预审的条件、标准和方法；采取资格后审的，招标人应当在招标文件中载明对投标人资格要求的条件、标准和方法。招标人不得改变载明的资格条件或者以没有载明的资格条件对潜在投标人或者投标人进行资格审查。除招标文件另有规定外，进行资格预审的，一般不再进行资格后审。资格预审和后审的内容与标准是相同的，此处主要介绍资格预审。

资格预审的目的是排除那些不合格的投标人，进而降低招标人的采购成本，提高招标工作的效率。资格预审按以下程序进行。

（1）发出资格预审文件

发出资格预审公告后，招标人向申请参加资格预审的申请人出售资格预审文件。资格预审文件的内容主要包括：资格预审公告、申请人须知、资格审查办法、资格预审申请文件格式、项目建设概况等，同时还包括关于资格预审文件澄清和修改的说明。

（2）投标人提交资格预审申请文件

1）资格预审申请函；

2）法定代表人身份证明或附有法定代表人身份证明的授权委托书；

3）联合体协议书（如工程接受联合体投标）；

4）申请人基本情况表；

5）近年财务状况表；

6）近年完成的类似项目情况表；

7）正在施工和新承接的项目情况表；

8）近年发生的诉讼及仲裁情况；

9）其他材料。

（3）对投标申请人的审查和评定

招标人组建的资格审查委员会在规定时间内，按照资格预审文件中规定的标准和方法，对提交资格预审申请文件的潜在投标人的资格进行审查。

1）投标申请人应当符合的条件

资格预审的内容包括基本资格审查和专业资格审查两部分。基本资格审查是指对申请人的合法地位和信誉等进行的审查；专业资格审查是指对已经具备基本资格的申请人履行拟定招标采购项目能力的审查。

2）对于投标人的限制性规定

根据《标准施工招标资格预审文件》的规定，投标申请人不得存在下列情形之一：

①为招标人不具有独立法人资格的附属机构（单位）；

②为本标段前期准备提供设计或咨询服务的，但设计施工总承包的除外；

③为本标段的监理人；

④为本标段的代建人；

⑤为本标段提供招标代理服务的；

⑥与本标段的监理人或代建人或招标代理机构同为一个法定代表人的；

⑦与本标段的监理人或代建人或招标代理机构相互控股或参股的；

⑧与本标段的监理人或代建人或招标代理机构相互任职或工作的；

⑨被责令停业的；

⑩被暂停或取消投标资格的；

⑪财产被接管或冻结的；

⑫在最近年内有骗取中标或严重违约或重大工程质量问题的。

3）资格审查办法

资格审查办法主要有合格制审查办法和有限数量制审查办法。

①合格制审查办法

投标申请人凡符合初步审查标准和详细审查标准的，均可通过资格预审。初步审查的要素、标准包括：申请人名称与营业执照、资质证书、安全生产许可证一致；有法定代表人或其委托代理人签字或加盖单位章；申请文件格式填写符合要求；联合体申请人已提交联合体协议书，并明确联合体牵头人（如有）。详细审查的要素、标准包括：具备有效的营业执照；具备有效的安全生产许可证；资质等级、财务状况、类似项目业绩、信誉、项目经理资格、其他要求及联合体申请人等均符合有关规定。无论是初步审查还是详细审查，若有一项因素不符合审查标准，均不能通过资格预审。

②有限数量制审查办法

审查委员会依据规定的审查标准和程序，对通过初步审查和详细审查的资格预审申请文件进行量化打分，按得分由高到低的顺序确定通过资格预审的申请人。通过资格预审的申请人不得超过规定的数量。该方法除保留了合格制审查办法下初步审查、详细审查的要素、标准外，还增加了评分环节，主要评分标准包括财务状况、类似项目业绩、信誉和认证体系等。评分中，通过详细审查的申请人不少于3个且没有超过规定数量的，均通过资格预审。如超过规定数量，审查委员会依据评分标准进行评分，按得分由高到低的顺序确定资格预审合格单位。

上述两种方法中，如通过详细审查申请人的数量不足3个，招标人应重新组织资格预审或不再组织资格预审而直接招标。

（4）发出通知与申请人确认

招标人在规定时间内，以书面形式将资格预审结果通知申请人，并向通过资格预审的申请人发出投标邀请书。通过资格预审的申请人在收到投标邀请书后，应在规定时间内以书面形式明确表示是否参加投标。在规定时间内未表示是否参加投标或明确表示不参加投标的，不得再参加投标，因此造成潜在投标人数量不足3个的，招标人应重新组织资格预审或不再组织资格预审而直接招标。

4.编制和发售招标文件

按照我国《招标投标法》的规定，招标文件应当包括招标项目的技术要求，对投标人资格审查的标准投标报价要求和评标标准等所有实质性要求和条件，以及拟签合同的主要条款。建设项目施工招标文件是由招标人（或其委托的咨询机构）编制、由招标人发布的，既是投标单位编制投标文件的依据，也是招标人与将来中标人签订工程承包合同的基础。招标文件中提出的各项要求对整个招标工作乃至承包发包双方都有约束力。

招标文件是指导整个招标投标工作全过程的纲领性文件。按照《招标投标法》的规定，招标文件应当包括招标项目的技术要求、对投标人资格审查的标准、投标报价要求和评标标准等所有实质性要求和条件，以及拟签合同的主要条款。《中华人民共和国房屋建筑和市政工程标准施工招标文件》（2010版）中规定，招标文件的组成内容包括：招标公告（或投标邀请书）、投标人须知、评标办法、合同条款及格式、招标工程量清单、图纸、技术标准和要求及投标文件格式。

（1）施工招标文件的编制内容

1）招标公告（或投标邀请书）

当未进行资格预审时，招标文件中应包括招标公告；当进行资格预审时，招标文件中应包括投标邀请书，该邀请书可代替资格预审通过通知书，以明确投标人已具备了在某具体项目、某具体标段的投标资格。其他内容包括招标文件的获取、投标文件的递交等。

2）投标人须知

投标人须知主要包括对于项目概况的介绍和招标过程的各种具体要求，在正文中的未尽事宜可以通过在投标人须知前附表进行进一步明确，由招标人根据招标项目的具体特点和实际需要编制和填写，但务必与招标文件的其他章节相衔接，并不得与投标人须知正文的内容相抵触，否则抵触内容无效。

3）评标办法

评标办法可选择经评审的最低投标价法和综合评估法。

4）合同条款及格式

合同条款及格式包括本工程拟采用的通用合同条款、专用合同条款以及各种合同附件的格式。

5）工程量清单（招标控制价）

工程量清单是载明建设工程分部分项工程项目、措施项目、其他项目的名称和相应数量以及规费、税金项目等内容的明细清单，是招标人编制招标控制价和投标人编制投标报价的重要依据。按照规定应编制招标控制价的项目，其招标控制价也应在招标时一并公布。

6）图纸

图纸是指应由招标人提供的用于计算招标控制价和投标报价所必需的各种详细的施工图纸。

7）技术标准和要求

招标文件规定的各项技术标准应符合国家强制性规定。招标文件中规定的各项技术标准均不得要求或标明某一特定的专利、商标、名称、设计、原产地或生产供应者，不得含有倾向或者排斥潜在投标人的其他内容。如果必须引用某一生产供应商的技术标准才能准确或清楚地说明拟招标项目的技术标准时，则应当在参照后面加上"或相当于"的字样。

8）投标文件格式

投标文件格式提供各种投标文件编制所应依据的参考格式。

9）规定的其他材料

规定的其他材料包括投标函及投标函附录、法定代表人身份证明、授权委托书、联合体协议书、投标保证金、已标价工程量清单、施工组织设计、项目管理机构、拟分包项目情况表、资格审查资料及其他材料等。

（2）招标文件的发售、澄清与修改

1）招标文件的发售

招标文件一般发售给通过资格预审、获得投标资格的投标人。投标人在收到招标文件后，应认真核对，核对无误后应以书面形式予以确认。招标文件的价格一般等于编制、印刷这些招标文件的成本，招标活动中的其他费用（如发布招标公告等）不应计入该成本。投标人购买招标文件的费用，不论中标与否都不予退还。其中的图纸，招标人可以酌收押金。开标后将图纸退还的，招标人应当退还押金（不计利息）。

2）招标文件的澄清

投标人应仔细阅读和检查招标文件的全部内容。如发现缺页或附件不全，应及时向招标人提出，以便补齐。如有疑问，应在规定的时间前以书面形式要求招标人对招标文件予以澄清。

3）招标文件的修改

若招标人要对已发出的招标文件进行必要的修改，在投标截止时间 15 天前，招标人可以以书面形式修改招标文件，并通知所有已购买招标文件的投标人。如果修改招标文件的时间距投标截止时间不足 15 天，则应相应推后投标截止时间。投标人收到修改内容后，应在规定的时间内以书面形式通知招标人，确认已收到该修改文件。

5. 踏勘现场与召开投标预备会

（1）踏勘现场

招标人根据招标项目的具体情况，可以组织投标人踏勘项目现场，向其介绍工程场地和相关环境的有关情况。招标人不得单独或者分别组织任何一个投标人进行现场踏勘。

（2）召开投标预备会

投标人在领取招标文件图纸和有关技术资料及踏勘现场后提出的疑问，招标人可通过以下方式进行解答：

1）收到投标人提出的疑问后，应以书面形式进行解答，并将解答同时送达所有获得招标文件的投标人。

2）收到提出的疑问后，通过投标预备会进行解答，并以书面形式同时送达所有获得招标文件的投标人。召开投标预备会的目的在于澄清招标文件中的疑问，解答投标人对招标文件和踏勘现场中所提出的疑问。

6.2.4 建设项目施工投标程序

1. 建设项目投标报价的含义

投标报价是在工程招标发包过程中，投标人响应招标文件的要求，根据工程特点，并结合自身的施工技术、装备和管理水平，依据有关计价规定自主确定的工程造价，是投标人希望达成工程承包交易的期望价格，它不能高于招标人设定的招标控制价。

根据住房和城乡建设部颁发的《中华人民共和国房屋建筑和市政工程标准施工招标文件》（2010 年版）的规定，投标报价所体现的商务标一般包含下列内容：

（1）投标函及投标函附录；

（2）法定代表人身份证明或其授权委托书；

（3）联合体协议书（如果有）；

（4）投标保证金；

（5）已标价的工程量清单；

（6）施工组织设计；

（7）项目管理机构；

（8）拟分包项目情况表；

（9）资格审查资料；

（10）其他资料。

2. 建设项目投标报价程序

建设项目投标报价的程序分为前期工作、调查询价和报价编制三个阶段，通常投标报价的编制应遵循一定的程序，如图 6-1 所示。

32- 建设项目投标报价程序

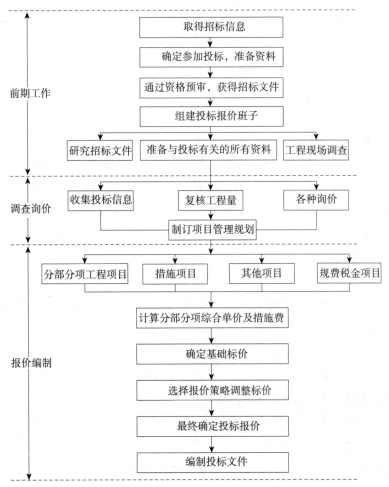

图 6-1　建设项目投标报价程序

6.3　建设项目发承包阶段计价文件编制

6.3.1　招标工程量清单的编制

为使建设工程发包与承包计价活动规范、有序地进行，招标发包应从施工招标开始。招标工程量清单是招标人依据国家标准、招标文件、设计文件及施工现场实际情况编制的，随招标文件发布供投标报价的工程量清单，包括对其的说明和表格。招标人或其委托的工程造价咨询机构根据工程项目设计文件，编制出招标工程项目的工程量清单，并将其作为招标文件的组成部分。招标工程量清单的准确性和完整性由招标人负责。

1. 招标工程量清单的编制依据及准备工作

（1）招标工程量清单的编制依据

1）《建设工程工程量清单计价规范》GB 50500—2013 及各专业工程计量规范等；

2）国家或省级、行业建设主管部门颁发的计价定额和办法；

3）建设工程设计文件及相关资料；

4）与建设工程有关的标准、规范及技术资料；

5）拟定的招标文件；

6）施工现场情况、地勘水文资料、工程特点及常规施工方案。

（2）招标工程量清单编制的准备工作

1）初步研究

对各种资料进行认真研究，为工程量清单的编制做准备，主要包括熟悉《建设工程工程量清单计价规范》GB 50500—2013 和各专业工程计算规范、当地计价规定及相关文件；熟悉设计文件，掌握工程全貌；保证工程量清单项目列项的完整、工程计量的准确以及对清单项目的准确描述；对设计文件中出现的问题应及时提出。此外，熟悉招标文件、招标图纸，确定工程量清单的范围及需要设定的暂估价，收集相关市场价格信息，为暂估价的确定提供依据。

2）现场踏勘

为了选用合理的施工组织设计和施工技术方案，需进行现场踏勘，以充分了解施工现场情况及工程特点，主要调查自然地理条件和施工条件两个方面。

3）拟定常规施工组织设计

施工组织设计是指导拟建工程项目施工准备和施工的技术经济文件。根据项目的具体情况编制施工组织设计，拟定工程的施工方案、施工顺序、施工方法等，便于工程量清单的编制及准确计算，特别是工程量清单中的措施项目。

2. 招标工程量清单的编制内容

招标工程量清单包括分部分项工程量清单、措施项目清单、其他项目清单、规费和税金项目清单、工程量清单总说明等内容。

（1）分部分项工程量清单编制

分部分项工程量清单是反映拟建工程分项实体工程项目名称和相应数量的明细清单，招标人负责编制包括项目编码、项目名称、项目特征描述、计量单位和工程量在内的五项内容。

33- 分部分项工程量清单编制内容

（2）措施项目清单编制

措施项目清单是指为完成工程项目施工，发生于该工程施工前或施工过程中的非工程实体项目和相应数量的清单，包括技术、安全、生活等方面的相关非实体项目。

施工工程中发生的措施项目一般有两种：一种是其费用的发生和金额的大小与使用时间、施工方法或者两个以上工序相关，与实际完成的实体工程量的多少关系不大的项目，典型项目为施工机械安拆、安全及文明施工、临时设施等，对于这些不可计算工程量的项目，以"项"为计量单位计量；另一种是与完成的实体项目密切相关的，可以精确计算工程量的项目，典型项目为模板及支架、脚手架工程，凡是能够计算工程量的措施项目宜采用分部分项工程量清单的方式编制。

（3）其他项目清单编制

其他项目清单是应招标人的特殊要求而发生的与拟建工程有关的其他费用项目和相应数量的清单，包括暂列金额、暂估价、计日工、总承包服务费。

34- 其他项目清单编制内容

（4）规费和税金项目清单编制

规费和税金项目清单应按照规定的内容列项，当出现计价规范中没有的项目，应根据省级政府或有关部门的规定列项。税金项目清单除规定的内容外，如国家税法发生变化或增加税种，应对税金项目清单进行补充。规费、税金的计算基础和费率均应按国家或地方相关部门的规定执行。

（5）工程量清单总说明编制

1）工程概况

工程概况中要对建设规模、工程特征、计划工期、施工现场实际情况、自然地理条件、环境保护要求等作出准确描述。

2）工程招标及分包范围

招标范围是指单位工程的招标范围，如建筑工程招标范围为"全部建筑工程"，装饰装修工程招标范围为"全部装饰装修工程"，或招标范围不含桩基础、幕墙、门窗等。工程分包是指特殊工程项目的分包，如招标人自行采购安装"铝合金门窗"等。

3）工程量清单编制依据

工程量清单编制依据包括《建设工程工程量清单计价规范》、设计文件、招标文件、施工现场情况、工程特点及常规施工方案等。

4）工程质量、材料、施工等的特殊要求

工程质量的要求是指招标人要求拟建工程的质量应达到合格或优良标准；对材料的

要求是指招标人根据工程的重要性、使用功能及装饰装修标准等提出的要求；施工要求是指建设项目中对单项工程的施工顺序等的要求。

5）其他需要说明的事项。

3. 招标工程量清单汇总

在分部分项工程量清单、措施项目清单、其他项目清单、规费和税金项目清单编制完成以后，经审查复核，与工程量清单封面及总说明汇总并装订，由相关责任人签字和盖章，形成完整的招标工程量清单文件。

6.3.2 招标控制价的编制

《中华人民共和国招标投标法实施条例》中规定的最高投标限价基本等同于《建设工程工程量清单计价规范》GB 50500—2013中规定的招标控制价。招标控制价编制的要求和方法也同样适用于最高投标限价。

1. 编制招标控制价的规定

（1）国有资金投资的工程建设项目应实行工程量清单招标，招标人应编制招标控制价，并应当拒绝高于招标控制价的投标报价，即投标人的投标报价若超过公布的招标控制价，则其投标作为废标处理。

（2）招标控制价应由具有编制能力的招标人或受其委托、具有相应资质的工程造价咨询人编制。工程造价咨询人不得同时接受招标人和投标人对同一工程的招标控制价和投标报价的编制。

（3）招标控制价应在招标文件中公布，对所编制的招标控制价不得进行上浮或下调。在公布招标控制价时，除公布招标控制价的总价外，还应公布各单位工程的分部分项工程费、措施项目费、其他项目费、规费和税金。

（4）招标控制价超过批准的概算时，招标人应将其报原概算审批部门审核。由于我国对国有资金投资项目的投资控制实行设计概算审批制度，国有资金投资的工程原则上不能超过批准的设计概算。

（5）投标人经复核认为招标人公布的招标控制价未按照国家相关规范的规定进行编制的，在招标控制价公布后5天内，向招标投标监督机构和工程造价管理机构投诉。工程造价管理机构受理投诉后，应立即对招标控制价进行复查，组织投诉人、被投诉人或其委托的招标控制价编制人等单位人员对投诉问题逐一核对。当招标控制价的复查结论与原公布的招标控制价误差大于3%时，应责成招标人改正。当重新公布招标控制价时，若重新公布之日起至原投标止期不足15天的，应延长投标截止期。

（6）招标人应将招标控制价及有关资料报送工程所在地或有该工程管辖的行业管理部门工程造价管理机构备案。

2. 招标控制价的编制依据

招标控制价的编制依据是指在编制招标控制价时需要进行工程量计量、价格确认、工程计价的有关参数、费率的确定等工作时所需的基础性资料，主要包括：

（1）现行国家标准，如《建设工程工程量清单计价规范》CB 50500—2013 以及专业工程计量规范；

（2）国家或省级、行业建设主管部门颁发的计价定额和计价办法；

（3）建设工程设计文件及相关资料；

（4）拟定的招标文件及招标工程量清单；

（5）与建设项目相关的标准、规范及技术资料；

（6）施工现场情况、工程特点及常规施工方案；

（7）工程造价管理机构发布的工程造价信息，工程造价信息没有发布的参照市场价；

（8）其他相关资料。

3. 招标控制价的编制内容

招标控制价的编制内容包括分部分项工程费、措施项目费、其他项目费、规费和税金，各个部分有不同的计价要求。

（1）分部分项工程费的编制要求

招标控制价的分部分项工程费应根据招标文件中的招标工程量清单给定的工程量乘以相应的综合单价汇总而成。招标文件提供了暂估单价的材料，应按暂估的单价计入综合单价。为使招标控制价与投标报价所包含的内容一致，综合单价中应包括招标文件中要求投标人所承担的风险内容及其范围（幅度）产生的风险费用。

（2）措施项目费的编制要求

措施项目费中的安全文明施工费应当按照国家或省级、行业建设主管部门的规定标准计价，该部分不得作为竞争性费用。对于可精确计量的措施项目，以"量"计算，即按其工程量以与分部分项工程清单单价相同的方式确定综合单价；对于不可精确计量的措施项目，则以"项"为单位，采用费率法按有关规定综合取定。采用费率法时，需确定某项费用的计费基数及费率，结果包括除规费、税金以外的全部费用。

（3）其他项目费的编制要求

1）暂列金额

暂列金额可根据工程的复杂程度、设计深度、工程环境条件（包括地质、水文、气候条件等）进行估算，一般可以分部分项工程费的 10%~15% 为参考。

2）暂估单价

材料暂估单价应按照工程造价管理机构发布的工程造价信息中的材料单价计算，工程造价信息未发布的材料单价，其单价参考市场价格估算；专业工程暂估价应分不同专业，按有关计价规定估算。

3）计日工

在编制招标控制价时，对计日工中的人工单价和施工机械台班单价应按省级、行业建设主管部门或其授权的工程造价管理机构公布的单价计算；材料应按工程造价管理机构发布的工程造价信息中的材料单价计算，工程造价信息中未发布单价的材料，其价格应按市场调查确定的单价计算。

4）总承包服务费

总承包服务费应按照省级或行业建设主管部门的规定计算，招标人仅要求对分包的专业工程进行总承包管理和协调时，按分包专业工程估算造价的 1.5% 计算；招标人要求对分包的专业工程进行总承包管理和协调，并同时要求提供配合服务时，根据配合服务内容和提出的要求，按分包专业工程估算造价的 3%~5% 计算；招标人自行供应材料的，按招标人供应材料价值的 1% 计算。

（4）规费和税金的编制要求

规费和税金必须按国家或省级、行业建设主管部门的规定计算。

$$税金 = （人工费 + 材料费 + 施工机具使用费 + 企业管理费 +$$
$$利润 + 规费）\times 增值税税率 \qquad （6-1）$$

4. 招标控制价的编制程序

建设项目招标控制价的编制程序如下：

（1）确定招标控制价的编制单位；

（2）收集编制资料；

（3）全套施工图纸及现场地质、水文、地上情况的有关资料；

（4）招标文件；

（5）其他资料，例如人工、材料、设备及施工机械台班等要素的市场价格信息；

（6）领取招标控制价计算书和报审的有关表格；

（7）参加交底会及现场勘察；

（8）编制招标控制价。

招标控制价编制的基本原理及计算程序与工程量清单计价的基本原理及计价程序相同。招标人建设项目招标控制价的计价程序如表 6-1 所示。

5. 编制招标控制价应注意的问题

（1）招标控制价必须适应目标工期的要求，对提前工期因素有所反映，并应将其计算依据、过程、结果列入招标控制价的综合说明中。

（2）招标控制价必须适应招标方的质量要求，对高于国家施工及验收规范的质量因素有所反映，并应将其计算依据、过程、结果列入招标控制价的综合说明中。据某些地区测算，建筑产品从合格到优良，其人工和材料的消耗量使成本相应增加 3%~5%。因此，招标控制价的计算应体现优质优价。

（3）招标控制价必须合理考虑招标工程的自然地理条件和招标工程范围等因素。若招标文件中规定将地下工程及"三通一平"等计入招标工程范围，则应将其费用正确地计入招标控制价。由于自然条件导致的施工不利因素也应考虑计入招标控制价。

招标人建设项目招标控制价计价程序表 表 6-1

工程名称： 标段： 第 页 共 页

序号	汇总内容	计算方法	金额（元）
1	分部分项工程	按计价规定计算	
1.1			
1.2			
2	措施项目	按计价规定计算	
2.1	其中：安全文明施工费	按规定标准估算	
3	其他项目		
3.1	其中：暂列金额	按计价规定估算	
3.2	其中：专业工程暂估价	按计价规定估算	
3.3	其中：计日工	按计价规定估算	
3.4	其中：总承包服务费	按计价规定估算	
4	规费	按规定标准计算	
5	税金	（人工费 + 材料费 + 施工机具使用费 + 企业管理费 + 利润 + 规费）× 增值税税率	
招标控制价	合计 =1+2+3+4+5		

（4）招标控制价采用的材料价格应是工程造价管理机构通过工程造价信息发布的材料价格，工程造价信息未发布材料单价的材料，其材料价格应通过市场调查确定。另外，未采用工程造价管理机构发布的工程造价信息时，需在招标文件或答疑补充文件中对招标控制价采用的与造价信息不一致的市场价格予以说明，采用的市场价格则应通过调查、分析确定。

（5）招标控制价中施工机械设备的选型直接关系到综合单价水平，应根据工程项目特点和施工条件，本着经济实用、先进高效的原则确定。

（6）招标控制价编制过程中应该正确、全面地使用行业和地方的计价定额与相关文件。

（7）在招标控制价的编制中，不可竞争的措施项目和规费、税金等费用的计算均属于强制性条款，应符合国家有关规定。

（8）在招标控制价的编制中，不同工程项目、不同施工单位会有不同的施工组织方法，所发生的措施费也会有所不同。因此，对于竞争性的措施费用，招标人应首先编制常规的施工组织设计或施工方案，然后经专家论证确认后再合理确定措施项目与费用。

（9）招标控制价应根据招标文件或合同条件的规定，按工程发承包模式确定相应的计价方式，考虑相应的风险费用。

6.3.3 建设项目投标报价的编制

投标报价的编制过程，应首先根据招标人提供的工程量清单编制分部分项工程和措施项目清单与计价表、其他项目清单与计价表及规费、税金项目计价表；编制完成后，汇总得到单位工程投标报价汇总表；再逐级汇总，分别得到单项工程投标报价汇总表和建设项目投标报价汇总表，投标总价的组成如图 6-2 所示。

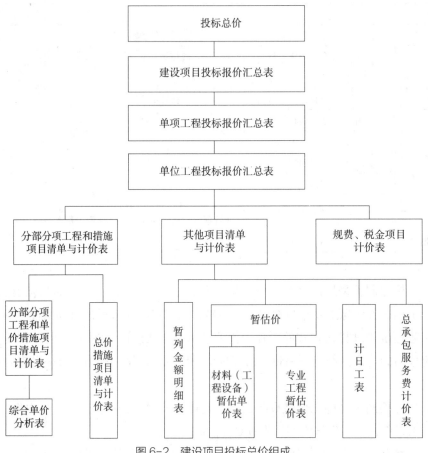

图 6-2　建设项目投标总价组成

1. 投标报价的编制依据

（1）招标单位提供的招标文件；

（2）招标单位提供的设计图纸及有关的技术说明书等；

（3）国家及地区颁发的现行建筑、安装工程预算定额及与之相配套执行的各种费用定额、规定等；

（4）地方现行材料预算价格、采购地点及供应方式等；

（5）因招标文件及设计图纸等不明确，经咨询后由招标单位书面答复的有关资料；

（6）企业内部制定的有关取费、价格等的规定、标准；

（7）其他与报价计算有关的各项政策规定及调整系数等；

（8）在投标报价的计算过程中，对于不可预见费用的计算必须慎重考虑，不要遗漏。

2.投标报价的编制原则

（1）自主报价的原则

投标报价由投标人自主确定，但必须执行《建设工程工程量清单计价规范》GB 50500—2013的强制性规定，投标报价应由投标人或受其委托的工程造价咨询人编制。

（2）不低于成本的原则

《招标投标法》第四十一条规定：中标人的投标应能够满足招标文件的实质性要求，并且经评审的投标价格最低，但是投标价格低于成本的除外。根据上述法律、规章的规定，特别要求投标人的投标报价不得低于工程成本。

（3）风险分担的原则

投标报价要以招标文件中设定的发承包双方的责任划分，作为考虑投标报价费用项目和费用计算的基础。发承包双方的责任划分不同，会导致合同风险的分摊不同，从而导致投标人选择不同的报价，根据工程发承包模式考虑投标报价的费用内容和计算深度。

（4）发挥自身优势的原则

以施工方案、技术措施等作为基本依据，以反映企业技术和管理水平的企业定额作为计算人工、材料和施工机具台班消耗量的基本依据，充分利用现场考察、调研成果、市场价格信息和行情资料编制基础投标报价。

（5）科学严谨的原则

投标报价的计算方法要科学严谨、简明适用。

3.投标报价的编制

投标报价的编制主要是投标单位对承建招标工程所要发生的各种费用的计算。投标报价的编制方法和招标控制价的编制方法一致，投标人建设项目投标报价的计价程序如表6-2所示。

（1）分部分项工程和单价措施项目清单与计价表的编制

投标人投标报价中的分部分项工程费和以单价计算的措施项目费应按招标文件中的分部分项工程和单价措施项目清单与计价表的特征描述，确定综合单价计算。因此，确定综合单价是分部分项工程和单价措施项目清单与计价表编制过程中最主要的内容。综合单价包括完成一个规定清单项目所需的人工费、材料和工程设备费、施工机具使用费、企业管理费及利润，并考虑风险费用的分摊。

$$综合单价 = 人工费 + 材料和工程设备费 + 施工机具使用费 +$$
$$企业管理费 + 利润 \qquad （6-2）$$

（2）总价措施项目清单与计价表的编制

对于不能精确计量的措施项目，应编制总价措施项目清单与计价表。投标人对措施项目中的总价项目投标报价时，措施项目的内容应依据招标人提供的措施项目清单和投标人投标时拟定的施工组织设计或施工方案确定；措施项目费由投标人自主确定，但其

投标人建设项目投标报价计价程序表   表 6-2

工程名称：   标段： 第 页 共 页

序号	汇总内容	计算方法	金额（元）
1	分部分项工程	自主报价	
1.1			
1.2			
2	措施项目	自主报价	
2.1	其中：安全文明施工费	按规定标准计算	
3	其他项目		
3.1	其中：暂列金额	按招标文件提供金额计列	
3.2	其中：专业工程暂估价	按招标文件提供金额计列	
3.3	其中：计日工	自主报价	
3.4	其中：总承包服务费	自主报价	
4	规费	按规定标准计算	
5	税金	（人工费＋材料费＋施工机具使用费＋企业管理费＋利润＋规费）×增值税税率	
投标报价	合计 =1+2+3+4+5		

中的安全文明施工费必须按照国家或省级、行业建设主管部门的规定计价，不得作为竞争性费用。招标人不得要求投标人对该项费用进行优惠，投标人也不得将该项费用参与市场竞争。

（3）其他项目清单与计价表的编制

其他项目费用包括暂列金额、暂估价、计日工和总承包服务费。投标人对其他项目费投标报价时应遵循以下原则：

1）暂列金额应按照招标人提供的其他项目清单中列出的金额填写，不得变动。

2）暂估价不得变动和更改。暂估价中的材料、工程设备暂估单价必须按照招标人提供的暂估单价计入清单项目的综合单价；专业工程暂估价必须按照招标人提供的其他项目清单中列出的金额填写。材料、工程设备暂估单价和专业工程暂估价均由招标人提供，为暂估价格，在工程实施过程中，对于不同类型的材料与专业工程应采用不同的计价方法。

3）计日工应按照招标人提供的其他项目清单列出的项目和估算的数量，自主确定各项综合单价并计算费用。

4）总承包服务费应根据招标人在招标文件中列出的分包专业工程内容和供应材料、设备情况，按照招标人提出的协调、配合与服务要求和施工现场的管理需要自主确定。

（4）规费、税金项目计价表的编制

规费和税金应按国家或省级、行业建设主管部门的规定计算，不得作为竞争性费用。这是由于规费和税金的计取标准是依据有关法律、法规和政策规定制定的，具有强制性。

因此，投标人在投标报价时必须按照国家或省级、行业建设主管部门的有关规定计算规费和税金。

（5）投标报价的汇总

投标人的投标总价应当与组成工程量清单的分部分项工程费、措施项目费、其他项目费和规费、税金的合计金额相一致，即投标人在进行工程量清单招标的投标报价时，不能进行投标总价优惠（或降价、让利），投标人对投标报价的任何优惠（或降价、让利）均应反映在相应清单项目的综合单价中。

6.3.4　建设项目投标报价策略与技巧

1. 投标报价策略

投标策略是投标人经营决策的组成部分，指导投标全过程。投标人投标时，根据经营状况和经营目标，既要考虑自身的优势和劣势，也要考虑竞争的激烈程度，还要分析投标项目的整体特点，按照工程项目的类别特点和施工条件等确定投标策略。从投标的全过程视角，投标报价策略主要包括生存型策略、竞争型策略和盈利双策略。

（1）生存型策略

投标人以克服生存危机为目标而争取中标的投标报价策略，都可能造成投标人不考虑各种影响，以生存为重，采取不盈利甚至赔本也要参与投标的态度，只要能暂时维持生存渡过难关。其主要出现在以下情形：

1）企业经营状况不景气，投标项目减少；

2）政府调整基建投资方向，使某些投标人擅长的工程项目减少，这种危机常涉及营业范围单一的专业工程投标人；

3）如果投标人经营管理不善，投标人存在投标邀请越来越少的危机。

（2）竞争型策略

投标报价以竞争为手段，以开拓市场、低盈利为目标，在精确计算成本的基础上，充分估计各竞争对手的报价目标，以有竞争力的报价达到中标的目的。这种策略是大多数企业采用的，也叫保本低利策略。投标人处于以下情形，应采取竞争型报价策略：

1）经营状况不景气，近期接收到的投标邀请较少；

2）竞争对手有威胁性，试图打入新的地区，开拓新的工程施工类型；

3）投标项目风险小、施工工艺简单、工程量大、社会效益好；

4）附近有本企业其他正在施工的项目。

（3）盈利双策略

盈利双策略使投标报价充分发挥自身优势，以实现最佳盈利为目标，对效益较小的项目热情不高，而对盈利大的项目感兴趣。下面几种情况可采用盈利双策略的报价策略：

1）投标人在该地区已经打开局面、施工能力饱和、信誉度高、竞争对手少，其技术优势对招标人有较强的名牌效应，且其目标主要是扩大影响；

2）施工条件差、难度高、资金支付条件不好、工期质量等要求苛刻，为联合伙伴陪标的项目。

2. 投标报价技巧

投标报价技巧也称投标技巧，是指在投标报价中采用一定的手法或技巧使招标人可以接受，而中标后又能获得更多的利润。

投标报价技巧是依据投标策略选择的，一个成功的投标策略必须运用与之相适应的投标报价技巧才能取得理想的效果。投标策略对投标报价起指导作用，投标报价是投标策略的具体体现。按照确定的投标策略，恰当地运用投标报价技巧编制报价，是实现投标策略的目标并获得成功的关键。常用的工程投标报价技巧主要有以下几种。

（1）灵活报价法

灵活报价法是指根据招标工程的不同特点采用不同报价。投标报价时，既要考虑自身的优势和劣势，也要分析招标项目的特点，按照工程的不同特点、类别和施工条件等来选择报价策略。

（2）不平衡报价法

不平衡报价法也叫前重后轻法，是指一个工程总报价基本确定后，通过调整内部各个项目的报价，达到在不提高总报价的同时，又能在结算时得到更理想的经济效益的目标。

（3）计日工单价的报价

如果计日工单价计入总报价，则需具体分析是否报高价，以免抬高总报价。总之，要先分析业主在开工后可能使用的零星用工数量，再确定报价方针。

（4）可供选择的项目报价

有些工程的分项工程，业主可能要求按某一方案报价，而后再提供几种可供选择方案的比较报价。投标时，对于将来有可能被选择使用的方案应适当提高其报价；而对于难以选择的方案可将价格有意抬高得更多一些，以阻挠业主选用。但是，所谓"可供选择项目"只有业主才有权进行选择。因此，承包商虽然适当提高了可供选择项目的报价，但并不意味着肯定可以取得较好的利润，只是提供了一种可能性。业主选用项目才是承包商最终可获得额外加价利益的关键。

（5）暂定工程量的报价

暂定工程量的报价主要包含以下三种：

1）业主规定了暂定工程量的分项内容和暂定总价款，并规定所有投标人都必须在总报价中加入这笔固定金额，但由于分项工程量不准确，允许将来按投标人所报单价和实际完成的工程量付款。

在这种情况下，由于暂定总价款是固定的，对各投标人的总报价水平竞争力没有任何影响。因此，投标时应当将暂定工程量的单价适当提高。

2）业主列出了暂定工程量的项目和数量，但并没有限制这些工程量的估价总价款，其要求投标人不仅要列出单价，也应按暂定项目的数量计算总价，当将来结算付款时可按实际完成的工程量和所报单价支付。

在这种情况下，投标人必须慎重考虑。如果单价定得高，同其他工程量计价相同，将会增加总报价，影响投标报价的竞争力；如果单价定得低，将来这类工程量增大，将会影响收益。一般来说，这类工程量可以采用正常价格。

3）只有暂定工程的一笔固定总金额，将来这笔金额的用途由业主确定。

在这种情况下，投标竞争没有实际意义，只需按招标文件要求将规定的暂定款列入总报价即可。

（6）多方案报价法

在一些招标文件中，如果投标人发现工程范围不太明确、条款不清楚或很不公正、或技术规范要求过于苛刻，那么投标人可在充分估计投标风险的基础上，按照多方案报价的技巧报价。即按原招标文件报价，然后再提出如某条款做某些变动报价可降低，由此得出一个较低的报价，通过降低总价的方式引起招标人的兴趣。

（7）增加建议方案

在招标文件中规定，投标人可以提出一个建议方案，即修改原设计方案。投标人应抓住机会，组织一批有经验的设计和施工工程师，对原招标文件的设计和施工方案仔细研究，提出更为合理的方案以吸引业主，促成自己的方案中标。新建议方案应可以降低总造价或缩短工期。但要注意在对原招标方案进行的报价中，建议方案不要写得太具体，要保留方案的技术关键，防止招标人将此方案交给其他承包商。同时，增加的建议方案技术应比较成熟，具有很好的操作性。

（8）分包商报价

由于建设项目的综合性和复杂性，总承包商不可能将全部工程内容完全独家包揽，特别是涉及的一些专业性较强的工程内容，需分包给其他专业工程公司施工。对于分包工程，总承包商通常应在投标前先获取分包商的报价，并增加一定的管理费，而后作为自己投标总价的一部分，并列入报价单中。在对分包商的询价中，总承包商一般在投标前，征求2~3家分包商的报价，最后选择其中一家信誉较好、实力较强和报价合理的分包商，并与其签订协议，同意该分包商作为分包工程的唯一合作者，并将分包商的姓名列入投标文件中，但要求该分包商提交相应的投标保函。这种把分包商的利益同投标人捆绑在一起的做法，不仅可以防止分包商事后反悔和涨价，而且可以迫使分包商报出较为合理的分包价格，与总承包商共同争取得标。

（9）无利润算标

无利润算标是指一些缺乏竞争优势的承包商在不得已的情况下不考虑利润去夺标。无利润算标一般适用于以下情况：

1）有可能在得标后将大部分工程分包给索价较低的一些分包商；

2）对于分期建设的项目，先以低价获得首期工程，而后赢得机会创造第二期工程中的竞争优势，并在以后的实施中赚得利润；

3）在较长时期内承包商没有在建的工程项目，如果再不得标就难以维持生存。因此，虽然本工程无利可图，只要能有一定的管理费维持公司的日常运转，就可设法渡过暂时的困难。

（10）联合体报价

在建设项目承发包阶段，联合体报价比较常用，即两三家公司其主营业务类似或相近，单独投标会出现经验、业绩不足或工作负荷过大而造成高报价，失去竞争优势；而以捆绑形式联合投标，可以做到优势互补、规避劣势、利益共享和风险共担，相对提高了竞争力和中标概率。这种方式目前在国内许多大项目中使用。

（11）许诺优惠条件

投标报价附带优惠条件是一种行之有效的报价技巧。在评标时，评标委员会成员除主要考虑报价和技术方案外，还要分析其他条件，如工期、付款条件等。因此，投标人在投标时可主动提出提前竣工、低息贷款、赠予施工设备、免费转让新技术或某种技术专利、免费技术协作、代为培训人员等优惠条件，以提高自身报价的竞争力。

（12）突然降价法

投标报价是一件保密工作，但是投标人的竞争对手往往通过各种渠道、手段来打探情况。因此，在报价时投标人可以采取迷惑对手的方法，即先按一般情况报价或表现出对该工程兴趣不大，投标截止时间快到时，再突然降价。由于竞争对手来不及调整报价，进而投标人在评标的时候可以凸显自身的竞争力。

6.4　建设项目发承包阶段合同价款的确定

6.4.1　开标、评标与定标

1. 开标

开标是指在投标人提交投标文件的截止时间，招标人依据招标文件所规定的时间和地点，开启投标人提交的投标文件，公开宣布投标人的名称、投标价格及投标文件中的其他主要内容的活动。

（1）开标的相关规定

开标应当在招标文件确定的提交投标文件截止时间的同一时间公开进行，开标地点应当为招标文件中预先确定的地点。开标应由招标人或其委托的招标代理机构主持，邀请所有投标人参加，也可邀请其他部门如行政监督部门、纪检监察部门或公证机构参加，投标人可自主决定是否参加。

招标人在招标文件要求提交投标文件的截止时间前收到的所有投标文件，开标时应当众予以拆封、宣读，宣读顺序应按各投标人报送投标文件时间先后的顺序进行。开标的整个过程应当记录，并存档备查。

（2）开标应当遵守的法定程序

1）投标文件密封情况检查

开标会议宣布开始后，应首先请各投标人代表确认其标的密封的完整性，并签字予以确认。

2）拆封和当众宣读投标文件的相关内容

招标人或其委托的招标代理机构当众宣读有效标函的投标人名称、投标价格、工期、质量、主要材料用量、投标保证金、优惠条件以及招标人认为有必要的其他内容。

3）记录并存档

应由专人记录整个开标过程，开标记录应由招标人代表、投标人代表、监标人和记录人等签字后存档备查。

4）开标后立即进入评标

招标人应当采取必要的措施，以保证评标在严格保密的情况下进行。

2. 评标

（1）评标准备

评标准备包括组建评标委员会和编制评标表格两项工作。

（2）评标程序

35- 评标准备
的内容

评标应遵循公平、公正、科学、择优的原则，任何单位和个人不得非法干预、影响评标的过程和结果，评标程序包括初步评审、详细评审、推荐中标候选人和提交评标报告四个步骤。

1）初步评审

初步评审是指对投标文件的符合性进行评审，对技术标和商务标进行初步审查。

①投标文件的符合性评审

投标文件的符合性评审是指评标委员会对于各投标文件是否响应了招标文件提出的所有实质性要求和条件的审查，未能在实质上响应的投标，应作废标处理，而且不允许投标人通过修正其不符合要求的差异，使之成为具有响应性的投标。

②技术标和商务标的初步审查

初步审查各投标文件技术标获取的技术方案能否实施，分析技术方案能否保证招标项目目标的实现；核对各投标文件商务标中投标报价数据计算的正确性，分析投标报价构成是否合理，如设有标底，还应与标底进行比较。

2）详细评审

根据初步审查结果，评标委员会按照投标报价的高低或招标文件规定的其他方法对投标文件排序，根据招标文件确定的评标标准和方法对其技术标和商务标作详细比较。详细评审的方法有经评审的最低投标价法和综合评估法两种。

①经评审的最低投标价法

经评审的最低投标价法是指评标委员会对满足招标文件实质性要求的投标文件，根据详细评审标准规定的量化因素及量化标准进行价格折算，按照经评审的投标价由低到高的顺序推荐中标候选人，或根据招标人授权直接确定中标人，但投标报价低于其成本的除外。经评审的投标价相等时，投标报价低的优先；投标报价也相等的，由招标人自行确定。采用经评审的最低投标价法，中标人的投标应当符合招标文件规定的技术要求和标准，评标委员会无需对投标文件的技术部分进行价格折算。因此，经评审的最低投标价法适用于具有通用技术、性能标准或者招标人对其技术、性能没有特殊要求的招标项目。根据经评审的最低投标价法完成详细评审后，评标委员会应当将"标价比较表"连同书面评标报告一起提交招标人。"标价比较表"应当载明投标人的投标报价、对商务偏差的价格调整和说明以及经评审的最终投标价。

②综合评估法

综合评估法是指评标委员会对满足招标文件实质性要求的投标文件，按照规定的评分标准进行打分，并按得分由高到低的顺序推荐中标候选人，并根据招标人授权直接确定中标人，但投标报价低于其成本的除外。综合评分相等时，以投标报价低的优先；投标报价也相等的，由招标人自行确定。

采用综合评估法的，应在招标文件中对于需量化的因素及其权重作明确规定，评标委员会对投标文件中的技术标和商务标进行量化后，还需对这两部分的量化结果进行加权平均，计算出每一投标的综合评估分值。综合评估法适用于不宜采用经评审的最低投标法的招标项目。

根据综合评估法完成评标后，评标委员会应拟定"综合评估比较表"，连同书面评标报告一起提交招标人。"综合评估比较表"应载明投标人的投标报价、所作的任何修正、对商务偏差和技术偏差的调整、对各评审因素的评估以及对每一投标的最终评审结果。

3）推荐中标候选人

除招标文件中特别规定评标委员会直接确定中标人外，评标委员会应按招标文件的要求推荐1~3名中标候选人，并标明排列顺序。满足以下条件之一的，可推荐为中标候选人：

①根据经评审的最低投标价法，能够满足招标文件的实质性要求，并且经评审的最低投标价的投标，应当推荐为中标候选人；

②根据综合评估法，最大限度地满足招标文件中规定的各项综合评价标准的投标，应当推荐为中标候选人。

4）提交评标报告

评标委员会完成评标后，应当向招标人提交书面评标报告，并抄送有关行政监督部门。评标报告应当如实记载以下内容：基本情况和数据表；评标委员会成员名单；开标记录；符合要求的投标一览表；废标情况说明；评标标准、评标方法或者评标因素一览表；经评审的价格或评分比较一览表；经评审的投标人排序；推荐的中标候选人名单与签订合同前要处理的事宜；澄清、说明、补正事项纪要。

3. 定标

定标是指根据评标结果产生中标（候选）人。招标投标活动中，定标也即授予合同，是采购机构决定中标人的行为。定标是采购机构的单独行为，但需由使用机构或其他人一起进行裁决。在这一阶段，采购机构所要进行的工作有：决定中标人；通知中标人其投标已经被接受；向中标人发出授标意向书；通知所有未中标的投标人；并向他们退还投标保函等。

定标权是一项内涵十分丰富的权利。定标权包括评标标准制定权、专家选聘权、知情权、参与权、监督权、否决权、选择权和中标通知书发放权。定标权的最终表现即是招标人确定中标人，并向其发放中标通知书的那一时刻。

（1）定标途径

定标途径分为两种：

1）依据评分、评议结果或评审价格直接产生中标（候选）人；

2）经评审合格后以随机抽取的方式产生中标（候选）人，如固定低价评标法、组合低价评标法等。

（2）定标模式

定标模式分为两种：

1）经授权，由评标委员会直接确定中标人；

2）未经授权，评标委员会向招标人推荐中标候选人。

（3）定标方法

定标方法为：

1）中标候选人的确定应推荐投标候选人1~3人，并标明排列顺序。其应符合：能够最大限度的满足招标文件规定的各项综合评价标准；能够满足招标文件的实质性要求，并经评审投标报价最低，但投标报价低于成本的除外；招标人应该在投标截止时限30天前确定中标人。

2）发出中标通知书并订立书面合同。中标人确定后，招标人应当向中标人发出中标通知书，并把结果通知所有未中标的投标人。招标人和中标人应当自中标通知书发出30日内，按照招标文件和中标人的投标文件订立书面合同。招标人与中标人签订合同后5日内，应当向所有中标人和未中标人退还投标保证金。中标人应当按照合同约定履行义务，完成项目。

（4）定标流程

定标流程为：

1）招标人根据评标委员会推荐的合格中标候选人名单，指定排名第一的中标候选人为中标人。

2）经评标确定中标人后，招标代理机构应在规定的时间内向中标人发出中标通知书，并同时将中标结果通知所有未中标的投标人，按照招标文件规定退还未中标投标人的投标保证金。中标结果在招标文件确定网站公示。招标代理机构应在中标通知书发出之日起 30 日内组织招标人与中标人签订项目合同。

无论采用何种定标途径、定标模式、评标方法，对于法定采购项目（依据《政府采购法》或《招标投标法》及其配套法规、规章规定必须招标采购的项目），招标人都不得在评标委员会依法推荐的中标候选人之外确定中标人，也不得在所有投标被评标委员会否决后自行确定中标人，否则中标无效，招标人还会受到相应处理；对于非法定采购项目，若采用公开招标或邀请招标，那么招标人如果在评标委员会依法推荐的中标候选人之外确定中标人的，也将承担法律责任。

评标和定标应当在投标有效期结束日 30 个工作日前完成。不能在投标有效期结束日 30 个工作日前完成评标和定标的，招标人可以书面形式通知所有投标人延长投标有效期。投标人同意延长的，不得要求或被允许修改其投标文件的实质性内容，但应当相应延长其投标保证金的有效期；投标人拒绝延长的，其投标失效，但投标人有权收回其投标保证金。因延长投标有效期造成投标人损失的，招标人应当给予补偿，但因不可抗力需要延长投标有效期的除外。评标委员会在评标过程中发现的问题应当及时作出处理或者向招标人提出处理建议，并作书面记录。评标委员会完成评标后，应向招标人提出书面评标报告，并抄送有关行政监督部门。

6.4.2 公示、中标通知与签订合同

1. 公示中标候选人

为了维护公开、公平的市场环境，鼓励各招标投标当事人积极参与监督，按照《中华人民共和国招标投标法实施条例》的规定，依法必须进行招标的项目，招标人应当自收到评标报告之日起 3 日内公示中标候选人，公示期不得少于 3 日。投标人或者其他利益关系人对依法必须进行招标的项目的评标结果有异议的，应当在中标候选人公示期间提出。招标人应当自收到异议之日起 3 日内作出答复；作出答复前，应当暂停招标投标活动。

2. 发出中标通知书

中标人确定后，招标人应当向中标人发出中标通知书，并同时将中标结果通知所有未中标的投标人。中标通知书对招标人和中标人具有法律效力。中标通知书发出后，招标人改变中标结果，或者中标人放弃中标项目的，应当依法承担法律责任。依据《招标投标法》的规定，依法必须进行招标的项目，招标人应当自确定中标人之日起 15 日内，向有关行政监督部门提交招标投标情况的书面报告。书面报告中至少应包括以下内容：

（1）招标范围；

（2）招标方式和发布招标公告的媒介；

（3）招标文件中的投标人须知、技术条款、评标标准和方法、合同主要条款等内容；

（4）评标委员会的组成和评标报告；

（5）中标结果。

3. 签订合同

中标通知书对招标人和中标人具有法律效力。招标人和中标人应当自中标通知书发出之日起 30 日内，按照招标文件和中标人的投标文件订立书面合同。订立书面合同后 7 日内，中标人应当将合同送县级以上工程所在地的建设行政主管部门备案。

36- 施工合同
计价方式

中标人确定且中标通知书发出后，招标人改变中标结果，或者中标人放弃中标项目的，应当依法承担法律责任。招标人与中标人签订合同后 5 个工作日内，应当向中标人和未中标的投标人退还投标保证金。

6.4.3　施工合同价款的方式

合同价款是合同文件的核心要素，建设项目不论是招标发包还是直接发包，合同价款的具体数额均应在《合同协议书》中载明。实行招标的工程合同价款应由发承包双方依据招标文件和中标人的投标文件在书面合同中约定。合同约定不得违背招标投标文件中关于工期、造价、质量等方面的实质性内容。根据《中华人民共和国合同法》及住房和城乡建设部的有关规定，以及招标文件和投标文件的要求，发承包双方在签订合同时，按计价方式的不同，工程合同可以分为固定价合同、可调价合同和成本加酬金合同。

6.4.4　施工合同价款约定的内容

合同价款的有关事项由发承包双方约定，一般包括价款约定方式，预付工程款、工程进度款、工程竣工价款的支付和结算方式，以及合同价款的调整情形等。发承包双方应当在合同中约定发生下列情形时合同价款的调整方法，具体包括以下事项：

（1）预付工程款的数额、支付时间及抵扣方式；

（2）安全文明施工措施费的支付计划、使用要求等；

（3）工程计量与支付工程进度款的方式、数额及时间；

（4）工程价款的调整因素、方法、程序、支付及时间；

（5）施工索赔与现场签证的程序、金额确认与支付时间；

（6）承担计价风险的内容、范围以及超出约定内容、范围的调整方法；

（7）工程竣工阶段价款的编制与核对、支付及时间；

（8）工程质量保证金的数额、预留方式及时间；

（9）违约责任以及发生合同价款争议的解决方法与时间；

（10）与履行合同、支付价款有关的其他事项等。

6.5　建设项目发承包阶段合同策划与评审

6.5.1　建设项目发承包阶段合同策划

合同策划是发包人项目策划的重要内容之一，通过合同策划形成整个项目合同结构的总体构想和基本框架，合同策划的结果表现为项目的合同结构。合同策划的目标是通过合同安排保证项目总目标的实现。合同策划是一项很重要的工作，是一个根本性的问题，直接影响后期整个合同的管理与实施、工程责任的落实、项目目标的实现等一系列问题。

1. 合同策划的依据

（1）业主因素

业主因素包括业主的建设工程项目战略、目标与动机，业主的资信与能力，业主的管理风格及其对建设工程项目的介入程度，以及业主对承包商的信任程度。

（2）承包商因素

承包商因素包括承包商的经营战略、目标与动机，承包商的能力、企业规模、过去承揽工程的经历、管理风格与资信。

（3）工程因素

工程因素包括建设工程项目的类型、规模、特点和技术创新程度，建设工程项目技术设计的深度和准确程度，招标时间的限制及工期限制，项目的盈利性，项目风险程度及项目的特殊要求（如保密性等）。

（4）环境因素

环境因素包括建筑市场竞争的激烈程度，物价的稳定性，社会、政治、法律的稳定性，工程地质、气候、现场条件的确定性及人们对环境信息的掌握程度。

2. 合同策划的分类

（1）业主的合同策划

大多数的合同策划是指业主的合同策划，业主为确保工程按预期的目标实现，就拟建招标项目的各个方面都要有详尽的说明，在一些重大问题上必须要有明确的说法，避免后期不必要的麻烦。

（2）承包商的合同策划

承包商也有自己的合同策划，虽然工程不是承包商制定合同，但是对于发包方的合同要进行分析研究，找出合同中不合理的条款，以期在合同谈判中得到改善。对于要分包的部分工程也要制订自己的合同，与分包商进行签订。

3. 合同策划的过程

（1）研究企业战略和建设工程项目战略，确定企业和项目对合同的要求；

（2）确定合同策划相关的总体原则和目标，并对上述各种依据进行调查；

（3）分层次、分对象对合同的一些重大问题进行研究，列出可能的各种选择，并按照上述策划的依据综合分析各种选择的利弊得失；

（4）对合同的各个重大问题作出决策和安排，提出合同措施。

4. 合同策划的内容

当项目有了一个总体的合同方案后，需要对每个合同分别付诸实施，这就需要在每个合同订立（招标）前分别对具体的合同进行策划。具体合同的策划主要包括合同文本的起草或选择，以及合同中一些重要条款的确定。

（1）合同文本的起草或选择

合同文本（包括协议书、合同条件及其附件）是合同文件中最直接、最重要的组成部分。它规定了双方的责权利关系、价格、工期、合同违约责任和争议的解决等一系列重大问题，是合同管理的核心文件。

业主可以按照需要自己（或委托咨询机构）起草合同文本，也可以选择标准的合同文本，在具体应用时可以按照自己的需要通过专用条款对通用条款的内容进行补充和修改。从工程实际出发，直接采用标准的合同文本可以使双方避免因起草合同而增加交易费用，且因标准合同文件中的一些内容已形成惯例，在合同履行中会因双方有一致的理解而减少争议的发生，即使有争议发生也会因有权威的解释而使多数争议能顺利得到解决。

（2）重要合同条款的确定

合同是业主按市场经济要求配置项目资源的主要手段，是项目顺利进行的有力保证，也是合同双方责权利关系的根本体现和法律约束。由于招标文件由业主起草，业主居于合同的主导地位，所以业主要确定一些重要的合同条款。从《中华人民共和国合同法》的角度，其就是一般合同中所说的实质性条款，主要指合同中有关标的、数量、质量、价款或者报酬、履约的期限、地点和方式、违约责任、解决争议的办法等的内容。

目前，在国际、国内普遍采用标准合同的条件下，合同重要条款是指"专用条件"中需双方进行协商的有关条款。例如，施工合同中有关合同价款的条款，包括预付款、进度款、竣工结算、保修金等的支付时间、金额、付款方式等信息；合同价格调整的条件、范围和方法等；由于法律法规变化、费用变化、汇率和税率变化等对合同价格调整的规定等。

6.5.2　建设项目发承包阶段合同评审

当事人对建设项目施工合同进行评审是指在合同签订前，从履行合同的角度对合同文件进行一次全面的审查分析。如发现问题，当事人应及时予以纠正，使合同目标能落实到履行合同的具体事件和工作上，最终形成一个符合要求的合同。

1. 合同合法性评审

合同合法性是指合同依法成立所具有的约束力。对建设项目合同合法性的审查主要从合同主体、客体、内容三方面来考虑。结合实际情况，建设项目合同合法性评审的内容包括：

（1）当事人资格

发包人应具有发包工程、签订合同的资质和权能。施工承包人则需具备相应的权利能力（营业执照、许可证书等）和行为能力（资质等级证书）。工程施工合同的主体除了具备可以支配的财产、固定的经营场所和组织机构外，还必须具备与建筑工程项目相适应的资质条件，而且也只能在资质证书核定的范围内承接相应的建筑工程任务，不得擅自越级或超越规定的范围。只有当事人具备这些资格，合同主体资格才有效。

（2）项目具备招标和签订合同的全部条件

项目具备招标和签订合同的全部条件包括项目的批准文件、工程建设许可证、建设规划文件、已批准的设计文件、合法的招标投标程序和已列入年度计划等。

（3）合同内容及其所指行为符合法律要求

1）违反法定程序而订立的合同

在建筑工程施工合同尤其是总承包合同和施工总承包合同的订立中，通常要通过招标投标的程序，招标为邀约邀请，投标为要约，中标通知书的发出意味着承诺。《招标投标法》对必须进行招标投标的项目作出了限定，且应遵循公平、公正的原则，违反这一原则也可能导致合同无效。

2）违反关于分包和转包的规定所签订的合同

《中华人民共和国建筑法》允许建筑工程总承包单位将承包工程中的部分发包给具有相应资质条件的分包单位，但是除总承包合同中约定的分包外，其他分包必须经建设单位认可。属于施工总承包的，建筑工程主体结构的施工必须由总承包单位自行完成。即未经建设单位认可的分包和施工总承包单位将工程主体结构分包出去所订立的分包合同，都是无效的。此外，将建筑工程分包给不具备相应资质条件的单位或分包后将工程再分包，均是法律禁止的。

3）其他违反法律和行政法规所订立的合同

合同内容违反法律和行政法规也可能导致整个合同的无效或合同的部分无效。发包方指定承包单位购入的用于工程的建筑材料、构配件，或者指定生产厂、供应商等的，此类条款均为无效。合同中某一条款的无效并不必然影响整个合同的有效性。

4）有些需经公证或官方批准方可生效的合同

有些需经公证或官方批准方可生效的合同是否已办妥了相关手续，获得了证明或批准。对于基础设施工程建设项目的合同评审尤其应注意这个方面。

2. 合同一致性评审

在建设项目发承包阶段，应审查合同内容与招标文件、投标文件内容的一致性。招标人和中标人应当依据《招标投标法》等法规的规定签订书面合同，合同的标的、价款、质量、履行期限等主要条款应当与招标文件和中标人投标文件的内容一致。招标人和中标人不得再订立背离合同实质性内容的其他协议。

3. 合同条款完备性评审

合同条款的内容直接关系到合同双方的权利、义务，在建筑工程项目合同签订之前，应当严格审查各项合同条款内容的完备性。合同的完备性包括合同文件完备性和合同条款完备性两个方面。

（1）合同文件完备性是指合同所包括的各种文件齐全，一般包括合同协议书、中标函、投标书、工程设计、规范、工程量清单和合同条款等。

（2）合同条款完备性是指对各有关问题进行规定的条款要齐全。合同应尽量采用标准合同文件（包括通用条款和专用条款两部分），除了通用条款外，要根据工程具体情况和合同双方的特殊要求，在合同专用条款中进行约定。若未采用标准合同文本，则应以标准文本为样本，对照所签合同寻找缺陷、补齐必需的条款。尤其应注意以下几方面的内容：

1）确定合理的工期。工期过长不利于发包方及时收回投资；工期过短则不利于承包方对工程质量的检查，以及对施工过程中建筑半成品的养护。因此，承包方应当合理计算自己能否在发包方要求的工期内完成承包任务，否则将按照合同约定承担逾期竣工的违约责任。

2）明确双方代表的权限。在施工承包合同中通常都要明确发包人代表和承包人代表的姓名和职务，但对其作为代表的权限则往往约定不明。由于代表的行为代表了合同双方的行为，因此有必要对其权利范围以及权限作一定的约定。

3）明确工程造价或工程造价的计算方法。工程造价条款是工程施工合同的必备和关键条款，但通常会发生约定不明的情况，为日后争议与纠纷的发生埋下隐患。在处理这类纠纷时，法院或仲裁机构一般委托有权审价的单位鉴定造价，这势必使当事人陷入旷日持久的诉讼，更何况经审价得出的造价也因缺少可靠的计算依据而缺乏准确性，对维护当事人的合法权益极为不利。

4）明确材料和设备的供应。由于材料、设备的采购和供应引发的纠纷非常多，故必须在合同中明确约定相关条款，包括发包方或承包方所供应或采购材料、设备的名称、型号、规格、数量、单价、质量要求、运送到达工地的时间、验收标准、运输费用的承担、保管责任、违约责任等。

5）明确工程竣工交付的标准。合同中应当明确约定工程竣工交付的标准，如发包方需要提前竣工，而承包商表示同意的，则应约定由发包方另行支付赶工费用或奖励。因为赶工意味着承包商将投入更多的人力、物力、财力。

4. 合同公平性评审

合同公平性评审主要是指合同所规定的双方权利和义务的对等、平衡和制约问题，可以从以下几方面具体分析：

（1）双方的权利和义务应该是对等的、公平合理的。某些显失公平或免责条款显然违反了公平原则，应予以删除或修改。

（2）合同规定一方的权力，则同时应考虑到该项权力应如何制约、有无滥用该项权力的可能、行使该项权力应承担的责任等。

（3）合同规定一方一项义务，则也应规定其有完成该项义务所必需的相应权利，或由此义务所引申的权利。

（4）合同规定一方一项义务，还应分析承担这一项义务的前提条件，若此前提由对方提供，则应同时规定为对方的一项义务。

5. 合同整体性评审

合同条款是一个整体，各条款之间有一定的内在联系和逻辑关系。一个合同事件往往会涉及若干条款，如合同价格就涉及工程计量、计价方式、支付程序、调价条件和方法、暂列金额使用等条款，必须认真仔细地评审这些条款在时间和空间上、技术和管理上、权利义务的平衡和制约上的顺序关系和相互依赖关系。各个条款不能出现缺陷、矛盾或逻辑上的不足。

6. 合同条款的选用评审

合同条款和合同协议书是合同文件最重要的部分。发包人应在保证履行招标承诺的基础上，根据需要选择拟订合同条款，可以选用标准合同条款，也可以根据需要对标准文本作出修改、限定或补充。选用合同条款时，应注意以下几个问题：

（1）应尽可能使用标准合同条款；

（2）合同条款应与双方的管理水平匹配，否则执行时有困难；

（3）选用的合同条款双方都较熟悉，既有利于发包人管理工作，也有利于承包人对条款的执行，可减少争执和索赔；

（4）选用合同条款还应考虑到各方面的制约。

招标文件由发包人起草，其居于合同主导地位，所以在合同评审中应特别关注以下重要合同条款：

（1）适用合同关系的法律、合同争执仲裁的机构和程序等；

（2）付款方式；

（3）合同价格调整的条件、范围、方法，特别是由于物价、汇率、法律、关税等的变化对合同价格调整的规定；

（4）对承包人的激励措施，如提前竣工、提出新设计、使用新技术新工艺使发包人节省投资、奖励型的成本加酬金合同、质量奖等；

（5）合同双方的风险分配；

（6）保证发包人对工程的控制权力，发包人对工程的控制权力包括工程变更权力、进度计划审批权力、实际进度监督权力、施工进度加速权力、质量的绝对检查权力、工程付款的控制权力、承包人不履约时发包人的处置权力等。

7. 合同间的协调评审

建设项目在建设过程中要签订若干合同，如勘察设计合同、施工合同、供应合同、贷款合同等。在合同体系中，相关的同级合同之间、主合同与分合同之间关系复杂，必须对此作出周密分析和协调，主要涉及整体的合同策划，也包含具体的合同管理问题。

（1）工作内容的完整性

发包人签订的所有合同所确定的工作范围应涵盖项目的全部工作，完成各个合同也就实现了项目投资控制的总目标。为防止缺陷和遗漏，应做好下述工作：

1）招标前进行项目的系统分析，明确项目系统范围；

2）将项目作结构分解，系统地分为若干独立的合同，并列出各合同的工程量表；

3）进行各合同间的界面分析，特别注意划清界面上的工作责任，以及与之对应的质量、工期和造价的目标要求。

（2）经济技术上的协调

各合同之间只有在经济技术上协调，才能构成符合项目投资总目标的要求，主要应注意下述几个方面：

1）主要合同之间设计标准的一致性，土建、设备、材料、安装等应有统一的技术质量标准及要求，各专业工程（结构、建筑、水、电、通信、机械等）之间应有良好的协调；

2）分包合同应按照总承包合同的条件订立，全面反映总承包合同的相关内容，如采购合同的技术要求须符合总承包合同中技术规范的要求；

3）各合同之间应界面清晰、搭接合理，如基础工程与上部结构、土建与安装、材料与运输等，它们之间都存在责任界面和搭接问题。

在工程实践中，各个合同签订的实践、执行时间往往不是同步的，管理部门也常常不同。因此，不仅在签约阶段和实施阶段，而且在合同内容和各部门的管理过程中，都应统一协调。

8. 合同应变性评审

合同状态是指合同各方面要素的综合，它包括合同价格、合同条件、合同实施方案和工程环境四方面。四个方面相互联系、相互影响、相互制约，综合成一个合同状态。建设工程一般规模较大、工期较长，受各方面的影响较多。因此，在合同履行过程中，合同状态经常会出现变化。一旦合同状态的某一方面发生变化，即打破了合同状态的"平衡"。合同应事先规定对这些变化的处理原则和措施，并以此来调整合同状态，这就是合同的应变性。合同应变性可从合同文件变化、工程环境变化和实施方案变化等方面加以评审。

9. 合同文字唯一性和准确性评审

对合同文件解释的基本原则是"诚实信用"，所有合同都应按其文字所表达的意思准确而正当地予以履行。

6.6　工程总承包及国际工程招标投标

6.6.1　工程总承包招标投标

1. 工程总承包制提出

工程总承包是国际通行的工程建设项目组织实施方式。积极推进工程总承包是深入我国工程建设项目组织实施方式改革，提升建设项目可行性研究和初步设计深度，确保工程质量和投资效益，规范建筑市场秩序的一项重要措施。2016年2月中共中央、国务院印发了《关于进一步加强城市规划建设管理工作的若干意见》，提出城市建设要推广工程总承包制。2016年5月20日住房和城乡建设部印发了《关于进一步推进工程总承包发展的若干意见》（建市〔2016〕93号），提出"建设单位可以根据项目特点，在可行性研究、方案设计或者初步设计完成后，按照确定的建设规模、建设标准、投资限额、工程质量和进度要求等进行工程总承包项目发包"。

工程总承包是指承包人受发包人委托，按照合同约定对工程建设项目的设计、采购、施工（含竣工试验）、试运行等阶段实行全过程或若干阶段的工程承包。根据《国务院办公厅关于促进建筑业持续健康发展的意见》（国办发〔2017〕19号），要求政府投资工程带头推行工程总承包，装配式建筑原则上应采用工程总承包，并鼓励非政府工程推行工程总承包。

2. 工程总承包的主要特点

（1）合同结构简单

在工程总承包合同环境下，业主将规定范围内的工程项目实施任务通过合同约定一揽子委托给工程总承包商，由其负责设计和施工的规划、组织、指挥、协调和控制。总承包商利用自身很强的技术和管理综合能力，协调自己内部及分包商之间的关系，业主的组织和协调任务量少。

（2）承包商积极性高

当采用参照类似已完工程做估算投资包干的情况下，虽然对总承包商而言风险大，但相应地会带来更利于发挥自身技术和管理综合实力、获取更高预期经营效益的机遇，以及从设计、施工安装到提供最终工程产品所带来良好的社会效应和知名度。

相对于施工承包而言，总承包企业能够获得更多的项目控制权。一方面工程总承包企业在工程质量安全、进度控制、成本管理等方面负总体责任；另一方面除以暂估价形式包括在工程总承包范围内且依法必须进行招标的项目外，工程总承包单位可以直接发包总承包合同中涵盖的其他专业业务。

（3）项目整体效果好

由于工程总承包涉及设计、采购、施工、试运行等多环节工作，实行工程总承包则有利于多环节工作的内部协调，减少外部协调环节，降低运行成本；有利于多环节工作的深度合理交叉，缩短建设周期；有利于全过程的质量与费用控制；能充分利用工程总承包商的先进技术和经验，提高效率和效益。

（4）企业综合实力强

工程总承包符合工程建设的客观规律，有利于发挥工程建设责任主体技术管理优势，降低工程风险，确保工程建设质量和安全；有利于提升建筑业企业的核心竞争力，通过创新承包模式和经营手段，能在国际建筑市场上拓展增长空间，尤其是能在"一带一路"

沿线国家的大型基础设施建筑工程承包中实现互利共赢。

3. 工程总承包商的资质要求

2003 年 2 月建设部印发的《关于培育发展工程总承包和工程项目管理企业的指导意见》（建市〔2003〕30 号）规定，《设计单位进行工程总承包资格管理的有关规定》（建设〔1992〕805 号）废止之后，对从事工程总承包业务的企业不专门设立工程总承包资质。具有工程勘察、设计或施工总承包资质的企业可以在其资质等级许可的工程项目范围内开展工程总承包业务。2016 年 5 月 20 日住房和城乡建设部颁发的《关于进一步推进工程总承包发展的若干意见》规定："工程总承包企业应当具有与工程规模相适应的工程设计资质或者施工资质及相应的财务、风险承担能力，同时具有相应的组织机构、项目管理体系、项目管理专业人员和工程业绩"，进一步界定了工程总承包商的资质条件要求。

4. 工程总承包项目的计价方式

发包人可以依法采用招标或者直接发包的方式选择工程总承包企业。工程总承包评标可以采用综合评估法，主要评审投标人的工程总承包报价、项目管理组织方案、设计方案、设备采购方案、施工计划、工程业绩等。工程总承包项目可以采用总价合同或者成本加酬金合同，合同价格应当在充分竞争的基础上合理确定，合同的制订可以参照住房和城乡建设部、市场监管总局联合印发的《建设项目工程总承包合同（示范文本）》GF-2020-0216。2016 年 5 月 20 日住房和城乡建设部颁发的《关于进一步推进工程总承包发展的若干意见》规定"工程总承包项目可以采用总价合同或者成本加酬金合同"。

5. 工程总承包招标文件的编制内容

根据《中华人民共和国标准设计施工总承包招标文件》的规定，工程总承包招标文件的编制由以下内容组成。

（1）招标公告（或投标邀请书）

与建设项目施工招标的有关规定类似，当总承包招标未进行资格预审时，招标文件内容应包括招标公告。当进行资格预审时，招标文件中应包括投标邀请书，此邀请书可代替设计施工总承包资格预审通过通知书。

（2）投标人须知

除投标人须知前附表外，投标人须知由总则、招标文件、投标文件、投标、开标、评标、合同授予、纪律和监督、电子招标投标等内容组成。

1）总则

总则主要包括项目概况，项目的资金来源和落实情况，招标范围，计划工期和质量标准，对投标人的资格要求，对费用承担和设计成果的补偿、保密、语言文字、计量单位等方面的规定，对踏勘现场、投标预备会的要求，以及对分包和偏离问题的处理。

2）招标文件

招标文件主要包括招标文件的组成以及澄清和修改的规定。

3）投标文件

投标文件主要包括投标文件的组成，投标报价编制的规定，投标有效期和投标保证金的规定，需提交的资格审查资料，是否允许提交备选投标方案，以及投标文件编制所应遵循的规定等。

4）投标

投标主要包括对投标文件密封和标记的规定、投标文件的递交以及投标文件的修改与撤回。

5）开标

开标主要包括开标时间和地点、开标程序以及对开标异议的处理。

6）评标

评标主要包括评标委员会的组成、评标原则及所采取的评标办法。

7）合同授予

合同授予主要包括定标方式、对中标候选人的公示方式、中标通知书的发出时间以及要求承包人提交履约担保和签订合同的时限。

8）纪律和监督

纪律和监督主要包括对招标人、投标人、评标委员会成员以及与评标活动有关的工作人员的纪律要求。

9）电子招标投标

电子招标投标主要包括采用电子招标投标时，对投标文件的编制、加密和标记、递交、开标、评标等的具体要求。

10）需要补充的其他内容。

（3）评标办法

与施工招标类似，评标办法可选择综合评估法或经评审的最低投标价法。

（4）合同条款及格式

合同条款及格式包括通用合同条款、专用合同条款以及各合同附件的格式。

（5）发包人要求

发包人要求应尽可能清晰准确，对于可以进行定量评估的工作，发包人要求不仅应明确规定其产能、功能、用途、质量、环境和安全，并且要规定偏离的范围和计算方法，以及检验、试验、试运行的具体要求。

（6）发包人提供的资料

1）施工场地及毗邻区域内的供水、排水、供电、供气、供热、通信、广播电视等地下管线资料，气象和水文观测资料，相邻建筑物和构筑物、地下工程的有关资料，以及其他与建设工程有关的原始资料；

2）定位放线的基准点、基准线和基准标高；

3）发包人取得的有关审批、核准和备案的材料，如规划许可证；

4）其他资料。

（7）投标文件格式

投标文件格式提供投标文件各部分编制所应依据的参考格式。

（8）规定的其他资料

如需要其他资料，应在投标人须知前的附表中予以规定。

6. 工程总承包投标文件的编制

（1）工程总承包投标文件的内容

根据《中华人民共和国标准设计施工总承包招标文件》的规定，工程总承包投标文件由以下内容组成：

1）投标函及投标函附录；

2）法定代表人身份证明或附有法定代表人身份证明的授权委托书；

3）联合体协议书（如接受联合体投标）；

4）投标保证金；

5）价格清单，包括勘察设计费清单、工程设备费清单、必备的备品备件费清单、建筑安装工程费清单、技术服务费清单、暂估价清单、其他费用清单以及投标报价汇总表；

6）承包人建议书，包括图纸、工程详细说明、设备方案、分包方案、对发包人要求错误的说明等；

7）承包人实施计划，包括概述、总体实施方案、项目实施要点、项目管理要点等；

8）资格审查资料，包括投标人基本情况表、近年财务状况表、近年完成的类似设计施工总承包项目情况表、正在实施和新承接的项目情况表、近年发生的重大诉讼及仲裁情况等；

9）投标人须知前附表规定的其他资料。

（2）工程总承包投标文件编制时应遵循的规定

工程总承包投标文件编制和递交时同样要遵循投标保证金以及投标有效期的有关规定，规定内容与施工投标基本相同。只是由于实施工程总承包的项目通常比较复杂，因此除投标人须知前附表另有规定外，投标有效期均为120天。

（3）工程总承包投标报价分析

工程总承包商投标报价决策的第一步是准确估计成本，即成本分析和费率分析；第二步是"标高金"的决策。由于"标高金"是带给总承包商的价值增值部分，因此首先要进行价值增值分析；然后对风险进行评估，选择合适的风险费率；最后用特定的方法，如报价的博弈模型等，对不同的报价方案进行决策，选择最适合的报价方案。

1）成本分析

工程总承包项目的成本费用由施工费用、直接设备材料费用、分包合同费用、公司本部费用、调试、开车服务费用和其他费用组成，也可以将工程总承包费用按阶段分解成勘察设计费用、采购费用和施工费用三部分。勘察设计工作主要是脑力劳动，涉及的费用开支不占总报价的主要部分，可以归为公司本部费用一并计算；采购费用中除直接材料设备费及直接发生的各种费用外，仍可归为公司本部费用计算，因此这两种归类方法基本是统一的。

各种成本费用在计算时应以市场价格为主要编制依据。对于公司本部费用的计算，依据公司实际发生额的平均水平进行计算是成本估算的首选方案，如果无法分解细目需要以某一费用的一定费率来计算，则费率的决定需要进行论证，以保证其合理性，特别重要的费率要由公司决策层讨论决定。根据总承包商公司的实际情况，可以大致估算出该工程总承包项目的成本费用。

2）"标高金"分析

工程总承包项目的成本估算完成后，投标小组将对"标高金"进行计算和相关决策。"标高金"由管理费、利润和风险费组成。管理费属于"总部"的日常开支在该项目上的摊销，与公司本部费用有所不同，公司本部费用是与项目直接相关的管理费用和勘察设计费用。管理费用的划分标准没有统一的定义，根据公司实际情况由公司自行决定。

6.6.2　工程总承包模式

1. 工程总承包（EPC 模式）

工程总承包（Engineering Procurement Construction，EPC）模式，又称设计、采购、施工一体化模式。EPC 模式是指在项目决策阶段以后，从设计开始，经招标，委托一家工程公司对设计、采购、建造进行总承包。在 EPC 模式下，按照承包合同规定的总价或可调总价，承建公司负责对工程项目的进度、费用、质量、安全进行管理和控制，并按合同约定完成工程。EPC 模式的优点和缺点如下。

（1）EPC 模式的优点

在 EPC 模式下，发包人把工程的设计、采购、施工和开工服务工作全部托付给工程总承包商负责组织实施，发包人只负责整体的、原则的、目标的管理和控制。采用 EPC 模式，总承包商更能发挥主观能动性，运用其先进的管理经验为发包人和承包商自身创造更多的效益；提高了工作效率，减少了协调工作量；项目实施中发生的设计变更少，工期较短；由于采用的是总价合同，基本上不用再支付索赔及追加项目费用；项目的最终价格和要求的工期具有更大程度的确定性。

（2）EPC 模式的缺点

在 EPC 模式下，发包人不能对工程进行全程控制，总承包商对整个项目的成本、工期和质量负责，加大了总承包商的风险。为了降低风险获得更多的利润，总承包商可能会通过调整设计方案来降低成本，从而影响项目的建设质量；由于采用的是总价合同，承包商获得发包人变更令及追加费用的弹性很小。

2. 项目管理承包（PMC 模式）

项目管理承包（Project Management Consultant，PMC）是指项目管理承包商代表发包人对工程项目进行全过程、全方位的项目管理，包括进行工程的整体规划、项目定义、工程招标、选择 EPC 承包商，并对设计、采购、施工、试运行进行全面管理，一般不直接参与项目的设计、采购、施工和试运行等阶段的具体工作。PMC 模式体现了初步设计与施工图设计的分离，施工图设计进入技术竞争领域，只不过初步设计是由项目管理承包商完成的。PMC 模式的优点和缺点如下。

（1）PMC 模式的优点

PMC 模式可以充分发挥管理承包商在项目管理方面的专业技能，统一协调和管理项目的设计与施工，减少矛盾；有利于建设项目投资的节省；可以对项目的设计进行优化，在项目全生命周期内实现成本最低。

（2）PMC 模式的缺点

在 PMC 模式下，发包人参与工程项目的程度较低，变更权利有限，协调难度大。对于发包人来说，最大的风险在于能否选择一个高水平的项目管理公司。

PMC 模式通常适用于项目投资在 1 亿美元以上的大型项目；缺乏管理经验的国家和地区的项目，此类项目引入 PMC 模式可确保项目的成功建成，同时帮助其提高项目管理水平；利用银行或国外金融机构、财团贷款或出口信贷而建设的项目；工艺装置多而复杂，业主对这些工艺不熟悉的庞大项目。

3. 设计—建造（DB 模式）

设计—建造（Design and Build，DB）模式在国际上也称交钥匙（Turn—Key—Operate）模式，在中国称设计—施工总承包（Design—Construction）模式。DB 模式是在项目原则确定之后，业主选定一家公司负责项目的设计和施工。DB 模式在投标和订立合同时以总价合同为基础，由 DB 总承包商对整个项目的成本负责。DB 总承包商首先选择一家咨询设计公司进行设计，然后采用竞争性招标方式选择分包商，也可利用本公司的设计和施工力量完成一部分工程。为了避免设计和施工的矛盾，显著降低项目的成本和缩短工期，发包人关心的重点是建设项目按合同要求竣工交付使用，而不关注承包商如何去实施。DB 模式的优点和缺点如下。

（1）DB 模式的优点

在 DB 模式中，设计方和承包商密切合作，完成从项目规划直至验收的全部工作，减少了协调时间和费用；承包商可在参与初期将其具备的有关材料、施工方法、结构、价格和市场等知识和经验融入设计中，通过控制建设项目成本，降低总造价。从总体上说，在 DB 模式中，建设项目的主要合同关系是发包人和承包商之间的关系，发包人的责任是按合同规定的方式向 DB 总承包商支付工程款，DB 总承包商的责任是按时提供发包人所需的产品。

（2）DB 模式的缺点

在 DB 模式中，发包人对建设项目最终设计和细节的控制能力较低；DB 总承包商的设计对建设项目的经济性具有较大的影响，因此承担了更大范围内的风险；建设项目质量控制主要取决于发包人在招标时编制的建设项目功能描述书的质量，同时 DB 总承包商的技术水平也会对建设项目的设计质量产生较大影响；DB 模式实施时间较短，缺乏特定的法律、法规约束，且没有专门的保险种类；DB 模式操作程序复杂，市场竞争力较小。

4. 设计—招标—建造（DBB 模式）

设计—招标—建造（Design—Bid—Build，DBB）模式是一种国际上比较通用且应用最早的工程项目发包模式之一。DBB 模式由发包人委托建筑师或咨询工程师进行前期的各项工作（如进行机会研究、可行性研究等），待项目评估立项后再进行设计。在建设项目发承包阶段，招标人编制施工招标文件，经过招标、投标和评标环节选择最适合的承包商；有关单项工程的分包和设备、材料的采购一般由承包商与分包商、供应商分别订立合同并组织实施。在工程项目实施阶段，工程师为发包人提供施工管理服务。DBB 模式最突出的特点是强调工程项目的实施必须按照设计、招标、建造的顺序进行，只有当一个阶段的工作全部结束后，另一个阶段才能开始。DBB 模式的优点和缺点如下。

（1）DBB 模式的优点

在 DBB 模式中，建设项目管理方法较为成熟，合同各方对有关的操作程序都很熟悉。发包人可自由选择咨询设计人员，对设计要求进行有效控制，也可自由选择工程师；采用合同各方均熟悉的标准合同文本，有利于合同管理、风险管理和减少建设项目投资。

（2）DBB 模式的缺点

在 DBB 模式中，建设项目建设周期较长，发包人与设计、施工方分别签订合同并自行管理建设项目，造成发包人的管理费较高；设计方与施工方工作任务的分离造成建设项目设计的可施工性差，对工程师控制建设项目目标的能力要求提高；由于图纸问题会产生争端多、索赔多等问题，不利于工程事故的责任划分。

5. 施工管理承包（CM 模式）

施工管理承包（Construction Management Approach，CM）模式又称"边设计、边施工"，或分阶段发包方式，或快速轨道方式（Fast Track）。CM 模式是由业主委托 CM 单位以一个承包商的身份采取有条件的"边设计、边施工"，着眼于缩短项目周期。CM 模式通过施工管理方协调建设项目设计和施工之间的矛盾，使决策公开化。CM 模式的特点是由发包人和发包人委托的工程项目经理与工程师组成一个联合小组，共同负责组织和管理工程的规划、设计和施工。完成一部分分项（单项）工程设计后，即对该部分进行招标发包给一家承包商，如无总承包商，由发包人直接按每个单项工程与承包商分别签订承包合同。CM 模式是近年在国外广泛流行的一种合同管理模式，这种模式与过去那种在设计图纸全都完成之后才进行招标的连续建设生产模式不同。

CM 模式有两种实现形式，分别为代理型和风险型。代理型 CM（Agency CM）是以业主代理身份工作，收取服务酬金。风险型 CM（"At-Risk"CM）是以总承包身份可直接进行分发包，直接与分包商签订合同，并向发包人承担保证最大工程费用（Guaranteed Maximum Price，GMP），如果实际工程费超过GMP，超过部分由CM单位承担。CM模式的优点和缺点如下。

（1）CM模式的优点

在建设项目进度控制方面，由于CM模式采用分散发包、集中管理，使设计与施工充分搭接，有利于缩短建设周期；CM单位会加强与设计方的协调，可以减少因修改设计而造成的工期延误；在投资控制方面，通过协调设计，CM单位还可以帮助业主采用价值工程等方法对设计优化提出合理化建议，挖掘建设项目节约投资的潜力，从而大大减少施工阶段的设计变更。如果采用具有GMP的CM模式，CM单位将对工程费用的控制承担更直接的经济责任，因而可降低发包人在工程费用控制中的风险；在质量控制方面，设计与施工任务紧密结合并相互协调，当采用新工艺、新方法时，有利于提高建设项目的施工质量。

（2）CM模式的缺点

在CM模式中，对CM经理及其所在单位的资质和信誉要求都比较高；建设项目分项招标导致承包费可能较高；CM模式一般采用成本加酬金合同，对合同范本要求比较高。

6. 公共部门与社会资本方合作模式（PPP模式）

公共部门与社会资本方合作模式，即公私伙伴关系（Public Private Partnership，PPP）。PPP模式是指政府与社会资本方基于某个建设项目而形成合作关系的一种特许经营项目的融资模式。PPP模式的实质是政府通过给予社会资本方长期的特许经营权和收益权来换取基础设施加快建设及有效运营的一种建设模式。项目公司负责建设项目的筹资、建设与经营任务；政府通常与提供贷款的金融机构达成一个直接协议，并向借贷机构做出承诺将按照政府与项目公司签订的合同支付有关费用，这样项目公司可比较顺利地获得金融机构的贷款。

PPP模式适用于投资金额大、建设周期长、资金回报慢的项目，包括铁路、公路、桥梁、隧道等交通项目，电力、煤气等能源项目以及电信、网络等通讯项目等。无论是在发达国家或发展中国家，PPP模式的应用越来越广泛。PPP项目成功的关键是项目的参与者和股东都已清晰了解到建设项目可能的风险、要求和机会，充分享受PPP模式带来的收益。PPP模式的优点和缺点如下。

（1）PPP模式的优点

在建设项目初始阶段，公共部门和社会资本方共同参与论证，有利于尽早确定建设项目融资的可行性，缩短前期建设周期，节省政府投资；在项目初期，制定合理的建设项目风险分配方案，由于政府分担一部分风险，使得风险分配更合理，减少了承建商与投资商的风险，从而降低了融资难度；在项目前期，建设项目融资的社会资本方提前介入建设项目中，有利于社会资本方引入先进的技术和管理经验；公共部门和社会资本方共同参与建设和运营，有利于形成互利的长期目标，更好地为社会和公众提供服务；使项目参与各方整合组成战略联盟，对协调各方不同的利益目标起关键作用；政府拥有一定的控制权。

（2）PPP模式的缺点

在PPP模式中，对于政府来说，如何选择社会资本方带给政府较大的难度和挑战，且在政府和社会资本方合作的过程中，增加了政府承担的风险；PPP模式的组织形式比较复杂，增加了建设项目管理协调的难度。

6.6.3　国际工程招标投标

1. 国际工程招标投标的含义与特征

（1）国际工程招标投标的含义

国际工程招标投标与目前国内实行的招标投标相同，发包人通过招标寻找一个在信誉、技术、经验、工期、造价等方面都比较理想的承包商；承包商以投标为手段获取工程任务，并按合同要求把工程建造出来。国际工程招标投标已有百余年历史，且已形成了一套较为成熟的国际惯例。

（2）国际工程招标投标的特征

由于国际工程招标投标中有关各方来自不同国家，各国在法律法规、文化习惯等方面存在较大差异。因此，国际工程招标投标与国内工程招标投标在做法上存在较大的差异，具体表现在如下几方面。

1）资格预审是国际工程招标投标的一个重要程序

在国际竞争性招标项目中，一般来说，除招标文件另有规定，或最低报价者报价不合理，或投标文件违反规定外，发包人均把建设项目授予投标最低报价者。因此，发包人和承包人都尤为重视投标报价前的资格预审工作。国际金融组织在提供贷款时，注重考察建设项目的经济性和实效性，通常参考FIDIC合同的习惯做法，以世界银行的《贷款项目竞争性招标采购指南》和《亚洲开发银行贷款采购准则》为指导原则，对承包商进行资格预审。资格预审的结果必须报经这些国际金融组织批准，以确保参与投标的承包人具有合同履行能力，提高贷款的使用效益，保证项目的顺利实施。

2）国际工程招标文件的内容、范围、深度与我国的存在较大差异

在国际工程招标中，发包人提供的技术资料极为有限，大多数招标文件的内容、范围和设计深度均不能满足报价和施工的要求，并且缺乏足够的论证，不像国内招标文件一般均能提供工程量清单及简要说明，为投标人提供统一的项目划分和工程量确定基础。

3）现场考察是国际工程投标的一项重要工作

按照国际惯例，投标人的报价一般被认为是其在现场勘察的基础上编制的，报价单提交给发包人之后，投标人无权以"因为不了解现场情况"而提出修改报价单的要求，或提出退出投标竞争的要求。因此，现场勘察是国际工程招标投标的必经过程，招标人

和投标人均高度重视。

4）国际工程招标投标所采用的合同条件和技术规范与我国的存在较大差异

合同条件和技术规范是国际工程招标文件的重要组成部分。其目的是使投标人预先明确其在中标后的权利、义务和责任，以便其在报价时充分考虑这些因素。国际工程承包合同条件一般采用国际通用的 FIDIC 合同条件，这些合同条件对合同的各方面都有具体、详尽的规定，如合同解释顺序、各项工作时间期限等，与我国现行的《建设工程施工合同文本》中的规定有较大差异。

5）国际工程投标报价方式与国内工程投标报价方式存在显著不同

在国际工程投标报价中，授标书规定的条件具有严格的约束力。投标人在编制投标报价的过程中，项目名称是招标文件的报价表中规定的，投标人不能随意增删，如投标人认为标书报价单中所列项目不全，只能把由此（即标书中未列项目）而发生的费用摊入标书规定的相应项目。此外，国际投标报价的计价项目都按照工程单项内容进行划分，其主要目的是便于价款结算。承包人完成某一数量的工程内容后，一般是在每个月终提出工程结算单，经咨询工程师审核并报发包人批准后，即可按计价项目的单价和数量得到结算款。计价项目的单价是综合单价，即包含了直接费、间接费和利润在内的单价。

6）国际工程评标定标与国内工程评标定标做法也有明显差异

国际工程评标一般包括以下七大步骤：行政性评审、技术评审、商务评审、澄清投标书中的问题、资格后审、编制评审报告以及定标与授标。国际工程招标一般是由招标人最后决定中标人。

7）国际工程招标投标属市场行为，无行政管理部门管理和监督

国际工程招标投标属市场行为，发包人有完全的评标和定标权。而我国招标投标的申请、招标控制价的确定、评标和定标工作等均需行政管理部门管理和监督。

2. 国际工程招标投标的招标方式

国际工程项目招标方式分为国际竞争性招标（又称国际公开招标）、国际有限招标、两阶段招标和议标（邀请协商）四种类型。

（1）国际竞争性招标

国际竞争性招标是指在国际范围内采用公平竞争方式，定标时按事先规定的原则对所有具备要求资格的投标人一视同仁，根据其投标报价及评标的所有依据，如工期要求、可兑换外币比例（可兑换和不可兑换两种货币付款的工程项目）、投标人的人力、财力和物力及其拟用于工程项目的设备等因素，进行评标、定标。采用这种方式可以最大限度地挑起竞争，形成买方市场，使招标人有最充分地挑选余地，获取最有利的成交条件。

国际竞争性招标是目前世界上最普遍采用的招标方式。采用这种方式，发包人可以在国际市场上找到在价格和质量方面对自己最有利的承包商，且建设项目的工期及施工技术方面都可以满足自己的要求。按照国际竞争性招标方式，招标人决定招标条件。因此，

订立最有利于招标人，有时甚至对承包商很苛刻的合同是理所当然的。国际竞争性招标的适用范围可按资金来源和工程性质进行划分。

1）按资金来源划分

根据建设项目的全部或部分资金来源，国际竞争性招标主要适用于以下情况：①由世界银行及其附属组织（国际开发协会和国际金融公司）提供优惠贷款的工程项目；②由联合国多边援助机构和国际开发组织（地区性金融机构，如亚洲开发银行）提供援助性贷款的工程项目；③由某些国家的基金会（如科威特基金会）和一些政府（如日本）提供资助的工程项目；④由国际财团或多家金融机构投资的工程项目；⑤两国或两国以上合资的工程项目；⑥需要承包商提供资金即带资承包或延期付款的工程项目；⑦以实物偿付（如石油、矿产或其他实物）的工程项目；⑧发包国拥有足够的自有资金，而自己无力实施的工程项目。

2）按工程性质划分

按照工程的性质，国际竞争性招标主要适用于以下情况：①大型土木工程，如水坝、电站、高速公路等；②施工难度大，发包国在技术或人力方面均无实施能力的工程，如工业综合设施、海底工程等；③跨越国境的国际工程，如非洲公路连接欧亚两大洲的贸易通道。

（2）国际有限招标

国际有限招标是一种有限竞争招标，较国际竞争性招标有其局限性，即投标人选择有一定的限制，不是任何对发包项目有兴趣的承包商都有资格投标。国际有限招标包括一般限制性招标和特邀招标两种方式。

1）一般限制性招标

一般限制性招标也是在世界范围内进行招标，但对投标人选择有一定的限制。具体做法与国际竞争性招标颇为相似，只是更强调投标人的资信。采用一般限制性招标方式也应该在国内外主要报刊上刊登广告，但必须注明是有限招标，且应说明投标人选择的限制范围。

2）特邀招标

特邀招标即特别邀请性招标，采用这种方式时，一般不在报刊上刊登广告，而是根据招标人积累的经验和资料或由咨询公司提供的承包商名单，由招标人在征得世界银行或其他项目资助机构的同意后，对某些承包商发出邀请，经过对应邀人进行资格预审后，再通知其提出报价，递交投标书。

这种招标方式的优点是经过选择的投标人在经验、技术和信誉方面比较可靠，基本上能保证招标的质量和进度。这种方式的缺点是由于发包人所了解的承包商的数目有限，在邀请时很可能漏掉一些在技术上和报价上有竞争力的承包商。

（3）两阶段招标

两阶段招标实质上是国际竞争性招标和国际有限招标相结合的方式。第一个阶段按公开方式招标，经过开标和评标后，再邀请其中报价较低的或较合格的三家或四家投标人进行第二个阶段的投标报价。一般适用于以下情形：

1）招标工程内容属高新技术，需在第一阶段招标中博采众议、进行评价，选出最新最优设计方案，然后在第二阶段邀请选中方案的投标人进行详细的报价。

2）在某些新型的大型项目承包之前，招标人对此项目的建造方案尚未最后确定，这时可以在第一阶段招标中向投标人提出要求，就其最擅长的建造方案进行报价，或者按其建造方案报价。经过评审，选出其中最佳方案的投标人再进行第二阶段的按其具体方案的详细报价。

3）一次招标不成功，即所有投标报价超出标底20%（规定限额）以上，只好在现有基础上邀请若干家较低报价者再次报价。

（4）议标

议标也称邀请协商，是一种非竞争性招标。严格来说，它并不是一种招标方式，而是一种"谈判合同"。最初，议标的习惯做法是由发包人物色一家承包商直接进行谈判。一般适用于以下情形：

1）某些工程项目的造价过低，不值得组织招标；

2）其中某一家或几家垄断；

3）因工期紧迫不宜采用竞争性招标；

4）招标内容是关于专业咨询、设计和指导性服务或属保密工程；

5）属于政府协议工程。

随着承包活动的广泛开展，议标的含义和做法也在不断发展和改变。目前，在国际工程承包实践中，发包人已不再仅仅是与同一家承包商议标，而是同时与多家承包商谈判，最后无任何约束地将合同授予其中一家，无须优先授予报价最优惠者。议标毕竟不是招标，竞争对手少，有些工程由于专业性过强，自然无法获得有竞争力的报价。

6.7　BIM 在招标投标中的应用

6.7.1　BIM 技术概述

1. BIM 技术的概念

建筑信息模型（building information modeling，BIM）起源于20世纪70年代的美国，由美国佐治亚理工学院建筑与计算机学院的查克伊曼博士提出。2002年，BIM技术由欧特克公司首次引入中国市场，国家"十三五"规划中首次提出BIM技术与工程造价相结合，明确规定以BIM技术为基础，以企业数据库为支撑，建立工程项目造价管理信息系统。目前，在国内已有不少建设项目在项目建设的各个阶段不同程度地运用BIM技术。

按照美国国家BIM标准对BIM进行的定义，BIM是一个建设项目物理和功能特性的数字表达；BIM 是一个共享的知识资源，是一个分享有关建设项目信息并为该项目从建设到拆除全生命周期中的所有决策提供可靠依据的过程；在项目的不同阶段，不同利益相关者通过在 BIM 中插入、提取、更新和修改信息，以支持和反映其各自职责的协同作业。

BIM 技术被国际工程界公认为是建筑业生产力的革命性技术，在建筑设计、施工、运维过程的整个或者某个阶段中，应用 3D（三维模型）、4D（三维模型＋时间）、5D（三维模型＋时间＋投标工序）、6D（三维模型＋时间＋投标工序＋企业定额工序）、7D（三维模型＋时间＋投标工序＋企业定额工序＋进度工序）的信息技术，来进行协同设计、协同施工、虚拟仿真、工程量计算、造价管理及设施运行的技术和管理手段。应用 BIM 信息技术可以消除各种可能导致工期拖延的设计隐患，提高项目实施中的管理效率，并且促进工程量计算的准确性和资金调配的有效管理。

2. BIM 技术的特点

（1）可视化

BIM 提供了可视化的思路，即一种能够在同构件之间形成互动性和反馈性的可视，用 BIM 可以展示出构件由线条表现出来的三维立体实物图，可在可视化的状态下进行项目设计、建造、运营过程中的沟通、讨论和决策等工作。

（2）协调性

协调性是建筑业中的重点内容，一旦项目在实施过程中遇到问题，可将各有关人士组织起来开协调会，利用 BIM 技术的协调性服务，找到施工问题发生的原因及解决办法，然后做变更，提出相应的补救措施来解决问题。

（3）模拟性

BIM 技术可以模拟出不能在真实世界中进行操作的事物。在设计阶段，BIM 技术可以进行节能模拟、日照模拟、紧急疏散模拟等；在招标投标和施工阶段，BIM 技术可以根据施工组织设计模拟实际施工，确定合理的施工方案指导施工。

（4）优化性

BIM 技术的优化性体现在项目方案的优化上，即将项目设计和投资回报分析结合起来，实时计算出设计变化对投资回报的影响，便于为业主提供满足其需求的最有利的设计方案。另外，BIM 技术也可以为特殊项目提供设计优化服务，如裙楼、幕墙、屋顶、大空间等异形设计施工难度比较大，BIM 技术可以对这些内容的设计施工方案进行优化，可实现建设项目工期和造价的显著改进。

3. BIM 技术的意义

BIM 技术在工程造价管理中的应用价值体现在宏观层面和微观层面。

（1）宏观层面

1）BIM 技术有助于建设项目全过程的造价控制

BIM 技术可以提供涵盖项目全生命周期及参建各方的集成管理环境，基于统一的信息模型，进行协同共享和集成化管理；对于工程造价行业，可促进建设项目决策阶段、设计阶段、交易阶段、施工阶段和竣工阶段的数据流通，方便实现多方协同工作，为实现全过程造价管理提供基础。

2）BIM 技术有助于提高工程造价管理水平

BIM 技术有助于提高企业的成本控制能力，增强建设单位、施工单位、咨询企业的造价管理能力，从而节约大量投资。在工程造价管理领域，BIM 技术不仅能提升建设项目的工程质量，还能提升工程造价从业人员的工作素质，促使工程造价管理进入实时、动态、准确分析的时代。

3）BIM 技术有助于造价数据积累

在项目的全生命周期过程，每个阶段都会产生 BIM 模型，以模型为载体，每个阶段都会附加和产生信息与数据，运用 BIM 模型有助于工程造价数据的积累和沉淀，使建设项目的建造过程更加精细。

（2）微观层面

1）提高工程量计算的准确性

BIM 技术的自动化算量方法比传统的计算方法更加准确。基于 BIM 技术的自动化算量方法是利用建立的三维模型进行实体扣减计算，对于规则或不规则构件都是以同样的方法计算，如此可提高造价工程师的工作效率，使工程量计算摆脱人为因素的影响，得到更加客观的数据。

2）合理安排资源计划，加快项目进度

利用 BIM 技术模型提供的数据基础可以合理安排资金使用计划、劳动力安排计划、材料供应计划和机械使用计划等，了解任意时间段各项工作量的多少，进而确定任何时间段的工程造价，以此制订资金计划。此外，依据任意时间段的工作量，分析出所需的人工、材料、机械的需求数量，合理安排工作。

3）控制设计变更

利用 BIM 技术模型可以将设计变更内容关联到模型中。只要模型稍加调整，相关的工程量就会自动反映出来，并把设计变更引起的造价变化直接反馈给设计人员，使他们清晰地掌握设计方案的变化对成本的影响。

4）为项目技术经济指标的对比提供有效支撑

利用 BIM 技术模型数据库的特性，可以赋予模型内的构件各种参数信息，如时间信息、材质信息、施工班组信息、位置信息、工序信息等，利用这些信息可以把模型中的构件进行任意的组合和汇总。利用 BIM 模型可以对相关指标进行详细、准确地分析和抽取，并形成电子资料，方便保存和共享。利用 BIM 模型为施工项目作技术经济指标对比、进行历史数据积累和共享提供了有效支撑。

6.7.2　BIM 技术在招标投标阶段造价管理中的应用

建设项目招标投标阶段是 BIM 技术在造价领域应用较为集中的环节之一。随着工程量清单招标投标在国内建筑市场中的应用，发包人可以根据 BIM 模型在短时间内快速准确地提供指标所需的工程量。

招标投标阶段，工程量计算是核心工作，该工作约占工程造价管理总体工作量的60%。过去人工完成工程量计算非常耗费时间，利用 BIM 技术模型进行工程量计算可以做到自动计算、统计分析，短时间内便可以形成准确的工程量清单。发包人或造价咨询单位可以根据设计单位提供的包含丰富数据信息的 BIM 模型快速抽调出工程量信息，结合项目具体特征编制准确的工程量清单，有效地避免漏项和错算等情况，最大限度地减少施工阶段因工程量问题而引起的纠纷。在招标投标过程中，发包人也可以将拟建项目 BIM 模型以招标文件的形式发放给投标单位，以方便施工单位利用设计模型快速获取正确的工程量信息，用来和招标文件的工程量清单进行比较，进行多方案选择，制定出较好的投标策略。

1. BIM 在发承包阶段中的优势分析

（1）形象直观显示，视觉效果好

在传统的招标投标过程中，以文字为主要沟通交流方式，抽象且枯燥，难以全方面表达建设项目的信息。应用 BIM 技术后，发包人在招标时，可以 3D 模型的辅助功能表达项目概况、设计图纸、招标要求等信息，以形象直观的图形充分展示项目特征，吸引更多投标方参与。此外，BIM 技术也有利于投标方进一步加强自我判断，考虑是否投标，减少盲目竞争和不必要的精力。投标方在投标时，为了提高中标概率，可以利用 BIM 技术设计精美的图表、图形，提升标书的质量和表现力，以获取业主的认可，方便评标专家的评价。

（2）软件算量、计算效率高

工程量的获取是招标投标的关键，精准全面的招标工程量清单是减少工程变更、索赔、结算超预算等难点的有力保障。采用 BIM 技术，按照要求建立相关模型，便可自动生成工程量，大幅提高工程量计算的准确性和效率，将工程估价人员从繁琐的手工算量中解放出来，将更多的人力、物力投入到询价、风险评估等更有技术含量和价值的工作中。采用 BIM 技术可有效降低工程估价人为因素造成的潜在错误，得到更加客观的数据，编制更加精确的报价。

（3）模型传递，综合使用效率高

BIM 技术的一个重要应用就是建模，但是建模的工作量很大、很占用时间，如不同阶段、不同专业在使用 BIM 时，多阶段多方建模将产生大量且重复性工作。在建设项目 BIM 建模的过程中，工程估价人员基于 CAD 图纸，首先用 Revit 软件建立模型，然后通过插件导入广联达钢筋软件 GGL 中配置钢筋，接着将钢筋模型导入图形软件 GGL 中，套用做法再将土建模型导入计价软件 GBQ 进行组价，导出所需报表。同时，还可以将 Revit 建立的模型导入 lumion 软件进行漫游的制作。在编制技术标时，先用 project 编制进度计划，然后再用施工现场布置软件建立场布模型，最后将二者同钢筋模型、土建模型、清单计价一同导入 BIM5D 进行施工进度的动画模拟。

（4）信息共享，监督力度高

基于 BIM 技术，发包人可采用电子化招标投标方式。运用现代信息技术，通过数据电文的形式进行无纸化招标投标可节约能源与资源，提高工作效率。此外，基于 BIM 信息共享平台，如实记录每一次招标投标过程中投标方的具体信息，包括信誉、所属企业、中标结果等，便于发包人在下次发承包工作中迅速获取各方信息。基于 BIM 信息共享平台信息的通透性，判断参与投标人有无故意抬高或压低报价的行为倾向，提高监督力度、防止围标。

2. BIM 技术在发承包阶段的主要任务

招标作为择优的一种方式，大致包括招标前准备（招标委员会的组成、招标公告、资格预审和制定标底）、招标、开标、评标与决标、签订合同等工作。依据这些工作范围，BIM 技术在发承包阶段的主要任务包括建模分析、相关文件的编制和商务标编制。

（1）建模分析

应用 BIM 技术后，建设项目不同专业、不同阶段所需的模型形式、内容、精度也不一样。为了提高效率，专业配合下的建模精细度逐渐递进，避免了不必要的工作或重复工作，制定了合理的建模顺序和专业要求。在招标投标阶段，常用的软件包括 Revit、算量和计价软件。在建模时，首先得熟悉图纸、了解工程概况，才能制定合理的建模顺序，比如，框架结构最好先建立钢筋模型再导入图形软件，而混凝土结构则恰恰相反，最好先建立土建模型再导入钢筋软件。采用 BIM 技术软件能自动获取各项工程量，生成工程量清单；然后再将模型导入计价软件，自动获取定额单价进行组价，快速计算出工程的各项费用，生成各类报表供招标方选择，效率高、误差小。

（2）相关文件的编制

1）智能编辑招标策划，防止时间冲突

招标策划是招标机构与业主在准备招标文件前共同分析项目概况、项目特点、潜在投标人情况等信息后，从而拟定招标方案。是否进行招标策划、招标策划的好或坏与招标人能否买到想要的设备、招标投标双方的分工、设计及供货范围等息息相关，进而直接影响投标价格。因此，招标策划在整个招标过程中起着关键作用。在 BIM 技术软件中，编制招标策划有对应的沙盘操作执行软件，工程估价人员只需输入项目的基本信息，确定招标条件和招标方式，系统便会给出招标计划的大致框架。在选取所需的计划流程后，确定每一项工作的具体时间时，系统都会给出规定的上下限范围，一旦输错马上提示，降低了对工程估价人员的经验要求，大大提高了工作效率。

2）通过仿真模拟实现合同动态管理

在制定工程合同时，传统招标投标都是基于一般的文档形式，在项目各参与方之间协商交流的基础上进行的，但是在项目实际执行过程中，经常会出现纠纷、索赔等情况，这时项目参与方之间就会相互推诿，从而影响工期和工程质量，造成成本超支等现象。

　　BIM 技术的出现确能实现从静态到动态管理的变革。利用 BIM 技术的监督和控制作用，可在招标投标阶段就制定好动态系统，脱离纸质文件的束缚与固定模式的干扰，为后续阶段一系列变更索赔的发生及时匹配到合适模板，快速解决纠纷。

　　（3）商务标编制

　　1）招标信息不全时，迅速找出应对方案

　　现阶段，由于"三边"工程和咨询顾问的水平有限，甲方在招标中提供的工程量清单质量很低，如果施工企业能利用 BIM 技术获得精确的工程量清单，就可采用不平衡报价策略，以获得更好的结算利润。若投标时间非常紧，没有时间仔细审核图纸或核对工程量清单，那么就可利用 BIM 数据库结合相关软件整理数据，通过核算人、材、机用量分析施工环境和施工难点，结合施工单位的实际施工能力综合判断选择项目投标，做好标前评价，快速应对。

　　2）投标报价科学合理，价格市场日益完善

　　BIM 模型可以存储大量数据，在为工程估价人员提供精准工程量数据的同时，还可以提供造价编制所需的构件信息，如尺寸、材质、厂家、价格等，有助于工程估价人员快速获取相关资料，节省更多时间用于劳务、材料、机械等方面的对比选择，让报价更加科学合理。

　　3）风险分析减少变更

　　BIM 平台，连接了各行各业的价格库，是一种高度共享的云端，可以快速获取所需材料的实时价格，但有时会面对很多种选择，材料价格会因厂家、标准、性能等的不同而有所差异。工程估价人员在获取某一材料价格时，在未指定厂家和材料的情况下，可以采取市场平均值或者工作经验、市场询价等途径，建立系统化的材料价格信息库，降低因信息不全、定价不准而带来的风险。

37-BIM 技术在造价管理中的工程实例

6.8　案例

　　背景资料：

　　某大型工程，由于技术难度大，对施工单位的施工设备和同类工程施工经验要求高，而且对工期的要求也比较紧迫。招标人在对有关单位及其在建工程考察的基础上，仅邀请了 4 家国有特级施工企业参加投标，并预先与咨询单位和该 4 家施工单位共同研究确定了施工方案。招标人要求投标人将技术标和商务标分别装订报送。招标文件中规定采用综合评估法进行评标，具体的评标标准如下：

　　（1）技术标共 30 分，其中施工方案 10 分（因已确定施工方案，各投标人均得 10 分）、施工总工期 10 分、工程质量 10 分。满足招标人总工期要求（36 个月）者得 4 分，每提前1个月加1分，不满足者为废标；招标人希望该工程今后能被评为省优工程，自报工程质量合格者得4分，承诺将该工程建成省优工程者得6分（若该工程未被评为省优工程将扣罚合同价的2%，该款项在竣工结算时暂不支付给施工单位），近三年内获鲁班工程奖每项加2分，获省优工程奖每项加1分。

（2）商务标共70分。最高投标限价为36500万元，评标时有效报价的算术平均数为评标基准价。报价为评标基准价的98%者得满分（70分），在此基础上，报价比标底每下降1%，扣1分，每上升1%，扣2分（计分按四舍五入取整）。

各投标人的有关情况列于表6-3。

投标参数汇总表　　表6-3

投标人	报价（万元）	总工期（月）	自报工程质量	鲁班工程奖	省优工程奖
A	35642	33	省优	1	1
B	34364	31	省优	0	2
C	33867	32	合格	0	1
D	36578	34	合格	1	2

问题：

（1）该工程采用邀请招标方式且仅邀请4家投标人投标，是否违反有关规定？为什么？

（2）请按综合得分最高者中标的原则确定中标人。

（3）若改变该工程评标的有关规定，将技术标增加到40分，其中施工方案20分（各投标人均得20分），商务标减少为60分，是否会影响评标结果？为什么？若影响，应由哪家投标人中标？

【解】

（1）不违反（或符合）有关规定。因为根据有关规定，对于技术复杂的工程，允许采用邀请招标方式，邀请的投标人不得少于3家。

（2）确定中标人

1）计算各投标人的技术标得分，见表6-4。

技术标得分计算表　　表6-4

投标人	施工方案	总工期	工程质量	合计
A	10	4+（36-33）×1=7	6+2+1=9	26
B	10	4+（36-31）×1=9	6+1×2=8	27
C	10	4+（36-32）×1=8	4+1=5	23

投标人D的报价36578万元超过最高投标限价36500万元，为废标，不计算技术标得分。

2）计算各投标人的商务标得分，见表6-5。

商务标得分计算表　　　　　　　　表6-5

投标人	报价（万元）	报价与评标基准价的比例（%）	扣分	得分
A	35642	35642/34624=102.9	（102.9−98）×2 ≈ 10	70−10=60
B	34364	34364/34624=99.2	（99.2−98）×1 ≈ 2	70−2=68
C	33867	33867/34624=97.8	（97.8−98）×1 ≈ 0	70−0=70

评标基准价 =（35642+34364+33867）÷3=34624 万元

3）计算各投标人的综合得分，见表6-6。

综合得分计算表　　　　　　　　表6-6

投标人	技术标得分	商务标得分	综合得分
A	26	60	86
B	27	68	95
C	23	70	93

因为投标人 B 的综合得分最高，故应选择其作为中标人。

（3）改变评标办法不会影响评标结果，因为各投标人的技术标得分均增加 10 分（20−10），而商务标得分均减少 10 分（70−60），综合得分不变。

习题

单选题

1. 招标工程量清单的项目特征中通常不需描述的内容是（　　）。

A. 材料材质　　　　　B. 结构部位　　　　　C. 工程内容　　　　　D. 规格尺寸

2. 根据《建设工程工程量清单计价规范》GB 50500—2013，关于其他项目清单的编制和计价，下列说法正确的是（　　）。

A. 暂列金额由招标人在工程量清单中暂定

B. 暂列金额包括暂不能确定价格的材料暂定价

C. 专业工程暂估价中包括规费和税金

D. 计日工单价中不包括企业管理费和利润

3. 根据《建设工程工程量清单计价规范》GB 50500—2013，关于招标工程量清单中暂列金额的编制，下列说法正确的是（　　）。

A. 应详列其项目名称、计量单位，不列明金额

B. 应列明暂定金额总额，不详列项目名称

C. 不同专业预留的暂列金额应分别列项

D. 没有特殊要求一般不列暂列金额

4.施工投标报价工作包括：①工程现场调查；②组建投标报价班子；③确定基础报价；④制定项目管理规划；⑤复核清单工程量。下列工作排序正确的是（　　）。

A.①④②③⑤　　　　B.②③④①⑤　　　　C.①②③④⑤　　　　D.②①⑤④③

5.编制招标工程量清单时，应根据施工图纸的深度、暂估价设定的水平、合同价款约定调整因素以及工程实际情况合理确定的清单项目是（　　）。

A.措施项目清单　　　　　　　　B.暂列金额

C.专业工程暂估价　　　　　　　D.计日工

6.投标报价时，投标人需严格按照招标人所列项目明细进行自主报价的是（　　）。

A.总价措施项目　　　　　　　　B.专业工程暂估价

C.计日工　　　　　　　　　　　D.规费

7.在投标报价确定分部分项工程综合单价时，应根据所选的计算基础计算工程内容的工程量，该数量应为（　　）。

A.实物工程量　　　　　　　　　B.施工工程量

C.定额工程量　　　　　　　　　D.复核的清单工程量

填空题

1.合同依据的计价方式不同，主要有总价、单价和成本加酬金合同，发承包双方谈判中根据（　　）的特点加以确定。

2.联合体中标者，联合体各方应当共同与招标人签订合同，就中标项目向招标人（　　）。

3.订立合同必须经过一定的程序，不同合同其订立的程序可能不同，但其中（　　）是每个合同都必须要有的程序。

思考题

1.施工招标程序中包含哪些工作？

2.评标的方法及适用的项目情形有哪些？

3.投标报价策略有哪些？

4.国际工程招标投标的特征有哪些？

5.BIM技术在发承包阶段造价管理的应用有哪些？

第7章 建设项目施工阶段造价管理

7.1 概述

7.1.1 施工阶段工程造价管理的基本程序

建设工程施工阶段承包商按照设计文件、合同的要求，通过施工生产活动完成建设工程项目产品的实物形态，建设工程项目投资的绝大部分支出都发生在这个阶段。由于建设工程项目施工是一个动态系统的过程，涉及环节多、施工条件复杂，设计图、环境条件、工程变更、工程索赔、施工的工期与质量、人工、材料及机械台班价格的变动、风险事件的发生等很多因素的变化都会直接影响工程的实际价格，因此施工阶段的工程造价管理最为复杂，应按照一定的工作程序来管理此阶段的工程造价，图 7-1 所示为工程施工阶段造价管理的基本程序。

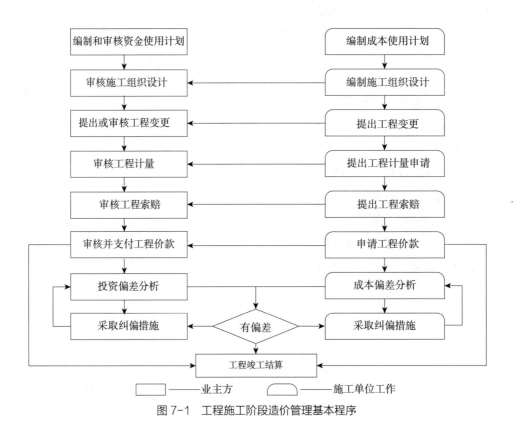

图 7-1 工程施工阶段造价管理基本程序

7.1.2　施工阶段工程造价管理的主要内容

建设项目施工阶段是工程造价管理最难、最复杂的阶段，除政府、行业协会的监管与信息服务外，所涉及的单位主要有建设单位、监理单位、咨询单位、设计单位、施工单位等。建设项目施工阶段造价管理的主要内容有资金使用计划的编制、工程合同价款的调整、工程计量、工程合同价款结算、施工成本管理、工程费用的偏差分析与动态监控等。

（1）建设单位工作内容

建设单位在建设项目施工阶段通过编制资金使用计划，及时进行工程计量与结算，预防并处理好工程变更与索赔，进行投资偏差分析并采取纠偏措施，从而有效控制工程造价。

（2）施工单位工作内容

施工单位在建设项目施工阶段要做好成本计划与动态监控等工作，综合考虑建造成本、工期成本、质量成本、安全成本、环保成本等要素，有效控制施工成本。同时根据实际情况做好工程变更与索赔，及时进行工程价款调整与结算。

7.2　资金使用计划的编制

7.2.1　资金使用计划的作用

建设工程周期长、规模大、造价高，施工阶段又是资金投入量最直接、最大、效果最明显的阶段。施工阶段资金使用计划的编制与控制在整个建设管理中处于重要地位，它对工程造价有重要影响，主要表现在以下几方面：

（1）通过编制资金使用计划，合理地确定造价控制的目标值，包括造价的总目标值、分目标值和各详细目标值，为工程造价的控制提供依据，并为资金的筹集与协调打下基础。有了明确的目标值后，就能将工程实际支出与目标值进行比较，找出偏差、分析原因、采取措施、纠正偏差。

（2）通过资金使用计划的编制，可以对未来工程项目的资金使用和进度控制进行预测，消除不必要的资金浪费和进度失控，也能够避免在今后的工程项目中由于缺乏依据而进行轻率判断所造成的损失，减少盲目性，让现有资金能充分发挥作用。

（3）在建设项目的实施过程中，通过资金使用计划的严格执行，可以有效地控制工程造价上升，最大限度地节约投资，提高投资效益。

（4）对脱离实际的工程造价目标值和资金使用计划，应在科学评估的前提下，允许修订和更改，使工程造价趋于合理，从而保障建设单位和承包人各自的合法权益。

7.2.2　资金使用计划的编制方法

依据项目结构分解的方法不同，资金使用计划的编制方法也有所不同，常见的有按工程造价构成编制资金使用计划、按工程项目组成编制资金使用计划和按工程进度编制资金使用计划。这三种不同的编制方法可以有效结合起来，组成一个详细完备的资金使用计划体系。

1. 按工程造价构成编制资金使用计划

工程造价主要分为建筑安装工程费、设备工器具费和工程建设其他费三部分；按工程造价构成编制的资金使用计划也分为建筑安装工程费使用计划、设备工器具费使用计划和工程建设其他费使用计划。每部分费用比例根据以往的经验或已建立的数据库确定，也可根据具体情况作适当调整，每一部分还可以作进一步的划分。这种编制方法比较适用于有大量经验数据的工程项目。

2. 按工程项目组成编制资金使用计划

大中型工程项目一般由多个单项工程组成，每个单项工程又可细分为不同的单位工程，进而分解为各个分部分项工程。设计概算、预算都是按单项工程和单位工程编制的，因此这种编制方法比较简单，易于操作。

（1）按工程项目构成恰当分解资金使用计划总额

为了按不同子项划分资金，首先必须对工程项目进行合理划分，划分的粗细程度应根据实际需要而定。一般来说，将工程造价目标分解到各单项工程、单位工程比较容易，结果也比较合理可靠。按这种方式分解时，不仅要分解建筑安装工程费，而且要分解设备及工器具购置费以及工程建设其他费、预备费、建设期贷款利息等。

（2）编制各工程分项的资金支出计划

在完成工程项目造价目标的分解之后，应确定各工程分项的资金支出预算。工程分项的资金支出预算一般可按下式计算：

$$分项支出预算 = 核实的工程量 \times 单价 \qquad (7-1)$$

在式（7-1）中，核实的工程量可反映并消除实际与计划（如投标书）的差异，单价则在上述建筑安装工程费用分解的基础上确定。

（3）编制详细的资金使用计划表

各工程分项的详细资金使用计划表应包括工程分项编号、工程内容、计量单位、工程数量、单价、工程分项总价等内容（见表7-1）。

资金使用计划表　　　　　　　　　　　　　　　　　表7-1

序号	工程分项编码	工程内容	计量单位	工程数量	单价	工程分项总价	备注

在编制资金使用计划时，应在主要的工程分项中考虑适当的不可预见费。此外，对于实际工程量与计划工程量（如工程量清单）差异较大者，还应特殊标明，以便在实施中主动采取必要的造价控制措施。

3. 按工程进度编制资金使用计划

投入到工程项目的资金是分阶段、分期支出的，资金使用是否合理与施工进度安排密切相关。为了编制资金使用计划并据此筹集资金，应尽可能减少资金占用和利息支付，且有必要将工程项目的资金使用计划按施工进度进行分解，以确定各施工阶段具体的目标值。

（1）编制工程施工进度计划

应用工程网络计划技术编制工程网络进度计划，计算相应的时间参数，并确定关键线路。

（2）计算单位时间的资金支出目标

根据单位时间（月、旬或周）拟完成的实物工程量、投入的资源数量，计算相应的资金支出额，并将其绘制在时标网络计划图中。

（3）计算规定时间内的累计资金支出额

若 q_n 为单位时间内的资金支出计划数额，t 为规定的计算时间，相应的累计资金支出数额 Q_t 可按公式（7-2）计算：

$$Q_t = \sum_{n=1}^{t} q_n \tag{7-2}$$

（4）绘制资金使用时间进度计划的S曲线

按规定的时间绘制资金使用与施工进度的S曲线。每一条S曲线都对应某一特定的工程进度计划。由于在工程网络进度计划的非关键线路中存在许多有时差的工作，因此，S曲线（投资计划值曲线）必然包括在由全部工作均按最早开始时间（*ES*）开始和全部工作均按最迟开始时间（*LS*）开始的曲线所组成的"香蕉图"内，如图7-2所示。

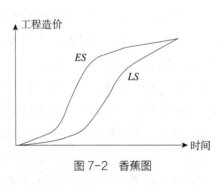

图7-2　香蕉图

建设单位可以根据编制的投资支出预算来安排资金，同时也可以根据筹措的建设资金来调整S曲线，即通过调整非关键线路上工作的开始时间，力争将实际投资支出控制在计划范围内。

一般而言，所有工作都按最迟开始时间开始，对节约建设单位的建设资金贷款利息是有利的，但同时也降低了工程按期竣工的保证率。因此，必须合理地确定投资支出计划，达到既节约投资支出又保证工程按期完成的目的。

7.3　工程合同价款调整

为合理分配发承包双方的合同价款变动风险，有效地控制工程造价，发承包双方应当在施工合同中明确约定合同价款的调整事项、调整方法及调整程序。

　　《建设工程工程量清单计价规范》GB 50500—2013 将引起工程合同价款变动的事项大致划分为法规变化类、工程变更类、工程索赔类、物价变化类和其他类五大类，包括法律法规变化、工程变更、项目特征不符、工程量清单缺项、工程量偏差、计日工、物价变化、暂估价、不可抗力、提前竣工、误期赔偿、索赔、现场签证、暂列金额及其他 15 种具体事项。

　　每个事项的合同价款调整方法会有不同，但均遵循风险分担的基本原则，即哪一方最有能力控制该风险，风险就由哪一方承担；若是双方均不能控制的风险，则由发包人承担。具体调整方法会在后面进行介绍。

　　由不同事项引起工程合同价款调整的程序基本一致，在《建设工程工程量清单计价规范》GB 50500—2013 中给出了明确规定，为发承包双方在施工合同中对调整程序的约定提供了依据。具体规定如下：

　　（1）出现合同价款调增事项（不含工程量偏差、计日工、现场签证和索赔）后的 14 天内，承包人应向发包人提交合同价款调增报告并附上相关资料；承包人在 14 天内未提交合同价款调增报告的，应视为承包人对该事项不存在调整价款请求。

　　（2）出现合同价款调减事项（不含工程量偏差和索赔）后的 14 天内，发包人应向承包人提交合同价款调减报告并附相关资料；发包人在 14 天内未提交合同价款调减报告的，应视为发包人对该事项不存在调整价款请求。

　　（3）发（承）包人应在收到承（发）包人合同价款调增（减）报告及相关资料之日起 14 天内对其核实，予以确认的应书面通知承（发）包人。当有疑问时，应向承（发）包人提出协商意见。发（承）包人在收到合同价款调增（减）报告之日起 14 天内未确认也未提出协商意见的，应视为承（发）包人提交的合同价款调增（减）报告已被发（承）包人认可。发（承）包人提出协商意见的，承（发）包人应在收到协商意见后的 14 天内对其核实，予以确认的应书面通知发（承）包人。承（发）包人在收到发（承）包人的协商意见后 14 天内既不确认也未提出不同意见的，应视为发（承）包人提出的意见已被承（发）包人认可。

　　需要特别注意的是，发包人与承包人对合同价款调整的不同意见不能达成一致的，只要对发承包双方履约不产生实质影响，双方应继续履行合同义务，直到其按照合同约定的争议解决方式得到处理。此外，经发承包双方确认调整的合同价款，作为追加（减）合同价款的，应与工程进度款或结算款同期支付。

7.3.1　法规变化类合同价款调整

　　法规变化类主要是指因国家法律、法规、规章和政策等的变化而发生的变化。

　　（1）法规变化的风险界定

　　对于因法律、法规变化而引起的工程合同价款变动的风险，基于风险分担的可预见性原则，承包人在投标时不能预见的法律、法规的变动风险，应由发包人承担。

为了合理划分发承包双方的合同风险，施工合同中应当约定一个基准日，对于基准日之后发生的、作为一个有经验的承包人在招标投标阶段不可能合理预见的风险，应当由发包人承担。对于实行招标的建设工程，一般以施工招标文件中规定的提交投标文件截止时间前的第 28 天作为基准日；对于不实行招标的建设工程，一般以建设工程施工合同签订前的第 28 天作为基准日。

（2）合同价款的调整方法

施工合同履行期间，国家颁布的法律、法规、规章和有关政策在合同工程基准日之后发生变化，且因执行相应的法律、法规、规章和政策引起工程造价发生增减变化的，合同双方当事人应当依据法律、法规、规章和有关政策的规定调整合同价款。但是，如果有关价格（如人工、材料和工程设备等价格）的变化已经包含在物价波动事件调价公式中的，则不再予以考虑。

需要注意的是，因承包人原因导致工期延误的，应按违约者不受益的原则调整合同价款。在工程延误期间，国家法律、行政法规和相关政策发生变化引起工程造价变化的，造成合同价款增加的，合同价款不予调整；造成合同价款减少的，合同价款予以调整。

7.3.2　工程变更类合同价款调整

工程变更类包括工程变更、项目特征不符、工程量清单缺项、工程量偏差、计日工等事项。

1. 工程变更

（1）工程变更的风险界定

工程变更是工程实施过程中由发包人或承包人提出，经发包人批准的工程项目工作内容、工作数量、质量要求、施工顺序与时间、施工条件、施工工艺或其他特征及合同条件等的改变。承包人虽有权提出变更，但不能擅自变更，必须得到发包人的批准。因此，工程变更的风险应完全由发包人承担。但工程变更指令发出后，承包人应当抓紧落实，如果承包人不能全面落实变更指令，则扩大的损失应当由承包人承担。

（2）工程变更的价款调整方法

1）分部分项工程费的调整

工程变更引起已标价工程量清单项目或其工程数量发生变化时，应按照下列规定调整：

①已标价工程量清单中有适用于变更工程项目的，且工程变更导致该清单项目的工程量变化不足 15% 时，采用该项目的单价。直接采用适用的项目单价的前提是其采用的材料、施工工艺和方法基本相同，也不增加关键线路上的施工时间。当工程量变化超过 15% 时，分两种情况：当工程量增加 15% 以上时，增加部分工程量的综合单价应予调低；当工程量减少 15% 以上时，减少后剩余部分工程量的综合单价应予调高。

②已标价工程量清单中没有适用但有类似于变更工程项目的，可在合理范围内参照

类似项目的单价。

③已标价工程量清单中没有适用也没有类似于变更工程项目的，由承包人根据变更工程资料、计量规则和计价办法、工程造价管理机构发布的信息（参考）价格和承包人报价浮动率提出变更工程项目的单价，报发包人确认后调整。承包人报价浮动率可按下列公式计算：

招标工程：

$$承包人报价浮动率 L=（1-中标价/招标控制价）\times 100\% \tag{7-3}$$

非招标工程：

$$承包人报价浮动率 L=（1-报价/施工图预算）\times 100\% \tag{7-4}$$

注：上述公式中的中标价、招标控制价或报价值和施工图预算均不含安全文明施工费。

④已标价工程量清单中没有适用也没有类似于变更工程项目，且工程造价管理机构发布的信息（参考）价格缺价的，由承包人根据变更工程资料、计量规则、计价办法和通过市场调查等取得的有合法数据的市场价格提出变更工程项目的单价，报发包人确认后调整。

2）措施项目费的调整

工程变更引起措施项目发生变化的，承包人提出调整措施项目费的，应事先将拟实施的方案提交发包人确认，并详细说明与原方案措施项目相比的变化情况。拟实施的方案经发承包双方确认后执行。并应按照下列规定调整措施项目费：

①安全文明施工费，按照实际发生变化的措施项目调整，不得浮动。

②采用单价计算的措施项目费，按照实际发生变化的措施项目，按前述分部分项工程费的调整方法确定单价。

③按总价（或系数）计算的措施项目费，除安全文明施工费外，按照实际发生变化的措施项目调整，但应考虑承包人报价浮动因素，即调整金额按照实际调整金额乘以上述承包人报价浮动率。

如果承包人未事先将拟实施的方案提交给发包人确认，则视为工程变更不引起措施项目费的调整或承包人放弃调整措施项目费的权利。

3）删减工程或工作的补偿

如果发包人提出的工程变更，由于非承包人原因删减了合同中的某项原定工作或工程，致使承包人发生的费用或（和）得到的收益不能被包括在其他已支付或应支付的项目中，也未被包含在任何替代的工作或工程中，则承包人有权提出并得到合理的费用及利润补偿。

2. 项目特征不符

（1）项目特征不符的风险界定

项目特征描述是确定综合单价的重要依据之一，承包人在投标报价时应依据发包人提供的招标工程量清单中的项目特征描述，确定其清单项目的综合单价。发包人在招标工程量清单中对项目特征的描述应被认为是准确的和全面的，并且与实际施工要求相符合。承包人应按照发包人提供的招标工程量清单，根据其项目特征描述的内容及有关要求实施合同工程，直到其被改变为止。因此，项目特征不符风险应由发包人承担。

（2）合同价款的调整方法

承包人应按照发包人提供的设计图纸实施工程合同，若在合同履行期间，出现设计图纸（包括设计变更）与招标工程量清单中任一项目的特征描述不符，且该变化引起该项目的工程造价发生增减变化的，发承包双方应当按照实际施工的项目特征，重新确定相应工程量清单项目的综合单价，并调整合同价款。

3. 工程量清单缺项

（1）工程量清单缺项的风险界定

招标工程量清单必须作为招标文件的组成部分，其准确性和完整性由招标人负责。因此，招标工程量清单是否准确和完整，其责任应当由提供工程量清单的发包人负责，作为投标人的承包人不应承担因工程量清单的缺项、漏项以及计算错误带来的风险与损失。

（2）合同价款的调整方法

1）分部分项工程费的调整

施工合同履行期间，由于招标工程量清单中分部分项工程出现缺项、漏项造成新增工程清单项目的，应按照工程变更事件中关于分部分项工程费的调整方法调整合同价款。

2）措施项目费的调整

由于招标工程量清单中分部分项工程出现缺项、漏项引起措施项目发生变化的，应当按照工程变更事件中关于措施项目费的调整方法，在承包人提交的实施方案被发包人批准后，调整合同价款。若招标工程量清单中措施项目出现缺项，承包人应将新增措施项目实施方案提交发包人批准后，按照工程变更事件中的有关规定调整合同价款。

4. 工程量偏差

（1）工程量偏差的风险界定

工程量偏差是指承包人根据发包人提供的图纸（包括由承包人提供经发包人批准的图纸）进行施工，按照现行国家计量规范规定的工程量计算规则，计算得到的完成合同工程项目应予计量的工程量与相应的招标工程量清单项目列出的工程量之间出现的量差。工程量偏差风险由发包人承担。

（2）合同价款的调整方法

施工合同履行期间，若应予计算的实际工程量与招标工程量清单列出的工程量之间出现偏差，或者因工程变更等非承包人原因导致工程量出现偏差，该偏差对工程量清单项目的综合单价将产生影响，是否调整综合单价以及如何调整，发承包双方应当在施工合同中约定。如果合同中没有约定或约定不明的，可以按以下原则办理。

1）综合单价的调整原则

当应予计算的实际工程量与招标工程量清单出现的偏差（包括因工程变更等原因导致的工程量的偏差）超过15%时，对综合单价的调整原则为：当工程量增加15%以上时，其增加部分工程量的综合单价应予调低；当工程量减少15%以上时，减少后剩余部分工程量的综合单价应予调高。具体调整方法如下：

①当 $Q_1>1.15Q_0$ 时：

$$S=1.15Q_0 \times P_0+（Q_1-1.15Q_0）\times P_1 \qquad (7-5)$$

②当 $Q_1<0.85Q_0$ 时：

$$S=Q_1 \times P_1 \qquad (7-6)$$

式中　　S ——调整后的某一分部分项工程费结算价；

Q_1——最终完成的工程量；

Q_0——招标工程量清单中列出的工程量；

P_1——按照最终完成工程量重新调整后的综合单价；

P_0——承包人在工程量清单中填报的综合单价。

新综合单价 P_1 的确定方法：一是发承包双方协商确定；二是与招标控制价相联系，当工程量偏差项目出现承包人在工程量清单中填报的综合单价与发包人招标控制价相应清单项目的综合单价偏差超过15%时，工程量偏差项目综合单价的调整如下：

a. 当 $P_0<P_2 \times（1-L）\times（1-15\%）$ 时，该类项目的综合单价 P_1 为：

$$P_1=P_2 \times（1-L）\times（1-15\%） \qquad (7-7)$$

b. 当 $P_0>P_2 \times（1+15\%）$ 时，该类项目的综合单价 P_1 为：

$$P_1=P_2 \times（1+15\%） \qquad (7-8)$$

c. 当 $P_0>P_2 \times（1-L）\times（1-15\%）$ 且 $P_0<P_2 \times（1+15\%）$ 时，可不调整。

式中　　P_0——承包人在工程量清单中填报的综合单价；

P_2——发包人招标控制价相应项目的综合单价；

L ——承包人报价浮动率。

【例7-1】某工程项目招标工程量清单数量为1520m³，施工中由于设计变更调整为1824m³，该项目招标控制价的综合单价为350元/m³，投标报价为406元/m³，应如何调整？

【解】

1824/1520=120%，工程量增加超过15%，需对单价作调整。

$P_2 \times（1+15\%）=350 \times（1+15\%）=402.50$ 元 < 406 元

该项目变更后的综合单价应调整为402.50元。

$S=1520 \times（1+15\%）\times 406+（1824-1520 \times 1.15）\times 402.50$

$=709688+76 \times 40250=70278$ 元

2）措施项目费的调整原则

当应予计算的实际工程量与招标工程量清单出现的偏差（包括因工程变更等原因导致的工程量偏差）超过15%，且该变化引起措施项目相应发生变化时，如该措施项目是按系数或单一总价方式计价的，对措施项目费的调整原则为：工程量增加的，措施项目费调增；工程量减少的，措施项目费调减。至于具体的调整方法，则应由双方当事人在合同专用条款中约定。

5. 计日工

（1）计日工风险界定

发包人通知承包人以计日工方式实施的零星工作，承包人应予执行。因此，计日工风险完全由发包人承担。

（2）合同价款的调整方法

采用计日工计价的任何一项变更工作，承包人应在该项变更的实施过程中，按合同约定提交以下报表和有关凭证送发包人复核：

1）工作名称、内容和数量；

2）投入该工作所有人员的姓名、工种、级别和耗用工时；

3）投入该工作的材料名称、类别和数量；

4）投入该工作的施工设备型号、台数和耗用台时；

5）发包人要求提交的其他资料和凭证。

任一计日工项目实施结束，承包人应按照确认的计日工现场签证报告核实该类项目的工程数量，并根据核实的工程数量和承包人已标价工程量清单中的计日工单价计算，提出应付价款；已标价工程量清单中没有该类计日工单价的，由发承包双方按工程变更的有关规定商定计日工单价进行计算。

每个支付期末，承包人应与进度款同期向发包人提交本期间所有计日工记录的签证汇总表，以说明本期间自己认为有权得到的计日工金额，通过调整合同价款，列入进度款支付。

7.3.3　工程索赔类合同价款调整

工程索赔类主要包括不可抗力、提前竣工（赶工补偿）、误期赔偿、索赔等事项。

1. 不可抗力

（1）不可抗力的范围

不可抗力是指合同双方在合同履行中出现的不能预见、不能避免并不能克服的客观情况。不可抗力的范围一般包括因战争、敌对行动（无论是否宣战）、入侵、外敌行为、军事政变、恐怖主义、骚动、暴动、空中飞行物坠落或其他非合同双方当事人责任或原因造成的罢工、停工、爆炸、火灾等，以及当地气象、地震、卫生等部门规定的情形。

双方当事人应当在合同专用条款中明确约定不可抗力的范围以及具体的判断标准。

如果合同专业条款中未明确，但经国家相关部门认定为不可抗力的，按不可抗力事件进行索赔。比如 2020 年 2 月，针对新型冠状病毒肺炎疫情，住房和城乡建设部办公厅在《关于加强新冠肺炎疫情防控有序推动企业开复工工作的通知》中明确指出：疫情防控导致工期延误，属于合同约定的不可抗力情形。因疫情防控增加的防疫费用，可计入工程造价；因疫情造成的人工、建材价格上涨等成本，发承包双方要加强协商沟通，按照合同约定的调价方法调整合同价款。

（2）不可抗力的风险界定

1）费用的分担原则

因不可抗力事件导致的人员伤亡、财产损失及其费用增加，发承包双方应按以下原则分别承担并调整合同价款和工期：

①合同工程本身的损害、因工程损害导致第三方人员伤亡和财产损失以及运至施工场地用于施工的材料和待安装的设备的损害，由发包人承担；

②发包人、承包人人员伤亡由其所在单位负责，并承担相应费用；

③承包人的施工机械设备损坏及停工损失，由承包人承担；

④停工期间，承包人应发包人要求留在施工场地的必要的管理人员及保卫人员的费用由发包人承担；

⑤工程所需清理、修复费用，由发包人承担。

2）工期的处理

因发生不可抗力事件导致工期延误的，工期相应顺延。发包人要求赶工的，承包人应采取赶工措施，赶工费用由发包人承担。

2. 提前竣工（赶工补偿）

发包人应当依据相关工程的工期定额合理计算工期，压缩的工期天数不得超过定额工期的 20%，超过 20% 的应在招标文件中明示增加赶工费用。

发包人要求合同工程提前竣工，应征得承包人同意后与承包人商定采取加快工程进度的措施，并修订合同工程进度计划。发包人应承担承包人由此增加的提前竣工（赶工补偿）费用。

发承包双方应在合同中约定提前竣工每日历天应补偿额度，此项费用应作为增加合同价款列入竣工结算文件中，与结算款一并支付。

3. 误期赔偿

承包人未按照合同约定施工，导致实际进度迟于计划进度的，承包人应加快进度，实现合同工期。合同工程发生误期的，承包人应赔偿发包人由此造成的损失，并应按照合同约定向发包人支付误期赔偿费。即使承包人支付误期赔偿费，也不能免除承包人按照合同约定应承担的任何责任和应履行的任何义务。

发承包双方应在合同中约定误期赔偿费，并应明确每日历天应赔偿额度。误期赔偿费应列入竣工结算文件中，并应在结算款中扣除。

在工程竣工之前，合同工程内的某单项（位）工程已通过竣工验收，且该单项（位）工程接收证书中表明的竣工日期并未延误，而是合同工程的其他部分产生工期延误时，误期赔偿费应按照已颁发工程接收证书的单项（位）工程造价占合同价款的比例幅度予以扣减。

4. 索赔

（1）索赔的概念及分类

工程索赔是指在工程合同履行过程中，当事人一方由于非自身原因而遭受经济损失或工期延误，通过合同约定或法律规定应由对方承担责任，而向对方提出工期和（或）费用补偿要求的行为。

1）按索赔的当事人分类

根据索赔的合同当事人不同，可以将工程索赔分为：

①承包人与发包人之间的索赔。该类索赔发生在建设工程施工合同的双方当事人之间，既包括承包人向发包人的索赔，也包括发包人向承包人的索赔。但是在工程实践中，经常发生的索赔事件大都是承包人向发包人提出的，本书中所提及的索赔，如果未作特别说明，即是指此类情形。

②总承包人与分包人之间的索赔。在建设工程分包合同履行过程中，索赔事件发生后，无论是发包人的原因还是总承包人的原因所致，分包人都只能向总承包人提出索赔要求，而不能直接向发包人提出。

2）按索赔的目的和要求分类

根据索赔的目的和要求不同，可以将工程索赔分为：

①工期索赔。工期索赔一般是指工程合同履行过程中，由于非自身原因导致的工期延误，按照合同约定或法律规定，承包人向发包人提出工期补偿要求的行为。工期顺延的要求获得批准后，不仅可以免除承包人承担拖期违约赔偿金的责任，而且承包人还有可能因工期提前获得赶工补偿（或奖励）。

②费用索赔。费用索赔是指工程承包合同履行过程中，当事人一方因非自身原因而遭受损失，按合同约定或法律规定应由对方承担责任，而向对方提出增加费用要求的行为。

3）按索赔事件的性质分类

根据索赔事件的性质不同，可以将工程索赔分为：

①工程延误索赔。因发包人未按合同要求提供施工条件，或因发包人指令工程暂停或不可抗力事件等原因造成工期拖延的，承包人可以向发包人提出索赔；如果由于承包人原因导致工期拖延，发包人可以向承包人提出索赔。

②加速施工索赔。由于发包人指令承包人加快施工速度、缩短工期，引起承包人人力、物力、财力的额外开支，承包人提出的索赔。

③工程变更索赔。由于发包人指令增加或减少工程量或增加附加工程、修改设计、

变更工程顺序等，造成工期延长和（或）费用增加，承包人就此提出的索赔。

④合同终止的索赔。由于发包人违约或发生不可抗力事件等原因造成合同非正常终止，承包人因此遭受经济损失而提出的索赔。如果由于承包人的原因导致合同非正常终止或者合同无法继续履行，发包人可以就此提出索赔。

⑤不可预见的不利条件索赔。承包人在工程施工期间，施工现场遇到一个有经验的承包人通常不能合理预见的不利施工条件或外界障碍，例如，地质条件与发包人提供的资料不符，出现不可预见的地下水、地质断层、溶洞、地下障碍物等，承包人可以就因此遭受的损失提出索赔。

⑥不可抗力事件的索赔。工程施工期间，因不可抗力事件的发生而遭受损失的一方，可以根据合同中对不可抗力风险分担的约定，向对方当事人提出索赔。

⑦其他索赔。如因货币贬值、汇率变化、物价上涨、政策法令变化等原因引起的索赔。《中华人民共和国标准施工招标文件》（2007 年版）的通用合同条款中，按照引起索赔事件的原因不同，对一方当事人提出的索赔可能给予合理工期、费用和（或）利润补偿的情况，分别作了相应的规定。其中，引起承包人索赔的事件以及可能得到的合理补偿内容，如表 7-2 所示。

《中华人民共和国标准施工招标文件》中承包人索赔的事件及可补偿内容　　表 7-2

序号	条款号	索赔事件	可补偿内容		
			工期	费用	利润
1	1.6.1	迟延提供图纸	√	√	√
2	1.10.1	施工中发现文物、古迹	√	√	
3	2.3	迟延提供施工场地	√	√	√
4	4.11	施工中遇到不利物质条件	√	√	
5	5.2.4	提前向承包人提供材料、工程设备		√	
6	5.2.6	发包人提供材料、工程设备不合格或迟延提供或变更交货地点	√	√	√
7	8.3	承包人依据发包人提供的错误资料导致测量放线错误	√	√	√
8	9.2.6	因发包人原因造成承包人人员工伤事故		√	
9	11.3	因发包人原因造成工期延误	√	√	√
10	11.4	异常恶劣的气候条件导致工期延误	√		
11	11.6	承包人提前竣工		√	
12	12.2	发包人暂停施工造成工期延误	√	√	
13	12.4.2	工程暂停后因发包人原因无法按时复工	√	√	√
14	13.1.3	因发包人原因导致承包人工程返工	√	√	√
15	13.5.3	监理人对已经覆盖的隐蔽工程要求重新检查且检查结果合格	√	√	√
16	13.6.2	因发包人提供的材料、工程设备造成工程不合格	√	√	√
17	14.1.3	承包人应监理人要求对材料、工程设备和工程重新检验且检验结果合格	√	√	√

续表

序号	条款号	索赔事件	可补偿内容		
			工期	费用	利润
18	16.2	基准日后法律的变化		√	
19	18.4.2	发包人在工程竣工前提前占用工程	√	√	√
20	18.6.2	因发包人原因导致工程试运行失败		√	√
21	19.2.3	工程移交后因发包人原因出现新的缺陷或损坏的修复		√	√
22	19.4	工程移交后因发包人原因出现的缺陷修复后的试验和试运行		√	
23	21.3.1（4）	因不可抗力停工期间应监理人要求照管、清理、修复工程		√	
24	21.3.1（4）	因不可抗力造成工期延误	√		
25	22.2.2	因发包人违约导致承包人暂停施工	√	√	√

（2）索赔成立的条件和依据

1）索赔成立的条件

承包人工程索赔成立的基本条件包括：

①索赔事件已造成承包人产生直接经济损失或工期延误；

②造成费用增加或工期延误的索赔事件是非因承包人原因发生的；

③承包人已经按照工程施工合同规定的期限和程序提交了索赔意向通知、索赔报告及相关证明材料。

2）索赔的依据

提出索赔和处理索赔都要依据下列文件或凭证：

①工程施工合同文件。工程施工合同是工程索赔中最关键和最主要的依据，工程施工期间，发承包双方关于工程的洽商、变更等书面协议或文件也是索赔的重要依据。

②国家法律、法规。国家制定的相关法律、行政法规是工程索赔的法律依据。工程项目所在地的地方性法规或地方政府规章也可以作为工程索赔的依据，但应当在施工合同专用条款中约定为工程合同的适用法律。

③国家、部门和地方有关的标准、规范和定额。在国家、部门和地方有关的标准、规范和定额中，对于工程建设的强制性标准，是合同双方必须严格执行的；对于非强制性标准，必须在合同中有明确规定的情况下才能作为索赔依据。

④工程施工合同履行过程中与索赔事件有关的各种凭证。这是承包人因索赔事件所遭受费用或工期损失的事实依据，它反映了工程的计划情况和实际情况。

（3）索赔费用的计算

1）索赔费用的组成

对于不同原因引起的索赔，承包人可索赔的具体费用内容是不完全一样的。但归纳起来，索赔费用的要素与工程造价的构成基本类似，一般可归结为人工费、材料费、施工机具使用费、现场管理费、总部（企业）管理费、保险费、保函手续费、利息、利润等。

①人工费。人工费的索赔包括：由于完成合同之外的额外工作所花费的人工费用；超过法定工作时间加班劳动；法定人工费增长；因非承包商原因导致工效降低所增加的人工费用；因非承包商原因导致工程停工的人员窝工费和工资上涨费等。在计算停工损失中的人工费时，通常采取人工单价乘以折算系数计算。

②材料费。材料费的索赔包括：由于索赔事件的发生造成材料实际用量超过计划用量而增加的材料费；由于发包人原因导致工程延期期间的材料价格上涨和超期储存费用。材料费中应包括运输费、仓储费以及合理的损耗费用。如果由于承包商管理不善，造成材料损坏失效，则不能列入索赔款项内。

③施工机具使用费。施工机具使用费的索赔包括：由于完成合同之外的额外工作所增加的机具使用费；因非承包人原因导致工效降低所增加的机具使用费；由于发包人或工程师指令错误或迟延导致机械停工的台班停滞费。在计算机械设备台班停滞费时，不能按机械设备台班费计算，因为台班费中包括设备使用费。如果机械设备是承包人自有设备，一般按台班折旧费、人工费与其他费用之和计算；如果是承包人租赁的设备，一般按台班租金加上每台班分摊的施工机械进出场费计算。

④现场管理费。现场管理费的索赔包括承包人完成合同之外的额外工作以及由于发包人原因导致工期延期期间的现场管理费，包括管理人员工资、办公费、通信费、交通费等。

现场管理费索赔金额的计算公式为：

$$现场管理费索赔金额 = 索赔的直接成本费用 × 现场管理费率 \quad\quad (7-9)$$

其中，现场管理费率的确定可以选用下面的方法：a.合同百分比法，即管理费比率在合同中规定；b.行业平均水平法，即采用公开认可的行业标准费率；c.原始估价法，即采用投标报价时确定的费率；d.历史数据法，即采用以往相似工程的管理费率。

⑤总部（企业）管理费。总部管理费的索赔主要指的是由于发包人原因导致工程延期期间所增加的承包人向公司总部提交的管理费，包括总部职工工资、办公大楼折旧、办公用品、财务管理、通信设施以及总部领导人员赴工地检查指导工作等开支。总部管理费索赔金额的计算目前还没有统一的方法。通常可采用按总部管理费比率、按已获补偿的工程延期天数为基础的两种方法计算。

⑥保险费。因发包人原因导致工程延期时，承包人必须办理工程保险、施工人员意外伤害保险等各项保险的延期手续，对于由此而增加的费用，承包人可以提出索赔。

⑦保函手续费。因发包人原因导致工程延期时，承包人必须办理相关履约保函的延期手续，对于由此而增加的手续费，承包人可以提出索赔。

⑧利息。利息的索赔包括：发包人拖延支付工程款的利息；发包人迟延退还工程质量保证金的利息；承包人垫资施工的垫资利息；发包人错误扣款的利息等。至于具体的

利率标准，双方可以在合同中明确约定，没有约定或约定不明的，可以按照中国人民银行发布的同期同类贷款利率计算。

⑨利润。一般来说，由于工程范围的变更、发包人提供的文件有缺陷或错误、发包人未能提供施工场地以及因发包人违约导致合同终止等事件引起的索赔，承包人都可以列入利润。比较特殊的是，根据《中华人民共和国标准施工招标文件》（2007 年版）通用合同条款第 11.3 款的规定，对于因发包人原因暂停施工导致的工期延误，承包人有权要求发包人支付合理的利润。索赔利润的计算通常与原报价单中的利润百分率保持一致。但是应当注意的是，由于工程量清单中的单价是综合单价，已经包含了人工费、材料费、施工机具使用费、企业管理费、利润以及一定范围内的风险费用，在索赔计算中不应重复计算。

同时，由于一些引起索赔的事件同时也可能是合同中约定的合同价款调整因素（如工程变更、法律法规的变化以及物价波动等），因此，对于已经进行了合同价款调整的索赔事件，承包人在费用索赔计算时，不能重复计算。

2）费用索赔的计算方法

索赔费用的计算应以赔偿实际损失为原则，包括直接损失和间接损失。索赔费用的计算方法通常有三种，即实际费用法、总费用法和修正的总费用法。

①实际费用法。实际费用法又称分项法，即根据索赔事件所造成的损失或成本增加，按费用项目逐项进行分析、计算索赔金额的方法。这种方法比较复杂，但能客观反映施工单位的实际损失，比较合理，易于被当事人接受，在国际工程中被广泛采用。

由于索赔费用组成的多样化，不同原因引起的索赔，承包人可索赔的具体费用内容有所不同，必须具体问题具体分析。由于实际费用法所依据的是实际发生的成本记录或单据，所以，在施工过程中，系统而准确地积累记录资料是非常重要的。

②总费用法。总费用法也被称为总成本法，是指当发生多次索赔事件后，重新计算工程的实际总费用，再从该实际总费用中减去投标报价时的估算总费用，即为索赔金额。总费用法计算索赔金额的公式如下：

$$索赔金额 = 实际总费用 - 投标报价估算总费用 \qquad (7\text{--}10)$$

但是，在总费用法的计算中，没有考虑实际总费用中可能包括由于承包商的原因（如施工组织不善）而增加的费用，投标报价估算总费用也可能因承包商为谋取中标而导致报价过低，因此，总费用法并不十分科学。只有在难以精确地确定某些索赔事件导致的各项费用的增加额时，才可以采用总费用法。

③修正的总费用法。修正的总费用法是对总费用法的改进，即在总费用计算的原则上，去掉一些不合理的因素，使其更为合理。修正的内容如下：

a. 将计算索赔款的时段局限于受到索赔事件影响的时间，而不是整个施工期；

b. 只计算受到索赔事件影响时段内的某项工作所受影响的损失，而不是计算该时段内所有施工工作所受的损失；

c. 与该项工作无关的费用不列入总费用中；

d. 对投标报价费用重新进行核算，即按受影响时段内该项工作的实际单价进行核算，乘以实际完成的该项工作的工程量，得出调整后的报价费用。

按修正后的总费用计算索赔金额的公式如下：

$$索赔金额 = 某项工作调整后的实际总费用 - 该项工作的报价费用 \qquad （7-11）$$

修正的总费用法与总费用法相比，有了实质性的改进，它的准确程度已接近于实际费用法。

【例 7-2】某施工合同约定，施工现场主导施工机械一台，由施工企业租得，台班单价为 300 元 / 台班，租赁费为 100 元 / 台班，人工工资为 40 元 / 工日，窝工补贴为 10 元 / 工日，以人工费为基数的综合费率为 35%，在施工过程中，发生了如下事件：①出现异常恶劣天气导致工程停工 2 天，人员窝工 30 个工日；②因恶劣天气导致场外道路中断，抢修道路用工 20 工日；③场外大面积停电，停工 2 天，人员窝工 10 工日。为此，施工企业可向业主索赔的费用为多少？

【解】

各事件的处理结果如下：

（1）异常恶劣天气导致的停工通常不能进行费用索赔。

（2）抢修道路用工的索赔额：$20 \times 40 \times （1+35\%）=1080$ 元

（3）停电导致的索赔额：$2 \times 100+10 \times 10=300$ 元

总索赔费用：$1080+300=1380$ 元

（4）工期索赔的计算

工期索赔一般是指承包人依据合同对由于非自身原因导致的工期延误向发包人提出的工期顺延要求。

1）工期索赔中应当注意的问题

在工期索赔中特别应当注意以下问题：

①划清施工进度拖延的责任。因承包人原因造成的施工进度滞后，属于不可原谅的延期；只有承包人不应承担任何责任的延误，才是可原谅的延期。有时工程延期的原因中可能包含有双方责任，此时监理人应进行详细分析，分清责任比例，只有可原谅延期部分才能批准顺延合同工期。可原谅延期，又可细分为可原谅并给予补偿费用的延期和可原谅但不给予补偿费用的延期；后者是指非承包人责任的影响并未导致施工成本的额外支出，大多属于发包人应承担风险责任事件的影响，如因异常恶劣气候条件影响的停工等。

②被延误的工作应是处于施工进度计划关键线路上的施工内容。只有位于关键线路上的工作内容的滞后才会影响到竣工日期。但有时也应注意，既要看被延误的工作是否在批准进度计划的关键路线上，又要详细分析这一延误对后续工作的可能影响。因为若

对非关键路线工作的影响时间较长，超过了该工作可用于自由支配的时间，也会导致进度计划中的非关键路线变为关键路线，其滞后将使总工期拖延。此时，应充分考虑该工作的自由时间，给予相应的工期顺延，并要求承包人修改施工进度计划。

2）工期索赔的具体依据

承包人向发包人提出工期索赔的具体依据主要包括：

①合同约定或双方认可的施工总进度计划；

②合同双方认可的详细进度计划；

③合同双方认可的对工期的修改文件；

④施工日志、气象资料；

⑤业主或工程师的变更指令；

⑥影响工期的干扰事件；

⑦受干扰后的实际工程进度等。

3）工期索赔的计算方法

①直接法。如果某干扰事件直接发生在关键线路上，造成总工期的延误，可以直接将该干扰事件的实际干扰时间（延误时间）作为工期索赔值。

②比例计算法。如果某干扰事件仅仅影响某单项工程、单位工程或分部分项工程的工期，要分析其对总工期的影响，可以采用比例计算法。

a. 已知受干扰部分工程的延期时间：

$$\text{工期索赔值} = \text{受干扰部分工期拖延时间} \times \text{受干扰部分工程的合同价格} \div \text{原合同总价} \qquad (7-12)$$

b. 已知额外增加工程量的价格：

$$\text{工期索赔值} = \text{原合同总工期} \times \text{额外增加工程量的价格} \div \text{原合同总价} \qquad (7-13)$$

比例计算法虽然简单方便，但有时不符合实际情况，而且比例计算法不适用于变更施工顺序、加速施工、删减工程量等事件的索赔。

③网络图分析法。网络图分析法是利用进度计划网络图，分析其关键线路。如果延误的工作为关键工作，则延误的时间为索赔的工期；如果延误的工作为非关键工作，当该工作由于延误超过时差而成为关键工作时，可以索赔延误时间与时差的差值；若该工作延误后仍为非关键工作，则不存在工期索赔问题。

该方法通过分析干扰事件发生前和发生后网络计划的计算工期之差来计算工期索赔值，可以用于各种干扰事件和多种干扰事件共同作用所引起的工期索赔。

4）共同延误的处理

在实际施工过程中，工期拖期很少是只由一方造成的，往往是由于两、三种原因同时发生（或相互作用）而形成的，故称为"共同延误"。在这种情况下，要具体分析哪一种原因的延误是有效的，应依据以下原则：

①首先判断造成拖期的哪一种原因是最先发生的，即确定"初始延误者"，它应对工程拖期负责。在初始延误发生作用期间，其他并发的延误者不承担拖期责任。

②如果初始延误者是发包人原因，则在发包人原因造成的延误期内，承包人既可得到工期延长，又可得到经济补偿。

③如果初始延误者是客观原因，则在客观原因发生影响的延误期内，承包人可以得到工期延长，但很难得到费用补偿。

④如果初始延误者是承包人原因，则在承包人原因造成的延误期内，承包人既不能得到工期补偿，也不能得到费用补偿。

7.3.4　物价变化类合同价款调整

物价变化类主要包括物价波动和暂估价事项。

1. 物价波动

施工合同履行期间，因人工、材料、工程设备和施工机械台班等价格波动影响合同价款时，发承包双方可以根据合同约定的调整方法对合同价款进行调整。因物价波动引起的合同价款调整方法有两种：一种是采用价格指数调整价格差额，另一种是采用造价信息调整价格差额。承包人采购材料和工程设备的，应在合同中约定主要材料、工程设备价格变化的范围或幅度，如没有约定，则材料、工程设备单价变化超过 5% 时，超过部分的价格按上述两种方法之一进行调整。

（1）价格指数调整价格差额

采用价格指数调整价格差额的方法，主要适用于施工中所用的材料品种较少，但每种材料使用量较大的土木工程，如公路、水坝等。

1）价格调整公式

因人工、材料、工程设备和施工机械台班等价格波动影响合同价款时，可根据招标人提供的承包人主要材料和设备一览表，及投标人在投标函附录中的价格指数和权重表中约定的数据，按以下价格调整公式计算差额并调整合同价款：

$$\Delta P = P_0 \left[A + \left(B_1 \times \frac{F_{t1}}{F_{01}} + B_2 \times \frac{F_{t2}}{F_{02}} + B_3 \times \frac{F_{t3}}{F_{03}} + \cdots + B_n \times \frac{F_{tn}}{F_{0n}} \right) - 1 \right] \tag{7-14}$$

式中　　　　　　ΔP——需调整的价格差额；

P_0——约定的进度付款、竣工付款和最终结清等付款证书中承包人应得到的已完成工程量的金额；此项金额应不包括价格调整、不计质量保证金的扣留和支付、预付款的支付和扣回；变更及其他金额已按现行价格计价的，也不计在内；

A——定值权重（即不调部分的权重）；

B_1、B_2、B_3、…、B_n——各可调因子的变值权重（即可调部分的权重），为各可调因子在投标函投标总报价中所占的比例；

F_{t1}、F_{t2}、F_{t3}、…、F_{tn}——各可调因子的现行价格指数，指根据进度付款、竣工付款和最终结清等约定的付款证书相关周期最后一天的前 42 天的各可调因子的价格指数；

F_{01}、F_{02}、F_{03}、…、F_{0n}——各可调因子的基本价格指数，指基准日的各可调因子的价格指数。

以上价格调整公式中的各可调因子、定值和变值权重，以及基本价格指数及其来源在投标函附录价格指数和权重表中约定。价格指数应首先采用工程造价管理机构提供的价格指数，缺乏上述价格指数时，可采用工程造价管理机构提供的价格代替。

2）暂时确定调整差额

在计算调整差额时得不到现行价格指数的，可暂用上一次价格指数计算，并在以后的付款中再按实际价格指数进行调整。

3）权重的调整

按变更范围和内容所约定的变更，导致原定合同中的权重不合理时，由承包人和发包人协商后进行调整。

4）工期延误后的价格调整

由于发包人原因导致工期延误的，则对于计划进度日期（或竣工日期）后续施工的工程，在使用价格调整公式时，应采用计划进度日期（或竣工日期）与实际进度日期（或竣工日期）的两个价格指数中较高者作为现行价格指数；由于承包人原因导致工期延误的，则对于计划进度日期（或竣工日期）后续施工的工程，在使用价格调整公式时，应采用计划进度日期（或竣工日期）与实际进度日期（或竣工日期）的两个价格指数中较低者作为现行价格指数。

【例 7-3】某直辖市城区道路扩建项目进行施工招标，投标截止日期为 2018 年 8 月 1 日。通过评标确定中标人后，签订的施工合同总价为 80000 万元，工程于 2018 年 9 月 20 日开工。施工合同中约定：①预付款为合同总价的 5%，分 10 次按相同比例从每月应支付的工程进度款中扣还。②工程进度款按月支付，进度款金额包括：当月完成的清单子目的合同价款；当月确认的变更、索赔金额；当月价格调整金额；扣除合同约定应当抵扣的预付款和扣留的质量保证金。③质量保证金从月进度付款中按 3% 扣留，最高扣至合同总价的 3%。④工程价款结算时人工单价、钢材、水泥、沥青、砂石料以及机具使用费采用价格指数法给承包商以调价补偿，各项权重系数及价格指数如表 7-3 所示。根据表 7-4 所列工程前 4 个月的完成情况，计算 11 月份应当实际支付给承包人的工程款数额。

工程调价因子权重系数及造价指数　　　　　　　　　　　表7-3

	人工	钢材	水泥	沥青	砂石料	机具使用费	定值部分
权重系数	0.12	0.10	0.08	0.15	0.12	0.10	0.33
2018年7月指数	91.7元/日	78.95	106.97	99.92	114.57	115.18	—
2018年8月指数	91.7元/日	82.44	106.80	99.13	114.26	115.39	—
2018年9月指数	91.7元/日	86.53	108.11	99.09	114.03	115.41	—
2018年10月指数	95.96元/日	85.84	106.88	99.38	113.01	114.94	—
2018年11月指数	95.96元/日	86.75	107.27	99.66	116.08	114.91	—
2018年12月指数	101.47元/日	87.80	128.37	99.85	126.26	116.41	—

2018年9~12月工程完成情况　　　　　　　　　　　　表7-4

支付项目＼金额（万元）	9月份	10月份	11月份	12月份
截至当月完成的清单子目价款	1200	3510	6950	9840
当月确认的变更金额（调价前）	0	60	−110	100
当月确认的索赔金额（调价前）	0	10	30	50

【解】

（1）计算11月份完成的清单子目的合同价款：6950−3510=3440万元

（2）计算11月份的价格调整金额：

$$(3440-110+30)\times[(0.33+0.12\times\frac{95.96}{91.7}+0.10\times\frac{86.75}{78.95}+0.08\times\frac{107.27}{106.97}+0.15\times$$

$$\frac{99.66}{99.92}+0.12\times\frac{116.08}{114.57}+0.10\times\frac{114.91}{115.18})-1]$$

$$=3360\times[(0.33+0.1256+0.1099+00802+0.1496+0.1216+0.0998)-1]$$

$$=3360\times0.0167=56.11万元$$

说明：1）由于当月变更和索赔金额不是按照现行价格计算的，所以应当计算在调价基数内；2）基准日为2018年7月3日，所以应当选取7月份的价格指数作为各可调因子的基本价格指数；3）人工费缺少价格指数，可以用相应的人工单价代替。

（3）计算11月份应当实际支付的金额：

1）11月份的应扣预付款：80000×5%÷10=400万元

2）11月份的应扣质量保证金：（3440−110+30+56.11）×3%=102.48万元

3）11月份应当实际支付的进度款金额：

3440−110+30+56.11−400−102.48=2913.63万元

（2）造价信息调整价格差额

采用造价信息调整价格差额的方法，主要适用于使用的材料品种较多，相对而言每种材料使用量较小的房屋建筑与装饰工程。

施工合同履行期间，因人工、材料、工程设备和施工机械台班价格波动影响合同价格时，人工、施工机具使用费按照国家或省、自治区、直辖市建设行政管理部门、行业建设管理部门或其授权的工程造价管理机构发布的人工成本信息、施工机械台班单价或施工机具使用费系数进行调整；需要进行价格调整的材料，其单价和采购数应由发包人复核，发包人确认需调整的材料单价及数量，作为调整合同价款差额的依据。

1）人工单价的调整

人工单价发生变化时，发承包双方应按省级或行业建设主管部门或其授权的工程造价管理机构发布的人工成本文件调整合同价款。

2）材料和工程设备价格的调整

材料、工程设备价格变化的价款调整，按照承包人提供的主要材料和工程设备一览表，根据发承包双方约定的风险范围，按以下规定进行调整：

①如果承包人投标报价中材料单价低于基准单价，工程施工期间材料单价涨幅以基准单价为基础超过合同约定的风险幅度值时，或材料单价跌幅以投标报价为基础超过合同约定的风险幅度值时，其超过部分按实调整。

②如果承包人投标报价中材料单价高于基准单价，工程施工期间材料单价跌幅以基准单价为基础超过合同约定的风险幅度值时，或材料单价涨幅以投标报价为基础超过合同约定的风险幅度值时，其超过部分按实调整。

③如果承包人投标报价中材料单价等于基准单价，工程施工期间材料单价涨、跌幅以基准单价为基础超过合同约定的风险幅度值时，其超过部分按实调整。

④承包人应当在采购材料前将采购数量和新的材料单价报发包人核对，确认用于本合同工程时，发包人应当确认采购材料的数量和单价。发包人在收到承包人报送的确认资料后3个工作日不予答复的，视为已经认可，作为调整合同价款的依据。如果承包人未报经发包人核对即自行采购材料，再报发包人确认调整合同价款的，如发包人不同意，则不作调整。

3）施工机械台班单价或施工机具使用费的调整。施工机械台班单价或施工机具使用费发生变化超过省级或行业建设主管部门或其授权的工程造价管理机构规定的范围时，按其规定调整合同价款。

【例7-4】施工合同中约定，承包人承担的钢筋价格风险幅度为±5%，超出部分按照《建设工程工程量清单计价规范》GB 50500—2013中规定的造价信息法调差。已知投标人投标报价、基准期发布价格分别为5000元/t、4500元/t，2018年12月、2019年7月的造价信息发布价分别为4200元/t、5400元/t。则这两个月钢筋的实际结算价格应分别为多少？

【解】

（1）2018年12月信息价下降，应以较低的基准价基础计算合同约定的风险幅度：

4500×（1-5%）=4275元/t

因此钢筋每吨应下浮价格为：4275-4200=75元/t

2018年12月实际结算价格为：5000-75=4925元/t

（2）2019年7月信息价上涨，应以较高的投标价格为基础计算合同约定的风险幅度值：5000×（1+5%）=5250元/t

因此钢筋每吨应上调价格为：5400-5250=150元/t

2019年7月实际结算价格为：5000+150=5150元/t

2. 暂估价

暂估价是指招标人在工程量清单中提供的用于支付必然发生但暂时不能确定价格的材料、工程设备的单价以及专业工程的金额。

（1）给定暂估价的材料、工程设备

1）不属于依法必须招标的项目

发包人在招标工程量清单中给定暂估价的材料和工程设备不属于依法必须招标的，应由承包人按照合同约定采购，经发包人确认单价后以此为依据取代暂估价，调整合同价款。

2）属于依法必须招标的项目

发包人在招标工程量清单中给定暂估价的材料和工程设备属于依法必须招标的，应由发承包双方以招标的方式选择供应商。依法确定中标价格后，以此为依据取代暂估价，调整合同价款。

（2）给定暂估价的专业工程

1）不属于依法必须招标的项目

发包人在工程量清单中给定暂估价的专业工程不属于依法必须招标的，应按照前述工程变更事件的合同价款调整方法确定专业工程价款，并以此为依据取代专业工程暂估价，调整合同价款。

2）属于依法必须招标的项目

发包人在招标工程量清单中给定暂估价的专业工程，依法必须招标的，应当由发承包双方依法组织招标选择专业分包人，并接受有管辖权的建设工程招标投标管理机构的监督，还应符合下列要求：

①除合同另有约定外，承包人不参加投标的专业工程发包招标，应由承包人作为招标人，但拟定的招标文件、评标方法、评标结果应报送发包人批准。与组织招标工作有关的费用应当被认为已经包括在承包人的签约合同价（投标总报价）中。

②承包人参加投标的专业工程发包招标，应由发包人作为招标人，与组织招标工作有关的费用由发包人承担。同等条件下，应优先选择承包人中标。

③专业工程依法进行招标后，以中标价为依据取代专业工程暂估价，调整合同价款。

7.3.5　其他类合同价款调整

其他类主要包括现场签证以及发承包双发约定的其他调整事项。现场签证是指发包人或其授权现场代表（包括工程监理人、工程造价咨询人）与承包人或其授权现场代表就施工过程中涉及的责任事件所作的签认证明。现场签证根据签证内容，有的可归于工程变更类，有的可归于索赔类，有的可能不涉及合同价款调整。

1. 现场签证的提出

承包人应发包人要求完成合同以外的零星项目、非承包人责任事件等工作的，发包人应及时以书面形式向承包人发出指令，提供所需的相关资料；承包人在收到指令后，应及时向发包人提出现场签证要求。

承包人在施工过程中，若发现合同工程内容因场地条件、地质水文、发包人要求等不一致时，应提供所需的相关资料，并提交发包人签证认可，作为合同价款调整的依据。

2. 现场签证的计算

（1）如果现场签证的工作已有相应的计日工单价，现场签证报告中应列明完成该签证工作所需的人工、材料、工程设备和施工机械台班的数量。

（2）如果现场签证的工作没有相应的计日工单价，应当在现场签证报告中列明完成该签证工作所需的人工、材料、工程设备和施工机械台班的数量及其单价。

现场签证工作完成后，承包人应按照现场签证内容计算价款，报送发包人确认后，作为增加合同价款，与进度款同期支付。

3. 现场签证的限制

合同工程发生现场签证事项，未经发包人签证确认，承包人便擅自实施相关工作的，除非征得发包人书面同意，否则发生的费用应由承包人承担。

7.4　工程计量与合同价款结算

7.4.1　工程计量

工程计量是发承包双方根据合同约定，对承包人完成合同工程的数量进行的计算和确认。对承包人已经完成的合格工程进行计量并予以确认，是发包人支付工程价款的前提工作。因此，工程计量不仅是发包人控制施工阶段工程造价的关键环节，也是约束承包人履行合同义务的重要手段。

1. 工程计量的概念

所谓工程计量，就是发承包双方根据合同约定，对承包人完成合同工程的数量进行的计算和确认。具体地说，就是双方根据设计图纸、技术规范以及施工合同约定的计量方式和计算方法，对承包人已经完成的质量合格的工程实体数量进行测量与计算，并以物理计量单位或自然计量单位进行表示、确认的过程。

招标工程量清单中所列的数量通常是根据设计图纸计算的数量，是对合同工程的估计工程量。工程施工过程中，通常会由于一些原因导致承包人实际完成工程量与工程量清单中所列工程量不一致，比如，招标工程量清单缺项、漏项或项目特征描述与实际不符；工程变更；现场施工条件的变化；现场签证；暂列金额中的专业工程发包等。因此，在工程合同价款结算前，必须对承包人履行合同义务所完成的实际工程进行准确地计量。

2. 工程计量的方法

工程量必须按照相关工程现行国家计量规范规定的工程量计算规则计算。工程计量可选择按月或按工程形象进度分段计量，具体计量周期应在合同中约定。因承包人原因造成的超出合同工程范围施工或返工的工程量，发包人不予计量。通常区分单价合同和总价合同规定不同的计量方法，成本加酬金合同按照单价合同的计量规定进行计量。

（1）单价合同计量

工程量必须以承包人完成合同工程应予计量的工程量确定。

施工中进行工程计量，若发现招标工程量清单中出现缺项、工程量偏差，或因工程变更引起工程量的增减，应按承包人在履行合同义务中完成的工程量计算。

承包人完成已标价工程量清单中每个项目的工程量并经发包人核实无误后，发承包双方应对每个项目的历次计量报表进行汇总，以核实最终结算工程量，并应在汇总表上签字确认。

（2）总价合同计量

采用工程量清单方式招标形成的总价合同，工程量应按照与单价合同相同的方式计算。采用经审定批准的施工图纸及其预算方式发包形成的总价合同，除按照工程变更规定引起的工程量增减外，总价合同各项目的工程量应是承包人用于结算的最终工程量。

7.4.2　工程预付款结算

工程预付款由发包人按照合同约定，在正式开工前由发包人预先支付给承包人，用于购买工程施工所需要的材料与组织施工机械和人员进场的价款。工程预付款结算包括支付与抵扣两部分。

1. 工程预付款的支付

（1）工程预付款的确定方法

工程预付款主要是保证施工所需材料和构件的正常储备，具体数值没有统一的规定，确定方法主要有百分比法和公式计算法，具体确定方法需要在合同中约定。

1）百分比法

百分比法是指发包人根据工程的特点、工期长短、市场行情、供求规律等因素，招标时在合同条件中约定工程预付款的百分比。包工包料工程的预付款支付比例不得低于签约合同价（扣除暂列金额）的10%，不宜高于签约合同价（扣除暂列金额）的30%。

2）公式计算法

公式计算法是指根据主要材料（包括预制构件）占年度承包工程总价的比重、材料储备定额天数和年度施工天数等因素，通过公式计算预付款额度的一种方法。

$$工程预付款数额 = （年度工程总价 \times 材料比例（\%）/ 年度施工天数）\times$$
$$材料储备定额天数 \qquad (7-15)$$

其中材料储备定额天数由当地材料供应的在途天数、加工天数、整理天数、供应间隔天数、保险天数等因素决定。

（2）工程预付款的支付流程

1）承包人应在签订合同或向发包人提供与预付款等额的预付款保函后向发包人提交预付款支付申请。

2）发包人应在收到支付申请的7天内进行核实，向承包人发出预付款支付证书，并在签发支付证书后的7天内向承包人支付预付款。

3）发包人没有按合同约定按时支付预付款的，承包人可催告发包人支付；发包人在预付款期满后的7天内仍未支付的，承包人可在付款期满后的第8天起暂停施工。发包人应承担由此增加的费用和延误的工期，并应向承包人支付合理利润。

2. 工程预付款的抵扣

发包人支付给承包人的工程预付款属于预支性质，随着工程的逐步实施后，原已支付的预付款应以充抵工程价款的方式陆续扣回，抵扣方式应当由双方当事人在合同中明确约定。扣款的方法主要有按合同约定扣款和起扣点计算法两种。

（1）按合同约定扣款

预付款的扣款方法由发包人和承包人通过洽商后在合同中予以确定，一般是在承包人完成金额累计达到合同总价的一定比例后，由承包人开始向发包人还款，发包方从每次应付给承包人的金额中扣回工程预付款，发包人至少在合同规定的完工期前将工程预付款的总金额逐次扣回。

（2）起扣点计算法

从未施工工程尚需的主要材料及构件的价值相当于工程预付款数额时起扣，此后每次结算工程价款时，按材料所占比例扣减工程价款，至工程竣工前全部扣清。起扣点的计算公式如下：

$$T = P - M/N \qquad (7-16)$$

式中　T——起扣点（即工程预付款开始扣回时）的累计完成工程金额；

　　　M——工程预付款总额；

　　　N——主要材料及构件所占比例；

　　　P——承包工程合同总额。

该方法对承包人比较有利，最大限度地占用了发包人的流动资金，但是显然不利于发包人的资金利用。

承包人预付款保函的担保金额根据预付款扣回的数额相应递减，但在预付款全部扣回之前一直保持有效。

7.4.3 施工过程结算

施工过程结算是指工程项目实施过程中，发承包双方依据施工合同，对约定结算周期（时间或进度节点）内完成的工程内容（包括现场签证、工程变更、索赔等）开展工程价款计算、调整、确认及支付等活动。其结算文件经发承包双方签署认可后，将作为竣工结算文件的组成部分，不再重复审核。

1. 施工过程结算计价

各地施工过程结算应根据合同约定的结算原则和结算资料，对已完工程进行计量计价。结算资料包括工程施工合同、补充协议、工程变更签证和现场签证以及经发承包双方认可的其他有效文件（招标文件、投标文件、中标通知书、施工图纸、施工方案工程索赔、材料和设备价格确认单等）。

2. 施工过程结算支付

施工过程结算支付强调了施工过程结算审核的时效性，明确发包人逾期审核即为认同。另外为体现对施工单位的付款保障力度，需要对进度款最低付款比例作规定，比如，可以要求发包人按照合同约定足额支付工程进度款，或者要求发包人按照不低于已完工程价款的60%、不高于已完工程价款的90%向承包人支付工程进度款，目前还没有统一规定。

3. 施工过程结算对造价行业的影响

随着工程投资规模的扩大，过程结算的需求也逐渐显现。施工过程结算对造价行业的影响如下：

（1）重心将从竣工结算向期中计量支付转移。过程结算在施工过程中分段进行，能够进一步实现工程造价的动态控制，减少发承包双方或其委托的工程造价咨询机构的重复计量与核价工作；能够有效避免工程款拖欠引发农民工工资拖欠，进一步实现建筑业市场环境的优化。处在改革前沿的工程造价咨询中介机构如何努力面对挑战、提高企业核心竞争力、提高工程造价咨询成果文件质量水平、增强审核风险意识，已显得相当迫切。

（2）对造价咨询成果提出了更高的准确性与时效性要求。工程造价咨询服务是集技术、经济于一体的业务工作。全面推行工程过程结算，要求从业人员具有较高的专业技术技能，对造价咨询成果文件的准确性和时效性负责。

（3）对造价咨询服务提出了更高水平的现场沟通与驻场服务要求。造价咨询服务驻场专业工程师在委托方单位驻场，能及时有效地进行沟通，有效地反馈工程现场的实际情况，以更好地为委托方提供高质量的服务。

（4）为实现过程结算目标，未来在政府投资项目上很有可能推广"过程审计"。在政府投资项目上，实施过程结算强化了对施工过程造价的控制，可大大节省竣工结算编制和审计的时间，降低竣工结算难度，也有益于提高资金使用效率以及合同履约的风险防范。

7.4.4　工程进度款结算

工程进度款是指发包人在合同工程施工过程中，按照合同约定对付款周期内承包人完成的合同价款给予支付的款项，也是合同价款期中结算支付。发承包双方应按照合同约定的时间、程序和方法，根据工程计量结果办理期中价款结算、支付进度款。进度款支付周期应与合同约定的工程计量周期一致。

1. 工程进度款的计算

（1）已完工程的结算价款

已标价工程量清单中的单价项目，承包人应按工程计量确认的工程量与综合单价计算；综合单价发生调整的，以发承包双方确认调整的综合单价计算进度款。

已标价工程量清单中的总价项目，承包人应按合同中约定的进度款支付分解，分别列入进度款支付申请中的安全文明施工费和本周期应支付的总价项目的金额中。

（2）结算价款的调整

承包人现场签证和得到发包人确认的索赔金额应列入本周期应增加的金额中。由发包人提供的材料、工程设备金额，应按照发包人签约提供的单价和数量从进度款支付中扣出，列入本周期应扣减的金额中。

2. 工程进度款的支付

（1）工程进度款支付比例

工程进度款的支付比例应在合同中约定，按工程进度款总额计，不低于60%，不高于90%。

（2）工程进度款支付申请

承包人应在每个计量周期到期后向发包人提交已完工程进度款支付申请，详细说明此周期认为有权得到的款额，包括分包人已完工程的价款。支付申请的内容包括：

1）累计已完成的合同价款。

2）累计已实际支付的合同价款。

3）本周期合计完成的合同价款，其中包括：①本周期已完成单价项目的金额；②本周期应支付的总价项目的金额；③本周期已完成的计日工价款；④本周期应支付的安全文明施工费；⑤本周期应增加的金额。

4）本周期合计应扣减的金额，其中包括：①本周期应扣回的预付款；②本周期应扣减的金额。

5）本周期实际应支付的合同价款。

（3）工程进度款支付证书

发包人应在收到承包人进度款支付申请后，根据计量结果和合同约定对申请内容予以核实，确认后向承包人出具进度款支付证书。若发承包双方对部分清单项目的计量结果出现争议，发包人应对无争议部分的工程计量结果向承包人出具进度款支付证书。

发现已签发的任何支付证书有错、漏或重复的数额，发包人有权予以修正，承包人也有权提出修正申请。经发承包双方复核同意修正的，应在本次到期的进度款中支付或扣除。

7.4.5　工程竣工结算

工程竣工结算是指工程项目完工并经竣工验收合格后，发承包双方按照施工合同的约定对所完成的工程项目进行的工程价款的计算、调整和确认。工程竣工结算分为单位工程竣工结算、单项工程竣工结算和建设项目竣工总结算。其中，单位工程竣工结算和单项工程竣工结算也可看作是分阶段结算。

1. 工程竣工结算的编制与审核

单位工程竣工结算由承包人编制，发包人审查；实行总承包的工程，由具体承包人编制，在总包人审查的基础上，发包人审查。单项工程竣工结算或建设项目竣工总结算由总（承）包人编制，发包人可直接进行审查，也可以委托具有相应资质的工程造价咨询机构进行审查。政府投资项目由同级财政部门审查。单项工程竣工结算或建设项目竣工总结算经发承包人签字盖章方可有效。承包人应在合同约定期限内完成项目竣工结算编制工作，未在规定期限内完成并且提不出正当理由延期的，责任自负。

（1）工程竣工结算的编制依据

工程竣工结算由承包人或受其委托具有相应资质的工程造价咨询机构编制，由发包人或受其委托具有相应资质的工程造价咨询机构核对。工程竣工结算编制的主要依据有：

1）《建设工程工程量清单计价规范》GB 50500—2013；

2）工程合同；

3）发承包双方实施过程中已确认的工程量及其结算的合同价款；

4）发承包双方实施过程中已确认调整后追加（减）的合同价款；

5）建设工程设计文件及相关资料；

6）投标文件；

7）其他依据。

（2）工程竣工结算的计价原则

在采用工程量清单计价的方式下，工程竣工结算的编制应当遵循的计价原则如下：

1）分部分项工程和措施项目中的单价项目应依据发承包双方确认的工程量与已标价工程量清单的综合单价计算；发生调整的，应以发承包双方确认调整的综合单价计算。

2）措施项目中的总价项目应依据已标价工程量清单的项目和金额计算；发生调整

的，应以发承包双方确认调整的金额计算，其中安全文明施工费必须按照国家或省级、行业建设主管部门的规定计算。

3）其他项目应按下列规定计价：

①计日工应按发包人实际签证确认的事项计算；

②暂估价应按发承包双方按照《建设工程工程量清单计价规范》GB 50500—2013 的相关规定计算；

③总承包服务费应依据合同约定金额计算，发生调整的，应以发承包双方确认调整的金额计算；

④施工索赔费用应依据发承包双方确认的索赔事项和金额计算；

⑤现场签证费用应依据发承包双方签证资料确认的金额计算；

⑥暂列金额应减去合同价款调整（包括索赔、现场签证）金额计算，如有余额归发包人；

⑦规费和税金应按照国家或省级、行业建设主管部门的规定计算。规费中的工程排污费应按工程所在地环境保护部门规定的标准缴纳后按实列入。

此外，发承包双方在合同工程实施过程中已经确认的工程计量结果和合同价款，在竣工结算办理中应直接进入结算。

采用总价合同的，应在合同总价的基础上，对合同约定调整的内容及超过合同约定范围的风险因素进行调整；采用单价合同的，在合同约定风险范围内的综合单价应固定不变，并按合同约定进行计量，且按实际完成的工程量进行计量。

（3）竣工结算的审核

1）国有资金投资建设工程的发包人，应当委托具有相应资质的工程造价咨询机构对竣工结算文件进行审核，并在收到竣工结算文件后的约定期限内向承包人提出由工程造价咨询机构出具的竣工结算文件审核意见；逾期未答复的，按照合同约定处理，合同没有约定的，竣工结算文件视为已被认可。

2）非国有资金投资的建筑工程发包人，应当在收到竣工结算文件后的约定期限内予以答复，逾期未答复的，按照合同约定处理，合同没有约定的，竣工结算文件视为已被认可；发包人对竣工结算文件有异议的，应当在答复期内向承包人提出，并可在提出异议之日起的约定期限内与承包人协商；发包人在协商期内未与承包人协商或者经协商未能与承包人达成协议的，应当委托工程造价咨询机构进行竣工结算审核，并在协商期满后的约定期限内向承包人提出由工程造价咨询机构出具的竣工结算文件审核意见。

3）发包人委托工程造价咨询机构核对竣工结算的，工程造价咨询机构应在规定期限内核对完毕，核对结论与承包人竣工结算文件不一致的，应提交给承包人复核，承包人应在规定期限内将同意核对结论或不同意见的说明提交工程造价咨询机构。工程造价咨询机构收到承包人提出的异议后，应再次复核，复核无异议的，发承包双方应在规定期限内在竣工结算文件上签字确认，竣工结算办理完毕；复核后仍有异议的，对于无异议部分办理不完全竣工结算；有异议部分由发承包双方协商解决，协商不成的，按照合同约定的争议解决方式处理。

承包人逾期未提出书面异议的，视为工程造价咨询机构核对的竣工结算文件已经被承包人认可。

4）接受委托的工程造价咨询机构从事竣工结算审核工作通常应包括下列三个阶段：

①准备阶段，应包括收集、整理竣工结算审核项目的审核依据资料，做好送审资料的交验、核实、签收工作，并应对资料的缺陷向委托方提出书面意见及要求。

②审核阶段，应包括现场踏勘核实，召开审核会议，澄清问题，提出补充依据性资料和必要的弥补性措施，形成会议纪要，进行计量、计价审核与确定工作，完成初步审核报告等工作。

③审定阶段，应包括就竣工结算审核意见与承包人和发包人进行沟通，召开协调会议，处理分歧事项，形成竣工结算审核成果文件，签认竣工结算审定签署表，提交竣工结算审核报告等工作。

5）竣工结算审核的成果文件应包括竣工结算审核书封面、签署页、竣工结算审核报告、竣工结算审定签署表、竣工结算审核汇总对比表、单项工程竣工结算审核汇总对比表、单位工程竣工结算审核汇总对比表等。

6）竣工结算审核应采用全面审核法，除委托咨询合同另有约定外，不得采用重点审核法、抽样审核法或类比审核法等其他方法。

（4）质量争议工程的竣工结算

发包人以对工程质量有异议，拒绝办理工程竣工结算的：

1）已经竣工验收或已竣工未验收但实际投入使用的工程，其质量争议按该工程保修合同执行，竣工结算按合同约定办理。

2）已竣工未验收且未实际投入使用的工程以及停工、停建工程的质量争议，双方应就有争议的部分委托有资质的检测鉴定机构进行检测，根据检测结果确定解决方案，或按工程质量监督机构的处理决定执行后办理竣工结算，无争议部分的竣工结算按合同约定办理。

2. 竣工结算款的支付

（1）承包人提交竣工结算款支付申请

承包人应根据办理的竣工结算文件，向发包人提交竣工结算款支付申请。该申请应包括下列内容：

1）竣工结算合同价款总额；

2）累计已实际支付的合同价款；

3）应扣留的质量保证金；

4）实际应支付的竣工结算款金额。

（2）发包人签发竣工结算支付证书

发包人应在收到承包人提交的竣工结算款支付申请后规定时间内予以核实，向承包人签发竣工结算支付证书。发包人在收到承包人提交的竣工结算款支付申请后规定时间内不予核实，不向承包人签发竣工结算支付证书的，视为承包人的竣工结算款支付申请已被发包人认可。

（3）支付竣工结算款

发包人在签发竣工结算支付证书后的规定时间内，按照竣工结算支付证书列明的金额向承包人支付结算款。发包人未按照规定的程序支付竣工结算款的，承包人可催告发包人支付，并有权获得延迟支付的利息。发包人在竣工结算支付证书签发后或者在收到承包人提交的竣工结算款支付申请规定时间内仍未支付的，除法律另有规定外，承包人可与发包人协商将该工程折价，也可直接向人民法院申请将该工程依法拍卖。承包人就该工程折价或拍卖的价款优先受偿。

3. 合同解除的价款结算与支付

发承包双方协商一致解除合同的，按照达成的协议办理结算和支付合同价款。

（1）不可抗力解除合同情形

由于不可抗力解除合同的，发包人除应向承包人支付合同解除之日前已完成工程但尚未支付的合同价款外，还应支付下列金额：

1）合同中约定应由发包人承担的费用；

2）已实施或部分实施的措施项目应付价款；

3）承包人为合同工程合理订购且已交付的材料和工程设备货款，发包人一经支付此项货款，该材料和工程设备即成为发包人的财产；

4）承包人撤离现场所需的合理费用，包括员工遣送费和临时工程拆除、施工设备运离现场的费用；

5）承包人为完成合同工程而预期开支的任何合理费用，且该项费用未包括在本款其他各项支付之内。

发承包双方办理结算合同价款时，应扣除合同解除之日前发包人应向承包人收回的价款。当发包人应扣除的金额超过了应支付的金额，则承包人应在合同解除后的规定时间内将其差额退还给发包人。

（2）违约解除合同情形

1）承包人违约。因承包人违约解除合同的，发包人应暂停向承包人支付任何价款。发包人应在合同解除后规定时间内核实合同解除时承包人已完成的全部合同价款以及按施工进度计划已运至现场的材料和工程设备货款，按合同约定核算承包人应支付的违约金以及造成损失的索赔金额，并将结果通知承包人。发承包双方应在规定时间内予以确认或提出意见，并办理结算合同价款。如果发包人应扣除的金额超过了应支付的金额，则承包人应在合同解除后的规定时间内将其差额退还给发包人。发承包双方不能就解除合同后的结算达成一致的，按照合同约定的争议解决方式处理。

2）发包人违约。因发包人违约解除合同的，发包人除应按照有关不可抗力解除合同的规定向承包人支付各项价款外，还需按合同约定核算发包人应支付的违约金以及给承包人造成损失或损害的索赔金额费用。该笔费用应由承包人提出，发包人核实后应与承包人协商在确定后的规定时间内向承包人签发支付证书。协商不能达成一致的，按照合同约定的争议解决方式处理。

7.4.6　质量保证金的处理

住房和城乡建设部、财政部发布的《建设工程质量保证金管理办法》（建质〔2017〕138号）规定，建设工程质量保证金是指发包人与承包人在建设工程承包合同中约定，从应付的工程款中预留，用以保证承包人在缺陷责任期内对建设工程出现的缺陷进行维修的资金。

1.缺陷责任期的确定

缺陷责任期是指承包人按照合同约定承担缺陷修复义务，且发包人预留质量保证金（已缴纳履约保证金的除外）的期限。

缺陷责任期从工程通过竣工验收之日起计，缺陷责任期一般为1年，最长不超过2年，由发承包双方在合同中约定。由于承包人原因导致工程无法按规定期限进行竣工验收的，缺陷责任期从实际通过竣工验收之日起计；由于发包人原因导致工程无法按规定期限进行竣工验收的，在承包人提交竣工验收报告90天后，工程自动进入缺陷责任期。

2.质量保证金的预留、使用及返还

（1）质量保证金的预留

发包人应按照合同约定方式预留质量保证金，质量保证金总预留比例不得高于工程价款结算总额的3%。合同约定由承包人以银行保函替代预留质量保证金的，保函金额不得高于工程价款结算总额的3%。在工程项目竣工前，已经缴纳履约保证金的，发包人不得同时预留工程质量保证金。采用工程质量保证担保、工程质量保险等其他方式的，发包人不得再预留质量保证金。

（2）质量保证金的使用

缺陷责任期内，实行国库集中支付的政府投资项目，质量保证金的管理应按国库集中支付的有关规定执行。其他政府投资项目，质量保证金可以预留在财政部门或发包方。缺陷责任期内，如发包人被撤销，质量保证金随交付使用资产一并移交使用单位，由使用单位代行发包人职责。社会投资项目采用预留质量保证金方式的，发承包双方可以约定将质量保证金交由金融机构托管。

缺陷责任期内，由于承包人原因造成的缺陷，承包人应负责维修，并承担鉴定及维修费用。如承包人不维修也不承担费用，发包人可按合同约定从质量保证金或银行保函中扣除，费用超出质量保证金的，发包人可按合同约定向承包人进行索赔。承包人维修并承担相应费用后，不免除对工程的损失赔偿责任。由他人及不可抗力原因造成的缺陷，发包人负责组织维修，承包人不承担费用，且发包人不得从质量保证金中扣除费用。

（3）质量保证金的返还

缺陷责任期内，承包人认真履行合同约定的责任，到期后，承包人向发包人申请返还质量保证金。

发包人在接到承包人的返还质量保证金申请后，应于14天内会同承包人按照合同约定的内容进行核实。如无异议，发包人应当按照约定将质量保证金返还给承包人。对返还期限没有约定或者约定不明的，发包人应当在核实后14天内将质量保证金返还承包人，逾期未返还的，依法承担违约责任。发包人在接到承包人的返还质量保证金申请后14天内不予答复，经催告后14天内仍不予答复的，视同认可承包人的返还质量保证金申请。

3. 最终结清

所谓最终结清是指合同约定的缺陷责任期终止后，承包人已按合同规定完成全部剩余工作且质量合格的，发包人与承包人结清全部剩余款项的活动。

（1）最终结清申请单

缺陷责任期终止后，承包人已按合同规定完成全部剩余工作且质量合格的，发包人签发缺陷责任期终止证书，承包人可按合同约定的份数和期限向发包人提交最终结清申请单，并提供相关证明材料，详细说明承包人根据合同规定已经完成的全部工程价款金额以及承包人认为根据合同规定应进一步支付给他的其他款项。发包人对最终结清申请单内容有异议的，有权要求承包人进行修正和提供补充资料。承包人修正后，应再次向发包人提交修正后的最终结清申请单。

（2）最终支付证书

发包人应在收到承包人提交的最终结清申请单后的规定时间内予以核实，向承包人签发最终支付证书。发包人未在约定时间内核实，又未提出具体意见的，视为承包人提交的最终结清申请单已被发包人认可。

（3）最终结清付款

发包人应在签发最终结清支付证书后的规定时间内，按照最终结清支付证书列明的金额向承包人支付最终结清款。承包人按合同约定接受了竣工结算证书后，应被认为已无权提出在合同过程接收证书颁发前所发生的任何索赔。承包人在提交的最终结算申请中，只限于提出工程接收证书颁发后发生的索赔。提出索赔的期限自接受最终支付证书时止。发包人未按期支付的，承包人可催告发包人在合理的期限内支付，并有权获得延迟支付的利息。

最终结清时，如果承包人被扣留的质量保证金不足以抵减发包人工程缺陷修复费用的，承包人应承担不足部分的补偿责任。

最终结清付款涉及政府投资资金的，按照国库集中支付等国家相关规定和专用合同条款的约定办理。

承包人对发包人支付的最终结清款有异议的，按照合同约定的争议解决方式处理。

7.4.7　合同价款纠纷的处理

建设工程合同价款纠纷是指发承包双方在建设工程合同价款的约定、调整以及结算等过程中所发生的争议。按照争议合同的类型不同，可以把工程合同价款纠纷分为总价合同价款纠纷、单价合同价款纠纷以及成本加酬金合同价款纠纷；按照纠纷发生的阶段不同，可以把工程合同价款纠纷分为合同价款约定纠纷、合同价款调整纠纷以及合同价款结算纠纷；按照纠纷的成因不同，可以把工程合同价款纠纷分为合同无效的价款纠纷、工期延误的价款纠纷、质量争议的价款纠纷以及工程索赔的价款纠纷。

1. 合同价款纠纷的解决途径

建设工程合同价款纠纷的解决途径主要有四种，即和解、调解、仲裁和诉讼。建设工程合同发生纠纷后，当事人可以通过和解或者调解解决合同争议。当事人不愿和解、调解或者和解、调解不成的，可以根据仲裁协议向仲裁机构申请仲裁。当事人没有订立仲裁协议或者仲裁协议无效的，可以向人民法院起诉。当事人应当履行发生法律效力的法院判决或裁定、仲裁裁决、法院或仲裁调解书，拒不履行的，对方当事人可以请求人民法院执行。

（1）和解

和解是指当事人在自愿互谅的基础上，就已经发生的争议进行协商并达成协议，自行解决争议的一种方式。发生合同争议时，当事人应首先考虑通过和解解决争议。合同争议和解的解决方式简便易行，能经济、及时地解决纠纷，同时有利于维护合同双方的友好合作关系，使合同能更好地得到履行。双方可以通过以下方式进行和解：

1）协商和解。合同价款争议发生后，发承包双方任何时候都可以进行协商。协商达成一致的，双方应签订书面和解协议，和解协议对发承包双方均有约束力。如果协商不能达成一致协议，发包人或承包人都可以按合同约定的其他方式解决争议。

2）监理或造价工程师暂定。若发包人和承包人之间就工程质量、进度、价款支付与扣除、工期延期、索赔、价款调整等发生任何法律上、经济上或技术上的争议，首先应根据已签约合同的规定，提交合同约定职责范围的总监理工程师或造价工程师解决，并应抄送另一方。

发承包双方对暂定结果认可的，应以书面形式予以确认，暂定结果成为最终决定。发承包双方或一方不同意暂定结果的，应以书面形式向总监理工程师或造价工程师提出，说明自己认为正确的结果，同时抄送另一方，此时该暂定结果成为争议。在暂定结果对发承包双方当事人履约不产生实质影响的前提下，发承包双方应实施该结果，直到按照发承包双方认可的争议解决办法被改变为止。

（2）调解

调解是指双方当事人以外的第三人应纠纷当事人的请求，依据法律规定或合同约定，对双方当事人进行疏导、劝说，促使他们互相谅解、自愿达成协议解决纠纷的一种途径。

双方可以通过以下方式进行调解：

1）管理机构的解释或认定。合同价款争议发生后，发承包双方可就工程计价依据的争议以书面形式提请工程造价管理机构对争议以书面文件进行解释或认定。工程造价管理机构应在收到申请的 10 个工作日内就发承包双方提请的争议问题进行解释或认定。

发承包双方或一方在收到工程造价管理机构书面解释或认定后仍可按照合同约定的争议解决方式提请仲裁或诉讼。除工程造价管理机构的上级管理部门作出了不同的解释或认定，或在仲裁裁决或法院判决中不予采信的外，工程造价管理机构作出的书面解释或认定应为最终结果，并应对发承包双方均有约束力。

2）双方约定争议调解人进行调解。通常按照以下程序进行：

①约定调解人。发承包双方应在合同中约定或在合同签订后共同约定争议调解人，负责双方在合同履行过程中发生争议的调解。合同履行期间，发承包双方可以协议调换或终止任何调解人，但发包人或承包人都不能单独采取行动。除非双方另有协议，在最终结清支付证书生效后，调解人的任期即终止。

②争议的提交。如果发承包双方发生了争议，任何一方可以将该争议以书面形式提交调解人，并将副本抄送另一方，委托调解人调解。发承包双方应按照调解人提出的要求给调解人提供所需要的资料、现场进入权及相应设施。调解人应被视为不是在进行仲裁人的工作。

③进行调解。调解人应在收到调解委托后规定时间内提出调解书，发承包双方接受调解书的，经双方签字后作为合同的补充文件，对发承包双方均具有约束力，双方都应立即遵照执行。

④调解异议。如果发承包任一方对调解人的调解书有异议，应在收到调解书后规定时间内向另一方发出异议通知，并说明争议的事项和理由。但除非并直到调解书在协商和解或仲裁裁决、诉讼判决中作出修改，或合同已经解除，承包人应继续按照合同实施工程。

如果调解不能达成一致协议，发承包双方可以按合同约定的其他方式解决争议。

（3）仲裁

仲裁是当事人根据在纠纷发生前或纠纷发生后达成的仲裁协议，自愿将纠纷提交仲裁机构作出裁决的一种纠纷解决方式。

1）仲裁协议。有效的仲裁协议是申请仲裁的前提，没有仲裁协议或仲裁协议无效的，当事人就不能提请仲裁机构仲裁，仲裁机构也不能受理。仲裁协议应包括请求仲裁的意思表示、仲裁事项、选定的仲裁委员会等内容。

2）仲裁执行。仲裁裁决作出后，当事人应当履行裁决。一方当事人不履行的，另一方当事人可以向被执行人所在地或者被执行财产所在地的中级人民法院申请执行。

仲裁可在竣工之前或之后进行，但发包人、承包人、调解人各自的义务不得因在工程实施期间进行仲裁而有所改变。当仲裁是在仲裁机构要求停止施工的情况下进行时，承包人应对合同工程采取保护措施，由此增加的费用由败诉方承担。

若双方通过和解或调解形成的有关暂定或和解协议或调解书已经有约束力的情况下，当发承包中一方未能遵守暂定或和解协议或调解书时，另一方可在不损害他可能具有的任何其他权利的情况下，将未能遵守暂定或不执行和解协议或调解书达成的事项提交仲裁。

（4）诉讼

民事诉讼是指当事人请求人民法院行使审判权，通过审理争议事项并作出具有强制执行效力的裁判，从而解决民事纠纷的一种方式。

发承包双方在履行合同时发生争议，双方当事人不愿和解、调解或者和解、调解未能达成一致意见，又没有达成仲裁协议或者仲裁协议无效的，可依法向人民法院提起诉讼。

2. 合同价款纠纷的处理原则

建设工程合同履行过程中会产生大量的纠纷，有些纠纷并不能直接用现有的法律条款予以解决。针对这些纠纷，可以通过相关司法解释的规定进行处理。2002年6月11日，最高人民法院通过了《关于建设工程价款优先受偿权问题的批复》（法释〔2002〕16号）；2004年9月29日，最高人民法院通过了《关于审理建设工程施工合同纠纷案件适用法律问题的解释》（法释〔2004〕14号）；2018年10月29日，最高人民法院通过了《关于审理建设工程施工合同纠纷案件适用法律问题的解释二》（法释〔2018〕20号）。这些司法解释和批复不仅为人民法院审理建设工程合同纠纷提供了明确的指导意见，同样为建设工程实践中出现的合同纠纷指明了解决的办法。司法解释中关于施工合同价款纠纷的处理原则和方法，更是为发承包双方在工程合同履行过程中出现的类似纠纷的处理提供了参考性极强的借鉴。

（1）施工合同无效的价款纠纷处理

1）建设工程施工合同无效的认定。建设工程施工合同具有下列情形之一的，应当根据《合同法》的规定，认定无效：

①承包人未取得建筑施工企业资质或者超越资质等级的；

②没有资质的实际施工人借用有资质的建筑施工企业名义的；

③建设工程必须进行招标而未招标或者中标无效的。

当事人以发包人未取得建设工程规划许可证等规划审批手续为由，请求确认建设工程施工合同无效的，人民法院应予支持，但发包人在起诉前取得建设工程规划许可证等规划审批手续的除外。

2）建设工程施工合同无效的处理方式。建设工程施工合同无效，但建设工程经竣工验收合格，承包人请求参照合同约定支付工程价款的，应予支持。建设工程施工合同无效，且建设工程经竣工验收不合格的，按照以下情形分别处理：

①修复后的建设工程经竣工验收合格，发包人请求承包人承担修复费用的，应予支持；

②修复后的建设工程经竣工验收不合格，承包人请求支付工程价款的，不予支持。

因建设工程不合格造成的损失，发包人有过错的，也应承担相应的民事责任。

承包人非法转包、违法分包建设工程或者没有资质的实际施工人借用有资质的建筑施工企业名义与他人签订建设工程施工合同的行为无效。人民法院可以根据相关法律的规定，收缴当事人已经取得的非法所得。

3）不能认定为无效合同的情形包括以下两种：

①承包人超越资质等级许可的业务范围签订建设工程施工合同，在建设工程竣工前取得相应资质等级，当事人请求按照无效合同处理的，不予支持；

②具有劳务作业法定资质的承包人与总承包人、分包人签订的劳务分包合同，当事人以转包建设工程违反法律规定为由请求确认无效的，不予支持。

4）合同认定无效后的损失赔偿。建设工程施工合同无效，一方当事人请求对方赔偿损失的，应当就对方过错、损失大小、过错与损失之间的因果关系承担举证责任；损失大小无法确定，一方当事人请求参照合同约定的质量标准、建设工期、工程价款支付时间等内容确定损失大小的，人民法院可以结合双方过错程度、过错与损失之间的因果关系等因素作出裁决。

缺乏资质的单位或者个人借用有资质的建筑施工企业名义签订建设工程施工合同，发包人请求出借方与借用方对建设工程质量不合格等因出借资质造成的损失承担连带赔偿责任的，人民法院应予支持。

（2）垫资施工合同的价款纠纷处理

对于发包人要求承包人垫资施工的项目，关于垫资施工部分的工程价款结算，最高人民法院《关于审理建设工程施工合同纠纷案件适用法律问题的解释》提出了处理意见：

1）当事人对垫资和垫资利息有约定，承包人请求按照约定返还垫资及其利息的，应予支持，但是约定的利息计算标准高于中国人民银行发布的同期同类贷款利率的部分除外；

2）当事人对垫资没有约定的，按照工程欠款处理；

3）当事人对垫资利息没有约定，承包人请求支付利息的，不予支持。

（3）施工合同解除后的价款纠纷处理

1）承包人具有下列情形之一，发包人请求解除建设工程施工合同的，应予支持：

①明确表示或者以行为表明不履行合同主要义务的；

②合同约定的期限内没有完工，且在发包人催告的合理期限内仍未完工的；

③已经完成的建设工程质量不合格，并拒绝修复的；

④将承包的建设工程非法转包、违法分包的。

2）发包人具有下列情形之一，致使承包人无法施工，且在催告的合理期限内仍未履行相应义务，承包人请求解除建设工程施工合同的，应予支持：

①未按约定支付工程价款的；

②提供的主要建筑材料、建筑构配件和设备不符合强制标准的；

③不履行合同约定的协助义务的。

3）建设工程施工合同解除后，已经完成的建设工程质量合格的，发包人应当按照约定支付相应的工程价款。

4）已经完成的建设工程质量不合格的：

①修复后的建设工程经验收合格，发包人请求承包人承担修复费用的，应予支持；

②修复后的建设工程经验收不合格，承包人请求支付工程价款的，不予支持。

（4）发包人引起质量缺陷的价款纠纷处理

1）发包人应承担的过错责任。发包人具有下列情形之一，造成建设工程质量缺陷的，应当承担过错责任：

①提供的设计有缺陷；

②提供或者指定购买的建筑材料、建筑构配件、设备不符合强制性标准；

③直接指定分包人分包专业工程。

2）发包人提前占用工程。建设工程未经竣工验收，发包人擅自使用后，又以使用部分质量不符合约定为由主张权利的，不予支持；但是承包人应当在建设工程的合理使用寿命内对地基基础工程和主体结构的质量承担民事责任。

（5）其他工程结算价款纠纷的处理

1）合同文件内容不一致时的结算依据：

①当事人就同一建设工程另行订立的建设工程施工合同与经过备案的中标合同实质性内容不一致的，应当以备案的中标合同作为结算工程价款的依据；

②当事人签订的建设工程施工合同与招标文件、投标文件、中标通知书载明的工程范围、建设工期、工程质量、工程价款不一致，一方当事人请求将招标文件、投标文件、中标通知书作为结算工程价款的依据的，人民法院应予支持；

③发包人将依法不属于必须招标的建设工程进行招标后，与承包人另行订立的建设工程施工合同背离中标合同的实质性内容，当事人请求以中标合同作为结算建设工程价款依据的，人民法院应予支持，但发包人与承包人因客观情况发生了招标投标时难以预见的变化而另行订立建设工程施工合同的除外；

④当事人就同一建设工程订立的数份建设工程施工合同均无效，但建设工程质量合格，一方当事人请求参照实际履行的合同结算建设工程价款的，人民法院应予支持；实际履行的合同难以确定，当事人请求参照最后签订的合同结算建设工程价款的，人民法院应予支持。

2）对承包人竣工结算文件的认可。当事人约定发包人收到竣工结算文件后，在约定期限内不予答复，视为认可竣工结算文件的，按照约定处理。承包人请求按照竣工结算文件结算工程价款的，应予支持。

3）当事人对工程量有争议的，按照施工过程中形成的签证等书面文件确认。承包人能够证明发包人同意其施工，但未能提供签证文件证明工程量发生的，可以按照当事人提供的其他证据确认实际发生的工程量。

4）计价方法与造价鉴定。工程造价鉴定结论确定的工程款计价方法和计价标准与建设工程施工合同约定的工程款计价方法和计价标准不一致的，应以合同约定为准。当事人约定按照固定价结算工程价款，一方当事人请求人民法院对建设工程造价进行鉴定的，不予支持。

5）工程欠款的利息支付主要有以下两个参数：

①利率标准。当事人对欠付工程价款利息计付标准有约定的，按照约定处理；没有约定的，按照中国人民银行发布的同期同类贷款利率计息。

②计息日。利息从应付工程价款之日计付。当事人对付款时间没有约定或者约定不明的，下列时间视为应付款时间：建设工程已实际交付的，为交付之日；建设工程没有交付的，为提交竣工结算文件之日；建设工程未交付，工程价款也未结算的，为当事人起诉之日。

7.5　工程费用的动态监控

7.5.1　费用偏差及其表示方法

费用偏差是指工程项目投资或成本的实际值与计划值之间的差额。进度偏差与费用偏差密切相关，如果不考虑进度偏差，就不能正确反映费用偏差的实际情况，因此，有必要引入进度偏差的概念。对费用偏差和进度偏差的分析可以利用拟完工程计划费用（Budget Cost of Work Scheduled，BCWS）、已完工程实际费用（Actual Cost of Work Performed，ACWP）、已完工程计划费用（Budget Cost of Work Performed，BCWP）三个参数完成，通过三个参数间的差额（或比值）测算相关费用偏差指标值，并进一步分析偏差产生的原因，从而采取措施纠正偏差。费用偏差分析方法既可以用于业主方的投资偏差分析，也可以用于施工承包单位的成本偏差分析。

1. 偏差表示方法

（1）费用偏差（Cost Variance，CV）

$$费用偏差（CV）= 已完工程计划费用（BCWP）-$$
$$已完工程实际费用（ACWP） \qquad (7-17)$$

其中：

已完工程计划费用（BCWP）=∑已完工程量（实际工程量）× 计划单价　（7-18）

已完工程实际费用（ACWP）=∑已完工程量（实际工程量）× 实际单价　（7-19）

当 CV>0 时，说明工程费用节约；当 CV<0 时，说明工程费用超支。

（2）进度偏差（Schedule Variance，SV）

$$进度偏差（SV）= 已完工程计划费用（BCWP）-$$
$$拟完工程计划费用（BCWS） \tag{7-20}$$

其中：

$$拟完工程计划费用（BCWS）=\sum 拟完工程量$$
$$（计划工程量）\times 计划单价 \tag{7-21}$$

当 $SV>0$ 时，说明工程进度超前；当 $SV<0$ 时，说明工程进度拖后。

【例7-5】某工程施工至2012年9月底，经统计分析得：已完工程计划费用为1500万元，已完工程实际费用为1800万元，拟完工程计划费用为1600万元，则该工程此时的费用偏差和进度偏差各为多少？

【解】

（1）费用偏差：1500-1800=-300万元

说明工程费用超支300万元。

（2）进度偏差：1500-1600=-100万元

说明工程进度拖后100万元。

2. 偏差参数

（1）局部偏差和累计偏差

局部偏差有两层含义：一是对于整个工程项目而言，指各单项工程、单位工程和分部分项工程的偏差；二是相对于工程项目实施的时间而言，指每一控制周期所发生的偏差。累计偏差是指在工程项目已经实施的时间内累计发生的偏差。累计偏差是一个动态的概念，其数值总是与具体时间联系在一起，第一个累计偏差在数值上等于局部偏差，最终的累计偏差就是整个工程项目的偏差。

在进行费用偏差分析时，对局部偏差和累计偏差都要进行分析。在每一控制周期内，发生局部偏差的工程内容及原因一般都比较明确，分析结果比较可靠；而累计偏差所涉及的工程内容较多、范围较大，且原因也较复杂。因此，累计偏差的分析必须以局部偏差分析为基础。但是，累计偏差分析并不是对局部偏差分析的简单汇总，需要对局部偏差的分析结果进行综合分析，其结果更能显示代表性和规律性，对费用控制工作在较大范围内具有指导作用。

（2）绝对偏差与相对偏差

绝对偏差是指实际值与计划值比较所得到的差额。相对偏差则是指偏差的相对数或比例数，通常是用绝对偏差与费用计划值的比值来表示：

$$费用相对偏差=\frac{绝对偏差}{费用计划值}=\frac{费用计划值-费用实际值}{费用计划值} \tag{7-22}$$

与绝对偏差一样，相对偏差可正可负，且两者符号相同。正值表示费用节约，负值表示费用超支。两者都只涉及费用的计划值和实际值，既不受工程项目层次的限制，也不受工程项目实施时间的限制，因而在各种费用比较中均可采用。

（3）绩效指数

1）费用绩效指数（Cost Performance Index，CPI）

$$费用绩效指数（CPI）= \frac{已完工程计划费用（BCWP）}{已完工程实际费用（ACWP）} \qquad （7-23）$$

CPI>1，表示实际费用节约；CPI<1，表示实际费用超支。

2）进度绩效指数（Schedule Performance Index，SPI）

$$进度绩效指数（SPI）= \frac{已完工程计划费用（BCWP）}{拟完工程计划费用（BCWS）} \qquad （7-24）$$

SPI>1，表示实际进度超前；SPI<1，表示实际进度拖后。

这里的绩效指数是相对值，既可用于工程项目内部的偏差分析，也可用于不同工程项目之间的偏差比较，而前述的偏差（费用偏差和进度偏差）主要适用于工程项目内部的偏差分析。

7.5.2　常用偏差分析方法

常用偏差分析方法有横道图法、时标网络图法、表格法和曲线法。

1. 横道图法

应用横道图法进行费用偏差分析，是用不同的横道线标识已完工程计划费用、拟完工程计划费用和已完工程实际费用，横道线的长度与其数值成正比，然后再根据上述数据分析费用偏差和进度偏差。

横道图法具有简单、直观的优点，便于掌握工程费用的全貌。但这种方法反映的信息量少，因而其应用具有一定的局限性。

2. 时标网络图法

应用时标网络图法进行费用偏差分析，是根据时标网络图得到每一时间段拟完工程计划费用，然后根据实际工作完成情况测得已完工程实际费用，并通过分析时标网络图中的实际进度前锋线得出每一时间段已完工程计划费用，这样即可分析费用偏差和进度偏差。

实际进度前锋线表示整个工程项目目前实际完成的工作情况，将某一确定时点下时标网络图中各项工作的实际进度点相连就可得到实际进度前锋线。

时标网络图法具有简单、直观的优点，可用来反映累计偏差和局部偏差，但实际进度前锋线的绘制需要有工程网络计划为基础。

3. 表格法

表格法是一种进行偏差分析的常用方法。应用表格法分析偏差，是将项目编号、名称、各个费用参数及费用偏差值等综合纳入一张表格中，并且直接在表格中进行偏差的比较分析。例如，某基础工程在一周内的费用偏差和进度偏差分析见表 7-5。

费用偏差和进度偏差分析表　　　　　　　　　表 7-5

项目编码		\multicolumn{2}{c}{021}		022		023	
项目名称		土方开挖工程		打桩工程		混凝土基础工程	
费用及偏差	代码或计算式	单位	数量	单位	数量	单位	数量
计划单价	（1）	元/m³	6	元/m	8	元/m³	10
拟完工程量	（2）	m³	500	m	80	m³	200
拟完工程计划费用	（3）=（1）×（2）	元	3000	元	640	元	2000
已完工程量	（4）	m³	600	m	90	m³	180
已完工程计划费用	（5）=（1）×（4）	元	3600	元	720	元	1800
实际单价	（6）	元/m³	7	元/m	7	元/m³	9
已完工程实际费用	（7）=（4）×（6）	元	4200	元	630	元	1620
费用偏差	（8）=（5）-（7）	元	-600	元	90	元	180
费用绩效指数	（9）=（5）/（7）	—	0.857	—	1.143	—	1.111
进度偏差	（10）=（5）-（3）	元	600	元	80	元	-200
进度绩效指数	（11）=（5）/（3）	—	1.2	—	1.125	—	0.9

由于各偏差参数都在表中列出，使投资管理者能够综合地了解并处理这些数据。应用表格法进行偏差分析具有如下优点：灵活、适用性强，可根据实际需要设计表格；信息量大，可反映偏差分析所需的资料，从而有利于工程造价管理人员及时采取针对措施，加强控制；表格处理可借助于电子计算机，从而节约大量人力，并提高数据处理速度。

4. 曲线法

曲线法是用费用累计曲线（S 曲线）来分析费用偏差和进度偏差的一种方法。用曲线法进行偏差分析时，通常有 3 条曲线，即已完工程实际费用曲线 a、已完工程计划费用曲线 b 和拟完工程计划费用曲线 p，如图 7-3 所示。图中曲线 a 和曲线 b 的竖向距离表示费用偏差，曲线 b 和曲线 p 的水平距离表示进度偏差。

图 7-3 反映的偏差为累计偏差。用曲线法进行偏差分析同样具有形象、直观的特点，但这种方法很难用于局部偏差分析。

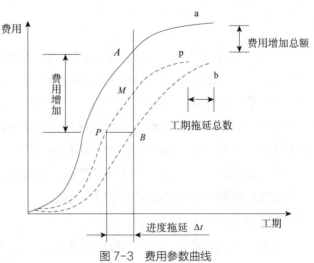

图 7-3　费用参数曲线

7.5.3　偏差分析及控制措施

1. 引起偏差的原因

偏差分析的一个重要目的就是要找出引起偏差的原因，从而采取有针对性的措施，减少或避免相同原因再次发生。一般来说，产生费用偏差的原因包括以下四方面：

（1）客观原因

客观原因包括人工费涨价、材料涨价、设备涨价、利率及汇率变化、自然因素、地基因素、交通原因、社会原因、法规变化等。

（2）建设单位原因

建设单位原因包括增加工程内容、投资规划不当、组织不落实、建设手续不健全、未按时付款、协调出现问题等。

（3）设计原因

设计原因包括设计错误或漏项、设计标准变更、设计保守、图纸提供不及时、结构变更等。

（4）施工原因

施工原因包括施工组织设计不合理、质量事故、进度安排不当、施工技术措施不当、与外单位关系协调不当等。

从偏差产生原因的角度分析，由于客观原因是无法避免的，施工原因造成的损失由施工承包单位自己负责，因此，建设单位纠偏的主要对象是自身原因及设计原因造成的费用偏差。

2. 偏差的类型

偏差分为四种形式，如图 7-4 所示。

Ⅰ——投资增加且工期拖延。这种类型是纠正偏差的主要对象。

Ⅱ——投资增加但工期提前。这种情况下要适当考虑工期提前带来的效益，如果增加的资金值超过增加的效益时，要采取纠偏措施；若这种收益与增加的投资大致相当，甚至高于投资增加额，则未必需要采取纠偏措施。

Ⅲ——工期拖延但投资节约。这种情况下是否采取纠偏措施要根据实际情况确定。

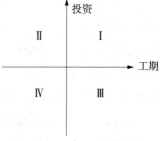

图 7-4　偏差类型示意图

Ⅳ——工期提前但投资节约。这种情况是最理想的，不需要采取纠偏措施。

3. 费用偏差的纠正措施

对偏差原因进行分析的目的是有针对性地采取纠偏措施，从而实现费用的动态控制和主动控制。费用偏差的纠正措施通常包括以下四个方面：

（1）组织措施

组织措施是指从费用控制的组织管理方面采取的措施，包括：落实费用控制的组织机构和人员，明确各级费用控制人员的任务、职责分工，改善费用控制工作流程等。组织措施是其他措施的前提和保障。

（2）经济措施

经济措施主要是指审核工程量和签发支付证书，包括：检查费用目标分解是否合理，检查资金使用计划有无保障，是否与进度计划发生冲突，工程变更有无必要，是否超标等。

（3）技术措施

技术措施主要是指对工程方案进行技术经济比较，包括：制定合理的技术方案，进行技术分析，针对偏差进行技术改正等。

（4）合同措施

合同措施在纠偏方面主要是指索赔管理。在施工过程中常出现索赔事件，要认真审查索赔依据是否符合合同规定、索赔计算是否合理等，从主动控制的角度加强日常的合同管理，落实合同规定的责任。

7.6　BIM 在施工阶段造价管理中的应用

7.6.1　BIM 在施工阶段的应用

随着建筑施工行业对信息化建设的探索不断深入，信息化建设也越来越趋向具体工程项目的落地应用，通过信息技术的集成用于改变传统管理方式，实现传统施工模式的变革，使施工现场更智慧化。特别是 BIM 技术、大数据技术、物联网技术、云计算等信息技术的不断发展，使施工现场管理逐渐由人工方式转变为信息化、智能化管理，极大地提高了工程质量、进度、安全等管理效率，显著提升了管理效率和效果，节省了工程管理成本。

BIM 技术进入建筑业以来，就迅速覆盖了建设工程的各个阶段，施工阶段是 BIM 应用的重点和难点，贯穿于施工准备、施工过程、竣工交付等全过程，包括施工方案模拟、资源需求分析、碰撞检查、深化设计、二次结构、精确排砖、进度管理、质量管理、物资管理、成本管理、模型交付等内容。总结来说，BIM 技术在施工阶段的应用可以归结为两大方面：一是 BIM 在施工技术方面的应用，二是 BIM 在施工管理方面的应用。

1. BIM 在施工技术方面的应用

BIM 技术在施工技术方面的应用，主要是以三维建筑信息化模型为载体实现虚拟建造，大幅度地提高了建筑企业施工技术的精准度，尤其是操作技术、施工工艺、施工方法、施工方案的优化水平等，在施工前可以发现、解决和避免施工技术问题。具体应用情况如表 7-6 所示。

（1）施工图深化设计

施工图深化设计是指在业主或设计单位提供的施工图基础上，施工单位结合施工现

BIM 在施工技术方面的应用 表 7-6

阶段	应用范围	应用点	应用目标
施工准备阶段	施工图深化设计	专业化深化设计	施工图实操性增强
		综合性深化设计（碰撞检查、管线综合）	各专业深化设计高度集成
	施工组织设计	三维场布	施工现场场地布置优化
		虚拟施工	施工方案优化
施工阶段	预制加工	预制构件数字化制造	预制构件生产准确高效
	施工工艺	各专业关键施工工艺模拟	施工工艺优化
竣工验收阶段	竣工图	竣工图辅助制作	出图准确迅速
	竣工验收	数字化支付	隐蔽工程不再"隐身"

场实际情况，对图纸进行细化、补充和完善，形成各专业的详细施工图及对各专业之间进行集成、协调、修订和校核，解决设计与现场施工的诸多冲突，满足完全指导施工的需求，实现建造过程的增值深化。BIM 技术在施工图深化设计中的核心应用可以总结为"碰撞检查、管线综合、模型出图"，主要内容包括机电碰撞检查及深化设计、钢结构深化设计、模架深化及提量、二次结构、精确排砖等。

（2）施工组织设计

施工组织设计是指以拟建工程为对象而编制的，用以指导其施工全过程各项施工活动的技术、经济、组织的综合性文件。BIM 技术在施工组织设计中最大的应用价值在于施工方案的分析与优化以及施工场地的布置优化，其以三维建筑信息模型为载体，将整个建筑环境可视化并模拟建造过程，直观了解关键施工与组织控制点、确定施工重难点、分析资源配置合理性，准确客观地编制建设工程项目的施工组织设计。

（3）预制构件数字化制造

BIM 技术的高度协同实现了预制构件的数字化制造。首先，三维建筑模型能够继承全部二维图纸信息，清晰准确地表达出构件的截面形状、尺寸大小、装配节点、配筋关系、组合排布等；其次，聚合以上信息的建筑模型可以运用相关软件转换成加工模型，自动生成构件数控代码，实现机械的自动化生产，提高预制构件的精确度及适合度。

（4）施工工艺模拟

基于施工工艺模拟的三维模型可以参与到对施工方案的论证中，并为建设工程项目相关方提供支持。施工工艺模拟动画用于指导施工，对于复杂的施工工艺，施工工艺模拟动画可以进行直观明了的技术交底，可以让施工人员更好地理解施工图和施工方案，避免由于理解不当造成施工错误。

（5）竣工图及竣工验收

基于 BIM 建筑信息平台的模型及数据，结合建设项目整个施工过程中的相关资料，快速建立最终的全专业 BIM 模型，包括工程结算电子数据、工程电子资料、指标统计分析资料等。大量的数据留存于服务器经过相应处理形成建筑企业的数据库，为企业的进一步发展提供强大的数据支持。

2. BIM 在施工管理方面的应用

随着建设项目建造技术的复杂、建筑功能的日益完善，工程信息不断增多、市场竞争不断加强，对施工项目管理提出了更高的要求。BIM 技术作为施工项目管理的新信息化工具，通过全面信息化建筑模型及高度协同化平台解决项目的质量、安全、进度和成本等多方管理协同问题，帮助施工企业实现管理体系的优化和管理水平的提高。BIM 技术在施工管理中的具体应用如表 7-7 所示。

BIM 在施工管理方面的应用　　　　　　　　　　　　　　　表 7-7

应用范围	应用阶段	参与方	应用点	应用目标
投资（成本）管理	施工准备阶段	建筑企业	施工预算	精算
	施工阶段	建设单位	进度款支付	支付准确高效
		建筑企业	成本核算、分析	成本控制优化
	竣工验收阶段	建设单位	竣工决算	精算
		建筑企业	工程结算	精算
进度管理	全生命阶段	建设单位	施工进度跟踪	进度有效控制
		建筑企业	施工进度模拟	缩短工期
质量管理	全生命阶段	建设单位	施工质量可视化监测	质量有效控制
	施工准备阶段	建筑企业	施工质量可视化管控	提高质量水平
合同管理	全生命阶段	全参与方	全信息合同协同	增加合同效用
安全管理	全生命阶段	建设单位	施工安全可视化监控	降低施工事故率
	施工准备阶段	建筑企业	施工安全仿真分析	
	施工阶段		施工安全可视化监测	
资源管理	施工准备阶段	建设单位	精准物料采购	降低物料浪费率
	施工阶段		物料使用实时追踪	
	施工阶段	建筑企业	施工物联网管理	物料管理智能化

7.6.2　BIM 在施工阶段造价管理中的应用

基于 BIM 的管理平台是施工项目管理的主要工具，是在 BIM 三维模型的基础上，与时间和成本相结合的一种综合运用建筑信息数据的方式。BIM 在施工阶段造价管理中的具体应用主要体现在以下几个方面。

1. 基于 BIM 的工程量计算及造价数据动态管理

目前，基于 BIM 的工程量计算有两种方法：一是利用 BIM 三维模型对工程量进行计算，直接生成所需材料的名称、数量和尺寸等信息，这些信息将始终与设计保持一致，在设计出现变更时，该变更将自动反映到所有相关的材料明细表中；二是将 BIM 模型导入造价软件中，对构件属性等进行重新修改，使满足造价软件对模型的要求，汇总计算生成工程量。这两种方法的优点是提高了工程量计算的正确率和工作效率，改变了工程造价管理中繁琐复杂的工程量计算，节约了资源，让造价人员能有更多的时间和精力投入高价值的工作中，但由于技术标准及计算口径的原因，两种方法都有待进一步改进。

38- 案例

2. 基于 BIM 的设计优化与变更成本管理

BIM 通过信息化的终端和 BIM 数据后台将整个工程的造价相关信息顺畅地流通起来。BIM 模型依靠强大的工程信息数据库，实现了三维模型与材料、造价等各模块的有效整合与关联变动，使得实际变更和材料价格变动可以在 BIM 模型中进行实时更新；变更各环节之间的时间被缩短、效率提高，可更加及时准确地将数据提交给工程各参与方，以便各方作出有效的应对和调整。5D 模型集三维建筑模型、施工组织方案、成本及造价三部分于一体，能实现对成本费用的实时模拟和核算，并为后续建设阶段的管理工作所利用，解决了阶段割裂和专业割裂的问题。

39- 施工成本
管理

3. 基于 BIM 的进度款计量和支付

传统模式下工程进度款申请和支付结算工作较为繁琐，发承包双方的

40- 工程造价
鉴定

各种基础信息不对称，导致工程量及工程价格不容易达成一致，造成了很多不必要的麻烦，耽误了大量的时间，最终会因在这些方面耗费了大量的时间致使其他管理工作时间的投入受到限制。BIM 技术为工程人员解决此类问题提供了方便，相关管理平台能够快速准确地统计出各类构件的数量，减少预算的工作量，且能形象、快速地完成工程量拆分和重新汇总，为工程进度款结算工作提供了技术支持。

4. 基于 BIM 的资源消耗控制

应用 BIM 系统多维查询功能，可以按时间节点、进度节点、部位节点、分包提取所需工程量，以相关的数据分析技术为基础，进行不同层次、不同空间的资源计划与控制分析，有利于资源消耗的严格控制和精细化管理。

习题

思考题

1. 施工阶段工程造价管理为什么要编制资金使用计划？
2. 建设项目设计阶段造价管理包含哪些主要内容？
3. 提出索赔和处理索赔的依据有哪些？
4. 索赔费用的要素与工程造价的构成为什么基本类似？
5. 合同双方约定争议调解人通常按照哪些程序进行调解？
6. 合同价款纠纷解决途径的适用情况有哪些？
7. 施工成本控制包括哪些环节？

第8章　建设项目竣工决算与新增资产价值的确定

8.1　建设项目竣工决算

竣工验收是工程项目建设全过程的最后一个程序，是全面考核基本建设工作、检查是否合乎设计要求和工程质量的重要环节，是投资成果转入生产或使用的标志。所有竣工验收项目在办理验收手续之前，必须对所有财产和物质进行清理，编制好竣工决算。建设项目竣工决算应包括从项目筹集到竣工投产全过程的全部实际费用，即包括设备工器具购置费、建筑工程费、安装工程费、工程建设其他费及预备费等费用。按照财政部、国家发展和改革委员会及住房和城乡建设部的有关文件规定，竣工决算由竣工财务决算报告情况说明书、竣工财务决算报表、工程竣工图和工程竣工造价对比分析四个部分组成。前两部分又称建设项目竣工财务决算，是竣工决算的核心内容。

8.1.1　竣工决算的概念与作用

1. 建设项目竣工决算的概念

建设项目竣工决算是以实物数量和货币指标为计量单位，综合反映竣工项目从筹建开始到项目竣工交付使用为止的全部建设费用、建设成果和财务情况的总结性文件，是竣工验收报告的重要组成部分，竣工决算是正确核定新增固定资产价值、考核分析投资效果、建立健全经济责任制的依据，是反映建设项目实际造价和投资效果的文件。

2. 建设项目竣工决算的作用

（1）竣工决算是国家对基本建设投资实行计划管理的重要手段

在基本建设项目从筹建到竣工投产或交付使用的全过程中，各项费用的实际发生额、基本建设投资计划的实际执行情况只能从建设单位编制的建设工程竣工决算中全面地反映出来。通过把竣工决算的各项费用数额与设计概算中的相应费用指标进行对比，可得出节约或超支的情况；通过分析节约或超支的原因，总结经验教训，加强投资计划管理，以提高基本建设投资效果。

（2）竣工决算是对基本建设实行"三算"对比的基本依据

"三算"对比是指设计概算、施工图预算和竣工决算的对比，这里的设计概算和施工图预算都是人们在建筑施工前不同建设阶段根据有关资料进行计算确定的拟建工程所需要的费用。在一定意义上，它们属于人们主观上的估算范畴。而建设工程竣工决算所确定的建设费用是人们在建设活动中实际支出的费用，它在"三算"对比中具有特殊的作用，能够直接反映出固定资产投资计划的完成情况和投资效果。

（3）竣工决算是确定建设单位新增资产价值的依据

在竣工决算中详细地计算了建设项目所有的建筑工程费、安装工程费、设备费和其他费用等新增固定资产总额及流动资金，作为建设管理部门向企事业使用单位移交财产的依据。

（4）竣工决算是基本建设成果和财务的综合反映

建设工程竣工决算包括基本项目从筹建到建成投产（或使用）的全部费用，它除了用货币形式表示基本建设的实际成本和有关指标外，还包括建设工期、主要工程量、资产的实物量以及技术经济指标。它综合了工程的年度财务决算，全面地反映了基本建设的主要情况。

8.1.2 竣工决算的内容

1. 竣工财务决算报告情况说明书

竣工财务决算报告情况说明书主要反映竣工工程建设成果和经验，是对竣工决算报表进行分析和补充说明的文件，是全面考核分析工程投资与造价的书面总结。

（1）建设项目概况。其是对工程总的评价，一般从进度、质量、安全和造价四方面进行分析说明。进度方面主要说明开工和竣工时间，对照合理工期和要求工期分析是提前还是延期；质量方面主要根据竣工验收委员会或相应一级质量监督部门的验收评定等级、合格率和优良品率进行说明；安全方面主要根据劳动工资和施工部门的记录，对有无设备和人身事故进行说明；造价方面主要对照概算造价，说明节约还是超支，用金额和百分率进行分析说明。

（2）资金来源及运用等财务分析。其主要包括工程价款结算、会计财务处理、财产物资情况及债务的清偿情况。

（3）基本建设收入、投资包干结余、竣工结余资金的上缴分配情况。通过对基本建设投资包干情况的分析，说明投资包干数、实际支用数和节约额、投资包干节余的有机构成和包干节余的分配情况。

（4）各项经济技术指标的分析。概算执行情况分析，根据实际投资完成额与概算进行对比分析；新增生产能力的效益分析，说明支付使用财产占投资总额的比例和占支付使用财产的比例、不增加固定资产的造价占投资总额的比例，分析有机构成和成果。

（5）工程建设的经验及项目管理和财务管理工作，以及竣工财务决算中有待解决的问题。

（6）需要说明的其他事项。

2. 竣工财务决算报表

建设项目竣工财务决算报表分大、中型建设项目竣工决算报表和小型建设项目竣工决算报表。大、中型建设项目竣工决算报表主要有建设项目竣工财务决算审批表，大、中型建设项目概况表，大、中型建设项目竣工财务决算表，大、中型建设项目交付使用资产总表及建设项目交付使用资产明细表。小型建设项目竣工决算报表有建设项目竣工财务决算审批表、小型建设项目竣工财务决算总表及建设项目交付使用资产明细表。

（1）建设项目竣工财务决算审批表

建设项目竣工财务决算审批表（表8-1）在竣工决算上报有关部门审批时使用，其格式是按照中央级小型项目审批要求设计的，地方级项目可按审批要求作适当修改。大、中、小型项目均要按照下列要求填报此表。

建设项目竣工财务决算审批表 表8-1

建设项目法人（建设单位）		建设性质	
建设项目名称		主管部门	
开户银行意见：			
			盖章
			年　月　日
专员办审批意见：			
			盖章
			年　月　日
主管部门或地方财政部门审批意见：			
			盖章
			年　月　日

1）表中"建设性质"按照新建、改建、扩建、迁建和恢复建设项目等分类填列。

2）表中"主管部门"是指建设单位的主管部门。

3）所有建设项目均必须经过开户银行签署意见后，按照有关要求进行报批：中央级小型建设项目由主管部门签署审批意见；中央级大、中型建设项目报所在地财政监察专员办事机构签署意见后，再由主管部门签署意见报财政部审批；地方级建设项目由同级财政部门签署审批意见。

4）已具备竣工验收条件的建设项目，3个月内应及时填报审批表，如3个月内不办理竣工验收和固定资产移交手续的，视同项目已正式投产，其费用不得从基本建设投资中支付，所实现的收入作为经营收入，不再作为基本建设收入管理。

（2）大、中型建设项目概况表

大、中型建设项目概况表（表8-2）综合反映大、中型建设项目的基本概况，内容包括建设项目名称、建设地址、主要设计单位、主要施工企业、总投资、新增生产能力、

大、中型建设项目概况表 表 8-2

建设项目（单位工程）名称			建设地址				项目	概算／元	实际／元	备注
主要设计单位			主要施工企业				建筑安装工程			
占地面积	计划	实际	总投资／万元	设计	实际	基本建设支出	设备、工具、器具			
							待摊投资			
							其中：建设单位管理费			
新增生产能力	能力（效益）名称			设计	实际		其他投资			
							待核销基建支出			
建设起止时间	设计	从 年 月开工至 年 月竣工					非经营项目转出投资			
	实际	从 年 月开工至 年 月竣工					合计			
设计概算批准文号										
完成主要工程量	建筑规模				设备／台、套、吨					
	设计		实际		设计		实际			
收尾工程	工程项目、内容		已完成投资额		尚需投资额		完成时间			

建设起止时间、完成主要工程量及基本建设支出等，为全面考核和分析投资效果提供依据，可按下列要求填写：

1）建设项目名称、建设地址、主要设计单位和主要施工企业应按全名称填列。

2）各项目的设计文件、概算、计划指标是指经批准的设计文件、概算、计划等确定的指标数据。

3）设计概算批准文号是指最后经批准的日期和文件号。

4）新增生产能力和完成主要工程量，根据建设单位统计资料和承包人提供的有关成本核算资料填列。

5）基本建设支出（以下简称基建支出）是指建设项目从开工起至竣工发生的全部基建支出。其包括形成资产价值的交付使用资产，即固定资产、流动资产、无形资产和非其他资产支出，还包括不形成资产价值按规定核销的待核销基建支出和非经营项目转出投资。以上这些基建支出，应根据财政部门年历批准的"基建投资表"中的数据填列。

6）收尾工程是指全部工程项目验收后尚遗留的少量收尾工程。在此表中应明确填写收尾工程内容和完成时间，这部分工程是实际成本，可根据具体情况进行估算并加以说明，完工后不再编制竣工决算。

（3）大、中型建设项目竣工财务决算表

大、中型建设项目竣工财务决算表（表8-3）可用来反映建设项目全部资金来源和资金占用情况，是考核和分析投资效果的依据。

表8-3反映了竣工的大、中型建设项目从开工到竣工为止的全部资金来源和资金占用情况，它是考核和分析投资效果、落实结余资金，并作为报告上级核销基本建设支出和基本建设拨款的依据。在编制表8-3之前，应先编制出项目竣工年度财务决算，根据编制出的竣工年度财务决算和历年财务决算编制项目的竣工财务决算。表8-3采用平衡表形式，即资金来源合计等于资金支出合计。具体编制方法如下：

1）资金来源包括基建拨款、项目资本金、项目资本公积金、基建借款、上级拨入投资借款、企业债券资金、待冲基建支出、应付款、未交款、上级拨入资金和留成

大、中型建设项目竣工财务决算表　　　　　　　　　　　　　　　　表8-3

资金来源	金额	资金占用	金额	补充资料
一、基建拨款		一、基本建设支出		1.基建投资借款期末余额
1.预算拨款		1.交付使用资产		
2.基建基金拨款		2.在建工程		2.应收生产单位投资借款期末数
3.进口设备转账拨款		3.待核销基建支出		
4.器材转账拨款		4.非经营项目转出投资		3.基建结余资金
5.煤代油专用基金拨款		二、应收生产单位投资借款		
二、项目资本金		三、拨付所属投资借款		
1.国家资本		四、库存器材		
2.法人资本		其中：待处理器材损失		
3.个人资本		五、货币资金		
三、项目资本公积金		六、预付及应收款		
四、基建投资借款		七、有价证券		
五、上级拨入投资借款		八、固定资产		
六、企业债券资金		固定资产原值		
七、待冲基建支出		减：累计折旧		
八、应付款		固定资产净值		
九、未交款		固定资产清理		
1.未交税金		待处理固定资产损失		
2.未交基建收入				
3.未交基建包干节余				
4.其他未交款				
十、上级拨入资金				
十一、留成收入				
合计		合计		

收入等。

①项目资本金是指经营性项目投资者按国家有关项目资本金的规定，筹集并投入项目的非负债资金，在项目竣工后，相应转为生产经营企业的国家资本金、法人资本金、个人资本金和外商资本金。

②项目资本公积金是指经营性项目对投资者实际缴付的出资额超过其资金的差额（包括发行股票的溢价净收入）、资产评估确认价值或者合同协议约定价值与原账面净值的差额、接收捐赠的财产和资本汇率折算差额，在项目建设期间作为项目的资本公积金，项目建成交付使用并办理竣工决算后，转为生产经营企业的资本公积金。

2）表8-3中的"交付使用资产""预算拨款""项目资本金""基建投资借款"等项目是指自开工建设至竣工的累计数，上述有关指标应根据历年批复的年度基本建设财务决算和竣工年度的基本建设财务决算中资金平衡表相应项目的数字进行汇总填写。

3）表8-3中其余项目费用办理竣工验收时的结余数，根据竣工年度财务决算中资金平衡表的有关项目期末数填写。

4）资金占用反映建设项目从开工准备到竣工全过程资金占用的情况，内容包括基本建设支出、应收生产单位投资借款、拨付所属投资借款库存器材、货币资金、预付及应收款、有价证券以及固定资产等，资金占用总额应等于资金来源总额。

5）基建结余资金可以按下列公式计算：

$$基建结余资金 = 基建拨款 + 项目资本 + 项目资本公积金 + 基建投资借款 +$$

$$企业债券基金 + 待冲基建支出 - 基本建设支出 - 应收生产单位投资借款 \quad （8-1）$$

（4）大、中型建设项目交付使用资产总表

大、中型建设项目交付使用资产总表（表8-4）反映建设项目建成后新增固定资产、流动资产、无形资产和其他资产的价值，可作为财产交接、检查投资计划完成情况和分析投资效果的依据。小型项目不编制"交付使用资产总表"，直接编制"交付使用资产明细表"；大、中型项目在编制"交付使用资产总表"的同时，还需编制"交付使用资产明

大、中型建设项目交付使用资产总表

表8-4

单项工程项目名称	总计	固定资产				流动资产	无形资产	其他资产
		建筑工程	安装工程	设备	其他			

交付单位		负责人		接收单位		负责人	
盖　章		年　月　日		盖　章		年　月　日	

细表"。大、中型建设项目交付使用资产总表的具体编制方法如下：

1）表8-4中各栏目数据根据"交付使用资产明细表"中固定资产、流动资产、无形资产、其他资产各相应项目的汇总数分别填写，表8-4中"总计"栏的总计数应与竣工财务决算表中交付使用资产的金额一致。

2）表8-4中第3~9栏的合计数应分别与竣工财务决算表交付使用的固定资产、流动资产、无形资产、其他资产的数据相符。

（5）建设项目交付使用资产明细表

建设项目交付使用资产明细表（表8-5）反映交付使用的固定资产、流动资产、无形资产和其他资产及其价值的明细情况，是办理资产交接和接收单位登记资产账目的依据，是使用单位建立资产明细账和登记新增资产价值的依据。大、中型和小型建设项目均需编制此表。编制时要做到齐全完整、数字准确，各栏目价值应与会计账目中相应科目的数据保持一致。建设项目交付使用资产明细表的具体编制方法如下：

1）表8-5中"建筑工程"项目应按单项工程名称填列其结构、面积和价值。其中，"结构"是指项目按钢结构、钢筋混凝土结构、混合结构等结构形式填写；面积则按各项目实际完成面积填写；价值按交付使用资产的实际价值填写。

建设项目交付使用资产明细表 表8-5

单项工程项目名称	建筑工程			设备、工具、器具、家具						流动资产		无形资产		其他资产	
	结构	面积（m²）	价值（元）	名称	规格型号	单位	数量	价值（元）	设备安装费（元）	名称	价值（元）	名称	价值（元）	名称	价值（元）
合计															

2）表8-5中"建筑工程""设备、工具、器具、家具"部分要在逐项盘点后根据盘点实际情况填写，工具、器具和家具等低值易耗品可分类填写。

3）表8-5中"流动资产""无形资产""其他资产"项目应根据建设单位实际交付的名称和价值分别填列。

（6）小型建设项目竣工财务决算总表

由于小型建设项目内容比较简单，因此可将工程概况与财务情况合并编制一张"竣工财务决算表"（表8-6），该表主要反映小型建设项目的全部工程和财务情况。具体编制时可参照大、中型建设项目概况表指标和大、中型建设项目竣工财务决算表指标内容填写。

小型建设项目竣工财务决算总表

表 8-6

建设项目名称			建设地址					资金来源		资金运用	
初步设计概算批准文号								项目	金额(元)	项目	金额(元)
占地面积	计划	实际	总投资(万元)	计划		实际		一、基建拨款 其中：预算拨款		一、交付使用资产	
				固定资产	流动资产	固定资产	流动资产			二、待核销基建支出	
								二、项目资本		三、非经营项目转出投资	
								三、项目资本公积			
新增生产能力	能力(效益)名称	设计			实际			资金来源		资金运用	
								项目	金额(元)	项目	金额(元)
建设起止时间	计划	从　年　月开工至　年　月竣工						四、基建借款		四、应收生产单位投资借款	
	实际	从　年　月开工至　年　月竣工						五、上级拨入借款			
基建支出	项目	概算(元)			实际(元)			六、企业债券资金		五、拨付所属投资借款	
	建筑安装工程							七、待冲基建支出		六、器材	
	设备、工具、器具							八、应付款		七、货币资金	
	待摊投资 其中：建设单位管理费							九、未交款其中：未交基建收入未交包干收入		八、预付及应收款	
	其他投资									九、有价证券	
	待核销基建支出							十、上级拨入资金		十、原有固定资产	
	非经营项目转出投资							十一、留成收入			
	合计							合计		合计	

263

3. 工程竣工图

建设工程竣工图是真实记录各种地上地下建筑物、构筑物等情况的技术文件，是工程进行交工验收、维护改建和扩建的依据，是国家的重要技术档案。国家规定，各项新建、扩建、改建的基本建设工程，特别是基础、地下建筑、管线、结构、井巷、桥梁、隧道、港口、水坝以及设备安装等隐蔽部位，都要编制竣工图。为确保竣工图质量，必须在施工过程中（不能在竣工后）及时做好隐蔽工程的检查记录，整理好设计变更文件。其具体要求如下：

（1）凡按图竣工没有变动的，由施工单位（包括总包和分包施工单位，下同）在原施工图上加盖"竣工图"标志后，即作为竣工图。

（2）凡在施工过程中，虽有一般性设计变更，但能将原施工图加以修改补充作为竣工图的，可不重新绘制，由施工单位负责在原施工图（必须是新蓝图）上注明修改的部分，并附以设计变更通知和施工说明，加盖"竣工图"标志后，作为竣工图。

（3）凡结构形式改变、施工工艺改变、平面布置改变、项目改变以及有其他重大改变，不宜再在原施工图上修改、补充者，应重新绘制改变后的竣工图。由设计原因造成的，由设计单位负责重新绘图；由施工原因造成的，由施工单位负责重新绘图；由其他原因造成的，由建设单位自行绘图或委托设计单位绘图。施工单位负责在新图上加盖"竣工图"标志，并附以有关记录和说明，作为竣工图。

（4）为满足竣工验收和竣工决算需要，还应绘制能反映竣工工程全部内容的工程设计平面示意图。

4. 工程竣工造价对比分析

对控制工程造价所采取的措施、效果及其动态的变化进行认真的对比，总结经验教训。批准的概算是考核建设工程造价的依据。在分析时，可先对比整个项目的总概算。然后将建筑安装工程费、设备工器具费和其他工程费逐一与竣工决算表中所提供的实际数据和相关资料及批准的概算、预算指标、实际工程造价进行对比分析，以确定竣工项目总造价是节约还是超支，并在对比的基础上总结先进经验，找出节约和超支的内容和原因，提出改进措施。在实际工作中，应主要分析以下内容：

（1）主要实物工程量。对于实物工程量出入比较大的情况，必须查明原因。

（2）主要材料消耗量。考核主要材料消耗量要按照竣工决算表中所列明的三大材料实际超概算消耗量，查明是在工程的哪个环节超出量最大，再进一步查明超耗的原因。

（3）考核建设单位管理费、建筑及安装工程其他直接费、现场经费和间接费的取费标准。建设单位管理费、建筑及安装工程其他直接费、现场经费和间接费的取费标准要按照国家和各地的有关规定，将竣工决算报表中所列的建设单位管理费与概预算所列的建设单位管理费数额进行比较，依据规定查明多列或少列的费用项目，确定其节约超支的数额，并查明原因。

以上所列内容是工程造价对比分析的重点，应侧重分析，但对具体项目应进行具体分析，究竟选择哪些内容作为考核分析重点，还得因地制宜，视项目的具体情况而定。

8.1.3　竣工决算的编制

1. 竣工决算的编制依据

建设工程竣工决算编制的主要依据有：

（1）经批准的可行性研究报告及其投资估算书。

（2）经批准的初步设计或扩大初步设计及其概算或修正概算书。

（3）经批准的施工图设计及其施工图预算书。

（4）设计交底或图纸会审会议纪要。

（5）招标投标的标底、承包合同及工程结算资料。

（6）施工记录或施工签证单及其他施工发生的费用记录，如索赔报告与记录、停（交）工报告等。

（7）竣工图及各种竣工验收资料。

（8）历年基建资料、历年财务决算及批复文件。

（9）设备、材料调价文件和调价记录。

（10）有关财务核算制度、办法和其他有关资料、文件等。

2. 竣工决算的编制要求

为了严格执行建设项目竣工验收制度，正确核定新增固定资产价值，考核分析投资效果，建立健全经济责任制，所有新建、扩建和改建的建设项目竣工后，都应及时、完整、正确地编制好竣工决算。建设单位要做好以下工作：

（1）按照规定组织竣工验收，保证竣工决算的及时性。对建设工程进行全面考核，所有建设项目（或单项工程）按照批准的设计文件所规定的内容建成后，具备了投产和使用条件的，都要及时组织验收。对于竣工验收中发现的问题，应及时查明原因，采取措施加以解决，以保证建设项目按时交付使用并及时编制竣工决算。

（2）积累、整理竣工项目资料，保证竣工决算的完整性。积累、整理竣工项目资料是编制竣工决算的基础工作，它关系到竣工决算的完整性和质量的好坏。因此，在建设过程中建设单位必须随时收集项目建设的各种资料，并在竣工验收前对各种资料进行系统整理、分类立卷，为编制竣工决算提供完整的数据资料，为投产后加强固定资产管理提供依据。在工程竣工时，建设单位应将各种基础资料与竣工决算一起移交给生产单位或使用单位。

（3）清理、核对各项账目，保证竣工决算的正确性。工程竣工后，建设单位要认真核实各项交付使用资产的建设成本；做好各项账务、物资以及债权的清理结余工作，应偿还的要及时偿还，该收回的要及时收回，对各种结余的材料、设备、施工机械器具等要逐项清点核实、妥善保管，按照国家有关规定进行处理，不得任意侵占；对竣工后的结余资金，要按规定上交财政部门或上级主管部门。做完上述工作，在核实各项数字的基础上，正确编制从年初起到竣工月份为止的竣工年度财务决算。

按照规定竣工决算应在竣工项目办理验收交付手续后一个月内编好，并上报主管部门，有关财务成本部分还应送经办理审查签证。主管部门和财政部门对报送的竣工决算审批完成后，建设单位即可办理决算调整并结束有关工作。

3.竣工决算的编制步骤

（1）收集、整理、分析有关资料。从工程开始就按编制依据的要求收集、清点、整理有关资料，主要包括建设项目档案资料，如设计文件、施工记录、上级批文、概（预）算文件、工程结算的归集整理，财务处理、财产物资的盘点核实及债权债务的清偿，做到账账、账证、账实、账表相符。对各种设备、材料、工具、器具等要逐项盘点核实并填列清单，妥善保管或按照国家有关规定处理，不准任意侵占和挪用。

（2）清理各项财务、债务和结余物资。在收集、整理和分析有关资料时，要特别注意建设工程从筹建到竣工投产或使用的全部费用的各项账务及债权和债务的清理，做到工程完毕账目清晰。既要核对账目，又要查点库存实物的数量，做到账与物相等、账与账相符。对结余的各项材料、工器具和设备要逐项清点核实、妥善管理，并按规定及时处理、收回资金。对各种往来款项要及时进行全面清理，为编制竣工决算提供准确的数据和结果。

（3）核实工程变动情况。重新核实各单位工程和单项工程造价，将竣工资料与原设计图纸进行核实，确认实际变动情况。根据经审定的承包人竣工结算等原始资料，按照有关规定对原预算进行增减调整，重新核定建设项目实际造价。

（4）填写竣工决算报表。按照建设工程决算表格中的内容，根据编制依据中的有关资料进行统计或计算各个项目及其数量，并将其结果填到相应的表格栏内，完成所有报表的填写。

（5）编制建设工程竣工决算说明。按照建设工程竣工决算说明的内容要求，根据编制依据材料写在报表中的结果，编写文字说明。

（6）做好工程造价对比分析。

（7）清理、装订好竣工图。

（8）按国家规定程序上报相应上级主管部门审批、存档。

将上述编写的文字说明和填的表格经核对无误装订成册，即为建设工程竣工决算文件。将其上报主管部门审查，并把其中的财务成本部分送交开户银行签证。竣工决算在上报主管部门的同时，抄送有关设计单位。

大、中型建设项目的竣工决算还应抄送财政部、建设银行总行和省、自治区、直辖市的财政局和建设银行分行各一份。建设工程竣工决算文件由建设单位负责组织人员编写，在竣工建设项目办理验收使用一个月之内完成。

8.1.4 竣工决算的审核

项目决算批复部门应按照"先审核后批复"的原则建立健全项目决算评审和审核管理机制以及内部控制制度。由财政部批复的项目决算，一般先由财政部委托财政投资评审机构或有资质的中介机构（以下统称"评审机构"）进行评审，根据评审结论，财政部审核后批复项目决算。委托评审机构实施项目竣工财务决算评审时，应当要求其遵循依法、独立、客观、公正的原则。项目建设单位可对评审机构在实施评审过程中的违法行为进行举报。由主管部门批复的项目决算参照上述程序办理。主管部门、财政部收到项目竣工财务决算后，根据《中央基本建设项目竣工财务决算审核批复操作规程》（财建〔2018〕2号）开展工作。

1. 审核程序

（1）条件和权限审核，具体包括：

1）审核项目是否为本部门批复范围。不属于本部门批复权限的项目决算，予以退回。

2）审核项目或单项工程是否已完工。尾工工程超过5%的项目或单项工程，予以退回。

（2）资料完整性审核，具体包括：

1）审核项目是否经有资质的中介机构进行决（结）算评审，是否附有完整的评审报告。对未经决（结）算评审（含审计署审计）的，委托评审机构进行决算审核。

2）审核决算报告资料的完整性，检查决算报表和报告说明书是否按要求编制、项目有关资料复印件是否清晰、完整。决算报告资料报送不完整的，通知其限期补报有关资料，逾期未补报的，予以退回。需要补充说明材料或存在问题需要整改的，要求主管部门在限期内报送并督促项目建设单位进行整改，逾期未报或整改不到位的，予以退回。

其中，未经评审或审计署全面审计的项目决算，以及虽经评审或审计但主管部门、财政部审核发现存在以下问题或情形的，应当委托评审机构进行评审：

①评审报告内容简单、附件不完整、事实反映不清晰且未达到决算批复相关要求；

②决算报表填写的数据不完整，存在较多错误，表间勾稽关系不清晰、不正确，以及决算报告和报表数据不一致；

③项目存在严重超标准、超规模、超概算，挤占、挪用项目建设资金，待核销基建支出和转出投资无依据、不合理等问题；

④评审报告或有关部门历次核查、稽查和审计所提问题未整改完毕，存在重大问题未整改或整改落实不到位；

⑤建设单位未能提供审计署的全面审计报告；

⑥其他影响项目竣工财务决算完成投资等的重要事项。

（3）评审机构进行了决（结）算评审的项目决算，或审计署已经进行全面审计的项目决算，财政部或主管部门审核未发现较大问题，项目建设程序合法、合规，报表数据正确无误，评审报告内容详实、事实反映清晰、符合决算批复要求以及发现的问题均已整改到位的，可依据评审报告及审核结果批复项目决算。

审核中，评审发现项目建设管理存在严重问题并需要整改的，要及时督促项目建设单位限期整改；存在违法违纪的，依法移交有关机关处理。

（4）审核未通过的，属评审报告问题的，退回评审机构补充完善；属项目本身不具备决算条件的，请项目建设单位（或报送单位）整改、补充完善或予以退回。

2. 审核依据

审核工作依据以下文件：

（1）项目建设和管理的相关法律、法规、文件规定。

（2）国家、地方以及行业工程造价管理的有关规定。

（3）财政部颁布的基本建设财务管理及会计核算制度。

（4）本项目相关资料，包括项目初步设计及概算批复和调整批复文件、历年财政资金预算下达文件、项目决算报表及说明书、历年监督检查、审计意见及整改报告，必要时还可审核项目施工和采购合同、招标投标文件、工程结算资料以及其他影响项目决算结果的相关资料。

3. 审核方式

审核工作主要是对项目建设单位提供的决算报告、评审机构提供的评审报告及社会中介机构提供的审计报告进行分析、判断，通过与审计署的审计意见进行比对，形成批复意见。

（1）政策性审核

政策性审核重点审核项目履行基本建设程序情况，资金来源、到位及使用管理情况，概算执行情况，招标履行及合同管理情况，待核销基建支出和转出投资的合规性，尾工工程及预留费用的比例和合理性等。

（2）技术性审核

技术性审核重点审核决算报表数据和表间勾稽关系、待摊投资支出情况、建筑安装工程和设备投资支出情况、待摊投资支出分摊计入交付使用资产情况以及项目造价控制情况等。

（3）评审结论审核

评审结论审核重点审核评审结论中投资审减（增）的金额和理由。

（4）意见分歧审核及处理

对于评审机构与项目建设单位就评审结论存在意见分歧的，应以国家有关规定及国家批准项目概算为依据进行核定，其中：

1）评审审减投资属工程价款结算违反发承包双方合同约定及多计工程量、高估冒算等情况的，一律按评审机构的评审结论予以核定批复。

2）评审审减投资属超国家批准项目概算、但项目运行使用确实需要的，原则上应先经项目概算审批部门调整概算后，再按调整概算确认和批复。若自评审机构出具评审结论之日起 3 个月内未取得原项目概算审批部门的调整概算批复的，仍按评审结论予以批复。

4. 审核内容

审核的主要内容包括工程价款结算、项目核算管理情况、项目建设资金管理情况、项目基本建设程序执行及建设管理情况、概（预）算执行情况、交付使用资产情况等。

（1）工程价款结算审核

工程价款结算审核主要包括评审机构对工程价款是否按有关规定和合同协议进行全面评审；评审机构对于多算和重复计算工程量、高估冒算建筑材料价格等问题是否予以审减；单位、单项工程造价是否在合理或国家标准范围内，是否存在严重偏离当地同期同类单位工程、单项工程造价水平的问题。

（2）项目核算管理情况审核

项目核算管理情况审核具体包括：

1）建设成本核算是否准确。对于超过批准建设内容发生的支出、不符合合同协议的支出、非法收费和摊派，无发票或者发票项目不全、无审批手续、无责任人员签字的支出以及因设计单位、施工单位、供货单位等原因造成的工程报废损失等不属于本项目应当负担的支出，是否按规定予以审减。

2）待摊费用支出及其分摊是否合理合规。

3）待核销基建支出有无依据，是否合理合规。

4）转出投资有无依据，是否已落实接收单位。

5）决算报表所填写的数据是否完整，表内和表间勾稽关系是否清晰、正确。

6）决算的内容和格式是否符合国家有关规定。

7）决算资料报送是否完整、决算数据之间是否存在错误。

8）与财务管理和会计核算有关的其他事项。

（3）项目建设资金管理情况审核

项目资金管理情况审核主要包括：

1）资金筹集情况，如项目建设资金筹集是否符合国家有关规定；项目建设资金筹资成本控制是否合理。

2）资金到位情况，如财政资金是否按批复的概算、预算及时足额拨付项目建设单位；自筹资金是否按批复的概算、计划及时筹集到位，是否有效控制了筹资成本。

3）项目资金使用情况，如财政资金是否按规定专款专用，是否符合政府采购和国库集中支付等管理规定；结余资金在各投资者间的计算是否准确，应上缴财政的结余资金是否按规定在项目竣工后 3 个月内及时交回，是否存在擅自使用结余资金的情况。

（4）项目基本建设程序执行及建设管理情况审核

项目基本建设程序执行及建设管理情况审核主要包括：

1）项目基本建设程序执行情况审核，主要审核项目决策程序是否科学规范，项目立项、可研、初步设计及概算和调整是否符合国家规定的审批权限等。

2）项目建设管理情况审核，主要审核决算报告及评审或审计报告是否反映了建设管理情况；建设管理是否符合国家有关建设管理制度要求，是否建立和执行法人责任制、工程监理制、招标投标制、合同制；是否制定了相应的内控制度；内控制度是否健全、完善、有效；招标投标执行情况和项目建设工期是否按批复要求有效控制。

（5）概（预）算执行情况审核

概（预）算执行情况审核主要包括是否按照批准的概（预）算内容实施，有无超标准、超规模、超概（预）算建设现象，有无概算外项目和擅自提高建设标准、扩大建设规模、未完成建设内容等问题；项目在建设过程中历次检查和审计所提的重大问题是否已经整改落实；尾工工程及预留费用是否控制在概算确定的范围内，预留的金额和比例是否合理。

（6）交付使用资产情况审核

交付使用资产情况审核主要包括项目形成资产是否真实、准确、全面，计价是否准确，资产接受单位是否落实；是否正确按资产类别划分固定资产、流动资产、无形资产；交付使用资产实际成本是否完整，是否符合交付条件，移交手续是否齐全。

8.1.5　竣工决算的批复

1. 批复范围

（1）财政部直接批复的范围

财政部直接批复的范围具体如下：

1）主管部门本级的投资额在3000万元（不含3000万元，按完成投资口径）以上的项目决算。

2）不向财政部报送年度部门决算的中央单位项目决算，主要是指不向财政部报送年度决算的社会团体、国有及国有控股企业、使用财政资金的非经营性项目和使用财政资金占项目资本比例超过50%的经营性项目的决算。

（2）主管部门批复的范围

主管部门批复的范围具体如下：

1）主管部门二级及以下单位的项目决算。

2）主管部门本级投资额在3000万元（含3000万元）以下的项目决算。

由主管部门批复的项目决算，报财政部备案（批复文件抄送财政部），并按要求向财政部报送半年度和年度汇总报表。

2. 批复内容

批复项目决算主要包括以下内容：

（1）批复确认项目决算完成投资、形成的交付使用资产、资金来源及到位构成，核销基建支出和转出投资等。

（2）根据管理需要批复确认项目交付使用资产总表、交付使用资产明细表等。

（3）批复确认项目结余资金、决算评审审减（增）投资，并明确处理要求：

1）项目结余资金的交回时限。按照财政部有关基本建设结余资金管理办法规定处理，即应在项目竣工后 3 个月内交回国库。项目决算批复时，应确认是否已按规定交回，未交回的，应在批复文件中要求其限时交回，并指出其未按规定及时交回的问题。

2）项目决算确认的项目概算内评审审减投资，按投资来源比例归还投资方，其中审减的财政资金按要求交回国库；项目决算确认的项目概算内评审审增投资，存在资金缺口的，要求主管部门督促项目建设单位尽快落实资金来源。

（4）批复项目结余资金和审减投资中应上缴中央总金库的资金，在决算批复后 30 日内，由主管部门负责上缴。

（5）要求主管部门督促项目建设单位按照批复及基本建设财务会计制度有关规定及时办理资产移交和产权登记手续，加强对固定资产的管理，更好地发挥项目投资效益。

（6）批复披露项目建设过程存在的主要问题，并提出整改时限要求。

（7）决算批复文件涉及需交回财政资金的，应当抄送财政部驻当地财政监察专员办事处。

8.2 竣工财务决算的及时性

8.2.1 竣工财务决算的影响分析

建设工程竣工决算是建设项目管理工作的一个重要环节，正确、及时、完整地编制建设工程竣工决算对于考核建设成本、分析投资效益、促进竣工工程及时投产、积累技术资料、总结建设经验等都具有重要意义。目前建设工程竣工决算应防止出现以下问题：

（1）已经竣工投产的工程，不及时和拒不办理交工验收，继续吃基建投资"大锅饭"这个问题不单纯是财务手续问题，而且成了影响投资效益的一个十分突出的问题，给生产建设带来许多不良影响。首先，它扩大了基本建设投资支出。工程建成投产后办理交工验收，企业不提折旧，所发生的维修费、更新改造资金以及生产职工的工资等都在基建投资中开支，扩大了建设支出。据有关方面测算，按现有全国的投资规模，在建项目的工期拖长 1 年，由于多消耗、少产出造成的损失就将近百亿元，由此造成的损失浪费是十分惊人的。其次，这样做不利于固定资产管理。由于工期拖长，大量资金积压在建设过程中，由投资而形成的固定资产比例降低，工程竣工投产后，由于未办交工验收手续，生产厂对各类固定资产究竟有多少心中无数。另外，生产厂拿不到全厂总图纸，对地下管线等隐蔽工程不清楚也影响生产、维修的正常进行。再者，这样不交工也不利于经济核算。工程竣工投产后不办理交工验收，生产厂对未经使用的固定资产不提折旧或估提折旧，影响产品成本的真实性，掩盖了企业管理中的问题。

（2）竣工决算中，对国家规定、制度不能严格执行。有些是人为的，也有些是受水平或认识的限制，或是由于外在的压力等，违反财经纪律的情况屡有发生，决算中脱离实际、高估冒算、弄虚作假、多列费用、加大工程支出等问题十分突出。建设项目概算超估算、预算超概算、决算超预算的情况是我国固定资产领域中非常普遍的现象，有些是因为设计、施工质量低劣；有些则是因为概算定额和编制方法落后等；更多的则是因为主观因素，如施工队故意高估冒算，存在"审出就减，审不出就赚，粗审多赚，细审少赚"的想法，从而使工程竣工决算不切合实际，超预算、预算超概算，使国家投资失控。

8.2.2　竣工财务决算的管控对策

1. 加强对建设项目竣工财务决算的重视

已完工项目进行竣工财务决算时，资产交付管理成为尤为重要和紧迫的任务。必须切实重视竣工财务决算，加强对竣工财务决算的组织和管理工作，正确认识竣工财务决算在整个基本建设项目管理流程中的重要意义；成立专门的竣工财务决算工作小组，将决算工作责任分配落实到每一个相关工作人员身上，使其能够更好地投入到竣工财务决算工作中；加强财务、基建、审计、资产管理等各个部门之间的交流与合作，从而保障基建项目竣工财务决算的工作质量。

2. 指定专人收集、整理竣工财务决算资料

要想正确、有效地开展基建项目竣工财务决算的编制工作，需要加强对基本建设项目建设过程中各类相关资料的收集与整理，指定专人在项目竣工决算中负责项目的资料整合和归档，保证在竣工财务决算编制的过程中能够及时、完整地提供所需的相关资料。

3. 加强对建设项目相关工作人员的培训，提高编制竣工财务决算的能力

建设项目人员业务能力的高低关系到项目竣工财务决算编制的质量。只有高素质、高能力的人员，才能准确和完整地编制竣工财务决算。因此，为了更好地适应新时期的财务会计工作，需要定期组织相关培训，提高建设项目财务人员的业务素质和能力，掌握基建项目竣工财务决算的相关专业知识，以此来提高建设项目相关工作人员的业务水平，以达到提高编制竣工财务决算质量的要求。

工程项目竣工财务决算是反映工程项目从开工到竣工全部资金来源和资金运用情况的重要文件，是正确核定新增固定资产价值、反映竣工项目建设成果的文件，是建设项目资产形成、资产移交和投资核销的依据。

41- 竣工决算
信息化

8.3　新增资产价值的确定

建设项目竣工投入运营后，所花费的总投资形成相应的资产。按照新的财务制度和企业会计准则，新增资产按资产性质可分为固定资产、流动资产、无形资产等。

8.3.1　新增固定资产价值的确定方法

1. 新增固定资产价值的概念和范畴

新增固定资产价值是建设项目竣工投产后所增加的固定资产的价值，它是以价值形态表示的固定资产投资最终成果的综合性指标。新增固定资产价值是投资项目竣工投产后所增加的固定资产价值，即交付使用的固定资产价值，是以价值形态表示建设项目固定资产最终成果的指标。新增固定资产价值的计算是以独立发挥生产能力的单项工程为对象的。单项工程建成经有关部门验收鉴定合格，正式移交生产或使用，即应计算新增固定资产价值。一次交付生产或使用的工程一次计算新增固定资产价值，分期分批交付生产或使用的工程应分期分批计算新增固定资产价值。新增固定资产价值的内容包括：已投入生产或交付使用的建筑、安装工程造价；达到固定资产标准的设备、工器具购置费用；增加固定资产价值的其他费用。

2. 新增固定资产价值计算时应注意的问题

在计算新增固定资产价值时应注意以下几种情况：

（1）对于为了提高产品质量、改善劳动条件、节约材料消耗、保护环境而建设的附属辅助工程，只要全部建成并正式验收交付使用后就要计入新增固定资产价值。

（2）对于单项工程中不构成生产系统，但能独立发挥效益的非生产性项目，如住宅、食堂、医务所、托儿所、生活服务网点等，在建成并交付使用后也要计算新增固定资产价值。

（3）凡购置达到固定资产标准不需安装的设备、工器具，应在交付使用后计入新增固定资产价值。

（4）属于新增固定资产价值的其他投资，应随同受益工程的交付使用一并计入。

（5）交付使用财产的成本，应按下列内容计算：

1）房屋、建筑物、管道、线路等固定资产的成本包括建筑工程成果和待分摊的待摊投资。

2）动力设备和生产设备等固定资产的成本包括需要安装设备的采购成本，安装工程成本，设备基础、支柱等建筑工程成本或砌筑锅炉及各种特殊炉的建筑工程成本以及应分摊的待摊投资。

3）运输设备及其他不需要安装的设备、工具、器具、家具等固定资产一般仅计算采购成本，不计分摊。

3. 共同费用的分摊方法

新增固定资产的其他费用，如果是属于整个建设项目或两个以上单项工程的，在计算新增固定资产价值时，应在各单项工程中按比例分摊。一般情况下，建设单位管理费按建筑工程、安装工程、需安装设备价值总额的比例分摊，而土地征用费、地质勘察和建筑工程设计费等费用则按建筑工程造价比例分摊，生产工艺流程系统设计费按安装工程造价比例分摊。

【例 8-1】某工业建设项目及其总装车间的建筑工程费、安装工程费、需安装设备费以及应摊入费用如表 8-7 所示，计算总装车间新增固定资产价值。

分摊费用计算表 表 8-7

单位：万元

项目名称	建筑工程	安装工程	需安装设备	建设单位管理费	土地征用费	建筑设计费	工艺设计费
建设项目竣工结算	5000	1000	1200	105	120	60	40
总装车间竣工结算	1000	500	600	—	—	—	—

【解】

应分摊的建设单位管理费：$\dfrac{1000+500+600}{5000+1000+1200} \times 105 = 30.625$ 万元

应分摊的土地征用费：$\dfrac{1000}{5000} \times 120 = 24$ 万元

应分摊的建筑设计费：$\dfrac{1000}{5000} \times 60 = 12$ 万元

应分摊的工艺设计费：$\dfrac{500}{1000} \times 40 = 20$ 万元

总车间新增固定资产价值：$(1000+500+600) + (30.625+24+12+20)$

$= 2100 + 86.625 = 2186.625$ 万元

8.3.2 新增无形资产价值的确定方法

在财政部和国家知识产权局的指导下，中国资产评估协会 2008 年制定了《资产评估准则——无形资产》，自 2009 年 7 月 1 日起施行。根据上述准则规定，无形资产是指特定主体所拥有或者控制的、不具有实物形态、能持续发挥作用且能带来经济利益的资源。我国作为评估对象的无形资产通常包括专利权、专有技术、商标权、著作权、销售网络、客户关系、供应关系、人力资源、商业特许权、合同权益、土地使用权、矿业权、水域使用权、森林权益、商誉、特许经营权、域名等。

1. 无形资产的计价原则

无形资产的计价原则包括：

（1）投资者按无形资产作为资本金或者合作条件投入时，按评估确认或合同协议约定的金额计价。

（2）购入的无形资产，按照实际支付的价款计价。

（3）企业自创并依法申请取得的无形资产，按开发过程中的实际支出计价。

（4）企业接受捐赠的无形资产，按照发票账单所载金额或者同类无形资产的市场价计价。

（5）无形资产计价入账后，应在其有效使用期内分期摊销，即企业为无形资产支出的费用应在无形资产的有效期内得到及时补偿。

2. 无形资产的计价方法

（1）专利权的计价

专利权分为自创和外购两类。自创专利权的价值为开发过程中的实际支出，主要包括专利的研制成本和交易成本。研制成本又包括直接成本和间接成本。直接成本是指研制过程中直接投入发生的费用（主要包括材料费用、工资费用、专用设备费、资料费、咨询鉴定费、协作费、培训费和差旅费等）。间接成本是指与研制开发有关的费用（主要包括管理费、非专用设备折旧费、应分摊的公共费用及能源费用）。交易成本是指在交易过程中的费用支出（主要包括技术服务费、交易过程中的差旅费及管理费、手续费、税金）。由于专利权是具有独占性并能带来超额利润的生产要素，因此，专利权的转让价格不按成本估价，而是按照其所能带来的超额收益计价。

（2）专有技术（非专利技术）的计价

专有技术具有使用价值和价值，使用价值是专有技术本身应具有的，价值是专有技术的使用所能产生的超额获利能力，应在研究分析其直接和间接获利能力的基础上，准确计算出其价值。如果专有技术是自创的，一般不作为无形资产入账，自创过程中发生的费用按当期费用处理。对于外购专有技术，应由法定评估机构确认后再进行估价，其往往采用收益法进行估价。

（3）商标权的计价

如果商标权是自创的，一般不作为无形资产入账，而将商标设计、制作、注册、广告宣传等发生的费用直接作为销售费用计入当期损益。只有当企业购入或转让商标时，才需要对商标权计价。商标权的计价一般根据被许可方新增的收益确定。

（4）土地使用权的计价

根据取得土地使用权的方式不同，土地使用权的计价方式也不同：当建设单位向土地管理部门申请土地使用权并为之支付一笔出让金时，土地使用权作为无形资产核算；当建设单位获得的土地使用权是通过行政划拨的，这时土地使用权就不能作为无形资产核算；在将土地使用权有偿转让、出租、抵押、作价入股和投资，按规定补交土地出让价款时，土地使用权作为无形资产核算。

8.3.3 新增流动资产价值的确定方法

流动资产是指可以在1年内或者超过1年的一个经营周期内变现或者运用的资产，包括现金、各种存款及其他货币资金、短期投资、存货、应收及预付款项以及其他流动资产等。

（1）货币性资金

货币性资金是指现金、各种银行存款及其他货币资金，其中现金是指企业的库存现金，包括企业内部各部门用于周转使用的备用金；各种存款是指企业的各种不同类型的银行存款；其他货币资金是指除现金和银行存款以外的其他货币资金，根据实际入账价值核定。

（2）应收及预付款项

应收款项是指企业因销售商品、提供劳务等应向购货单位或受益单位收取的款项；预付款项是指企业按照购货合同预付给供货单位的购货定金或部分货款。应收及预付款项包括应收票据、应收款项、其他应收款、预付货款和待摊费用。一般情况下，应收及预付款项按企业销售商品、产品或提供劳务时的实际成交金额入账核算。

（3）短期投资

短期资产包括股票、债券和基金。股票和债券根据是否可以上市流通分别采用市场法和收益法确定其价值。

（4）存货

存货是指企业的库存材料、在产品、产成品等。各种存货应当按照取得时的实际成本计价。存货的形成主要有外购和自制两个途径。外购的存货，按照买价加运输费、装卸费、保险费、途中合理损耗、入库前加工、整理及挑选费用以及缴纳的税金等计价；自制的存货，按照制造过程中的各项实际支出计价。

42- 案例

习题

选择题

1.竣工决算的计量单位是（　　　）。

A.实物数量和货币指标

B.建设费用和建设成果

C.固定资产价值、流动资产价值、无形资产价值、递延和其他资产价值

D.建设工期和各种技术经济指标

2.某住宅在保修期限及保修范围内，由于洪水造成了该住宅的质量问题，其保修费用应由（　　　）承担。

A.施工单位　　　　　B.设计单位　　　　　C.使用单位　　　　　D.建设单位

3.关于竣工决算说法正确的是（　　　）。

A.建设项目竣工决算应包括从筹划到竣工投产全过程的直接工程费用

B.建设项目竣工决算应包括从动工到竣工投产全过程的全部费用

C.新增固定资产价值的计算应以单项工程为对象

D.已具备竣工验收条件的项目，如两个月内不办理竣工验收和固定资产移交手续，则视同项目已正式投产

4.（　　　）主要反映竣工工程建设成果和经验，是对竣工决算报表进行分析和补充说明的文件。

A.竣工决算报告情况说明书　　　　　B.竣工财务决算报表

C.建设工程竣工图　　　　　D.工程造价比较分析

5. 保修费用一般按照建筑安装工程造价和承包工程合同价的一定比例提取，该提取比例为（　　）。

A. 10%　　　　　　　B. 5%　　　　　　　C. 15%　　　　　　D. 20%

6. 竣工决算的内容包括（　　）。

A. 竣工决算报表　　　　　　　　B. 竣工决算报告情况说明书

C. 竣工工程概况表　　　　　　　D. 竣工财务决算表

E. 交付使用的财务总表

7. 关于竣工决算，下列说法正确的是（　　）。

A. 竣工决算是竣工验收报告的重要组成部分

B. 竣工决算是核定新增固定资产价值的依据

C. 竣工决算是反映建设项目实际造价和投资效果的文件

D. 竣工决算在竣工验收之前进行

E. 竣工决算是考核分析投资效果的依据

8. 根据《建设工程施工合同（示范文本）》，关于工程保修及保修期的说法正确的是（　　）。

A. 工程保修期从交付使用之日起计算

B. 发包人未经竣工验收擅自使用工程的，保修期自开始使用之日起算

C. 具体分部分项工程的保修期可在专用条款中约定，但不得低于法定最低保修年限

D. 保修期内的工程损害修复费用应全部由承包人承担

思考题

1. 什么是竣工决算？竣工决算的作用有哪些？

2. 简述竣工决算的编制依据。

3. 简述竣工决算的编制步骤。

4. 简述质量保证金的处理办法。

5. 简述质量保证金的范围。

6. 简述及时办理竣工财务决算的影响。

7. 及时办理竣工决算的管控对策有哪些？

8. 简述自动竣工决算的实现路径。

9. 简述自动竣工决算的建设。

第 3 篇

工程造价的监管

第9章 建设项目工程造价的审计

9.1 概述

9.1.1 工程造价审计与审核

工程造价审计与审核确实存在密切联系，但两者之间也有着明显的区别。

1. 工程造价审计与审核的性质不同

工程造价审计发挥的是监督作用；工程造价审核作为工程造价咨询的一项常规业务，履行的是管理职能。两者有着不同的性质和定位。

工程造价审计单位应超脱在建设项目实施之外，是真正独立的工程造价监督者。工程造价审计单位的职责应是了解工程造价形成的来龙去脉，发现其中的不合理、不合法行为，向相关单位（包括委托单位、建设单位、施工单位、参与单位等）报告，并尽量提供合理化建议，以此促进相关单位调整改善、加强管理、减少投资浪费。工程造价审计单位不具备直接制止、直接限制的权力，是通过建设过程的审计监督间接地发挥作用。

虽然审计单位需要完成大量的审查（核）工作，如审查（核）概算、合同、工程变更、现场签证、工程材料与设备价款、施工单位月报等，但这些工作都不能代替建设单位的管理工作。每项工程在送审计单位审核前，建设单位应先完成工程造价审核工作，并明确签署意见，否则审计单位有权指出其项目管理行为不到位。

建设单位作为管理者对工程控制有直接指挥权，而审计单位作为监督者只能就问题向管理者提出建议，若管理者拒不采纳审计建议的，审计单位可向委托单位（主管单位）汇报，这是审计单位应负的监督责任。

2. 工程造价审计与审核的委托主体不同

工程造价审计工作是由工程建设项目的所有者委托的，而工程造价审核工作是由工程建设项目的管理者委托的。工程建设项目的管理者因为力量有限可以将这些造价审核工作委托给咨询单位完成。在工程实践中，这种管理者委托的工作被很多人误认为是工程造价审计，实际上它是审计的对象。工程造价审核工作一般不能委托给同时承担审计工作的咨询单位，否则同一咨询单位承接不相容的工作，不利于工程造价的有效控制。

3. 工程造价审计与审核的依据不同

工程造价审计主要根据《中华人民共和国审计法》和相关规定，对建设项目造价进行审计。工程造价审核主要在工程项目实施阶段，以工程承包合同为基础，结合工程变更和工程签证情况，作出符合施工实际情况的造价审查结果，形成发承包双方结算的依据，也可作为工程竣工决算的基础资料和依据。

4. 工程造价审计与审核的标的不同

工程造价审计以建设项目全过程为标的，包括资金来源、基建计划、前期工程、征用土地、勘察设计和施工实施的一切财务收支。

工程造价审核一般集中于工程项目施工阶段，只对建设工程实际造价的合理性负责。

5. 工程造价审计与审核的约束力不同

工程造价审计是基于对管理者的监督。政府审计更体现为审计机关和被审计单位的一种行政法律关系。造价审计的结果只对被审计单位产生法律效力，对其他相对主体不产生连带法律约束力。实践中很多因建设单位以审计结论否定工程结算所引起的诉讼，法院通常支持发承包双方先前已认可的工程结算，但是这不影响审计结论对被审计单位（建设单位）的监督和约束。

工程造价审核实际上是一种平等民事主体的市场行为，是建立在委托授权基础上的民事法律关系。工程造价审核的过程和结果是以工程承包合同为基础和依据的，是体现工程发承包双方意愿的，因此对合同主体都有约束力，审核结果作为双方结算的法律依据。

9.1.2 工程造价审计的定义

1. 建设项目审计

建设项目审计是指由独立的审计机构和审计人员，根据《中华人民共和国审计法》等法律法规和相关的技术经济标准，运用一定的审计技术方法，对建设项目建设全过程的技术经济活动以及与之相联系的各项工作进行的审计监督。根据审计内容的专业特征，建设项目审计可分为以下四类。

（1）建设项目财务收支审计

建设项目财务收支审计主要对项目建设过程中的项目资金来源和支出情况进行审计。

（2）建设项目造价审计

建设项目造价审计主要检查工程项目建设过程中的预决算情况，判断其是否真实正确、合规合法。

（3）项目的建设管理审计

项目的建设管理审计主要对建设单位及项目参加者在工程项目建设过程中的建设行为的合法合规情况进行审计。比如，对工程建设立项、工程招标和合同授予、工程合同价款确定与调整、工程价款支付、施工中的变更、现场签证等的合法性、合规性的审计。

（4）建设项目投资效益审计

建设项目投资效益审查主要对被审查建设项目投资活动的合理性、经济性、有效性进行审查。

2. 工程造价审计

工程造价审计是指由专业审计人员对建设项目工程造价形成的各阶段进行全面系统地检查、校正、复核，并纠正工程造价在确定时出现的问题，使工程造价的确定及构成更加准确、合理、合法。工程造价审计是独立的经济监督活动，也是对工程项目投资活动的真实性、合理性、合法性进行的全面监督和评价的过程。

工程造价审计是建设项目审计的核心内容和主要构成要素，其审计的目标是保证"四算两价"（投资估算、设计概算、施工图预算、竣工决算、结算价和合同价）的真实性、合法性和有效性。

9.1.3 工程造价审计的主体与客体

1. 工程造价审计的主体

审计机构一般由三大部分组成，分别为政府审计机关、社会审计组织和内部审计机构。其中，政府审计机关包括国务院审计署及派出机构和地方各级人民政府审计厅，政府审计机关重点审计以国家投资或融资为主的基础设施性项目和公益性项目。社会审计组织是指经政府有关部门批准和注册的社会中介组织，如会计师事务所、造价咨询审计机构，接受被审单位或审计机关的委托对委托审计的项目实施审计。社会审计组织接受建设单位委托实施审计的项目大多是以企业投资为主的竞争性项目，接受政府审计机关委托进行审计的项目大多为基础性项目或公益性项目。内部审计机构是单位内设的审计机构，在我国它由本部门、单位负责人直接领导，应接受国家审计机关和上级主管部门内部审计机构的指导和监督。内部审计机构则重点审计本单位或本系统内投资建设的项目。

2. 工程造价审计的客体

审计的客体即审计主体作用的对象。按照审计的定义，审计的客体在内涵上为审计内容或对审计内容在范围上的限定。工程造价审计的客体是指项目造价形成过程中的经济活动及相关资料，包括投资估算、设计概算、施工图预算和竣工决算中的所有工作及涉及的资料。在外延上，审计的客体为被审计单位，在工程造价审计中，主要是指项目的建设单位、设计单位、施工单位、金融机构、监理单位及参与项目建设与管理的所有部门或单位。

9.1.4 工程造价审计的目标、依据及作用

1. 工程造价审计的目标

工程造价审计属于一门专项审计，其目标是确定建设项目造价确定过程中的各项经济活动及经济资料的真实性、合法性、合理性和效益性。

（1）真实性

真实性是指在造价形成过程中经济活动是否真实，如账目是否真实明晰、有无虚列

项目增设开支；资料内容是否真实，如单据是否真实有效、图纸与实体是否一致；计量计价是否真实，如工程量是否准确按规定计算，材料用量、设备报价是否真实。

（2）合法性

合法性是指建设项目造价确定过程中的各项经济活动是否遵循法律、法规及有关部门规章制度的规定。在工程项目造价审计中，需要审查编制依据是否经过国家或授权机关的批准；编制依据是否在其适用范围内，如主管部门的各种专业定额及取费标准应适用于该部门的专业工程；编制程序是否符合国家的编制规定。

（3）合理性

合理性是指造价的组成、取费标准是否合理，有无不当之处，有无高估冒算、弄虚作假、多列费用、加大开支等问题。

（4）效益性

效益性是指在造价形成过程中是否充分遵循成本效益原则，合理使用资金和分配物资材料，使项目建成后的生产能力或使用效益最大化。

2. 工程造价审计的依据

工程造价审计的依据主要由以下四个层次组成：

（1）方针政策

方针政策主要指党和国家在一定时间颁发的与国民经济发展有关的宏观调控政策、产业政策和一定时期的发展规划等。这些方针政策直接影响工程造价的审计工作，是工程造价审计的宏观性和指导性依据。

（2）法律法规和规章制度

根据依法审计的要求，工程造价审计必须严格遵照一定的法律法规和规章制度来实施，主要包括《中华人民共和国审计法》《中华人民共和国建筑法》《中华人民共和国合同法》《中华人民共和国招标投标法》《中华人民共和国价格法》《中华人民共和国税法》《中华人民共和国土地法》《内部建设项目审计操作指南》，以及国家、地方和各行业定期或不定期颁发的相关文件规定等。例如，《深圳市政府投资项目审计监督条例》等地方法规是深圳市政府投资项目审计的地方法规依据。

（3）相关技术经济标准

相关技术经济标准主要是指工程造价审计中所依据的概算定额或指标、预算定额及综合价格，在进行造价绩效性审计分析时，还包含有关的造价技术经济指标等。

（4）其他重要审计依据

例如，要求进行专项造价效益审计的文件、审计机关制订的年度工作计划等文件。少了这些审计依据，被审计单位就不一定会给予配合，审计工作就难以开展下去。另外，设计图样、招标文件和合同等建设项目资料也是审计不可或缺的重要依据。

3. 工程造价审计的作用

工程造价审计的作用主要体现在以下两方面：

（1）制约作用

工程造价审计通过揭露和制止、处罚等手段，来制约经济活动中的各种消极因素，有助于各种经济责任的正确履行和社会经济的健康发展。在实际中，"三超"现象严重，其中有许多是设计、施工质量低劣的原因，也有些是主观思想的原因。不少被审单位故意高估冒算，存在"审出就减，审不出就赚，粗审多赚，细审少赚"的想法，从而使投资规模失控。工程造价审计可以控制建设项目的投资规模，提高投资效益。

（2）促进作用

审计通过调查、评价、提出建议等手段，促进微观经济管理，进而促进宏观经济调控，有助于国民经济管理水平和绩效的提高。例如，初步设计阶段引入概算审计，审计设计概算的真实性和准确性，并及时反映设计方案存在的问题，从而保证设计方案经济、适用。

9.2 工程造价审计方法及审计程序

9.2.1 工程造价审计方法

审计方法是审计人员为取得审计证据，据以证实被审计事实、作出审计评价而采取的各种专门技术手段的总称。审计方法的选择是否得当与整个审计工作进程和审计结论的正确与否有着密切的关系。

工程造价审计的方法很多，如简单审计法、全面审计法、抽样审计法、对比审计法、分组审计法、现场观察法、复核法、分析筛选法等，本书不一一介绍，主要介绍以下几种。

1. 简单审计法

简单审计法是指在某一建设项目的审计过程中，对关于某一个不重要或者经审计人员经验判断认为信赖度较高的环节，可就其中关键审计点进行审核，而不需全面详细审计。如在建设项目的概预算审计中，编制概预算文件的单位信誉度较高，审计人员也可以采取简单审计法。

2. 全面审计法

全面审计法是指对建设项目工程量的计算、单价的套选和取费标准的运用等所有建设项目的财务收支等进行全面审计。此种方法审查面广、细致，有利于发现建设项目中存在的各种问题。但此种方法费时费力，一般适用于预算编制质量差、问题较多的建设项目。

3. 现场观察法

现场观察法是指采用对施工现场直接考察的方法，观察现场工作人员及管理活动，检查工程实际进展与图样范围（或合同义务）是否吻合。审计人员对影响工程造价较大的某些关键部位或关键工序应到现场实地观察和检查，尤其对某些涉及造价调整的隐蔽工程应有针对性地在隐蔽前抽查监理验收资料，并且做好相关记录，有条件的还可以留有影像资料。

这种审计方法对十分重视工程计量工作的单价合同工程显得尤为重要。如对于土方开挖、回填等分项工程，审计人员应要求监理人员进行实测实量，分阶段验收。要严格分清不同土质、深度、地下水、放坡或支撑等情况，分别测量工程量，不能只是一个工程量总数。

4. 分析筛选法

分析筛选法是指造价人员综合运用各种系统方法，对建设工程项目的具体内容进行分类，综合分析、发现疑点，然后揭露问题的一种方法。分析筛选法的目的在于通过分析查找可疑事项，为审计工作寻找线索，进而查出各种错误和弊端。

在分析筛选过程中，可以利用主观经验，或通过各类经济技术指标的对比，经多次筛选，选出可疑问题，然后进行审计。如先将建设项目中不同类型工程的每平方米造价与规定的标准进行比较，若未超出规定标准，就可进行简单审计；若超出规定标准，再根据各分部工程造价的比重，用积累的经验数据进行第二次筛选，如此下去，直至选取出重点审计对象，对其进行详细审计。

这种方法可加快审计速度，但事先须积累必要的经验数据，而且不能发现所有问题，可能会遗漏存在重大问题的环节或项目。

5. 复核法

复核法是指将有关工程资料中的相关数据和内容进行互相对照，以核实是否相符、是否正确的一种审计方法。

在工程造价审计中，可以利用工程资料之间的依存关系和逻辑关系进行审计取证。例如：通过将初步设计概算与合同总价对比，可以分析有无提高标准和增列工程的问题；将竣工结算与完成工作量、竣工图、变更、现场签证等有关资料核对，分析工程价款结算与实际完成投资是否一致和真实；将工程核算资料与会计核算资料核对，分析有无成本不实、核算不一致的情况等。

在造价审计过程中，造价审计人员利用被审单位所提供的隐蔽工程签证单与施工单位所提供的施工日志核对，能查出工程结算是否存在重复签证与乱签证、多计隐蔽工程造价的情况。

6. 询价比价法

询价比价法是确定设备材料等采购的市场价格的方法。常用的方法是市场询价。

市场询价是指审计人员通过市场询价（调查），掌握审计物资不同供货商的价格信息，经比较后确定有利于购买单位的最优价格，将之作为审计标准。要求对同一物资应调查三个及以上供货商，以有较多的价格信息进行比较。如在概算审计中，对一些设计深度不够、难以核算、投资较大的关键设备和设施应进行多方面查询核对，明确其价格构成、规格、质量等情况。

工程造价审计方法各有优缺点。审计时究竟以何种方法为主，要结合项目特点、审计内容综合确定，必要时要综合运用各种方法进行审计。

9.2.2 工程造价审计程序

审计程序是审计机构和人员在审计工作中必须遵循的工作规程，对于保证审计质量、提高审计工作效率、确保依法审计、增强审计工作的严肃性和审计人员的责任感都有十分重要的意义。工程造价审计程序分为四个阶段，即审计准备阶段、审计实施阶段、审计终结阶段及后续审计阶段。

1. 审计准备阶段

准备阶段是整个审计工作的起点，直接关系到审计工作的成效，包括以下两个步骤。

（1）接受审计任务

接受审计任务的主要途径有如下三种：

1）接受上级审计部门或主管部门的任务安排，完成当年审计计划，一般存在于内部审计之中。

2）接受建设单位委托，根据自己的业务能力情况酌情安排工程造价审计工作。以审计事务所为代表的社会审计大多选择这种方式。

3）根据国家有关政策要求及当地的经济发展和城市规划安排，及时主动地承担审计范围内的工程造价审计任务，这是政府审计。

（2）组织审计人员，做好审计准备工作

从政府审计角度来讲，在对大、中型建设项目进行造价审计时，要求组织有关工程技术人员、经济人员、财务人员参加，并成立审计小组，明确分工、落实审计任务。

从社会审计与内部审计角度看，重点是将工程造价审计工作按专业不同再详细分工，如土建工程审计、水电工程审计、安装工程审计等。

2. 审计实施阶段

审计实施阶段是将审计的工作方案付诸实施，是审计全过程中最主要的阶段。

（1）进入施工现场，了解项目建设过程

在实施阶段开始后，审计组与项目建设主管部门的有关工程建设负责人员接触，了解项目建设规划、施工方案、造价编制的具体要求等有关内容，深入分析项目情况并收集编制资料，如图纸、计划任务书、变更资料、定额、有关取费文件及其他相关资料等。同时，根据审计重点进行实物测量工作，尤其应关注出现变更的部位。这一过程也称为取证阶段，如何使证据有理有力，这是关键一步。

（2）获取审计证据，编写审计工作底稿

审计组在实施审计的过程中运用审计方法，围绕审计准备阶段制定的审计目标，以收集到的审计资料为依据，从各个方面对工程造价进行审计，如工程量计算审计、定额套用审计、取费计算审计等具体过程，排查建设项目经济活动中的疑点。

通过合法有效的渠道获取审计证据，作审计记录，编制审计工作底稿。被审计单位负责人应当对所提供审计资料的真实性和完整性作出承诺。审计人员在整个工作过程中应严格遵守实事求是、公正客观的基本原则，从技术经济分析入手，保证审计质量，达到审计目的。

3. 审计终结阶段

（1）撰写审计组审计报告，征求被审计对象意见

审计实施阶段工作完成后，审计组撰写出审计报告，并就该审计报告征求被审计对象的意见。

被审计对象应当自接到审计组的审计报告之日起10日内，将其书面意见送交审计组。审计组将其审计报告和被审计对象的书面意见一并报送审计机关。

（2）出具审计机关审计报告，提出处理处罚建议

审计机关按照法定程序对审计组的审计报告进行审议，并对被审计单位对审计组的审计报告提出的意见一并研究后，提出审计机关的审计报告；对违反国家规定的财政收支行为，依法应当给予处理、处罚的，在法定职权范围内作出审计决定或者向有关主管机关提出处理、处罚意见。

（3）审计文件资料整理归档

最后，审计人员应把审计过程中形成的文件资料整理归档。需要归档的主要资料有：审计工作底稿、审计报告、审计建议书、审计决定、审计通知书、审计方案和审计时所有主要资料的复印件。

4. 后续审计阶段

后续审计一般是指审计机关对被审计单位在审计工作结束后，为检查审计建议和审计处理决定的执行情况，或又发现被审计单位有隐瞒行为，或为避免出现漏审、错审而进行的跟踪审计。一般把原审计结论、处理决定中所提出问题的落实执行情况作为后续审计的重要内容。

9.3 工程造价分阶段审计

9.3.1 投资估算审计

建设工程项目投资估算是项目决策的重要依据和重要经济性指标。国家审批项目建议书和项目设计任务书主要依据投资估算。投资估算阶段的审计主要是审计估算材料的科学性及合理性，保证项目科学决策，减少投资损失，提高投资效益。

投资估算的审计工作应在项目主管部门或国家及地方有关单位审批项目建议书、设计任务书和可行性研究报告文件时进行。

1. 投资估算审计的依据

投资估算审计的依据包括：

（1）投资估算表。

（2）可行性研究报告。

（3）项目建议书。

（4）设计方案、图纸、主要设备、材料表。

（5）投资估算指标、预算定额、设备单价及各种取费标准等。

（6）其他相关资料。

2. 投资估算阶段审计的主要内容

（1）审计投资估算的编制依据

审查投资估算中采取的资料、数据和估算方法。对于资料和数据的审计，主要审计它们的时效性、适用性及准确性。如使用不同时期的基础资料时就应特别注意其时效性——审计其编制依据是否都是国家有关部门的现行规定。

对于估算方法，由于不同的估算方法有不同的适用范围，在进行投资估算审计时，要重点审查采用的估算方法是否能准确反映估算的实际情况，应该尽量把误差控制在一个合理的范围内。

（2）审计投资估算的内容

审查投资估算内容即审查估算是否合理，是否有多项、重项和漏项，针对重要内容需重点审查。如三废处理所需投资就需重点审查。对于有疑问之处要逐项列出，并要求投资估算人员予以补充说明。

（3）审计投资估算的各项费用

审查投资估算的费用划分是否合理，是否考虑了物价的变化和费率的变动，当建设项目采用了新技术及新方法时，是否考虑了价格的变化，所取的基本预备费及价差预备费是否合理等。

下面通过一个实际案例来介绍建设项目投资估算审查的方法和步骤。

【例9-1】某新建化工项目投资估算审查。背景资料：某新建化工项目采用新工艺，拟生产国内市场急需的某特种橡胶材料，计划年产量15万t。此项目属扩建工程，建在原有厂区内，故不需要新征土地，没有大量土方工程，并可利用原厂区公用工程和辅助设施，而厂区已与一条专用铁路、一条高等级公路相通，原材料、燃料和动力供应充足。

根据可行性研究报告，该项目计算期16年，其中建设期3年，投产期13年。项目投资估算17445.75万元（含外汇708.77万美元），财务内部收益率为14.76%，项目经济评价证明财务上可行，但项目具有一定的投资风险。社会效益较好，环境评估也可行。

【解】

采用会审方式组织专家评审，经专家审查对比，核实情况如下：

（1）投资估算编制依据审查

专家审计组对投资估算的编制依据进行了详细鉴定分析，认为该项目选取的投资估算定额和税率符合规定，引进设备价格是按类似工程估算；国内设备、材料价格按中国石化总公司《工程建设设备材料统一基价》《机械产品目录》产品样本等选用,每年按6%的价差系数换算到报告编制年份;安装工程根据中石化文件《石油化工安装工程概算指标》及类似工程的指标对比估算;外汇汇率、关税、增值税和海关费等经核实基本按现行规定和当前情况估算;固定资产方向调节税根据当时国家规定:特种橡胶和大、中型合成橡胶税率按零税率计算等。其投资估算编制依据经审计,认为合法、有效。

（2）投资估算编制内容和方法审查

专家审计组经过对投资估算编制内容和方法的审查,认为投资估算内容编制比较完整,静态投资估算选用方法合理,计算正确无误;动态投资估算选用方法合理,基本预备费和价差预备费均按可行性研究投资估算费用计列,基本正确,建设期利息计算正确,税费计算基本正确。因此,不存在有意压价或高估冒算。

（3）需要调整的主要内容

1）国外引进部分的调整内容如下:

①专家组审查认为软件原投资估算额为2997.47万元,费用偏高,审减58.77万元;

②引进设备的关税和增值税偏低,故设备费由原投资估算额2666.8万元增加为3137.43万元,审查增加470.63万元。

2）预备费。基本预备费可不作考虑,但是价差预备费应作如下调整:

①原可行性研究报告中没有考虑到外汇汇率的变化,经审价由原投资估算额为1412.21万元调整为1568.21万元（含外汇85.05万美元）,审查增加156万元;

②设备、材料价差由原投资估算额1467.2万元调整为1520.85万元,审查调增53.65万元。

3）由于固定资产投资调整,增加807.64（610.46-12.47+209.65=807.64）万元的贷款,建设期利息由原投资估算额1644.1万元（含外汇98.27万美元）调整为1745.71万元（含外汇107.13万美元）。原可行性研究报告中投资估算没有考虑污水处理厂改造费用200万元,审查后认为应补充进来。

根据上述投资估算调整,审查该项目固定资产投资总额为17844.71万元（含外汇802.68万美元）,比原来的可行性研究报告固定资产投资额增加909.24万元（含外汇88.05万美元）。

4）铺底流动资金审查:可行性研究报告中的流动资金占用额是按2个月工厂成本计算（扩大指标法）。该项目根据调整后的工厂成本重新计算流动资金占用额为1750.67万元,比可行性研究报告原估算额1700.92万元增加49.75万元。流动资金估算是正确的,则铺底流动资金由510.28万元调整至525.20万元。

5）工程项目投资估算审查:审查后工程项目投资估算总额为18369.91万元（含外汇802.68万美元）,比项目可行性研究报告总投资增加924.16万元,其中固定资产投资增加909.24万元,铺底流动资金增加14.92万元。投资估算审查调整对比表见表9-1。

投资估算审查调整对比表 表 9-1

工程名称: 建设项目: 单位 人民币：万元 外币：万美元

序号	主项号	工程或费用名称	原可行性报告估算值		审查后估算值		审查增减值	备注
			人民币合计	含外汇	人民币合计	含外汇		
一		工程费用						
	（一）	国外引进部分	5664.27	602.00	6076.13	602.00	411.86	
	1	软件费	2997.47	318.58	2938.70	318.58	−58.77	
	2	设备费	2666.80	283.42	3137.43	283.42	470.63	
	（二）	国内部分	5962.36		6160.96		198.60	
	1	主体工程	5545.47		5545.47			
	2	配套工程	285.05		285.05			
	3	污水厂改造			200.00		200.00	
	4	拆除工程	125.00		125.00			
	5	工具生产家具购置	6.84		5.44		−1.40	
		小计	11626.63	602.00	12237.09	602.00	610.46	
二		其他费用						
	1	土地征用费	300.00		300.00			
	2	勘察设计费	485.32	8.50	472.85	8.50	−12.47	
		小计	785.32	8.50	772.85	8.50	−12.47	
三		预备费						
	（一）	基本设备费						
	（二）	涨价预备费						
	1	汇率调整	1412.21		1568.21	85.05	156.00	
	2	价差调整	1467.20		1520.85		53.65	
四		投资方向调节税						
五		建设期利息	1644.11	98.27	1745.71	107.13	101.60	
		固定资产投资总额	16935.47	708.77	17844.71	802.68	909.24	
六		辅助流动资金						
	1	流动资金	（1700.92）		（1750.67）		49.75	
	2	铺底流动资金	510.28		525.20		14.92	
		工程项目投资总额	17445.75	708.77	18369.91	802.68	924.16	

9.3.2 设计概算审计

建设项目设计概算审计就是对概算编制、执行、调整的真实性和合法性进行监督审查，有利于投资资金的合理分配，加强投资的计划管理，减少投资缺口。按审计要求，审计部门应在建设项目概算编制完成之后进行审计。

1. 设计概算审计需要的资料

设计概算审计需要的资料包括：

（1）经上级部门批准的有关文件；

（2）经有关部门批准的可行性研究报告、投资估算、设计概算及相关资料；

（3）工程地质勘测资料、经批准的设计文件；

（4）水、电和原材料供应情况、交通运输情况及运输价格、地区工资标准、已批准的材料预算价格及机械台班价格；

（5）国家或省市颁发的概算定额、概算指标、建筑安装工程间接费定额及其他有关取费标准、国家或省市规定的其他工程费用指标、机电设备价目表、类似工程概算及技术经济指标；

（6）其他审计需要的资料。

2. 设计概算审计的主要内容

（1）审计设计概算编制的依据

其主要是审计概算编制依据的合法性、时效性及适用性。

1）审计概算编制的依据是否合法。设计概算必须依据经过国家有关部门批准的可行性研究报告及投资估算进行编制，审计其是否存在"搭车"多个项目的现象，严格控制设计概算，防止概算超估算，确实有必要超估算的，应分析原因，要求被审计单位重新上报概算审批部门重新审批，并且要总结经验，查清楚为什么会超估算。

2）审计概算编制的依据是否具有时效性。设计概算编制的大部分依据是国家或有关部门颁发的现行规定，因此应注意审计编撰概算的时间与其使用文件资料的适用时间是否吻合，不能使用过时的依据资料。

3）审计概算编制的依据是否适用。各种编制依据都有规定的适用范围，如各主管部门规定的各种专业定额及取费标准只适用于该部门的专业工程；各地区规定的定额及取费标准只适用于本地区的工程等。因此，在编制设计概算时，不得使用规定范围之外的依据资料。

（2）审计设计概算编制的深度

通常大、中型建设项目的设计概算都有完整的编制说明和"三级概算"（建设项目总概算书、单项工程概算书、单位工程概算书），设计概算审计过程中应注意审计其是否符合规定的"三级概算"，各级概算的编制是否按照规定的编制深度执行。

（3）审计设计概算内容的完整性

其主要包括三个方面的内容：

1）审计建设项目总概算书。重点审计总概算中所列的项目是否符合建设项目前期决策批准的项目内容，项目的建设规模、生产能力、设计标准、建设用地、建筑面积、主要设备、配套工程、设计定员等是否符合批准的可行性研究报告，各项费用是否有可能发生，费用之间是否重复，总投资额是否控制在批准的投资估算以内，总概算的内容是否完整地包括了建设项目从筹建到竣工投产为止的全部费用。

2）审计单项工程综合概算和单位工程概算。重点审计在概算书中所体现的各项费用的计算方法是否得当，概算指标或概算定额的标准是否适当，工程量计算是否正确。例如，建筑工程所用工程所在地区的概算定额、价格指数和有关人工、材料、机械台班的单价是否符合现行规定，安装工程采用的部门或地区定额是否符合工程所在地区的市场价格水平，概算指标调整系数和主材价格、人工、机械台班、辅材调整系数是否按当时最新规定执行，引进设备安装费率、部分行业安装费率是否按有关部门规定计算等。在单项工程综合概算和单位工程概算审计中，审计人员应特别注意工程费用部分，尤其是生产性建设项目，由于工业建设项目设备投资比例大，对设备费的审计也就显得十分重要。

3）审计工程建设其他费用概算。重点审计其他费用的内容是否真实，在具体的建设项目中是否有可能发生，费用计算的依据是否适当，费用之间是否重复等有关内容。其他工程费审计要点和难点主要体现在建设单位管理费审计、土地使用费审计和联合试运转费审计等方面。

另外，在设计概算审计过程中，审计人员还应重点检查总概算中各项综合指标和单项指标与同类工程技术经济指标对比是否合理，这也体现了造价的有效性审计要求。

【例9-2】某建设单位决定拆除本单位内的一座3层单身职工宿舍，而后在该场地上建设一座18层高的综合办公大楼，并在原场地之外的另一建设地点新建一座与原规模相同的单身职工宿舍，预计其造价为50万元。这一方案已经得到了有关部门的批准，建设单位在编制综合办公大楼的设计概算时，计算了职工宿舍的拆除费12万元，职工安置补助费50万元（按照建设宿舍的费用计算），问：是否正确？

案例分析：拆除费应计入综合办公大楼的设计概算，如果12万元数额正确的话，那么，该项费用的计算就是正确的；单身职工的安置补助费也应计入综合办公大楼的设计概算，但不能按照新建职工宿舍的费用标准计算，应考虑需要安置的时间和部门规定的补助费标准计算。

在该项目的计算中，安置补助费按照50万元计算，其实是典型的"夹带"项目行为——用一个综合办公大楼的投资，建设两个工程项目。

【例9-3】某大学新校区建设项目概算编制说明如下：

（1）该项目总投资26808万元，其中建安工程21550万元，其他费用4258万元，预备费1000万元。

（2）本概算根据设计院设计的初步设计图纸和初步设计说明编制，土建工程采用2006年版《××省建筑工程概算定额》。

（3）概算取费标准按《××省建筑安装工程费用定额》及市建委文件规定计取。

（4）主要设备、材料按目前市场价计列。

审计发现问题如下：

（1）工程概况内容不完整。工程概况应包括建设规模和工程范围，并明确工程总概算中所包括和不包括的内容。审计查明：本概算中未包括由该大学的共建单位负责提供的450亩土地（总征地500亩），概算编制单位应当对此加以说明。

（2）编制依据不完整。概算中的附属建筑、设备工器具购置费没有说明相应的编制依据和编制方法。审计调查发现：附属建筑物是根据经验估算的，设备工器具购置费是按照可行性研究报告中的投资估算值直接列入的，未进行详细的分析和测算。

（3）该概算未编制资金筹措及资金年度使用计划。

（4）工程概算投资的内容不完整、不合理：

1）设备购置费缺乏依据。审计发现初步设计中没有设备清单，概算中所列设备费1500万纯属"拍脑袋"决定。

2）征地拆迁费不完整。本项目需征地500亩，而概算中未将共建单位提供的450亩的费用列入。

3）未考虑有关贷款的利息费用。由于该概算未编制资金筹措计划，所以无法计算利息费用，但贷款是肯定要发生的，因此这样的概算也就很难作为控制实际投资的标准。

4）装饰装修材料的价格缺乏依据。设计单位在初步设计中，仅仅注明使用材料的品种，对装饰材料的档次标准不作规定，这使得装饰材料的价格难以合理确定。

审计建议：要求设计单位和建设单位针对审计发现的问题加以整改和完善。

9.3.3　施工图预算（标底）审计

1. 施工图预算（标底）审计需要的资料

根据审计资料提交表中的规定，施工图预算（标底）审计需要提交的资料有以下三类。

（1）前期计划立项文件

前期计划立项文件包括立项批文、经批准的项目概算或项目资金分配表、规划设计要点、规划设计许可证、项目建议书、可行性研究报告、环境影响评价报告、地质勘探报告等。

（2）预算（标底）计算依据

预算（标底）计算依据包括经审批的工程图样（全套：土建、安装）、招标书、工程预算书（加盖送审、编制单位公章）、设备预算价依据文件与证明、工程量计算书、材料分析表、材料预算价差调整及调整依据文件与证明等资料。

（3）被审计单位承诺书

此外，还需要一些其他审计资料，比如审计机关或审计人员自己必备的资料，如各种专业的预算定额、取费标准、费用文件等计价依据；造价主管部门发布的材料信息价文件；工程预算审计相关软件，如斯维尔计价与计量软件、审计署开发的AO或各级政府办公软件等计算机辅助审计系统。

2. 施工图预算（标底）审计的主要内容

（1）施工图样、招标文件、合同条款和概算等资料

审计思路：审计施工图样是否完整，设计深度是否满足招标要求，是否有设计相关人员的签字及设计单位的盖章，是否经审图机构审查，设计文件是否有明显的错误；审计招标文件是否符合法规的要求，是否完整，招标文件中的合同条款是否合法、合理和公正；审计概算的组成是否完整，预算是否超出概算。

（2）项目招标的合法合规性

审计思路：审计项目预算内容是否完整，是否有肢解工程发包的嫌疑等。

（3）预算工程量

审计思路：对于预算工程量，由于现在工程项目的招标都要求标底和报价采用工程量清单计价的方式，其工程量的审计作用正在淡化。但如果工程量相差太大，将给有经验的投标人不平衡报价的机会，从而使建设项目的造价得不到合理的控制。因此，对于预算工程量，主要还是在对技术经济指标进行分析后，针对工程量及造价差异较明显的分项工程进行重点抽查。实际中较少采用全面审计的方法。

（4）工程单价

审计思路：审查选用的定额是否正确，是否采用当地定额套用，如深圳地区工程项目是否套用深圳市建设工程造价站颁发的定额；审查是否按专业类别套用，如市政工程是否按市政定额套用；审查定额子目是否套错，是否存在高套定额的现象，套用定额的工作内容是否与设计要求的项目内容一致，如不一致，是否按规定进行了定额的换算，换算是否正确，是否存在重复套取定额的现象；审查主材价格是否选用设计图样上规定的主材规格和标准，单价是否是造价管理部门发布的信息价，市场价是否合理（未公布信息价时）。

（5）工程取费

审计思路：审计工程定额测定费、社会保险费（失业、养老、工伤、医疗和住房公积金费）、工程排污费等规费的计取是否合理；审计工程安全文明施工措施费是否合理；审计工程税金的计取是否合理。

（6）综合评价与建议

审计思路：初步审计结果出来后，审计人员还需对工程项目预算的经济性进行相应的评价，评价其有关技术经济指标是否合理，预算是否超概算。审计机关可根据以上发现的问题提出相应的审计建议。

【例 9-4】某道路项目建设过程中，为了考虑周边安置房的出行需要，在道路南段增加地沟及人行道板。施工单位在施工前申报了地沟及人行道板综合单价，监理单位核定的地沟综合单价为 375.91 元 /m、人行道板综合单价为 50.10 元 /m²。

综合单价资料报送至审计组后，审计组将其与施工合同进行了对比，结果发现施工单位和监理单位在进行地沟综合单价测算时，未按合同有关设计变更结算办法的条款执行。合同条款明确：投标报价中有适用于变更工程价格的，按已有的价格计价；投标报价中只有类似变更工程价格的，可参照类似价格计价。而报审资料核定的地沟综合单价中，管理费、利润、材料等计取方式与施工单位原投标书则不一致。同时审计组通过市场调研发现，该综合单价中预制混凝土压顶价格也高于市场价格。

审计人员结合施工单位原投标书和施工合同，测算出地沟综合单价为175元/m（包括地沟土方开挖、地沟砌筑、地沟预制混凝土压顶等内容）。

审计组将该结果及时与建设单位、监理单位和施工单位沟通，并得到三方认同，该项单价的最终调减共节约投资121.87万元。

另外，审计组在审核人行道板综合单价时发现，人行道板综合单价在投标报价时已有该项单价，其综合单价为40.78元/m²。根据合同条款中关于"投标报价中有适用于变更工程价格的，按已有的价格计价"的规定，审计组认为将人行道板综合单价变更为50.10元/m²没有任何依据，于是提出要求参建各方严格执行招标投标文件和施工合同的意见，并得到了建设单位、监理单位和施工单位的采纳。此项审计节约投资7.29万元。

9.3.4　竣工决算审计

竣工决算审计是指审计机构依法对建设项目竣工决算的真实性、合法性、效益性进行的审计监督。其目的是保障建设资金合理、合法使用，正确评价投资效益，促进总结建设经验，提高建设项目管理水平。

竣工决算审计的主要内容包括：

（1）检查所编制的竣工决算是否符合建设项目实施程序，有无将政府投资项目未经审批立项、可行性研究、初步设计等环节而自行建设的项目编制竣工决算的问题。

（2）检查竣工决算编制方法的可靠性，有无造成交付使用的固定资产价值不实的问题。

（3）检查有无将不具备竣工决算编制条件的建设项目提前或强行编制竣工决算的情况。

（4）检查"竣工工程概况表"中的各项投资支出，并分别与设计概算数相比较，分析节约或超支情况。

（5）检查"交付使用资产明细表"，将各项资产的实际支出与设计概算数进行比较，以确定各项资产的节约或超支数额。

（6）分析投资支出偏离设计概算的主要原因。

（7）检查建设项目现金结余的真实性。

（8）检查应收、应付款项的真实性，关注建设单位是否按合同规定预留了承包商在工程质量保证期间的保证金。

9.4　建设项目全过程跟踪审计

9.4.1　全过程跟踪审计概述

建设项目全过程跟踪审计是审计机构依据国家有关法律、法规和相关规定运用现代审计理论和方法对建设项目从投资立项到竣工决算全过程管理和技术经济活动的真实性、合法性和效益性进行连续、全面、系统地审计监督和评价的过程。全过程跟踪审计打破了原有竣工决算审计的"静态模式"，转变为动态的、主动的审计模式，旨在有效地控制在项目建设过程中可能产生的偏差，促使社会效益最大化，将可能发生的问题及时解决，以达到审计的目的。

9.4.2　全过程跟踪审计制度体系

跟踪审计是现代审计工作的创新方式，自 2008 年 7 月《审计署 2008 至 2012 年审计工作发展规划》提出积极探索跟踪审计，到当年 11 月《审计署关于贯彻落实中央促进经济发展政策措施的通知》要求"改进方式，对重点项目实行跟踪审计"，再到 2009 年 5 月《审计署关于中央保持经济平稳较快发展政策措施贯彻落实的审计情况》要求统一组织一批重点资金项目和重大投资项目进行跟踪审计，现在全过程跟踪审计在我国一些重大项目中已经得到应用。

但目前我国全过程跟踪审计存在以下一些问题：

（1）全过程跟踪审计制度不健全，审计依据不充分，缺乏审计衡量标准，审计质量难以保证。

（2）全过程跟踪审计介入时间点难以确定。跟踪审计贯穿项目建设的全过程中，究竟是从项目决策阶段介入，还是从招标投标、施工阶段介入并没有明确的规定。

（3）审计监督和参与项目建设各方的责任界限划分不清。审计人员参与项目管理，成为项目的最后把关人，使审计责任与风险加大。

（4）审计队伍人员短缺、知识欠缺，实践经验不足。

针对以上问题，需要完善建设工程项目的全过程跟踪审计制度及运行机制。

（1）健全和完善全过程跟踪审计的法律制度。作为一种全新的审计模式，全过程跟踪审计需要制定系统的法律制度来规范运行，使全过程跟踪审计工作法制化。制定全过程跟踪审计准则、指南，明确全过程跟踪审计定位、内容及审计方式方法等，解决在涉及审计部门与其他部门职能交叉等方面的问题，健全审计风险防范制度体系。规范全过程跟踪审计的范围、内容、程序、审计取证及审计报告，保持审计的独立性和权威性，确保审计工作的质量。

（2）准确把握审计介入时间和合理定位。审计不能介入项目管理人员的职责范围，始终做到到位不越位，保持审计监督职能。

（3）通过多种渠道培训、改善审计人员知识结构，加强审计队伍建设，保证全过程跟踪审计的质量。

9.4.3 全过程跟踪审计质量管理

建设项目全过程跟踪审计贯穿项目的整个生命周期，大致可分为以下四个阶段。

1. 决策阶段的审计

决策阶段是对拟建项目的必要性和可行性进行技术经济论证，对不同的建设方案进行技术经济比较及作出判断和决定的过程。该阶段重点审核决策程序是否科学化，项目建议书编制的合理性、充分性，以及投资估算、资金筹措和经济评估的恰当性。同时，审计部门还应制定内部审计工作评价标准，使审计人员有法可依、有规可循，只有这样才能不断提高决策阶段跟踪审计的工作质量，从而推动全过程跟踪审计工作的顺利开展。

2. 设计阶段的审计

设计阶段的跟踪审计工作包括：确定设计单位资质是否符合规定；设计的深度和质量是否满足要求；设计是否控制在工程项目计划投资额内。

3. 招标投标和合同签订阶段的审计

招标投标在规范建设项目发包、防止腐败行为等方面可以发挥积极作用。但在实践中，尤其是在建设单位自行组织的招标投标中还存在一些问题，如招标范围不完整，仅对建筑安装主体工程实行招标，而对与之配套的附属工程、建筑材料等则不进行招标；招标活动组织不严密，程序不规范，信息不够公开，对投标人资格审查不严格；评标办法模糊，评标指标不科学，主观因素影响大；标底编制粗糙，暂定价项目多。这些问题对招标投标工作的权威性和公开性造成了消极影响。

对招标投标工作进行审计，就是要规范招标投标行为，保证招标投标的公平、公正。招标投标审计的主要内容包括：招标文件是否完整严密；评标办法是否科学合理；招标程序是否合法合规；招标过程是否公正公平；是否存在规避招标或假招标行为等。

工程施工合同审查的重点是：合同主体是否合法；内容是否符合国家法律、法规；形式是否符合该工程特点；文字表达是否准确；合同条款是否完整，特别是招标时未考虑而在结算时需调整的项目，如赶工措施费、优质工程奖励费等；在施工过程中出现的变更、签证等如何处理；如何界定违约及相应的法律责任等。另外，还应注意的是合同文件与招标文件、中标人投标文件三者之间的统一，避免产生矛盾。

4. 施工阶段的审计

建设项目实施过程中，存在诸多不可控因素影响工程的质量、费用，引起变更索赔的发生，该阶段的审计内容应包括：审核工程预付款和工程进度款是否拨付准确；审核设计变更、进度计划变更、施工条件变更和原招标文件及工程量清单中未包括的新增工程；审核签证费用及费用变动的隐蔽事项等。

（1）隐蔽工程审计

隐蔽工程的施工工序或施工内容会被下一道工序或内容掩盖，隐蔽工程如果存在质量问题，不易被发现，即使发现又难以整改，并且返工成本高、损失大，极易为工程埋下大的隐患，而且隐蔽工程大多涉及建筑主体结构的关键部分，如基础、钢筋、管道等。

隐蔽工程施工中，审计人员应重点审查施工工序是否严格按照图纸、规范及标准实施。验收及结算时，应重点审计隐蔽工程签证内容是否属实、语言描述是否准确、工程量计量是否正确、签字和盖章是否完善等。

（2）工程变更审计

工程变更主要是设计变更和施工方案变更，它是建设项目合同价款与竣工结算价款差异的主要部分。目前国内建筑市场竞争激烈，有的施工单位低价中标后再通过大量的变更来提高工程造价，从中获利。因此，为避免虚假变更及高价变更的情况发生，必须对变更事项进行严格审查。工程变更审计应重点审查变更理由是否合理、变更论证是否科学严密、审批手续是否完备、资料是否齐全、变更的签证资料是否真实完整，并审核变更费用。

（3）材料设备价格审计

材料、设备价格对整个工程成本有着相当大的影响，审计人员要严把采购审计关，重点审计材料、设备的规格、性能是否符合图纸及规范要求，材料、设备的供应时间、数量是否与工程进度相符；通过询价搜集材料、设备价格资料，避免结算过程中材料、设备定价虚高不实，虚列材料用量；另外，要严格审核新增项目、变更项目和材料、设备的暂定价格，确保材料、设备质量的同时降低材料、设备成本，节约投资。

（4）工程进度款拨付审计

工程进度款的拨付应在法律规定的时间内，按已完工程数量支付，审计人员应按期做好进度款拨付的审核工作，把控好资金拨付的时间和数量。在此期间，审计人员应重点审查工程进度款支付申请及进度报表等资料。

（5）竣工结算审计

审计人员应依据国家相关法律法规、合同、图纸及招标投标文件等资料，对实际完成的工程量、合同价款、合同外变更签证费用、暂估价调整费用、索赔费用、价格调整费用及工程奖惩、质量奖惩进行审核。审核工程量计算是否准确，与现行有关规定有无冲突；定额套用是否正确，有没有高估冒算；材料价格是否符合合同约定；费用计取与有关规定是否一致。审计过程中，审计人员要与甲方、乙方、监理多沟通，以事实为依据，以法律为准绳，最大限度地使工程造价得到准确反映。审计结果在得到甲乙双方共同确认后，审计人员出具审计结果通知书，审计结果通知书中除了写明审计结果、核减（增）额，还应把核减（增）明细交代清楚。

9.4.4 全过程跟踪审计在过程控制阶段的作用

建设项目的传统审计只开展事后审计工作，存在一些不可避免的缺陷。例如，隐蔽项目的工程量无法核实，项目过程中的违规浪费甚至腐败行为不能及时制止。全过程跟踪审计相对于事后审计有以下几点优势。

1. 如实反映工程量，更有效地控制成本

建设工程项目存在大量的隐蔽工程，如基础开挖过程中遇到的大型岩石，工程完工后无法从外观上对其进行核实，只有进行全过程跟踪审计，在施工过程中对其进行确认，才能真实的反映项目的工程量，减少事后审计时的争议。

在项目初步设计阶段编制设计概算；招标阶段确定合同价格；合同实施阶段确定结算价；竣工验收阶段编制竣工决算等。全过程跟踪审计人员将各阶段计价进行分段审计，有利于如实反映建设项目的实际造价。

2. 注重事前预防，强化事中纠偏

事前审计可以起到预防作用，有助于减少管理与决策失误。跟踪审计与工程同步推进，审计人员近距离接触工程、熟知工程进度与管理现状，对资金运用、方案的选择与实施等方面进行监督，对下一阶段工程易产生的问题进行预判，降低发生问题的可能性。

事中审计有助于被审计单位及时采取措施纠正偏差，提高审计的效率。审计人员在参加现场勘验等过程中可及时发现问题，并给出审计意见、建议，督促被审计单位及时纠偏。

3. 为竣工验收提供保障

全过程跟踪审计搜集的材料更为完善，在项目实施过程中，存在的问题经过审计可及时得到规范和整改，避免大量的结算资料修改工作，在竣工结算的时候能够大大提高审计工作速度，确保竣工验收顺利完成。

9.4.5 审计成果的科学评价

在传统的竣工结算审计中，审计核减额或核减率以及发现问题的多少是评价审计价值、审计效益的主要标准，称为显性审计成果；根据审计建议优化建设方案、完善合同条款、发现管理漏洞、化解索赔纠纷、揭发舞弊的情况等，称为隐性审计成果。在传统的竣工决算审计模式下，审减金额或审减率高则审计业绩好，反之则审计业绩差；而全过程跟踪审计更加关注预防性作用的发挥，采用"边审计、边整改、边规范、边提高"的模式，旨在遏制高估冒算，把问题消灭在萌芽状态，如此一来显性审计成果减少，隐性审计成果难以量化，在业绩评价时容易被舍弃，但这些成果是全过程跟踪审计的优势所在。因此传统的审计成果评价不适用于全过程跟踪审计，全过程跟踪审计成果需要新的评价方法。

1. 全过程跟踪审计的业绩体现

通过近三年来的某省审计整改通知书、审计报告等成果资料发现，审计不仅揭露了项目存在的重大问题，更多的是从服务、建议的角度帮助业主推进项目建设。具体业绩主要体现在以下几个方面：

（1）揭露违规问题，挽回损失。主要从工程计量支付、资金的管理使用、质量安全控制等关键环节揭露重大违规问题，堵住资金损失浪费的漏洞。某省近三年来的审计发现问题

1035个，促进挽回损失或节约投资47.73亿元。这是全过程跟踪审计的显性、可量化业绩。

（2）促进建章立制，规范管理。针对问题分析原因，着眼于体制性障碍、制度性缺陷和管理漏洞，提出完善制度、加强内控的建议，帮助加强和改进管理。如针对钢材供货、管理、使用不规范的问题，除了严格控制质量外，还促进钢材管理制度的出台和项目标准化等管理的推行；针对征地拆迁程序不规范、资金支付隐含风险等问题，促进修订完善征地拆迁管理办法。近三年来，某省被审计单位通过落实建章立制类建议，建立健全了201项制度，对项目的顺利推进起着重要的保障作用。这是全过程跟踪审计的隐性效果，对防止项目资金流失、降低质量问题发生概率、减少成本支出甚至保护项目管理人员、领导干部等的成效是不可估量的，也是难以量化的。

（3）提出审计建议，改善绩效。通过优化设计、完善合同、加强履职、规范变更、严控支出等审计建议，减少决策失误、降低工程成本、避免损失浪费、提高资金效益。如在某项目全过程跟踪审计中，通过对其规划用地的设计分析，审计提出了充分利用原有道班房用地的建议，既节省投资，又节约耕地，实现了项目绩效和社会绩效的"双赢"；又如针对某项目合同条款不规范、不细化，极易引发工程争议和索赔的问题，及时提出建议修改完善，避免重大损失近5000万元。这种从源头上、规范上提供审计建议的服务功能，是全过程跟踪审计的突出成果，也是最隐性的成果。

2. 审计成果科学评价的内容

根据全过程跟踪审计的业绩，从以下几个方面评价跟踪审计的成果：

首先评价反映审计成果的文件资料，如审计方案、审计证据的收集与整理、审计日记、工作底稿、审计整改意见书、审计要情及批示、审计报告等，分类统计各项审计业绩。

然后，为充分反映全过程跟踪审计的"免疫系统"功能，其业绩评价应更多地体现在解决体制性、机制性问题上，促进被审计单位破解难题、加强管理、建章立制、增强抵御风险的能力、提高绩效等。

最后，通过外部评价了解被审计单位对全过程跟踪审计的满意度。向被审计单位发放调查问卷，要求其对审计范围、审计质量、审计成效进行反馈；利用审计机关的综合报告、政府领导的批示、媒体报道等收集政府、社会的反馈。

彭碧蓉在论文《构件跟踪审计业绩评价体系的思考——基于广西的实践》中提出了跟踪审计业绩评价指标体系，如表9-2所示。

跟踪审计业绩评价指标体系　　　　　　　　　　　　表9-2

序号	评价标准	量化单位或评价标准	指标说明
1. 发现揭露问题			
1.1	发现问题	个	这两个指标总体反映审计的覆盖面和基本监督职责的实现
1.2	已整改问题	个	

续表

序号	评价标准	量化单位或评价标准	指标说明
1.3	已挽回的损失金额	万元	该指标包括追回的违规金额、核减的工程造价等金额。为求客观公正，建议参照项目大小、违规资金所占审计金额比率来划分业绩层次
1.4	移送的案件线索	件	应结合案件线索的有效性，如是否立案查处、查处人数、是否产生重大社会影响分层细化业绩
2. 促进建章立制			
2.1	被审计单位建立健全管理制度	个	本指标旨在从被审计单位层面考察审计的成效
2.2	相关政府和部门出台、修改或废止规章或政策	个	本指标旨在从促进经济社会发展的角度考察审计的更大成效
2.3	建章立制带来的节支增效的潜在资金	万元	需对建立制度前后对工程项目、政府投资的影响范围、程度和因素进行对比分析，实事求是地核算潜在关联金额
3. 帮助破解难题			
3.1	审计要情或专报	个	这2个指标考量审计人员服务的主观能动性和有效性
3.2	被批示的个数	个	
3.3	解决的难题	个	
3.4	节约投资或增加收入	万元	难题解决后带来的降低工程成本、减少停工损失、争取资金及时到位、减少财务成本等金额都需全面核算，体现审计的增值价值
3.5	促进项目进度	节约的时间	项目难以解决的问题往往会拖延进度，因此可从促进项目时间节约的角度反映审计业绩
4. 审计建议提供			
4.1	提供建议的数量	个	着重考量有价值的重要建议
4.2	被采纳的数量	个	建议有效的原则应是双方认同一致，至少80%以上被认可
4.3	按期实施的数量	个	建议要有实际效果，必须付诸实施，因此还需从实施的情况评价建议的可操作性和针对性
4.4	避免的损失或节约的投资	万元	按金额大小分档评价
5. 外部评价			
5.1	被审计单位满意度	满意度比率	来自被审计单位的评价
5.2	审计结果被采纳的次数	次	包括被政府领导批示，信息被审计署、政府等采用，被写入相关工作报告等，按采用单位层次区分业绩
5.3	媒体报道引用的次数	次	审计结果引起媒体报道，产生社会影响的，按媒体的层次区分业绩

审计成果的评价应来自多个方面，既有内部的质量业绩核查，又有被审计单位的外部评价，也有社会影响和效益评价，从而得到科学的、公正的评价审计成果。公正评价全过程跟踪审计的成果，能够进一步规范全过程跟踪审计行为，使全过程跟踪审计的程序过程更加规范化，使审计发现问题、促进整改、提出建议更加积极有效，更好地发挥全过程跟踪审计的"免疫系统"功能。

【例 9-5】某审计局对某桥梁工程实施全过程跟踪审计，在桥梁空板吊装结束后，施工单位按时进行了计量申报，申报项目的数量为清单工程量。因桥梁工程无变更，该部分工程实际工程量理论上应等于清单工程量。但审计组严格按图纸对工程量进行复核后发现，工程量计算存在重大失误。如碎石垫层清单工程量为 179m^3，实际工程量只有 81.9m^3；C20 混凝土垫层清单工程量为 456m^3，实际工程量为 222.3m^3 等。

审计组发现问题后，及时与建设方、施工方进行了沟通，最终按实际工程量进行了调减，该部分送审造价 60.23 万元，审定造价 47.72 万元，核减 12.51 万元，核减率 21%。

【例 9-6】在某污水处理厂厂外管道工程结算的审计中，审计人员发现一张现场签证单与审计组掌握的情况不一致。该签证中，将其施工的管道全部当作顶管施工，而审计组了解的情况是：有一段不需要顶管施工，采用开挖埋管施工方式即可。

于是，审计组会同建设单位、施工单位的有关人员到现场进行实地察看，并到井下核实情况，最终施工单位不得不承认作假的事实，经现场核定，有 180 多米的管道施工签证属假签证，由此多算工程造价 8 万多元。

以往的竣工结算审计，由于审计组不了解施工过程，对施工情况仅以现场签证为依据，对一些虚假的签证无法进行必要的鉴别，这也为施工、监理单位的串通舞弊提供了机会，全过程跟踪审计则可以及时发现问题，遏制该类行为的发生。

9.5　PPP 项目过程审计

9.5.1　PPP 项目概述

我国将社会资本对市场资源配置的作用引入公共基础设施和服务领域，推广 PPP 模式，从而提高社会公共产品的供给数量和效率。国务院印发的《关于保持基础设施领域补短板力度的指导意见》提出，鼓励地方政府依法合规采用 PPP 等模式对符合相关规定要求的 PPP 项目加大推进力度。

1. PPP 项目定义

PPP 全称为 Public Private Partnership，公私合作模式。不同机构对 PPP 也给出了不同的定义。

联合国开发计划署（2010）给出的定义：PPP 是由公共部门与私营部门分别承担责任并提供服务的合作伙伴关系。PPP 通过长期的协议将公共部门与私营部门聚集在一起，以提供高质量的公共服务。私营部门最后成为长期服务的提供商，而不是简单的前期资产建设者；地方政府也将成为更多地参与服务的监管者和采购者，而不是直接向公众提供服务。

国家发展和改革委员会（2014）给出的定义：PPP 模式是指政府为增强公共产品和服务供给能力，通过特许经营、购买服务、股权合作等方式，与社会资本建立的利益共享、风险分担及长期合作关系。

国家财政部（2014）给出的定义：PPP 模式是在基础设施及公共服务领域建立的一种长期合作关系。通常模式是由社会资本承担设计、建设、运营、维护基础设施的大部分工作，并通过"使用者付费"及必要的"政府付费"获得合理投资回报；政府部门负责基础设施及公共服务价格和质量监管，以保证公共利益最大化。

综合国内外各机构及专家对 PPP 的定义，虽然尚未形成完全统一的说法，但还是可以发现以上定义中具有一些共同点：第一，从字面意义理解，PPP 的主体是公共部门（Public）与私营部门（Private），它们之间是合作关系（Partnership）；第二，目的一致，都是为了提供公共产品或服务；第三，主要目标是提高供给效率，保证社会公众获得较大的利益；第四，公共部门和私营部门在实现目标的进程中，必须结合资源并分担风险；第五，以签订的合同或协议来维系合作关系。

2. 我国 PPP 项目的分类

根据投资来源及比例、所有权归属不同，我国将 PPP 分为外包、特许经营和私有化三类。

（1）外包类

大部分为政府出资，社会资本不承担或仅承担少部分工程建设阶段资金，通过政府付费实现收益。社会资本不涉及项目所有权，作为承建或托管单位对项目收益无影响，面临风险较小。该方式政府仍需投入大量资金，若地方债务风险较高，该种模式并不适用。

（2）特许经营类

社会资本参与项目部分或全部投资，政府通过"特许经营协议"在一定期间让渡资产使用权或所有权让社会资本实现收益，期满移交，同时制定合理的风险分担机制以最大限度地发挥各方优势来规避或应对风险，这种方式可以在节约建设成本的同时提高公共服务供给，具有社会和经济双重效益。目前，多应用于港口、桥梁、管廊、轨道交通等基建项目。

（3）私有化类

社会资本负责全部出资，通过使用者付费和政府补偿性出资实现收益。私有化使社会资本拥有项目的永久所有权，政府只能对其收费合理性进行监管，由于我国 PPP 均应用于基础设施建设，属于国有资产，尚未出现私有化类项目，国外已有成功先例。

3. PPP 项目的参与方

PPP 项目有众多的参与方，这里将参与主体分为三类：公共部门、私营部门以及金融机构。

（1）公共部门

公共部门也被称为政府方，是指发起 PPP 项目的部门，也是项目的授权方，包括政府及其职能部门、相关管理部门以及政府咨询机构等。

公共部门在项目选定时就开始参与，通过委托咨询机构对项目进行可行性分析，选定项目采用的模式；在招标阶段作为招标方为项目选定的合适的承担人，并与其签订特许经营协议；在建设阶段对项目实施监督与管理，并给予一定的补贴以保障其正常开展。公共部门涉及的合同包括咨询或招标委托代理合同、特许经营协议。

（2）私营部门

私营部门也被称作社会资本方，是指有资金保障并具有组织管理职能的机构。例如，与公共部门签订特许经营协议的项目公司，其中既包括民营企业，也有央企和地方国有企业。私营部门中还包括项目公司招标选定的设计单位、总承包商、材料设备供应商、运营维护商、施工分包商、劳务分包商等。

在 PPP 项目招标投标阶段，项目公司参与投标，并与公共部门签订特许经营协议。私营部门之间的合同包括项目公司与设计单位签订的设计合同、与总承包商签订的总承包合同、与供应商签订的供应合同、与运营维护商签订的运营维护合同，以及总承包商与施工分包商签订的施工合同、与劳务公司签订的劳务合同等。

（3）金融机构

PPP 项目的金融机构是指为项目的开展给予资金支持的参与方，包括银行、证券、保险、担保等公司。

PPP 项目的融资应当在招标投标阶段选定项目承担人后立即进行，以保证项目在建设过程中有充分的资金运转。首先，为了明确项目的融资目标，应开展融资决策；其次，应确定融资结构，有些规模较大、资金需求多的项目可以由多家机构组成银团进行融资；第三，进行融资谈判，签订融资协议。金融机构涉及的合同包括银行或证券公司与项目公司签订的融资协议、保险公司与项目公司签订的保险协议、担保机构与项目公司签订的担保协议等。

项目公司基本上与各主体都有合同关系，处于合同体系的中心位置，是连接所有 PPP 项目合同主体关系的纽带。图 9-1 为 PPP 项目合同的主体关系。

4. PPP 项目与传统政府投资项目审计的区别

PPP 项目是政府和社会资本双方通过友好协商建立起的一种长期合作关系。PPP 项目的本质特征决定了其全过程跟踪审计内容、审计重心和审计方式与传统政府投资项目有所不同。

（1）审计内容不同

传统政府投资项目全过程跟踪审计一般包含对建设项目审批文件（如项目可行性研究报告、概预算批复等文件）、项目招标投标过程、项目成本支出等过程的合规性、真实性进行审计；PPP 项目通过公私合作来实现利益共享和风险共担，其实施周期通常在 10 年以上，投资数额巨大，除要关注这些审计内容外，还要重点对 PPP 项目前期工作中的物有所值评价和财政承受能力论证开展情况进行审计，关注项目实施方案中的风险分配情况，合理设计项目绩效考核体系和回报机制等。这些内容决定了 PPP 项目后续工作能否顺利开展，故要重点审计。

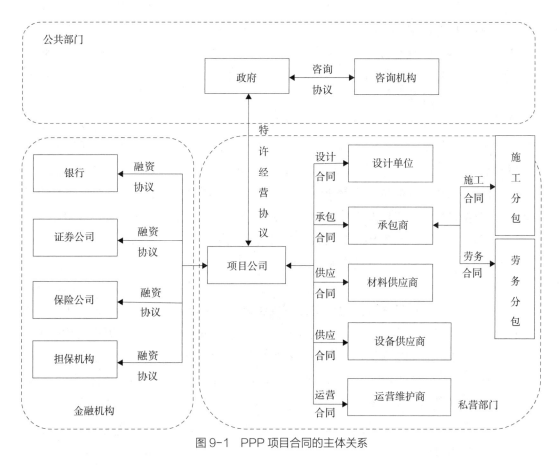

图 9-1　PPP 项目合同的主体关系

（2）审计重心发生转移

PPP 项目审计内容的不同决定了 PPP 项目审计重心的转移。传统政府公共项目审计以维护政府利益为目标，审查建设项目概预算执行情况和项目成本的真实性情况，其审计重心放在项目建设实施和竣工结算阶段。PPP 项目以实现"物有所值"为目标，其审计重心应从建设实施阶段转移到项目前期准备阶段和运营维护阶段，加强对项目前期准备工作、项目实施方案内容和合同的审计，重视项目建成运营阶段的绩效审计。

（3）审计方式更灵活

传统政府投资项目审计方式已不能满足 PPP 项目，PPP 项目全过程跟踪审计应采取较为灵活的审计方式，如建立 PPP 项目联合审查小组驻场审计、聘请社会专业机构协助等来保证和实现项目目标。

5.PPP 项目审计行为的主体、对象和内容

（1）审计行为主体

审计行为主体，即 PPP 项目由谁来负责开展审计。一方面，PPP 项目投资主体包含政府和社会资本等，PPP 项目主要应用于准公共产品领域，其建成项目的优劣情况直接影响社会公众的利益。另一方面，PPP 项目实施中，财政部门按照约定向社会资本支付服务费，按照规定，政府审计部门有权对本级政府的各项财政收支情况进行审计监督。

因此，政府审计部门是PPP项目审计最合适的审计主体。从国外的实践经验来看，如英国、澳大利亚、印度等国家的PPP项目审计也基本上是由其国家审计机关负责开展。因此，PPP项目的审计工作应由政府审计机关负责组织和实施。

（2）审计行为对象

根据《中华人民共和国审计法》第三章第二十二条："审计机关对政府投资和以政府投资为主的建设项目的预算执行情况和决算，进行审计监督"。由此可见，PPP项目审计的对象范围应该包含所有使用财政资金建设的PPP项目。因此，PPP项目实施过程中，与之有直接或间接关系的主体都是审计对象，包括PPP项目公司、负责前期工作的财政部门、行业主管部门等，以及其他与PPP项目公司有协议关系的单位，如勘察单位、设计单位、施工单位等。从实践上讲，PPP项目公司可作为审计通知书的下达单位，其他与PPP项目有关的单位为审计配合调查对象。

（3）审计内容

总的来说，PPP项目全过程跟踪审计范围涵盖了PPP项目实施的五大流程，即包含项目发起、项目准备、项目采购、项目执行和项目移交五个阶段。PPP项目具体的审计内容应当以PPP项目全生命周期为基础，依据PPP项目实施的五大流程，结合审计方案，按照项目开展的重要时间节点分阶段展开。重点关注审计的内容如下：项目前期准备，包括项目发起、项目筛选、物有所值评价和财政承受能力论证等；项目建设实施中的资金管理（融资、资金到位和使用）和建设管理（成本、质量和工期）；运营移交阶段的绩效评价和绩效支付等。

9.5.2 PPP建设过程中的审计

1. 项目发起阶段的审计

（1）项目识别审计

项目识别审计的重点内容是项目筛选审计。根据国家PPP模式操作指南的筛选原则，投资高、社会需求稳定、价格调节灵活、与市场结合较密切的基础设施和公共服务类项目适宜采用PPP模式。项目筛选审计要对PPP模式运用的范围进行审计把关，确保PPP模式运用在适合的领域。从目前来看，PPP模式的适用范围应当是准公共产品领域，如能源、教育、交通运输、水利、医疗卫生、环境保护等领域。

（2）物有所值评价审计

"物有所值"英文全称Value For Money（简称VFM），起源于英国，是用来评价政府、企业等机构是否能够通过项目全生命周期的管理和运营获得最大收益的一种评价方法。关于"物有所值"理论各界有着不同的解释：

第一是强调"物有所值"并非为实现项目成本最低，而是在综合考虑项目成本后能获得的最大利益。这个最大利益不但包含了项目能获得的最大经济效益，还包含了项目产生的社会效益。

第二是认为物有所值是项目全生命周期内成本、效益、质量和风险的最优组合结果。特别强调成本、效益、风险和控制这四个目标，在实现目标的前提下，使得项目全生命周期内的成本最低、风险最小、质量最优、经济效益和社会效益最高。

第三是认为"物有所值"的核心就是管理学上的"3E"，即经济性、效率性和有效性。经济性是指以较低的付出获得较高的回报；效率性是指获得该回报的时间和速度；有效性是指该回报与既定目标一致，达到解决问题的目的。

采用该理论对 PPP 项目进行评估，其目的是为政府节省成本，减轻政府当期财政支出压力。目前国际上常用的物有所值评价方法主要有两种：一种是成本效益分析法；另一种是应用公共部门参照标准。两者都是通过成本和效益对比，找出运用 PPP 模式是否更"物有所值"。

我国发展改革委员会和财政部于 2014 年先后颁布指导性文件对"物有所值"评价工作开展的必要性及如何开展进行了阐述，明确指出通过物有所值评价和财政承受能力论证的 PPP 项目，可进行项目准备。

物有所值评价应结合定性评价和定量评价开展。定性评价一般采用专家打分法，其评价指标体系包含六项基本评价指标（权重为 80%）和补充评价指标（权重为 20%，根据项目实际确定）。定量评价是假设传统政府投资方式与 PPP 模式的产出绩效一样，对比 PPP 项目全生命周期内政府支出成本的现值（PPP 值）和公共部门比较值（PSC 值），判断 PPP 模式能否降低项目投资成本。

PSC 值是模拟项目的建设和运营维护净成本、竞争性中立调整值、政府承担项目全部风险成本这三项的现值之和。PPP 值是政府方股权投资成本、政府运营补贴支出成本、政府自留风险承担成本、政府配套投入成本这四项现值之和。物有所值（VFM 值）为 PSC 值与 PPP 值之差。

若 VFM 值大于零，表示 PPP 模式能降低项目全生命周期成本，能带来资金价值，适合采用 PPP 模式。

若 VFM 值小于零，则表示 PPP 模式不能降低项目全生命周期成本，不能带来资金价值，不适合采用 PPP 模式。

（3）财政承受能力论证审计

根据财金〔2015〕21 号规定，财政承受能力论证可识别、测算 PPP 项目的各项财政支出责任，为 PPP 项目财政管理提供依据。财政承受能力论证采用定量和定性相结合的分析方法。一般，PPP 项目的财政支出责任有股东投资责任、运营补贴责任、配套投入责任及风险承担责任。其中，股东投资责任根据项目投融资方案确定；运营补贴责任一般包括工程建设成本、社会资本方的资本金及融资投资利息与回报、项目管理费、项目运维绩效服务费等；配套投入责任包括土地征迁及补偿安置费、项目配套措施、投资补助、贷款贴息等；风险承担支出责任是根据具体 PPP 项目风险分配情况采用比例法量化分析风险。综合上述，测算 PPP 项目合作期限内政府财政支出责任，分析其政府财政承受能力。

2. 项目准备阶段的审计

项目准备是为项目下一步的采购工作做准备，其中，最重要的工作是编制项目实施方案，项目准备阶段的审计重点包括以下三点：

（1）项目风险分配

合理的项目风险分配能提高项目整体风险防控能力，推动 PPP 项目顺利运行。一般情况下，PPP 项目实施过程中发生的法律、政策变化风险，适合由政府方负责承担。其他风险，如建设运营风险、财务风险、融资风险等应由社会资本方负责承担，具体风险承担可在谈判中进行协商确定。

（2）项目运作方式选择

PPP 项目的运作方式分为外包类、特许经营权类以及私有化类，如表 9-3 所示，审计应根据项目特点及所属行业，对项目设计、建造、融资、运营、维护等各个环节的具体情况进行分析，在政府和社会资本之间寻找合理的分配组合，从而找到最合适的运作方式。

PPP 项目运作方式　　　　　　　　　　　　　　　　　表 9-3

外包类	模块式外包	服务外包（SC） 管理外包（MC）
	整体式外包	设计—建造（DB） 委托运营（O&M） 设计—建造—维护（DBM） 设计—建造—运营（DBO）
特许经营权类	转让—运营—移交（TOT）	购买—更新—运营—移交（PUOT） 租赁—更新—运营—移交（LUOT）
	建设—运营—移交（BOT）	建设—租赁—运营—移交（BLOT） 建设—拥有—运营—移交（BOOT）
	其他	设计—建设—移交—运营（DBTO） 设计—建设—融资—运营（DBFO）
私有化类	完全私有化	购买—更新—运营（PUO） 建设—拥有—运营（BOO）
	部分私有化	股权转让 其他

（3）绩效考核体系设计

PPP 项目中的重要环节之一是对社会资本的服务按照绩效考核情况进行费用支付。但在实践过程中，会发生项目的付费情况与项目绩效考核结果脱钩的问题，原因在于前期的绩效考核设计存在漏洞。因此，在项目准备阶段应进行合理的绩效考核体系设计，确保绩效考核可操作。一般情况下，绩效考核体系有三个主要指标：建设期绩效考核指标是对项目管理、组织管理、工程质量情况、项目进度和安全生产进行考核；运营维护绩效考核指标是对项目的日常维护、项目运营的整体情况、项目公司管理制度、社会满意度、突发事件处理等情况进行考核，由于 PPP 项目运行周期长，考核时可采用定期考核方式（如季度考核、年度考核、阶段考核），并结合不定期考核方式（随机抽查）；移交阶段考核指标主要是对项目进行性能测试，对达不到性能测试考核标准的，要求进行整改。通过结合不同时期项目绩效考核结果科学确定政府付费额。

3. 项目采购阶段的审计

PPP 项目采购阶段的主要工作是资格预审、编制采购文件、进行招标投标并签订合同。审计时重点关注以下两点：

（1）资格预审条件设置

依据项目所处行业特点，明确项目实施需要的资质和经验要求，对资格预审文件的合理性、完整性、合法性进行审查，保证资格预审条件设置既能实现投标者之间的充分竞争又能满足项目建设所需条件，以保证选择到实力最强、最适合的社会资本方。因 PPP 项目投资额巨大，一般情况下都要求投标人自身资金雄厚且信用良好，有足够的融资能力承担工程项目。另外，投标人还需要有承担过本行业类似工程项目的经验，特别是有特殊要求（如新技术、新材料）的施工项目经验，并具有一定数量和工作经验的工程技术和管理人员，确保团队能力能满足工程要求，且近些年没有发生过较大安全问题。

（2）合同内容设置

由于 PPP 项目的特殊性，PPP 项目在招标投标时就要充分考虑投标人的利益诉求，保证后续环节的顺利进行。项目合同在谈判签订过程中必须明确项目采用的运营方式、项目合作年限（建设期、运营期）、项目资金来源、风险分配及处理措施等重点内容，防止在合同实施过程中发生争议。在合同签订过程中应充分考虑社会资本的利益需求，按照"利益共享、风险共担"的合作原则确定合理的项目回报机制和风险分担机制，为合作双方留下合理的利润空间，这样才能更好地推动项目顺利实施。

4. 项目执行阶段的审计

项目执行是 PPP 项目进入生产建造并产生相关效益的重要阶段，是 PPP 项目能否成功运行的关键。项目执行阶段的工作包括设立项目公司、融资管理、施工建造、绩效监测等。其中，社会资本或项目公司负责项目融资，项目实施机构负责定期监测项目产出绩效并编制定期评估报告，评估周期一般是 3~5 年。该阶段的审计重点在于以下三点：

（1）加强项目融资管理监控

关注项目资本金和融资资金是否按计划及时到位。按照项目公司设立时政府和社会资本双方约定的股权分配比例，审查公私双方项目资本金是否已经按时足额缴纳。除项目资本金之外，项目所需资金一般由社会资本方负责，通过自身信用以债权融资等方式解决。审计中要关注项目公司的融资结构、融资途径、贷款利息支出和偿还期限等，确保融资安全。

（2）项目成本及质量控制

建设项目设计阶段是控制项目成本的关键环节，项目设计既要满足社会公众的需要，又要尽可能降低项目投资成本。审计中要注意防范通过设计变更增加工程造价的问题，严格把关项目建设按照施工图纸施工，控制项目设计变更、现场签证等，防止偷工减料等各种损害投资方利益的行为。

（3）绩效考核与支付

对PPP项目进行绩效考核不但可以提高政府付费的准确性和效益性，而且可以监督社会资本的投资行为，提高公共产品和服务质量。审计要严格把关绩效考核按照事前设定的绩效考核标准进行，确保政府付费与绩效考核相关联。

5. 项目移交阶段的审计

项目移交阶段的主要工作有移交准备、性能测试及绩效评价，其中最关键的环节是性能测试。

在进行项目性能测试时，应根据合同约定的性能要求开展项目性能测试。审计要监督项目工作小组严格按照约定的性能要求对照性能测试方案进行，对符合性能要求的资产，按照约定的移交形式和资产清单交割资产；对性能评定结果不合格的资产，应要求社会资本或项目公司按照标准进行整改或提交移交维修保函。

9.5.3　PPP项目审计工作组的建立

PPP项目涉及专业范围广，如设计、工程、金融、法律、会计、成本、环境等，所需的专业知识更广泛，因此对PPP项目审计人员的专业素质要求更严。此外，审计人员必须熟悉PPP项目的操作程序、工作内容和法律规范。

根据《中华人民共和国国家审计准则》第五十四条"审计机关应当在实施项目审计前组成审计组。审计组由审计组组长和其他成员组成。审计组实行审计组组长负责制"的规定，审计组由审计组长、主审和其他成员组成，审计组长作为审计组的核心，要带领成员共同合作，完成审计任务，实现审计目标。

审计组应制定相应的工作制度，建立完善的审计组质量责任制并检查实施，目的是使项目组成员明确各自的责任。审计组长的质量责任主要包括：审计组成员具体分工是否合理；工作协调是否到位；是否按审计方案组织实施；重点内容是否把握适当；主要或重大问题是否查深查透；审计工作底稿和取证材料的编制是否齐全合规；审计报告的内容是否真实、完整；审计评价和违纪问题的定性及处理处罚意见是否准确、合规；是否按审计程序实施审计。审计组成员的质量责任主要包括：是否按审计方案和审计组长的要求开展工作；所查事项是否清楚、全面、完整；对问题的分析、结论和定性是否准确、客观、到位；审计底稿和取证材料编制是否齐全、完整；手续是否合规，有无随意增减。

对于审计工作来说，效率与质量难以做到兼得，只注重效率必然会牺牲质量，而过于注重质量必然会影响效率，因此要想做到两者协调，审计项目组的最佳组合是一个强有力的措施。审计组长对项目组的审计质量和效率起着至关重要的作用。作为审计组长，必须要有很强的专业技能、丰富的审计业务经验，另外，审计组长还要具备综合协调能力，既要做好审计项目组之间的组织协调，又要做好项目组与被审计单位的沟通协调。其次，在分配项目组其他成员上，要实现优势互补。现代审计要求审计人员不仅要有过硬的理论知识，更要有很强的分析判断力、丰富的审计实践经验。所以，审计组合理配置成员，做到新老审计人员交叉、知识与经验交叉，让有实践经验的老员工和有一定理论知识的新员工进行业务交流，优势互补，相互探讨审计中发现的问题，便于共同进步。

9.6　案例

1. 甲 PPP 项目概况

B 市新区地下综合管廊项目（简称"甲 PPP 项目"，下同）位于 B 市新区，全长 9.1km，计划投资 6.7 亿元。管廊工程由土建工程、安装工程和管线入廊工程三部分组成。土建工程设计使用寿命 100 年，拟入廊管线 8 种，标准段延长米造价 65000 元（含部分入廊管线费用）。甲 PPP 项目拟授予项目公司在特许期内负责建设、运营、维护管廊设施，在特许期结束后，将上述资产无偿移交给政府。政府相关部门负责对综合管廊运行进行监督管理和绩效考核，考核分数与补贴额直接挂钩。

甲 PPP 项目建设期为 2017~2018 年，特许经营期为 2018~2037 年，特许经营期共 20 年。管廊由项目公司负责建设，并在 2018 年完工后由其负责运营。

2. 甲 PPP 项目阶段跟踪审计运用

（1）项目识别阶段

1）"物有所值"评价审计

公共产品的社会效益导向和社会资本的经济效益导向之间的天然冲突成为政府采购需要关注的焦点，因此在进行 PPP 定性物有所值评价的过程中政府需要更多地去关注项目内外层面难以量化的要求，以实现项目运作的公众满意，这是政府 PPP 项目采用物有所值定性评价的主要原因。

①甲 PPP 项目"物有所值"评价的具体审计内容：

a. 审核"物有所值"评价工作开展的时间节点是否及时；

b. 审核"物有所值"定性评价体系的指标选取是否具有针对性；

c. 审核"物有所值"评价专家选取、打分过程的合理、合规性；

d. 审核"物有所值"评价采用的年度折现率，参考同期政府债券收益率；

e. 审核"物有所值"评价报告应包含的内容、附件是否齐全；

f. 审核参照项目设定有效性，对比其产出绩效是否与采用 PPP 模式下相同。

甲 PPP 项目从财政部的操作指南确定的基本框架出发，针对项目的区域状况、行业特征、合作模式和现实状况，建立了以 6 大核心要素为基础囊括 21 项具体指标的综合评价体系。为了保证专家评分的可靠性和精确性，甲 PPP 项目物有所值的定性评价采用了两阶段评分机制：第一阶段——以 100 分为标准，邀请 4 位专家参考行业经验和 PPP 运作要求进行 21 项关键指标的权重确定，形成关键指标的平均权重；第二阶段——甄选 8 位专家针对项目实际概况和实施方案就以下标准进行逐一评分，分值标准为 1~10，要求指标评分与物有所值的可能性成正比关系，形成本项目的关键指标平均评分，然后进行加权统计，满足物有所值的基准分数为 600，其中单个指标的基准分数为 6。

通过对两个阶段不同内容的评分，利用加权平均法得出本项目的定性物有所值体系总分约为 699.2 分，超出基准分数 600，因此说明在既定专家的判断状况下，本项目符合定性物有所值评价的要求，如表 9-4 所示。

甲 PPP 项目关键指标的专家评分统计表   表 9-4

序号	关键指标	第一阶段专家打分平均权重	第二阶段专家打分平均权重	加权统计
1	法律环境	2	6.75	13.5
2	市场先例	3	5.75	17.3
3	项目规模	2.75	8.375	23.0
4	资产寿命	2.75	8.75	24.1
5	财政承受	2.5	7.75	19.4
6	政府管理	3.25	6.375	20.7
7	规范要求	5.75	7.5	43.1
8	合同整合	2.75	7.5	20.6
9	服务供应	7.75	8.375	64.9
10	社会效益	5.75	8.5	48.9
11	环保要求	3.25	7.75	25.2
12	风险转移	7.25	7.875	57.1
13	风险管理	3.75	6.5	24.4
14	成本测算	6.5	8	52.0
15	收入预期	3	6.375	19.1
16	资产利用	6.75	7.875	53.2
17	运维要求	6	7.25	43.5
18	绩效考核	5.75	6.375	36.7
19	运作透明度	3	7.625	22.9
20	项目吸引力	6.75	6.375	43.0
21	市场容量	3.75	7.125	26.7
总分（基准为 600）				699.2

② 甲 PPP 项目在"物有所值"评价阶段存在的问题

a. 专家配备不合理，缺乏有地下综合管廊项目经验的专家

由于我国综合管廊项目处于初始阶段，缺乏具有地下管廊 PPP 项目经验的专家，本

项目进行"物有所值"评价时仅选取了具有市政工程 PPP 项目经验的专家，参考的也是以往市政工程等 PPP 项目运行的数据，可能对该综合管廊工程项目不具针对性，因此指标的确定和评分可能存在一定偏差，即结果可能无法客观评判项目是否"物有所值"。

b. "物有所值"评价报告附件不齐全，项目产出说明不清晰

审计时发现缺失应后附的项目产出说明，客观资料的缺失会导致项目投入产出的整体效益不清晰明朗，该项目进行"物有所值"评价时我国尚未出台定量评价相关细则，仅从定性角度评价"物有所值"远不及定性定量评价相结合更准确。

2）财政承受能力论证审计

财政承受能力论证是 PPP 项目工作中的关键环节之一，全面、规范、合理地进行财政承受能力论证是规范 PPP 项目管理、防范财政支出风险、吸引社会资本参与的重要保障。为有序推进政府和社会资本合作项目的实施、保障政府切实履行合同义务、有效防范和控制财政风险，2015 年 4 月，财政部印发《政府和社会资本合作项目财政承受能力论证指引》（财金〔2015〕21 号，简称"21 号文"），指导各地开展 PPP 项目财政承受能力论证工作。

为了科学评估项目实施对当前及今后年度财政收支平衡状况的影响，并为 PPP 项目财政预算管理提供依据，需要对项目的各项财政支出责任进行识别和测算。在 PPP 项目的不同阶段，对于政府承担不同的义务，财政支出责任主要为股权投资、运营补贴和风险承担。

①股权投资支出主要是政府与社会资本在共同组建项目公司的情况下，政府承担股权投资的责任。甲 PPP 项目组建的项目公司中政府控股占 20%，因此，甲 PPP 项目存在股权投资支出。甲 PPP 项目融资结构按资本金：贷款 =35% ∶ 65% 设计，项目资本金约为 14707 万元，政府占项目公司股权比例为 20%，故股权投资支出约为 2941 万元。

②运营补贴支出在保证项目公司合理内部收益率（8%）的情况下，固定资产投入、特许经营年限、一次性敷设费用、日常维护费用等边界条件测算每年的可行性缺口补贴为 1826 万元。

③风险承担支出根据行业经验假设了甲 PPP 项目成本支出可能发生的各种情形，据此测算成本变化值、每种情况发生的概率。在此基础上可以得出甲 PPP 项目风险承担支出为 3571.7 万元，由于甲 PPP 项目可转移风险的承担成本占全部风险承担成本的 80%，自留风险的承担成本占全部风险承担成本的 20%，因此甲 PPP 项目的可转移风险承担成本为 2857.4 万元，自留风险承担成本为 714.3 万元。

甲 PPP 项目财政支出经测算，在甲 PPP 项目全生命周期内，政府每年需支出约 2735 万元。本项目政府支出责任主要包括运营期补贴和风险承担支出，每年约 2735 万元；经计算 2016 年支出金额仅占一般公共预算的 0.077%，在公共财政预算支出中所占比例微乎其微；考虑到未来财政增长，政府支出占比将进一步降低，因此财政承受能力"通过论证"，项目适宜采用 PPP 模式。

甲 PPP 项目在本阶段审计工作应关注的重点为：

①政府支出责任的划分是否准确；

②一次性敷设费用测算是否合理；

③审核项目公司投资回报要求的合理性；

④测算近五年 B 市财政收支增长情况，判断综合管廊是否存在无力回购风险。

在审计过程中发现，该项目一次性敷设费用和日常维护费用的计算方式综合运用了直埋成本法与空间比例法，也符合国家发展和改革委员会、住房和城乡建设部《关于城市地下综合管廊实行有偿使用制度的指导意见》，由管廊建设运营单位与入廊管线单位协商确定。关于近五年 B 市财政收支情况，通过论证甲 PPP 项目不存在回购风险。

（2）项目准备阶段

1）风险分配方案审计

合理的风险分配方案是 PPP 项目获得成功的一个重要保证。甲 PPP 项目周期长、投资大，为了能使政府和社会资本均衡风险，在项目实施前应明确具体的风险分配方案。

①该阶段审计工作需要关注的重点

a. 审核风险分配方案是否存在；

b. 审核风险分配方案中风险是否由最适宜应付该风险的参与方所承担；参与方是否存在超出自身能力范围、无力承担相应风险的可能性；

c. 审核各主体承担的风险与预计收益是否配比。

②甲 PPP 项目主要存在的风险

a. 项目完工风险

甲 PPP 项目完工风险的主要情形包括不能完成项目、建设延误或成本超支、项目未达既定标准等，应通过特许经营权协议条款约定，由项目公司向政府有关部门提交建设期履约保函，在工程进度延误、完工日期延误或项目技术标准不达标时，政府有关部门按照约定从该保函中兑取相应的金额，以保证在项目特许经营协议中项目公司能够积极履行建设进度相关义务。

如果上述完工风险由政府方原因导致，则项目公司的履约保函不会被兑取，由此产生的对项目公司特许期的影响，政府有关部门应当通过延长特许期或现金补偿的方式来消除。

b. 运营及管理风险

运营及生产管理风险主要源于项目公司生产管理不规范，可通过两种方式控制：一方面，在《特许经营协议》中采取惩罚措施，与补贴费用挂钩；另一方面，项目公司应当充分发挥监督职能，保障项目正常运营和规范运作。

c. 融资风险

项目融资风险主要体现为项目建设期金融环境波动的风险。利率波动风险是本项目最可能遇到的风险，融资风险一般由社会投资人自行承担。

d. 成本超支风险

甲 PPP 项目日常运营所需的动力、人力、各种原材料的价格会随着市场供求关系的变化和通货膨胀等因素而发生变动，成本上升会影响项目的利润水平。针对成本超支风险，在《特许经营协议》中会设置对应价格调整机制，通过调整租金、一次性付费等方式，增强项目的抗风险能力。同时在 20 年（不含建设期）的特许经营期内，相应价格每三年调整一次，调价幅度不得高于《特许经营协议》的相关规定。需要调价时，由项目公司向政府有关部门提出调价申请，并接受价格主管部门的监审。市建委、市财政局和市物价局等政府相关职能部门审核其申请，就价格调整作出决定报市政府批准后予以执行。

e. 收益风险

收益风险主要来源于综合管廊使用率偏低，导致项目公司收入无法达到预期，主要的应对措施是在项目实施前期与主要用户签订入廊协议，保证项目运营期的管廊使用率。

由于我国目前没有成熟的 PPP 理论和法律规范，实践经验较为不足，尚未形成标准化的 PPP 项目风险分担比例，风险分担的合理边界模糊，例如甲 PPP 项目实施过程中由于地质情况出现了工程变更，而工程变更需要经建设单位、监理单位、设计单位和审计人员签字以及政府的审批，造成了工期的延误，这一风险由社会资本方承担，政府从保函中兑取相应金额，并不能督促工期如约履行，相反容易产生赶工期、粗制滥造等情形。

2）合同管理审计

PPP 项目合同是政府和社会资本在长达 10~30 年合作期限内伸张权利、履行义务的重要依据和项目顺利实施的有力保障，PPP 项目合同管理对整个项目的影响不容小觑。PPP 项目合同内容诸多、条款庞杂，因此在审核过程中需要格外重视。

①该阶段审计工作需要关注的重点

a. 合同融资条款：关于股东出资以及资本金到位时间、数额及相应违约责任约定是否清晰可行；社会资本方提供的投资计划及融资方案能否落实。

b. 合同建设条款：工程建设范围、标准、总投资控制、进度安排、质量要求、安全要求、工程变更管理、工程交接、竣工验收、工期延误、工程保险等事项是否约定，调价机制是否合理。

c. 合同运营条款：有无约定运营维护的内容、标准、基本要求、如何考核；运营期限中对设施设备的保养、维护、各类维修等如何约定；约定运营期保险、政府监管、运营支出及违约责任等事项。

d. 合同付费机制条款：有无项目定价和调价机制，以及变更和调整机制；有无明确付费的来源、付费公式、支付时间及流程，付费公式是否合理可行；有无明确无论是建设期还是运营期的政府付费及缺口补助均应与绩效考核挂钩。

e. 合同股权转让条款：是否设置合理的关于股权退出的限制性条款；对社会资本方股东的股权抵押、质押等是否有明确限制或约定；转让股权是否把征得政府方同意作为前提生效条件。

f.合同绩效考核条款：建设期及运营期绩效考核设置的考核内容、考核方法、考核指标、考核流程及考核结果的应用等事项是否合理且可执行；是否约定了建设期、运营期的绩效考核结果均应作为政府付费及支付补贴的依据。

g.合同变更条款：合同变更提出的时间是否合规可行；有无约定变更应经政府批准；有无明确合同变更后新增（减）投资与相应运营费用的责任主体以及变更后价款的来源。

②甲PPP项目合同审计阶段存在的问题

a.付费机制含糊

甲PPP项目建设完成后政府方如何付费？付多少费？社会资本方（项目公司）的回报如何计算？合同条款仅说明根据特许经营协议管廊有一次性管线敷设收入、管廊日常运营维护费以及政府运营维护费补贴三项收入来源，日常维护费用的收费标准通过成本法进行测算，未对测算过程以及公式进行说明，没有建立一个完整的"付费机制"。

b.个别材料价款高于市场均价

镀锌钢管供应商报价明显高于市场均价，经审计得知是由于2016年钢材市场经历了过山车般的暴涨暴跌，信息更新不及时导致报价不合理，后邀请供应商进行购价比较，将镀锌钢管的价格降至合理水平，重新签订采购合同。

（3）项目采购阶段

1）项目招标投标审计

合作伙伴的确定对PPP项目的开展至关重要。由于PPP项目往往涉及基础设施建设等重大项目，资金量大，如果监管不当，招标投标环节是最容易发生利益输送的环节。

①该环节审计应关注的重点

a.招标投标方式是否合规，是否按规定通过公开招标、邀请招标、竞争性谈判、竞争性磋商等方式确定合作伙伴；

b.相关信息是否全面公开，以确保所有潜在合作伙伴对项目的业务进行全面了解；

c.招标文件中对合作伙伴相关经验、专业能力的要求是否足够，以确保选择有实力、有经验、有信用的合作伙伴。

②甲PPP项目在该环节存在的问题

招标投标资格预审文件描述不准确，如"5年内具有3个单项合同额2亿元（含以上）投资或建设的路桥、隧洞等类似工程的业绩"，这里对5年并没有明确的时间节点限制，且类似工程过于含糊，后修改为"从资格预审日起，往前推60个月""已竣工验收并记录在案的，建筑面积在30000m² 以上"。

2）工程量清单审计

工程量清单是列示合同中约定计划实施的所有工程项目和内容的文件，是核算工程价款的基础。

①甲PPP项目在该环节应关注的重点

a.审核工程量清单的编制是否符合主管部门规定；

b. 审核招标、施工两个阶段所使用的工程量清单是否一致；

c. 审核分部分项工程量清单内容是否准确，是否存在漏计、重计；

d. 审核综合单价、暂估价、零星工程、总承包服务费等是否准确。

②甲 PPP 项目在该环节存在的问题

a. 甲 PPP 项目实施过程中工程量清单编制内容和招标文件约定存在不一致，经审计判断该工程量是原工程量清单中存在的漏项，根据文件约定的范围，对工程量进行了修正，补充了原工程量清单存在错项、漏项的情况。

b. 经审计，认定甲 PPP 项目计日工及暂估价未将 B 市冬季长达五个月，夏季集中降雨导致全年有效施工时间缩短，且用人时段集中导致成本增加这一情况充分考虑在内，项目实施过程中人工成本均高于预算价。根据实际情况调整了计日工工程量，对清单项中的人工工资单价进行修改。

（4）项目执行阶段

1）工程变更的现场签证审计

竣工结算过程中，结算价款与项目最初合同价款之间的差异主要来源于工程变更所产生的费用。

①该环节具体审计要点

a. 审查工程变更是否均有合规的审批流程，现场签证附件是否齐全；

b. 审查工程变更是否有必要，产生的工程变更价款是否与合同约定一致；

c. 若是设计变更，以此形成的工程量变更是否真实。

②甲 PPP 项目在该环节存在的问题

a. 由于工程量较大，甲 PPP 项目采取分段施工，相关单位负责人员未能及时出席现场，导致现场签证存在代签、补签等现象。

b. 跟踪审计人员的频频出现使建设人员认为其只是为了"挑错"，从而产生抵触情绪，工作不配合，导致跟踪审计人员无法获得全面、真实的信息，审计质量大打折扣。

2）隐蔽工程审计

隐蔽工程通常包含基础工程、钢筋工程和管道工程。

①甲 PPP 项目在该环节具体审计要点

a. 审查各项工序是否与设计图纸描述一致；

b. 借助专家工作以评估工程质量是否达到承诺标准；

c. 通过询问参与项目现场的建设、施工、监理等单位的当事人关于隐蔽工程的情况，获取线索；通过录音、摄像等方式对隐蔽工程建设进行实时跟踪，为后期留下备查资料。

②该环节主要存在的问题

a. 由于地下管廊隐蔽工程众多，审计人员的短缺导致无法及时亲临每个隐蔽工程建设现场，施工人员对未经审计人员查看的隐蔽工程直接进行自检，继而开展下道工序，审计人员仅根据一些图片资料或设计图纸对该隐蔽工程进行审计。

b.施工单位未对隐蔽工程进行全面、动态的追踪，审计人员应全程进行跟踪拍摄，留下影像资料，为后期验收提供基础。

3）竣工结算审计

竣工即意味着项目建设期的终结，竣工结算主要是对工程量进行核算，进而核实应支付参与各方的价款。

根据本阶段特点，审计需要重点关注：

①审核是否及时汇总了变更的工程量；

②审核是否存在重复计算的项目，如每个分段工程接头处是否存在"双边挂账"；

③二次采购或重新采购的材料，核算价款是否分段计算、价款是否及时更新；

④审核是否综合考虑了各项税收优惠，借款费用能否资本化。

3. 甲PPP项目阶段跟踪审计问题及结论

（1）甲PPP项目审计过程发现的问题

经审计甲PPP项目存在表9-5所列这些问题，由于审计人员的及时介入，都得到了更正和优化，该项目得以正常运行。该项目送审，预算和竣工结算经审计后核减约127万元，对甲PPP项目进行跟踪审计具有一定的经济效益。

甲PPP项目跟踪审计各阶段发现的问题　　　　　　　　　　　　　　　　表9-5

阶段	项目	问题
项目识别	"物有所值"评价	专家配备不合理，缺乏有地下综合管廊项目经验的专家
		"物有所值"评价报告附件不齐全，项目产出说明不清晰
项目准备	风险分配方案	针对共同承担的风险未形成标准化的PPP项目风险分担比例，边界模糊，容易出现推诿扯皮
	合同管理	未对管廊日常运营维护费以及政府运营维护费补贴测算过程以及公式进行说明，付费机制含糊
		个别材料价值高于市场均值，如镀锌钢管，未对材料当前市场采购价款进行实时跟进，与供应商重新议价
项目采购	项目招标投标	招标投标资格预审文件描述不准确，时间节点及业绩要求过于含糊
		对于联合体参加投标资质未明确界定，易造成有些企业浑水摸鱼
	工程量清单	工程量清单编制内容和招标文件约定存在不一致，存在错项、漏项
		未充分考虑气候因素对项目建设影响，有效施工时间缩短，用人时段集中导致成本增加，需修改计日工工程量
项目执行	现场签证及工程变更	监理人员并未在每次工程变更时及时进行查看，导致现场签证存在代签、补签等现象
		建设人员对跟踪审计工作不理解，从而产生抵触情绪，配合程度低导致审计人员获取信息片面，审计质量大打折扣
	隐蔽工程	审计人员对基建项目专业知识知之甚少，工作效率低且效果差
		施工单位未对隐蔽工程进行动态、全面的追踪，未留下相应的影像资料以证明隐蔽工程的真实性

（2）甲PPP项目审计结论

通过对甲PPP项目进行阶段跟踪审计，可以得出以下结论：

1）对甲PPP项目进行跟踪审计，能够及时对"物有所值"评价过程的合规性及结果的合理性进行审查，并根据最新出台的定量评价方法进行二次评估，以验证项目采用PPP模式确实"物有所值"，缺乏综合管廊方面专家所造成的指标选取偏差也得以修正。

2）对甲PPP项目进行跟踪审计，在出现由政府和社会资本双方未形成标准化风险分担比例、风险分担的合理边界模糊的风险时，审计机构的介入能够协调双方，使其根据具体情况进行风险分配，避免出现双方互相推诿扯皮现象，造成延误工期或降低工程质量。不断修正和优化先前制定的风险分担机制。

3）对甲PPP项目进行跟踪审计，能够督促各方建立完整合规的合同台账，便于后期资料查验，特别针对是否存在"明股实债"等融资，针对关键合同的再三审核也能发现一些未作详细规定、说明的条款，对其进行补充有利于后期责任的追索和权利的明确，对PPP项目顺利运行大有裨益。

4）对甲PPP项目进行跟踪审计，对项目有全面的了解，能够让审计人员及时发现工程量清单相较于施工图纸是否存在错项、漏项，也能对工程当天是否动工、工程进度等进行实地查看，可以动态监测建设成本，将采购价款与同期市场均价实时对比，减少以往事后审计通过货币时间价值计算的偏差。

5）对甲PPP项目进行跟踪审计，进入施工现场，检查现场签证及工程审批文件，一定程度上规避了以往事后审计工作中建设单位大批量补造、伪造相关文件的问题，从而将建设过程中各项规章落到实处。

6）对甲PPP项目进行跟踪审计，能够及时地对隐蔽工程进行追踪，改善事后审计仅能根据施工图纸进行抽样检查的审计方法，也能对隐蔽工程的真实性进行全面了解，还能通过询问参与项目现场的建设、施工、监理等单位了解关于隐蔽工程的情况，获取线索，提高审计质量。

习题

思考题

1. 工程造价审计和工程造价审核的区别是什么？
2. 建设项目造价审计的主要依据组成为何？
3. 如何做好施工图预算（标底）审计？
4. 全过程跟踪审计在过程控制阶段的作用有哪些？
5. PPP项目审计的重点有哪些？

第 4 篇
工程造价的发展趋势与展望

第10章 工程造价管理的"四化"

工程造价管理的发展趋势可以概括为国际化、专业化、信息化和系统化。从产生看，工程造价管理有两个来源——工程技术来源和管理实践来源；从发展看，工程造价管理的发展有两个向度——工程技术向度和管理科学向度。工程造价管理学从孕育、产生到发展都受到工程技术学和管理科学的双重作用、影响和制约。工程造价管理将随着研究对象、研究内容、研究手段和研究方法的发展而发展，也将随着工程造价管理者、工程造价管理实践和工程造价管理技术的发展而发展。

10.1 工程造价管理的国际化

工程造价管理国际化是指企业的管理具有国际视角，符合国际惯例和发展趋势，能在世界范围内有效配置资源。各国都在努力寻求国际间的合作，寻找自己发展的空间。要鼓励行业联合、重组兼并，通过资源优化配置，培养多功能服务的有国际竞争力的造价咨询机构，以便和国际接轨，扩大对外开放。作为一种新的管理趋势，工程造价管理国际化对管理提出了一些新的要求，这反映在对管理者的要求、对计划工作的要求、对组织工作的要求、对领导工作的要求和对控制工作的要求等各个方面。

10.1.1 竞争的国际化

随着建设工程市场不断推进国际化，在我国的跨国公司和跨国项目越来越多，我国的许多项目已通过国际招标、咨询等方式运作，行业壁垒下降，国内市场国际化，国内外市场全面融合。面对日益激烈的市场竞争，我国的企业必须以市场为导向，开放工程造价咨询市场，转换经营模式，建设一批具备国际竞争力的工程造价咨询企业，进行国际工程造价咨询项目的竞标。

为参与国际化市场的竞争，国内市场开始向多元化发展，转变市场竞争方式，从粗放型经济体向集约化经济体转型，从劳动力密集型和成本密集型企业向技术密集型和资本密集型企业转型，提倡自主研发和创新，提高可持续化的发展动力，保障企业在国际化市场的生存空间。工程造价管理与国际接轨并健康发展必须有法律的保障和规范，对于工程项目管理中各方人员的责、权、利也应以法律的形式予以定位。

10.1.2　内容的国际化

在国际化背景下，工程造价管理的基本内容是合理地确定和有效地控制工程造价。所谓工程造价的合理确定，就是在建设程序的各个阶段合理地确定投资估算、概算造价、预算造价、承包合同价、结算价和竣工决算价；所谓工程造价的有效控制，就是在优化建设方案、设计方案的基础上，在建设程序的各个阶段，采用一定的方法和措施将工程造价的发生控制在合理的范围和核定的造价限额以内。在确定和控制造价的过程中，全过程的动态管理、相关的约束机制、经济的发展形势以及管理的方法和手段都面临着更为复杂的各方利益，应严格规范价格行为，提高投资效益和建筑安装企业的经营效果，促进微观效益和宏观效益的统一。

10.1.3　标准的国际化

在经济全球化背景下，各个国家都在开展低碳经济体制，利用规范有效的手段来限制世界的碳排放量，这对于一些建筑类以及工程类企业都有一定的制约。当前，我国受其影响在项目工程造价方面也朝着低碳、绿色的方向发展。我国应该加强工程建筑的低碳标准和节能要求，要强调绿色化建筑和低碳工程的稳定性，要保障我国工程项目的发展遵守低碳经济的发展路线。重点对建设工程造价、单项工程造价、单位工程造价以及建筑安装工程造价等环节加以改进和优化，注意低碳经济理念的引入，认真分析工程项目建设中各种低碳化的投入与维护。

低碳经济对于工程造价的要求就是在材料应用上要选择绿色环保的；在项目设计上要以低碳绿化为目的；在能源使用上选择可再生或是可进行二次利用的；加大对工程建设的低碳教育以及实行绿色贸易标准，提高社会群众对绿色经济的认知和工程造价有关人员对绿色环保概念的理解。核心技术与低碳理念是低碳经济发展的主要支撑物，同时还是建设低碳工程的关键。绿色工程造价的标准主要包括绿色建筑设计、绿色建筑选材预算、绿色建筑人员专业素质、低碳排放量的测定、生态保护性与地区和谐性、自身的可持续发展和能源再生能力等。通过提高我国工程造价的基本标准，为未来我国发展绿色工程造价奠定良好的基础。

我国实行低碳环保工程的主要任务是构建一个环保工程的法律体系，通过法律来保护环境，使其作为维护工程经济发展的主要保障。基于法制化的管制下，对一些高排放的企业加以限制或是驱逐出市场。在一些发达国家，严格限制影响环境的产品出现，自从欧盟组织实施关于能源消耗的制度以来，不单单是对产品的能耗提出要求，对一些冲击环境的项目也进行抵制。

10.1.4 国际化的影响

1. 优化行业结构

深化行业改革，积极促进行业发展的区域布局结构、业务品种结构；积极实施国际化发展战略，加快熟悉国际规则，加强国际交流与合作；推动工程造价咨询服务出口，使跨专业跨领域合作越来越多，提升行业国际影响力，培养出一批品牌优势突出、有规模、有能力且具有国际竞争力的造价咨询公司，实现国际、国内两个市场协调发展。

2. 提升行业信度

通过诚信建设，不断提高行业诚信度和公信力，并采取多种方式提高从业人员的专业胜任能力和职业道德水平，建立健全以决策程序、风险控制、人才培养、收益分配、执业网络协调为重点的内部管理制度，提高行业社会声誉，提升服务经济社会发展能力，将品牌效应逐步扩大，赢得社会的普遍认可。确立符合国际惯例的行业管理体系和产业相关的支持政策，改革企业运行机制。

3. 适应行业要求

人才培养要满足行业发展要求，按照结构优化、专业精湛、道德良好的要求扩大造价工程师以及从业人员队伍，同时在提高造价工程师继续教育水平和效果的基础上，有计划地培养领军人才、高端人才、国际化人才和复合型业务骨干。

4. 增加交易平台

工程造价传统交易周期长、不确定因素多，目前业内已经出现了未来工程造价互联网化、交易担保化的雏形，其将提供便利的交易模式，并使质量得到保证。"互联网+"的推行可充分发挥互联网的优化和集成作用，有效进行社会资源配置，将互联网的创新成果与工程造价深度融合，提升全社会的创新力和生产力，形成以互联网为基础的经济发展新形态。通过对互联网数据平台的使用，工程造价管理可以逐渐实现经营规模化，跨越地理位置限制实现跨地区联合，并且在经营过程中寻求优质的合作伙伴，强强联手，研究绿色建筑、信息工程计价等新业务的市场开发。

5. 完善集成服务

国际工程市场越来越重视设计、施工、管理等集成服务，以及供应链的全球整合。我国企业更重视提高业务技术含量、完善信贷担保等政策支持，重视企业经营主体科学的组织结构、增加企业自主性和外汇管理弹性，通过掌握国际惯例，进一步提升工程咨询企业的综合服务能力。尤其是在工程勘察设计企业的国际化发展进程中，良好的企业形象、完善的风险管控机制、注重与国外先进企业合作、人员的国际化资源配置、人员的专业化技术、良好的海外信息反馈机制等必不可少。

10.2 工程造价管理的专业化

工程造价管理的专业化主要体现在方向、功能和人员的专业化。

10.2.1 方向的专业化

对于工程造价管理的发展方向，需要分别从宏观政策层面、微观应用层面、服务配套层面三个层面进行转型升级。

1. 宏观政策层面

在工程造价管理法规体系建设方面，应逐步建立与完善包括国家法律、行政法规以及其他质量安全等配套在内的多层次法律框架体系，建立与完善行业的诚信体系，通过进一步完善工程招标控制价制度、国有投资项目工程结算审查制度、工程结算文件备案制度、工程造价纠纷调解制度等，推进工程计价行为的监督，加强政府投资项目工程造价的监管，并将其纳入统一的诚信体系，与资质进行联动。

2. 微观应用层面

推行全过程造价管理与全要素造价管理，积极推进 EPC、PMC 等新型项目管理模式，建立以造价管理为核心的项目管理集成化体系，在新型管理模式的推动下，促进专业化咨询企业的发展与规范管理。

3. 服务配套层面

进一步推行信息服务市场化、标准体系规范化、管理手段信息化。支持和推进建设工程要素价格市场化服务，通过专业的信息服务公司以信息化的手段实现精细化管理。

作为中国未来战略发展支点的新型城镇化倡导走集约、智能、绿色、低碳的建设之路。这些都呼唤绿色、智能、宜居的智慧建筑出现，其对行业的发展提出了更高的要求。首先，建筑产品的造型越来越独特、工程体量与投资额也越来越大；其次，在造价管理层面，从业务的侧重点和覆盖度上，在建设期甚至投资分析阶段就已经考虑到运维阶段的成本影响了；再次，对造价从业人员来说，重复和计算性的工作多由计算机完成，他们可将主要精力集中在项目经济评价、方案优化及风险控制等方面。

10.2.2 功能的专业化

工程造价管理的功能定位是有价值的专业化服务工作。工程造价管理是基于建设工程项目全寿命期的价值管理，具体包括：全寿命期造价管理、全过程造价管理和全要素造价管理。其是政府主管部门、行业协会、业主、承包单位及咨询单位等在建设工程投资决策、设计、发承包、施工、竣工验收的各个阶段，基于建设工程项目全寿命期对工程的建造成本以及质量、工期、安全、环境等要素进行的集成管理。

国家已从战略新兴产业角度肯定了建筑业向市场提供的产品属于"伴随有形实物的服务"。国际上在工业化中后期，从服务经济角度研究组织服务（商业模式）增强现象对建筑业企业经济发展的推动效果。对我国建筑业来说，从生产者服务角度认识建筑业生产经营过程将主导大型建筑业企业之间的结构调整和产业转型升级。正如德鲁克所言"当今企业之间的竞争，不是产品之间的竞争，而是商业模式之间的竞争"。不同类型的建筑业企业其商业模式定位、要素选择以及运行机制容易受到企业规模、市场地位、治理结构等内外部因素的影响。商业模式创新动力来源可以为企业所有者、债权人、供应商、用户以及政府等相应的资源投入。商业模式的构建和成功实施将促进建筑业企业丰富主营业务板块，激发经济增长的活力和动力，从而推动建筑行业及企业发展的经济转型、模式创新，提高质量和效益。

建筑业企业提供的服务（建设产品）生产周期和生命周期都比较长，多主体参与，因此其承担的社会责任更强，不同于一般的工业产品或者服务；同时，建筑业企业更加注重 EPC、BT 或者城乡综合运营等大客户的标志性产品或服务，为后续企业服务对象和服务板块确立品牌价值。因此，从服务经济角度出发，建筑业企业商业模式可视为以项目为导向，通过生产要素或生活要素的有效整合，提高企业自我发展能力，满足获得市场空间需求，追求价值增长。也就是说，在企业自我发展的背景下，通过服务对象、服务板块和服务逻辑三者的整合创造价值。

（1）服务对象

服务对象主要是指有效需求建筑业企业提供产品或服务的客户。企业市场服务的需求结构不同，企业的客户结构因之而不同。建筑业企业商业模式的服务对象需以客户的市场结构为特征，这样易于企业内部的客户管理和资源配置。

（2）服务板块

服务板块主要是指建筑业企业向客户（业主）提供的产品或服务。服务板块包括主营业务板块和非主营业务板块。这里的产品或服务不仅指狭义的建设服务，还有建设产业链的前端延伸和后向延伸，然后形成满足客户有效需求的组合服务或产品，比如建设领域的资本运营、金融投资、县域一体化建设和城市规划运营；也有可能是跨越了建设产业链，在非建设领域内进行投资运营，形成商业模式的新增长点。

（3）服务逻辑

服务逻辑主要是指建筑业企业获取项目，采用的服务营销手段和战略。将项目视为一种服务，从企业内部组织资源、制定服务营销战略，采取一定的服务营销手段去争取客户。例如，对于大型建筑业企业来说，服务营销更加倾向于大订单营销、大客户营销、"一体化"营销、"软投资"营销、大装饰服务营销等。可见，大型建筑业企业更加注重高端客户及其社会价值、品牌影响力，更多关注于服务一体化所带来的高附加值。这种服务逻辑涵盖了主营业务板块和非主营业务板块，其服务对象非常明确，就是国内或国外的高端客户、高附加值和高影响力的项目。

作为现代服务业的一个重要组成部分，咨询业的健康发展关系到为生产者提供服务的经济和社会效率。工程造价咨询业是指围绕工程项目建设的全过程提供造价咨询相关服务的中介行业，属于较典型的专业服务业。其发展需要政策的推动、企业的转型升级，以及员工知识和能力的完善等。造价咨询服务应该向深层发展，懂方案、懂施工、懂合同能够预判各种影响项目成本的风险因素。理解客户理念、理解设计理念能够更好地贯彻执行项目控制。造价咨询服务完成后，应该有一个标准体系可以验证咨询成果的质量。工程咨询企业应制定标准的业务审核程序，然后按照此审核流程依次对工作准备、项目前期、招标采购、合同履行、工作总结等阶段的业务进行审核。在具体审核过程中，明确业务审核的关键事项，以保证咨询成果符合要求。造价服务的集成需要各参与方高效的信息交流、有效的信息管理平台以及先进的咨询方法、理念，以保证造价咨询目标的实现。

10.2.3 人员的专业化

在新形势下，要求工程造价人员不仅要懂法律与管理知识、工程技术经济，还要有很好的职业道德与丰富的实践经验。造价工程师从总体上发挥真正意义上的"建设项目全过程、全方位的造价动态服务"社会功能。

咨询企业要不断优化人才结构，储备好各专业的综合人才。随着国家经济建设和建设市场的发展，对造价专业人员提出了更高的要求。在新时代的发展战略下，造价工程师核心能力的重要性排序为：综合素质能力＞持续发展能力＞专业技术能力。工程造价人员是建设领域工程造价的管理者，工程造价人员的执业范围和担负的重要任务要求其必须具有现代管理人员的技能结构，应具有技术技能、人文技能和观念技能，与我国在新时代下造价企业国际化发展的要求应相符。咨询企业要培养与引进国际化人才，掌握国际标准，投入到国际技术交流和标准认证等活动，为其国际化发展奠定基础，以提高企业的核心竞争力，促进行业发展。

10.2.4 专业化的要求

1. 更新观念，提高管理水平

首先，政府的职能应转变，政府应进行宏观指导和服务性的工作，将相关的管理权力和协调服务工作逐步转交给行业协会。市场经济是法治经济，作为市场化的工程造价活动同样要用法律、法规规范行业的行为，建立监督约束机制和措施，减少行政手段对工程造价行为的干预和制约，使行业行为自律。同时加大行业协会对本行业的管理力度，促使造价咨询业加强行业自律，在造价咨询的费用、质量、时间和其他服务等方面遵守行业公约，避免恶性竞争或低价竞争，为造价咨询行业创造良好的发展环境，引导行业可持续发展。此外，政府应在宏观上对造价咨询业务进行整合，改变条块分割的局面。对工程造价进行全过程控制是工程造价管理发展的必然趋势。

2. 拓宽服务，提高市场地位

从未来发展趋势看，一方面，造价工程师的执业岗位将从传统的建筑业扩展到以建筑业、房地产业以及投资行业为主，涉及银行业、保险业等金融服务行业或法律、税务等的行业领域。例如保险业，一旦我国强制推行工程保险制度，就必须有人对投保的工程项目进行计价作为计算保险费、赔偿费的依据，从而为工程造价咨询业进入保险领域提供了很好的机遇。另一方面，要将造价咨询企业的服务工作重点转移到国际建筑市场流行的"工程索赔"上来，开展为工程项目当事人进行"索赔"的顾问服务。

工程造价管理是基本建设领域中一项重要的经济管理工作，要规范其市场行为和运行秩序，必须做到依法从政、依法办事、按章运作。工程造价领域的立法应包括建设工程造价运行的各主要环节以及建设全过程各阶段造价的确定和控制。运用信息技术提高专业服务业服务于生产者的能力。工程造价咨询业是高科技产业，必须站在技术创新的最前沿，否则就不可能提供最先进、最科学的咨询服务。

3. 加强培养，提高人员素质

工程造价咨询业可持续发展的关键是不断提高工程造价咨询从业人员的素质。工程造价的社会服务是一种智力密集型的高层次管理服务，要求从业人员具有较高的素质并严格遵守相应的职业道德，否则难以获得社会的认可。要想吸引高素质人才，首先企业必须加强内部管理，从技术、行政等角度出发，提高企业实力，加强人才培训制度。建立人力资源管理机制，重视造价工程师队伍的人力资源开发，促进人才的保值增值，在大力培养人才的同时留住人才、用好人才，这对整个工程造价管理事业的发展将会起到关键作用。

4. 整合信息，建立诚信体系

基于信息共享的协同管理模式为诚信体系的正常运行提供了保证，诚信体系又通过协同信息流的作用改善员工行为，不断优化协同管理模式。目前，建筑企业信用评价结果用途多元化能使企业信用评价这项工作发挥更大的作用，使企业信用评价直接影响建筑企业的盈利，激励建筑企业遵守法律规定。对建筑市场执业资格人员进行信用评价能够有效地约束和规范其行为。建筑市场执业资格人员是建筑市场的行为主体之一，企业和执业人员既是独立的两套信用评价体系，又应相互结合、相互引用，从企业信用评价向个人信用评价过渡，这样才能促使企业加强对员工信用的监督。信用体系能够减少对合同的监督和控制管理工作，降低对合同的依赖性，进而降低交易成本。

10.3　工程造价管理的信息化

工程造价信息化是在传统工程造价管理的基础上，借助信息技术、手段和平台实现工程造价信息形成、交流和共享的过程。实现工程造价信息化有利于推动行业的改革与发展，实现行业管理的规范化、高效化、标准化以及现代化。因此，从长远来看，信息化必将在工程造价行业发挥着越来越重要的作用。工程造价信息化建设的参与主体包括政府、行业协会、企业、相关研究机构等。其中，政府是工程造价信息化建设的管理者和引导者，其核心职能就包括工程造价信息标准体系的建设和工程造价信息化发展规划的制定。行业协会作为行业自律管理者，其职责既包括工程造价信息化相关法律法规、技术标准、规范的贯彻与推广，也包括通过行业协会技术标准的制定、发布和推广，规范工程造价信息化建设中的企业行为。

工程造价信息化是信息社会背景下现代工程管理发展的重要趋势之一，信息化已经经历了从业务辅助到业务基础再到业务催生的三级跳发展。到如今，信息化与业务已经形成高度依赖的关系，在这样的背景下，企业的信息化部门应该从过去的信息化视角看业务变成从业务视角看信息化。科学统一、涵盖全面的工程造价信息化技术标准体系能更好地推动我国造价信息化发展，实现造价信息的交流共享。大数据时代背景下，信息的畅通交流是保证行业活力的基础，政府部门在提高数据挖掘度的基础上应及时完善信息查询及发布平台，促进行业、企业间的沟通交流，及时发布更具科学性和时效性的造价指标指数，最大限度地公开造价资源。行业、企业可以通过政府发布的造价指标纵横向对比各项造价指数的发展趋势，提高行业的可预见性和掌控能力，有效降低行业生产成本，提高管理效率。信息化技术用于工程造价工作可大幅度提高服务品质、减少服务成本，并可根据客户的不同提供差异化的服务，以此来全面提高企业的核心竞争力，同时其也是建设行业市场发展的迫切需求。工程造价信息化管理不仅有利于资源价值的不断体现，而且有助于提高工程造价管理水平。

10.3.1 信息化的优势

1. 实现内外部信息的网络化

内外部信息的网络化包括数据处理、基础资料的收集整理、效果评估、数据包的传递、技术经济信息咨询等网络服务，以及时、准确、全面地获取某一产品或劳务等方面的价格信息。其将会在投资项目评价软件、设计概算软件、建筑辅助设计软件、施工图预算软件、建筑业的价格信息网和企业内部的信息资料库之间建立无缝连接的通道，在项目评估、工程设计、造价管理等各部分工作间实现数据信息的低成本转移。

2. 实现信息管理服务共享化

工程造价信息是具有共享性的社会资源，建立和完善全国工程造价信息系统及地区工程造价信息系统可提高工程造价信息网的覆盖面，可以更好地为工程建设市场和工程造价管理服务。现代工程建设市场的发展要求工程造价信息收集渠道同一化，加工、传递、贮存系统化，这样不仅可以减少重复工作，而且可以提高造价信息处理的质量，实现信息互通、共享。建立工程造价数据库、实现数据共享可提高工程造价管理的科学性，以适应市场快速、多变的特点。

3. 实现造价信息处理集成化

工程造价工作应该将信息处理的范围扩展到相关系统，如企业定额编制系统、投标报价系统、施工管理系统、人材机数据收集系统、工程造价数据收集系统、造价指标系统以及工程设计的其他设计过程，借助局域网传输到工程造价应用软件上，再根据结构部位及尺寸等方面的要求自动在价格信息资源库中提取数据进行计算。企业定额直接传给投标报价系统，企业管理系统中的数据亦可进入造价信息收集系统，指标系统又可对整个报价工作进行检验和指导，这样不仅能确保设计数据的一致性和准确性，而且还提高了招标投标工作的自动化水平，从而实现计算机技术应用的集成化与系统性。BIM、大数据、云技术的广泛应用为造价信息的收集与处理提供了技术支持。工程咨询公司借助信息技术实现了造价咨询项目信息的收集、归纳与处理，建立包括众多项目案例的综合造价服务信息数据库。此外，BIM等信息技术在规范造价咨询操作的同时可实现造价咨询信息的实时修改、保存，保证造价服务的集成化处理。

10.3.2　信息化的手段

1. 做好工程造价管理信息化总体规划

政府是工程造价信息化建设战略框架的制定者，需要从全局、长远、战略的高度对国家以及地方工程造价信息化作出规划。政府的引导作用集中体现在产业促进政策制定与信息化发展规划制定上，如有关工程造价信息化标准体系建立政策、信息化建设保障政策、信息化平台运行政策等。工程造价管理的各类组织的工程造价信息流构成不同，各种工程造价信息流的比例、作用、规模也有所不同，它们面向市场的角度、程度和应用信息技术的范围、作用也不尽相同，各方应根据自身的特点与实际情况，遵循客观规律，制定适合自己的信息化建设规划。

2. 健全工程造价信息化管理工作机制

要加快工程造价管理信息化建设步伐，首先要从建立健全工作机制入手，明确各级工程造价管理机构造价信息管理职责，理顺工作关系，建立协调机制，加强组织领导，安排专人负责，实现资源共同开发、利益共享，建立考评制度，落实工程造价管理信息化建设专项资金。

3. 建立工程造价管理信息化网络平台

网络平台是信息传输、共享的基础。首先，各级工程造价管理机构都要建立工程造价管理内部网络平台，实现办公自动化，提高工作效率。其次，不断完善工程造价信息资源数据库，丰富工程造价信息库内容，注重工程造价信息的深度加工整理，加强工程造价信息的开发和利用，更好地满足工程造价信息用户的需求。最后，充分利用互联网构建覆盖全国的工程造价管理信息化网络平台。

10.3.3　信息化的技术

工程造价信息管理包括信息的收集、加工整理、储存、传递与运用等一系列工作。其目的是通过有组织的信息流通，使决策者能及时、准确地获得相应的信息。建立工程造价信息化管理系统可为编制投资估算、初步设计概算、审查施工图预算和招标投标工作提供可靠的依据。

工程造价信息管理，一般是针对政策法规、定额管理、价格信息、造价指标、招标投标、行业动态、造价人力资源、新技术、造价软件、工程项目情况等信息进行管理，为服务对象提供全面、准确、及时的工程造价信息。

1. 工程造价信息管理的基本原则

（1）标准化原则

标准化原则是指在项目的实施过程中对有关信息的分类进行统一，对信息流程进行规范，力求做到格式化和标准化，从组织上保证信息生产过程的效率。

（2）有效性原则

有效性原则是指工程造价信息应针对不同层次管理者的要求进行适当加工，针对不同管理层提供不同要求和浓缩程度的信息。

（3）定量化原则

定量化原则是指工程造价信息不应是项目实施过程中所产生数据分类的简单记录，而应经过信息处理人员的比较与分析，采用定量工具对有关数据进行分析和比较。

（4）时效性原则

时效性原则是指工程造价计价与控制过程的时效性特征决定工程造价信息具有相应的时效性，从而保证信息产品能够及时服务于决策。

（5）高效性原则

高效性原则是指采用高性能的信息处理工具，如工程造价信息管理系统，尽量缩短信息处理过程中的延迟。

2. 工程造价信息管理平台

通过先进的计算机技术、信息技术、网络技术、数据通信技术等，构建统一的工程造价信息管理平台，对不同地区的工程造价信息资源进行整合，并实现信息共享、提高工程造价信息服务效率、降低社会成本。工程造价信息管理平台具有信息查询、信息发布、决策支持三种功能。基础设施的建设、工程造价信息资源的建设和安全保障体系的建设是平台建设的主要内容。

3. 基于 BIM 的工程造价信息化管理

BIM（Building Information Modeling）可译为"建筑信息建模"或"建筑信息模型"，产生于 20 世纪 70 年代，是基于数字化、可视化技术的集成信息平台。建筑、结构、设备等几何视觉信息与成本、性能等管理相关信息通过集成项目信息的收集、管理、交换、更新、存储过程和项目业务流程，为建设工程全生命周期不同阶段、不同参与方提供及时、准确、足够的信息，支持工程建设不同进展阶段、不同参与方以及不同应用软件之间的信息交流和共享，以实现工程设计、施工、运营、维护效率和质量的提高，以及工程建设行业生产力水平持续不断的提升。

（1）BIM 在工程造价管理中的信息传递

工程造价信息只有经过传递才能实现其价值，才能成为决策的依据、组织指挥的前提以及控制的基础。BIM 是对建筑产品和生产过程的信息化，是对项目组织、流程的信息化，是建筑工程项目特性的数字化表达。BIM 的实质是搭建一个信息共享平台，通过三大数据标准 IFC、IDM、IFD 的支撑，把不同软件、不同阶段、不同参与方有效地连接起来，确保与该建设工程项目相关的所有信息得以快速、通畅的传递与共享，可以为该项目从概念到拆除全生命周期中的所有决策提供可靠依据，且在项目的不同阶段，参与人可以按照权限不同通过 BIM 系统插入、提取、更新和共享数据。

（2）工程造价信息管理平台

通过先进的计算机技术、信息技术、网络技术、数据通信技术等，构建统一的工程造价信息管理平台，对不同地区的工程造价信息资源进行整合，并实现信息的共享（如图 10-1 所示），提高工程造价信息的服务效率，以降低社会成本。工程造价信息管理平台具有信息查询、信息发布、决策支持三种功能。基础设施的建设、工程造价信息资源的建设、安全保障体系的建设是平台建设的主要内容。

图 10-1　数据的共享

工程造价信息化平台是以 Internet 技术为支撑，以网络平台为基础，包括工程造价信息采集系统、分析处理系统、发布系统、查询系统、预警系统与维护系统六大模块。辅以建筑材料市场价格查询平台和工程造价指标共享平台。工程造价信息化平台可以帮助企业进行数据积累，为企业打造专属的综合单价库、单方造价库、材料价格库，并通过多项目统计，将企业的经验量化、沉淀，应用于造价质量控制、投资估算及成本控制工作中，真正体现数据价值，帮助企业开拓业务范围，为客户提供多元化咨询服务。

（3）BIM 大数据在工程造价管理中的应用

BIM 技术可以应用于从决策阶段的工程投资估算到设计阶段的初步概算、修正概算、施工图预算、招标投标的工程量清单、招标控制价及投标报价的编制，以及施工过程的工程计量、变更签证、施工索赔、进度款支付、资金计划安排及偏差分析，最后到工程竣工移交的资料整理和竣工结算办理等建设工程造价的全过程。

1）决策阶段。决策阶段的主要工作是方案对比，对项目进行可行性研究。运用 BIM 技术对多个方案进行造价等各方面的对比，选择最经济、最合理的投资方案。决策阶段造价管理流程见图 10-2。

图 10-2　决策阶段造价管理流程

2）设计阶段。设计阶段的主要工作是施工方案设计、编制设计概算和施工图预算。设计初期，造价人员的主要工作是结合初步设计图纸建立 BIM 模型，迅速获取工程量，通过计价软件准确地对接工程的基本信息。基于价格信息平台，造价人员可得到实际的人材机价格与经济指标，进而迅速编制设计概算。施工图设计阶段，BIM 技术能够自动增减 BIM 模型中的构件，造价人员主要进行工料机分析和材料价格询价，快速编制出施工图预算。

3）施工阶段。施工阶段的主要工作是承包方按合同约定定期向发包方提供工程量进度报告，承包方按照实际工程进度计算实际工程量；发包方在收到工程量进度报告后应复核实际工程进度是否属实。在施工阶段，建设周期长、市场价格变化快等不确定因素较多，导致对应的材料、人工等费用具有较大的不稳定性。同时，设计变更、签证、索赔等也会引起造价数据的变动。BIM 模型可以记录各种变更信息和各个变更版本，为审批变更和计算变更工程量提供基础数据，也为支付申请提供工程量数据。

4）竣工阶段。工程竣工阶段的造价管理是对各项工作进行检验收尾。通过 BIM 技术的数据建模可以实现对工程造价数据的智能化管理，对信息搜索、信息储存效率的提高作用显著。在工程造价竣工结算阶段，BIM 技术能够对各种造价信息进行整合处理，提高工程造价竣工结算的准确性。

（4）BIM 在工程造价管理中的应用价值

在工程造价全过程或全生命周期信息化的过程中，BIM 技术发挥着明显的优势，其价值主要体现在以下几方面：

1）提升工程量计算的准确率和效率；

2）实现数据库的动态调整和数据的共享；

3）提高工程造价数据分析能力；

4）实现全过程造价管理。

BIM 技术能让各个阶段实现协同工作，解决了阶段割裂、专业割裂的问题，避免了设计与造价控制环节脱节、设计与施工脱节、频繁变更等问题。

10.3.4 信息化的未来——数字造价管理

数字造价管理，从宏观来看，是指利用 BIM、云计算、大数据、物联网、移动互联网、人工智能和区块链等数字技术引领工程造价管理转型升级的行业战略。从微观来看，是指利用全行业造价管理人员在业务实施过程中对造价过程数据进行的参数化的处理、协同化的在线应用以及智慧化的数据加工，再通过数字造价管理平台对数据进行自动归集来辅助岗位的业务质量、效率提升，从而达到为项目管理增值的过程。

1. 数字造价管理的内涵

数字造价管理是实现由传统的工程造价管理转向数字化工程造价管理的基础设施，是驱动工程造价全过程、全要素、全参与方升级的发展战略，是开放、共享的生态系统。

全过程涵盖项目立项、设计、交易、施工、竣工、运维的全生命周期过程。

（1）数字造价管理是工程造价专业数字化的基础设施

数字造价管理平台由全过程造价管理、行业大数据、监管与诚信发布三个子平台组成。平台以项目为单位，以全过程造价管理为主线，在管理过程中积累各要素、各参与方数据，并传输到行业大数据子平台和监管与诚信发布子平台，形成行业大数据和行业诚信库，应用到造价管理全过程，指导造价管理。

（2）数字造价管理是"三全"升级的发展战略

数字造价管理的"三全"是指工程造价管理过程将由以往割裂的阶段的简单概预算管理升级到建设项目全过程造价管理，以至全生命周期造价管理；工程造价管理要素也将由以往单纯的量、价、费等组成单一要素升级到包含工期、质量、安全、环保等全要素、全风险的全面造价管理范畴；工程造价管理各参与方的关系将由相互间的简单博弈升级到多方协同、共享、共建与共赢的全团队造价管理。数字造价管理的"三全"演化示意图见图10-3。

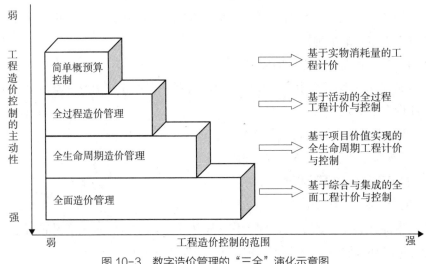

图 10-3　数字造价管理的"三全"演化示意图

（3）数字造价管理是开放、共享的生态系统

数字造价管理将打通工程造价管理全过程，聚集工程造价管理的全参与方，融合工程造价管理全要素，通过价值链串联工程造价业务各参与主体，建立开放、共享的数字化生态系统，各服务主体可根据自身优势在生态系统中找准自己的定位，通过个性化服务参与到价值链中，找到新的商业蓝海。

2. 数字造价管理的特征与目标

（1）数字造价管理的特征

数字造价管理通过数据驱动推动行业变革，具有结构化、在线化、智能化三大典型特征。

1）结构化

结构化是基础，通过建立数据交换、项目特征描述等业务标准，实现现场消耗、造价过程及造价成果数据可采集、可分析，为数据采集提供基础条件。

2）在线化

在线化是关键，通过实时在线实现数据分享、数据成果应用、优势互补。

3）智能化

智能化是目标，通过数据分析、数据应用实现智能计价、快速决策。通过云技术、大数据技术及智能算法，对采集的数据进行分析，形成包含计价依据、BIM模型、工程量清单数据、组价数据、人材机价格数据等的工程造价专业大数据库。利用工程造价专业大数据、智能算法进行数据训练，建立具有深度认识、智能交互、自我进化的造价管理数字模型，形成科学决策、精准执行的"人工智能"，提升工程造价管理工作的智能化。

（2）数字造价管理的目标

在"数字造价管理"时代下，工程造价专业人员在各种智能终端的协助下可随时随地开展工作，并让工作变得智能高效，从而产生"新计价""新管理""新服务"的三新理想场景，见图10-4。这也是"数字造价管理"的目标，驱动行业变革与创新发展，使全面造价管理工作有效落地，让每一个工程项目综合价值更优。

图 10-4 数字造价管理目标

1）新计价——智能化计价

新计价即智能化计价，是以BIM模型为基础，集成造价组成的各要素，通过造价大数据及人工智能技术，实现智能开项、智能组价、智能选材定价，有效提升计价工作效率及成果质量。通过插入时间、成本维度，可以更合理地安排资金、人员、材料和机械计划，可以更详细地预知关键节点的工作量，进而核算出相应的造价。

在数字时代，利用"云+大数据"技术积累工程造价基础数据，形成一手、实时、全面的行业造价数据库，合理地确定市场报价。全过程计价工作量大，需要耗费大量人力进行算量、开项、组价、定价等工作，通过数字化平台可以把不同阶段的BIM模型与工程计价依据、工程造价数据库连通，充分利用"云 + 网（物联网）+ 端（智能终端）"结合"大数据 +AI（人工智能 / 算法）"的 DT 技术，实现智能开项、智能算量、智能组价、智能选材定价及价值提升。智能化计价平台见图 10-5。

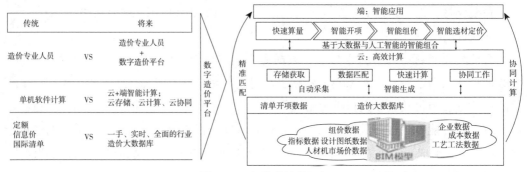

图 10-5　智能化计价平台

①智能开项：利用图形处理技术提取 BIM 算量模型的构件信息，包括项目信息、构件几何信息、构件属性信息及构件计算结果信息。通过大数据及人工智能技术在行业清单特征值大数据库中找到与 BIM 模型构件匹配的清单项，并对模型构件赋以清单项及特征描述，集成构件工程量与清单项目特征描述，实现智能清单开项，见图 10-6。

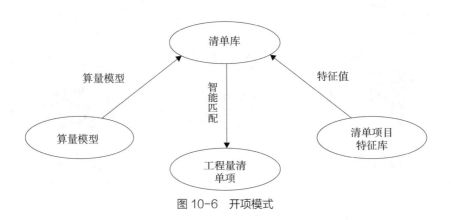

图 10-6　开项模式

②智能算量：利用数据接口导入 BIM 设计模型，快速承接项目模型的几何和空间物理属性，建立构件之间的计算关系，并加载计算规则实现自动化算量，快速统计各种构件的工程量，并形成 BIM 算量模型。通过将 BIM 设计模型与图形技术相结合，实现快速算量，将工程造价专业人员从繁重的算量工作中解放出来，见图 10-7。

图 10-7　算量模式

③智能组价：利用数字化平台沉淀历史工程，并形成个人及行业的组价数据库，组价时通过大数据及人工智能技术，在组价数据库中找到与工程量清单描述匹配的信息，并对清单赋予组价内容，实现智能组价，见图10-8。

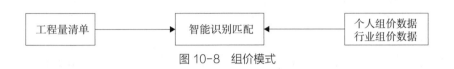

图10-8 组价模式

2）新管理——数字化管理

新管理即数字化管理，是以全生命周期的 BIM 模型为基础，打通全过程造价管理，实现各参与方实时协同。通过大数据及人工智能技术，对建设期、维护期综合成本，以及质量、工期、安全、环保等要素成本进行智能分析，以数字化管理方式实现科学决策。

数字化管理是指利用计算机、通信、网络等技术，通过统计技术量化管理对象与管理行为，实现研发、计划、组织、生产、协调、销售、服务、创新等职能的管理活动和方法。

①目标：数字化管理及转型的目标是通过数字化管理实现组织的数字化转型、行为和数据的在线化，用智能赋能商业，让组织、人、财、物、事实现降本增效。员工、客户、合作伙伴等生态内的所有人都将成为组织数字化管理的目标。

②实现路径：组织在线，让组织架构完全实现在线化、扁平化，让组织架构的每个层级实现科学配置；沟通在线，让组织实现高效工作，让工作与生活分离，让员工在工作时间更专注、在生活时间更自由；协同在线，实现任务协同、工作流协同，实现公司内部知识和经验的沉淀和共享；业务在线，让业务流、业务行为实现在线化，帮助企业在业务中实现大数据的决策能力；生态在线，让组织实现以足迹为中心的上下游全面在线化链接，通过数据的链接实现生产效率的不断提升。

3）新服务——精准化服务

新服务即精准化服务，是通过全过程造价管理平台、建设工程交易平台，积累项目、企业、人员的诚信记录，同时与社会征信合并形成四库一平台，反作用于造价管理及工程交易管理过程，实现精准化行业服务。

精准化服务是一个以精准服务为基础，以不断改进为循环，以项目团队为单元的服务运营系统，"精"主要是指简化、易操作，让目标和结果之间的时间成本、资金成本、风险成本等不断降低，从而提高管理和服务效率及结果质量；"准"主要是指结果定义的清楚，比如各种问题的真正原因、解决措施、行动方案、责任归属等，影响结果的各种因素、解决措施、行动方案、责任归属等，"准"就是要量化、细化、可操作化。精准化服务是从经验型服务转向规范化服务的最有效的体系之一，对数字化造价管理的规范化、持续化作用显著。

（3）数字造价信息数据库

1）数据库的类型

数据库是按照数据结构来组织、存储和管理数据的仓库。工程造价数据库主要有工程造价信息数据库、工程造价法律法规数据库和工程造价成果数据库三种。

2）数据库的构建

①工程造价信息数据库

工程造价信息数据库的内容包括建设项目投资估算文件、设计概算文件、招标控制价文件、合同价文件和竣工结算文件的书面文件及电子数据资料。竣工结算文件经发包人和承包人双方确认后由承包人报工程所在地县级以上工程造价管理机构备案，作为办理竣工验收的依据，包括工程变更文件和工程结算文件的书面文件及电子数据资料。

②工程造价法律法规数据库

工程造价法律法规数据库收录了工程造价相关的法律、行政法规、司法解释、部委规章、地方及行业规范性文件，工程造价从业人员可以通过标题、文号和全文检索及时查询国家及地方发布的工程造价相关法律法规及规范性文件，为工程造价从业人员执业规范性和准确性的提高及建设项目工程造价风险防控水平的提升提供专业数据支撑。

③工程造价成果数据库

工程造价成果数据库应由结论性文件和证明性文件组成。

结论性文件一般包括：工程概况；估算、概算、预算、结算、决算造价成果文件；审核造价文件（包括审核报告）；经济分析、成本分析报告；经济纠纷处理报告、司法鉴定文书；工程价格信息指标发布资料；工程评标报告；工程支付报告和其他。

证明性文件包括：施工合同；招标投标文件；设计文件；图纸会审纪要；施工组织设计；变更、签证；甲供材料清单及相关价格证明资料；甲方与施工、咨询单位的往来文件。

（4）数字造价管理系统

1）系统简介

数字化管理是利用数字技术和数字资源，在全面造价管理理念的牵引下，融合多方信息，通过数字化技术智能分析、快速决策，实现工程造价管理的愿景；其次是在云端平台的作用下，通过业务互补、技能互补、资源互补、信息互补的合作方式整合优势资源服务于项目管理过程。目前的造价行业仍然处在信息化程度较低的状态，专业与专业之间、阶段与阶段之间的行为与数据协同有限，增加了造价人员的负担。同专业与不同专业之间的模型互通可以使相同的数据在不同阶段自动联动刷新，解决造价人员重复的算量、提量、上量工作，使数据结构化、工作效率最大化，数字造价一体化平台随之产生。数字造价管理系统见图10-9。

从"数字造价管理"的定义和核心特征来看，数字造价管理应用基础包括BIM技术、云计算、物联网、移动互联网、大数据及人工智能。

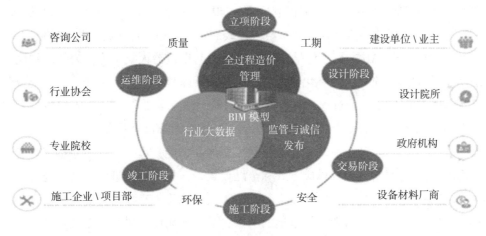

图 10-9 数字造价管理系统

2）BIM+ 图形处理技术 + 协同

BIM 技术是一种应用于工程设计建造管理的数据化工具，结合图像处理技术及计价依据可形成包含造价全要素的造价 BIM 模型。其在项目策划、运行和维护的全生命周期过程中进行信息共享和传递，使工程技术、造价管理人员对各种建筑信息作出正确理解并高效应对，为项目管理各参与方提供协同工作的基础，提高造价管理过程中沟通协调及管理决策的效率。通过 BIM 技术、图形处理技术集成模型及要素信息，可有效支撑数字造价管理的结构化特征。

3）云 + 网（物联网）+ 端（智能终端）+ 区块链

通过"云 + 网（物联网）+ 端（智能终端）"等信息技术，可以随时随地获取建筑项目过程、工程造价管理过程、计价依据等各方面的信息，提升工程造价管理相关数据的准确性和及时性。以云技术为核心的平台化应用，可提升综合管理协同效率，有效支撑数字造价管理的在线化特征。

区块链是分布式数据存储、点对点传输、共识机制、加密算法等计算机技术的新型应用模式。区块链能有效保证数据的安全，为数字造价管理的在线化提供数据跟踪以及安全保障。

4）大数据 +AI（人工智能 / 算法）

通过大数据和人工智能算法对历史造价数据的分析，建立各要素对造价的影响模型，进行关联性分析，并结合分析结果进行智能组价、智慧预测、实时反馈，以提升工程造价管理工作效率及分析决策能力，有效支撑数字造价管理的智能化特征。

（5）发展趋势

目前，数字造价管理已经在项目、企业、行业开始实践并初见成效，从 BIM 招标投标、工程计价改革、全过程工程咨询、全面造价管理、成本精细化管理、数字化交付，到数据共享生态、数字企业、数字造价站、数字时代人才培养等工程造价领域正在快速变革。

数字造价管理是实现由传统工程造价管理向数字化工程造价管理转型的基础设施，是驱动工程造价全过程、全要素、全参与方升级的发展战略，是开放、共享的生态系统。随着以 5G、物联网、AI 技术为代表的最新 IT 技术与以机器人技术为代表的高端制造技术在建筑行业的逐步应用，数字化造价管理系统实现了价值管理、标杆管理、集成管理及知识管理，同时实现了全过程工程造价管理的数字化及全要素工程造价管理的数字化，最终将实现工程计价与工程造价管理的方法创新、技术创新和业务价值提升。

未来，数字造价管理是驱动建筑业创新发展的新动能，虚拟设计与建造将改变建造方式，物联网、区块链将改变供应方式和金融模式，云技术将促进信息共享与合作，在线和移动终端将改变信息传递方式，大数据、人工智能将带来新的价值。从实现路径角度来讲，数字造价管理是行业共同落地的结果；从企业角度来讲，其是共建共享的生态平台，是实现生态互促、促进企业转型升级的核心引擎；从岗位角度来讲，其是能力提升、理念转变、价值重塑的重要契机；从行业角度来讲，其是行业标准完善、数据生态重塑、实现精准服务的改革助手。

10.4　工程造价管理的系统化

工程造价管理既涵盖了宏观层次的工程建设投资管理，也涵盖了微观层次的工程项目费用管理。宏观管理是指政府部门根据社会经济发展的实际需要，利用法律、经济和行政手段，规范市场主体的价格行为，监控工程造价的系统活动；微观管理是指工程参建主体根据工程有关计价依据和市场价格信息等预测、计划、控制、核算工程造价的系统活动。工程造价管理的时间维按照全生命周期可划分为以下阶段：投资决策阶段、设计阶段、招标投标阶段、施工阶段、竣工验收阶段及运行维护阶段。逻辑维是指工程造价管理对应于时间维每一个阶段所要进行的工作步骤，具体包括：收集资料并分析问题、工程造价预测与决策、工程造价计划、工程造价控制实施、工程造价分析评价及工程造价监督管理。空间维是根据不同的项目利益相关者而建立的，主要有：业主、政府相关部门、承包商、设计单位、建设单位、运营商以及用户等。集成可将各维度按照一定的原则和方法进行再构造和再组合，形成一个新的集体，其目的在于更大程度地提高集成体的整体功能和效益，从而更好地实现目标。造价管理过程中各个维度之间存在相互影响、互相关联的作用，集成管理的本质是将各维度运用系统理论综合而成一个整体，为造价管理者提供了一种系统的造价管理方法，能有效帮助造价管理者提高造价管理效益。充分运用系统的思维方法进行造价管理，将更全面、更高效地做好工程造价管理工作，为项目各利益方带来良好的投资效益，并能有效推动我国建筑市场的健康发展。

集成是一种管理理念，是提高复杂系统功能的有效方法。集成后的模型是将造价管理作为一个系统，造价管理所需的资料和信息为系统的输入内容，造价管理目标为系统的输出内容，整个造价管理过程为系统的中间转化作用。在工程造价管理的各个阶段，应综合考虑环境、理论方法、逻辑活动等方面的内容，强化系统管理，充分利用资源，优化施工组织设计，确保工程建设资金得以有效利用，实现工程建设综合效益的提升或最大限度地降低其建设成本，同时全面健全落实岗位责任制等行之有效的制度，规范管理，从而实现造价管理的整体目标。

工程造价管理的系统化可从运行系统、组织系统和监督系统去理解。

10.4.1　系统化的运行系统

工程造价咨询机构的运行机制是指其各个要素在运行过程中所形成的相互制约、相互作用的联系方式，包括企业的决策机制、激励机制、约束机制等。工程造价咨询业属于竞争性行业，工程造价控制新理念、新工具可推动造价咨询业产品结构升级。业主降低交易成本的追求要求综合化的咨询服务供给。综合化的工程造价咨询服务需求包括减少合同界面、有专业人士的决策支持、专业化的监督措施等，以使业主获得交易成本的节约。工程造价管理过程中，各部门以完成各自任务为目标，对工程造价运行体系进行时间、空间和功能结构的组合管理，协同对工程造价进行更有效的控制。有必要建立起全面有效、系统的造价管理体系，用系统的方法控制造价。工程造价优化是从全局的角度，通过运行系统工程理论和一系列的手段方法对造价管理行为进行优化。通过最优途径可选取合理的施工组织方案和设计方案，最终达到最经济有效的造价管理效果。

10.4.2　系统化的组织系统

1. 工程造价管理的组织

工程造价管理的组织是指为了实现工程造价管理目标而进行有效组织活动，以及与造价管理功能相关的活动的有机群体。它是工程造价动态的组织活动过程和相对静态的造价管理部门的统一。具体来说，主要是指国家、地方、部门和企业之间管理权限和职责范围的划分。工程造价管理组织有三个系统，即政府行政管理系统、企事业单位管理系统和行业协会管理系统。

建设行政主管部门和行业协会应会同有关部门，在现有制度的基础上尽快制定统一的执业规则和收费标准、完善行业管理的各项制度、加强资质管理、明确执业责任、加大监管力度，以规范和约束从业人员的执业行为，进一步完善与建设管理相关的法律规范体系，确定注册造价工程师的法律地位。注册造价工程师是工程造价咨询业的核心人员，只有赋予其应有的法律地位，才能充分发挥其在工程造价咨询中的作用，有效地排除执业中的各类人为干扰和政策壁垒，实现工程造价的合理确定和有效控制。

2. 组织系统变革的方向

（1）改变机制、提高活力

加大工程造价咨询机构的改革力度，尽快建立起现代企业制度，完全实现与国际接轨，形成合伙制、股份制及有限责任制。建章立制，加快造价咨询业的立法步伐，通过立法禁止任何行业、任何系统在造价咨询业实行行业垄断，由有资质的造价咨询机构按正常规范完成。

（2）项目管理目标的集成——项目全要素造价管理

建设管理模式集成化导致全过程造价咨询服务的需求增长。工程项目的建设管理模式经历了由"合"到"分"、由"分"到"合"的演变历程，即从最初的业主建管一体方式发展到专业分包实施方式，再发展为逐步集成化的模式。演化至今形成了多种具体模式，业主在采购工程项目时，需要结合项目特点与自身需求选择其中更为合适的实施模式，如 DBB 模式适应分阶段的建设管理模式，以分阶段专业咨询为主，DBB 模式向承包商集成有 EPC 模式、向工程师集成有 PMC 模式。项目建设管理模式的集成化要求有与之匹配的综合性工程造价咨询服务产品供给。

未来，组织不再是权力的中心，组织越来越平台化、网络化、生态化，逐渐形成一个能够快速对接市场需求、围绕用户进行交互和互动的生态圈。不同类型的企业会有不同的适用形态，但在整体变化趋势上会朝以下方向演变：

①扁平化。扁平化组织是指管理层次少而管理幅度大的一种组织结构形态，其优点是密切上下级关系，信息纵向流动快，管理费用低，而且由于管理幅度较大，被管理者有较大的自主权、积极性和满足感；缺点是管理幅度较宽，权力分散，不易实现严格控制。

②去中心化。去中心化不是没有中心，而是"不确定的多中心"，每个人都能成为中心。

③自组织。从组织的进化形式来看，可以把它分为两类：他组织和自组织。如果一个系统靠外部指令而形成组织就是他组织；如果不存在外部指令，系统按照相互默契的某种规则，各尽其责而又协调自动地形成有序结构，就是自组织。自组织现象无论在自然界还是在人类社会中都普遍存在。一个系统自组织属性越强，其保持和产生新功能的能力也就越强。

④自适应。自适应是在处理和分析过程中，根据处理数据的特征自动调整处理方法、处理顺序、处理参数、边界条件或约束条件，使其与所处理数据的统计分布特征、结构特征相适应，以取得最佳的处理效果。自适应过程是一个不断逼近目标的过程。

⑤社群化。当一个社会被新的技术模式、商业模式重新组织化时，其影响是相当深远的，将涉及方方面面。它是一个不可逆的过程，也是社会发展的大势。我们无法预先提供对未来的描述，但可以肯定：一个社群化的社会将不再是一堆碎片化的社会原子，其对自我治理和被尊重的要求肯定会越来越高。

10.4.3　系统化的监督系统

项目监督体系由政府监督、法律监督、社会监督三方面构成。

1. 政府监督

政府在诸如产业政策引导、规范建设程序、制定标准、进行质量监督等方面都可以通过立法和行政监督来达到规范项目活动主体、维护社会公共利益的目的。政府对项目的监督具体表现在：项目投资方向是否符合国家产业政策要求、项目使用土地资源的有效性和可持续性、安全与环保监督、规范建筑市场及监督建设工程质量。坚持按国家产业政策导向来规范和引导自己的项目投资行为，项目才有可能取得成功，也才有可持续性和长久的发展动力。

2. 法律监督

项目的法律监督主要体现在公证环节。公证处的业务包括以下几个方面：招标公证、购销合同公证、货物运输合同公证、建设工程承包合同公证及借款合同公证。

3. 社会监督

社会监督有社会审计、社会监理及社会舆论监督。由社会中介机构、社会舆论以及社会团体对项目情况进行监督。项目监督的主要内容有：审查招标文件，监督工程招标和采购招标；检查项目实施内容和施工进度；审查提款申请及有关证明文件，按施工进度拨付款项，保证专款专用，如果借款人挪用贷款，贷款银行有权中止贷款并追究责任；项目投产后检查项目运营效果，提交项目监督报告。

当前，在建设工程项目的造价管理中，特别是在国有投资项目的造价管理中，"跟踪审计"这种审计模式已经得到广泛应用，已渐渐成为规范和制度。"跟踪审计"的作用也已经渗透到项目现场管理的各个环节，起到对工程价款事前、事中和事后的控制作用，同时在对竣工决算中有关争议问题的及时解决，以及对工程造价的合理动态控制等方面都发挥着重要的作用。"跟踪审计"这种管理模式已经涵盖了项目管理公司的一些管理理念，强化了上级资质审批机关与地方监管部门的沟通联系，是提升行业监管能力的基础。完善工程造价咨询机构信用档案制度和责任赔偿制度，在新形势下运用市场手段引导和加强监督，不仅可以规范工程造价执业行为，还可以维护建筑市场的稳定与有序发展，发展具有中国特色的工程造价新模式。

为实现工程造价管理的国际化、专业化、信息化、系统化，要确立崭新的、正确的工程造价管理观。确立全面的工程造价管理观，使工程造价管理由单一到多元，由国内到国际，由片面到全面；确立动态的工程造价管理观，使工程造价管理由静态变为动态，由断续变为可持续，由管理结果变为管理过程，由事后检验把关为主变为事先预防控制为主；确立"以人为本"的工程造价管理观，工程造价管理的主体是人——工程造价管理者，工程造价管理的长效机制不是建立在法律和规章制度中，而是建立在工程造价管理者心中。要认真贯彻落实"以人为本"的原则，充分调动和高效发挥工程造价管理者做好工程造价管理工作的自觉性、主动性、积极性和创造性，精心培育、着力提高、大力开发、多方激活、高效发挥人的工程造价管理能力，可持续提高工程造价管理的质量、效率和效益。尽快实现工程造价管理重点的科学转移——由管物(包括资金)转移到管人，从而使工程造价管理由治标变为治本，由被动变为主动，由短期变为长期；确立建设单位、施工单位、监理单位三位一体的工程造价管理观，三者都是工程造价的管理单位，虽然三者的角色不同、分工不同、职责不同、角度不同，但根本目的和利益是一致的——都是为了提高工程的质量、效率和效益，三者是工程建设共同体、责任共同体和利益共同体，

43- 案例

要从理论上研究、认识并在实践中正确对待和妥善处理建设单位、施工单位、监理单位三者之间的关系，使三者有机结合，共同提高工程造价管理的质量、效率和效益，实现工程造价管理现代化。

参考文献

[1] 周文昉，高洁 . 工程造价管理 [M]. 武汉：武汉理工大学出版社，2017.

[2] 吴佐民 . 工程造价概论 [M]. 北京：中国建筑工业出版社，2019.

[3] 全国造价工程师职业资格考试培训教材编审委员会 . 建设工程计价 [M]. 北京：中国计划出版社，2019.

[4] 张红标 . 企业定额与施工定额 . 预算定额的关系辨析——试论企业定额定位 [J]. 建筑经济，2018（6）：10–16.

[5] 住房和城乡建设部，财政部 . 关于印发《建筑安装工程费用项目组成》的通知：建标〔2013〕44 号 [A/OL]. http://www.mohurd.gov.cn/wjfb/201304/t20130401_213303.html.

[6] 住房和城乡建设部办公厅 . 关于印发工程造价改革工作方案的通知：建办标〔2020〕38 号 [A/OL]. http://www.mohurd.gov.cn/wjfb/202007/t20200729_246578.html.

[7] 中华人民共和国住房和城乡建设部，中华人民共和国国家质量监督检验检疫总局 . 房屋建筑与装饰工程工程量计算规范 GB 50854—2013[S]. 北京：中国计划出版社，2013.

[8] 王永坤，李静 . 工程估价 [M]. 北京：中国建筑工业出版社，2020.

[9] 滕道社，朱士永 . 工程造价管理 [M]. 北京：中国水利水电出版社，2017.

[10] 邢莉燕，解本政 . 工程造价管理 [M]. 北京：中国电力出版社，2018.

[11] 王红平 . 工程造价管理 [M]. 郑州：郑州大学出版社，2015.

[12] 程鸿群，姬晓辉，陆菊春 . 工程造价管理 [M]. 武汉：武汉大学出版社，2017.

[13] 冯辉红 . 工程造价管理 [M]. 北京：化学工业出版社，2017.

[14] 谷洪雁，布晓进，贾真 . 工程造价管理 [M]. 北京：化学工业出版社，2018.

[15] 杨浩 . 建筑工程招投标阶段 BIM 技术应用研究 [D]. 长沙：湖南大学，2018.

[16] 高显义，柯华 . 建设工程合同管理（第 2 版）[M]. 上海：同济大学出版社，2018.

[17] 张友全，陈起俊 . 工程造价管理（第二版）[M]. 北京：中国电力出版社，2014.

[18] 周和生，尹贻林 . 以工程造价为核心的项目管理：基于价值，成本及风险的多视角 [M]. 天津：天津大学出版社，2015.

[19] 朱韬，马平 . 信息化竣工决算及其在社会经济中的应用 [J]. 中国科技信息，2013（9）：159–159.

[20] 邢燕莉，解本政 . 工程造价管理 [M]. 北京：中国电力出版社，2018.

[21] 焦红 . 建筑工程计量与计价 [M]. 北京：机械工业出版社，2016.

[22] 任彦华，董自才．工程造价管理 [M]．成都：西南交通大学出版社，2017．

[23] 程志辉，邵晓双．工程造价与管理 [M]．武汉：武汉大学出版社，2016．

[24] 付晓灵．工程造价与管理 [M]．北京：中国电力出版社，2013．

[25] 吴虹欧，王晓艳，杨明芬，柯洪．PPP 项目审计指南 [M]．北京：中国建筑工业出版社，2019．

[26] 沈杰．工程造价管理 [M]．南京：东南大学出版社，2006．

[27] 李雪萍．高校建设项目全过程跟踪审计研究 [J]．建筑经济，2019（46）：110–111．

[28] 王金月．高校建设项目全过程跟踪审计质量控制途径探析 [J]．会计师，2019（46）：53–54．

[29] 吴佳倪．建设项目全过程跟踪审计 [J]．新材料新装饰：完美居家，2014：424–424．

[30] 王爱英．建设项目全过程跟踪审计 [J]．大众商务，2009：116–117．

[31] 宋小忠．如何更好发挥跟踪审计过程管控作用 [J]．中国内部审计，2019：74–76．

[32] 黄靖．浅议高校基建工程全过程跟踪审计的作用和审计重点 [J]．财经界，2016：296–297．

[33] 朱恒金．公共工程跟踪审计业绩评价研究 [J]．财会月刊，2011：19–21．

[34] 彭碧蓉．构建跟踪审计业绩评价体系的思考——基于广西的实践 [J]．广西财经学院学报，2014（27）：76–80．

[35] 姚萍．PPP 项目跟踪审计研究 [D]．福州：福建工程学院，2019．

[36] 张琪．PPP 项目阶段跟踪审计研究——以甲项目为例 [D]．合肥：安徽财经大学，2018．

[37] 张学军，钱妮伶．审计项目组工作效率提高与质量保障的协调 [J]．会计之友，2014：117–119．

[38] 李明．质量年中话质量——浅论强化审计组工作质量 [J]．山东审计，1999：10–11．

[39] 中国内部审计协会．建设项目审计 [M]．北京：中国时代经济出版社，2008．

[40] 时现，李善波，朱恒金，李跃水，许长青，张竹林，毛晔．建设项目审计 [M]．北京：中国时代经济出版社，2015．

[41] 赵庆华，余璠璟，严斌．工程审计 [M]．南京：东南大学出版社，2015．

[42] 王涛，吴现立，冯占红．工程造价控制与管理 [M]．武汉：武汉理工大学出版社，2018．

[43] 李春娥，王浩．工程造价信息管理 [M]．重庆：重庆大学出版社，2019．

[44] 吴佐民．工程咨询企业如何转型升级 [J]．招标采购管理，2018（11）：15–16．

[45] 吴佐民．数字中国时代数字建筑信息谁来集成 [J]．中国勘察设计，2018（8）：42–44．

[46] 王鹏翊．建筑企业数字化转型的三个维度与两项工作 [J]．中国勘察设计，2019（9）：50–56．

[47] 广联达股份有限公司．数字造价管理白皮书 [J]．建设市场招标与投标，2018（4）：37–39．

[48] 刘嘉，张巍．基于 BIM 技术的造价咨询服务在上海中心大厦项目中的应用案例 [J]．工

程造价管理，2014（5）：10–14.

[49] 张彦欢．基于 BIM 云平台的工程造价管理研究 [D].青岛：青岛理工大学，2018.

[50] 鲁贵卿．工程项目成本管理实论 [M].北京：中国建筑工业出版社，2015.

[51] 刘允延．建设工程造价管理（第 2 版）[M].北京：机械工业出版社，2017.

[52] 张静晓，李越洋，李慧．基于 SPA 的建筑业服务创新政策脆弱性分析 [J].武汉理工大学学报（信息与管理工程版），2019，41（2）：130–137.

[53] 张静晓，李慧，谢晓红．基于服务经济视角的大型建筑业企业商业模式运行机制研究 [J].工程管理学报，2013，27（1）：103–108.

[54] 王雪青，陈伟唯，陈杨杨，韩涛涛．基于灰色理论的工程造价咨询企业信用评价实证研究 [J].科技管理研究，2014，34（22）：166–171.

[55] 赵丽丽，王雪青，陈超，宋晓刚．基于心理契约的监理工程师信用治理研究 [J].电子科技大学学报（社科版），2018，20（3）：82–89.

[56] 叶堃晖，杨成瑶，竹隰生，聂天翼．我国工程造价信息化技术标准体系研究 [J].工程管理学报，2017，31（3）：37–42.

[57] 叶堃晖，马燕燕，竹隰生．我国工程造价信息化组织体系建设研究 [J].工程管理学报，2016，30（1）：32–36.

[58] 叶堃晖，赵瑞雪，黄英．我国工程咨询"走出去"障碍因素研究 [J].中国工程咨询，2014（4）：79–82.

[59] 向鹏成，任宏．我国监理企业品牌的塑造 [J].重庆建筑大学学报，2005（1）：111–113，117.

[60] 王雪青，陈湛，夏妮妮．我国建筑业信用管理研究现状与展望 [J].工程管理学报，2016，30（6）：1–6.

[61] 叶堃晖，闫宁娜．新时代背景下我国造价工程师核心能力 [J].工程造价管理，2018（5）：84–89.

[62] 刘炳胜，王然，陈晓红，孟俊娜，薛斌．中国建筑产业竞争力形成机理动态演进规律空间差异化研究 [J].管理评论，2017，29（1）：93–104.

[63] 张静晓，王引，白礼彪．基于信息共享的建设项目协同管理模式研究 [J].工程管理学报，2016，30（2）：91–96.

[64] 张静晓，任列艳，李慧，胡建东．工程质量政府监督系统架构及业务模型研究 [J].建筑经济，2014（5）：96–96.

[65] 王英，李阳，王廷魁．基于 BIM 的全寿命周期造价管理信息系统架构研究 [J].工程管理学报，2012，26（3）：22–27.

[66] 熊超男，王松江．基于霍尔三维结构的基础设施工程造价集成管理研究 [J].项目管理技术，2015，13（12）：43–47.